5

ICT Convergence Technology

ICT 융합 기술

핵심 정보통신기술 총서

삼성SDS 기술사회 지음

전면 3 개정판

한울
아카데미

이 도서의 국립중앙도서관 출판예정도서목록(CIP)은 서지정보유통지원시스템 홈페이지(http://seoji.nl.go.kr)
와 국가자료공동목록시스템(http://www.nl.go.kr/kolisnet)에서 이용하실 수 있습니다.
(CIP제어번호: CIP2019010220)

1999년 처음 출간한 이래 '핵심 정보통신기술 총서'는 이론과 실무를 겸비한 전문 서적으로, 기술사가 되고자 하는 수험생은 물론이고 정보기술에 대한 이해를 높이려는 일반인들에게 폭넓은 사랑을 받아왔습니다. 이처럼 '핵심 정보통신기술 총서'가 기술 전문 서적으로는 보기 드물게 장수할 수 있었던 것은 국내 최고의 기술력을 보유한 삼성SDS 기술사회 회원 150여 명의 열정과 정성이 독자들의 마음을 움직였기 때문이라 생각합니다. 즉, 단순히 이론을 나열하는 데 그치지 않고, 살아 있는 현장의 경험을 담으면서도 급변하는 정보기술과 주변 환경에 맞추어 늘 새로움을 추구한 노력의 결과라 할 수 있습니다.

이번 개정판에서는 이전 판의 7권 구성에, 4차 산업혁명을 선도하는 지능화 기술의 기본 개념인 '알고리즘과 통계'(제8권)를 추가했습니다. 또한 분야별로 다루는 내용을 재구성했습니다. 컴퓨터 구조 분야는 컴퓨터의 구조와 사용자를 위한 운영체제 위주로 재정비했으며, 컴퓨터 구조를 다루는 데 기본인 디지털 논리회로 부분을 추가하여 컴퓨터 구조에 대한 이해를 높이고자 했습니다. 정보통신 분야는 인터넷통신, 유선통신, 무선통신, 멀티미디어통신, 통신 응용 서비스로 재분류하고 기본 지식과 기술을 유사한 영역으로 함께 설명하여 정보통신 분야를 이해하는 데 도움이 되도록 구성했습니다. 데이터베이스 분야는 이전 판의 데이터베이스 개념, 데이터 모델링 등에 데이터베이스 품질 영역을 추가했으며 실무 사례 위주로 재정비했습니다. ICT 융합 기술 분야는 최근 산업 분야의 디지털 트랜스포메이션 패러다임 변화에 따라 사업의 응용 범위가 워낙 방대하여 모든 내용을 포함하는 데 한계가 있습니다. 따라서 이를 효과적으로 그룹핑하기 위해 융합 산업 분야의 패러다임 변화와 빅데이터, 클라우드 컴퓨팅, 모빌리티, 사용자 경험ux, ICT 융합 서비스 등으로 분류했습니다. 기업정보시스템 분야는 엔터프라이즈급 기업에 적용되는 최신 IT를 더욱 깊이 있게 설명하고자 했고, 실제 프로젝트가 활발히 진행되고 있는 주제를 중심으로 내용을 재편했습니다. 아울러 알고리즘통계 분야는 빅데이터 분석과 인공지능의 핵심 개념인 알고리즘에 대한 개념과 그 응용 분야에 대한 기초 이론부터 실무 내용까지 포함했습니다.

국내 최고의 ICT 기업인 삼성SDS에 걸맞게 '핵심 정보통신기술 총서'를 기술 분야의 명품으로 만들고자 삼성SDS 기술사회의 집필진은 최선을 다했습니다. 현장에서 축적한 각자의 경험과 지식을 최대한 활용했으며, 객관성을 확보하기 위해 관련 서적과 각종 인터넷 사이트를 하나하나 참조하면서 검증했습니다. 아직 부족한 내용이 있을 수 있고 이 때문에 또 다른 개선이 필요할지 모르지만, 이 또한 완벽함을 향해 전진하는 과정이라 생각하며 부족한 부분에 대한 강호제현의 지적을 겸허한 마음으로 받아들이겠습니다. 모쪼록 독자 여러분의 따뜻한 관심과 아낌없는 성원을 부탁드립니다.

현장 업무로 바쁜 와중에도 개정판 출간을 위해 최선을 다해준 삼성SDS 기술사회 집필진께 감사드리며, 번거로울 수도 있는 개정 작업을 마다하지 않고 지금껏 지속적으로 출판을 맡아주신 한울엠플러스(주)에도 감사를 드립니다. 또한 이 자리를 빌려 총서 출간에 많은 관심과 격려를 보내주신 모든 분과 특별히 삼성SDS 기술사회를 언제나 아낌없이 지원해주시는 홍원표 대표님께 진심으로 감사드립니다.

2019년 3월
삼성SDS주식회사 기술사회
회장 이영길

책을 내는 것은 무척 어려운 일입니다. 더욱이 복잡하고 전문적인 기술에 관해 이해하기 쉽게 저술하려면 고도의 전문성과 인내가 필요합니다. 치열한 산업 현장에서 업무를 수행하는 와중에 이렇게 책을 통해 전문지식을 공유하고자 한 필자들의 노력에 박수를 보내며, 1999년 첫 출간 이후 이번 전면3개정판에 이르기까지 끊임없이 개정을 이어온 꾸준함에 경의를 표합니다.

　그동안 정보통신기술ICT은 프로세스 효율화와 시스템화를 통해 기업과 공공기관의 업무 혁신을 이끌어왔습니다. 최근에는 클라우드, 사물인터넷, 인공지능, 블록체인 등의 와해성 기술disruptive technology이 접목되면서 개인의 생활 방식은 물론이고 기업과 공공기관의 운영 방식에도 큰 변화를 가져오고 있습니다. 이런 시점에 컴퓨터의 구조에서부터 디지털 트랜스포메이션에 이르기까지 다양한 ICT 기술의 기본 개념과 적용 사례를 다룬 '핵심 정보통신기술 총서'는 좋은 길잡이가 될 것입니다.

　삼성SDS의 사내 기술사들로 이뤄진 필자들과는 프로젝트나 연구개발 사이트에서 자주 만납니다. 그때마다 새로운 기술 변화는 물론이고 그 기술을 일선 현장에 적용하는 방안에 대해 깊이 토론합니다. 이 책에는 그런 필자들의 고민과 경험, 노하우가 배어 있어, 같은 업에 종사하는 분들과 세상의 변화를 알고자 하는 분들에게 도움이 될 것으로 생각합니다.

　"세상에서 변하지 않는 단 한 가지는 모든 것은 변한다는 사실"이라고 합니다. 좋은 작품을 만들어 출간하는 필자들과 이 책을 읽는 모든 분에게 끊임없는 도전과 발전의 계기가 되기를 바랍니다. 감사합니다.

2019년 3월
삼성SDS주식회사
대표이사 홍원표

Contents

A
메가트렌드

B
빅데이터 서비스

C
클라우드 컴퓨팅
서비스

E
스마트 디바이스

F
융합 사업

G
3D 프린팅

H
블록체인

1
인공지능

I C T

C o n v e r g e n c e

T e c h n o l o g y

A

메가트렌드

—

A-1

주요 IT 트렌드 현황

가트너, 포레스터 등 여러 시장 전문 기관에서 발표한 기술 트렌드의 개요를 보면 빅데이터, 모바일, IoE, 하이브리드 클라우드, SDx 등의 내용을 공통적으로 담고 있다. 각 기관의 트렌드를 통해 지능성, 이동성, 연결성, 소프트웨어화 등의 관점에서 기술 요소들이 발전하는 것을 확인할 수 있다.

1 가트너의 기술 트렌드

1.1 가트너 기술 트렌드의 개요

약 2만 명 이상의 IT 관련 CIO, IT 임원, 비즈니스 임원이 참석하는 중요한 행사인 가트너 심포지엄ITxpo을 통해 향후 3~5년간 기업에 중요한 영향을 줄 것으로 기대되는 주목받을 기술들이 발표되었다.

해마다 10월에서 11월까지 세 차례에 걸쳐 심포지엄이 진행된다. 가장 최근인 2017년 말에 개최된 심포지엄은 전략적 기술들에 대해 디지털 밸류 앳 스케일Digital Value At Scale 중심으로 3개 카테고리, 10개 주제로 진행되었다. 키노츠Keynotes에 나타난 주요 내용 가운데 현재의 디지털 트랜스 포메이션Digital Transformation은 여전히 초기 단계이며 디지털 밸류Digital Value 창출 시 고려 사항 세 가지를 언급한다. 디지털 KPIs, 재능Talent과 문화Culture, 스케일 액셀러레이터Scale Accelators가 그것이며 인공지능AI 분야의 인재 발굴과 디지털을 위한 올바른 문화 구축이 강조된다. 스케일Scale 촉진 요소 또한

Top 10 Strategic Technology Trends(2015~2018)

2015	2016	2017	2018
Computing Everywhere	Device Mesh	Advanced Machine Learning & AI	AI Foundation
The Internet of Things	Ambient User Experience	Intelligent Apps	Intelligence Apps and Analytics
3D Printing	3D Printing Materials	Intelligent Things	Intelligent Things
Advanced, Pervasive and Invisible Analytics	Information of Everything	Augmented & Virtual Reality	Digital Twin
Context-Rich Systems	Advanced Machine Learning	Digital Twin	Cloud to the Edge
Smart Machines	Autonomous Agents & Things	Blockchain & Distributed Ledger	Conversational Platforms
Cloud/Client Computing	Adaptive Security Architecture	Conversational Systems	Immersive Experience
Software-Defined Applications Advanced Systems and Infra-structure	Advanced Systems Architecture	Mesh Apps & Service Architecture	Blockchain
Web-Scale IT	Mesh App & Service Architecture	Digital Technology Platforms	Event Driven Model
Risk-Based Security and Self-protection	IoT Architecture & Platforms	Adaptive Security Architecture	Continuous Adaptive Risk and Trust

세 가지가 언급되었는데 디지털 재주, 네트워크 이펙트 테크놀로지Network Effects Technologies, 디지털 플랫폼Digital Platform 산업화이다. 또 발전된 애널리틱스Analytics와 머신러닝이 시큐리티Security의 여러 분야에서 영향력과 변화 주도를 예상한다.

CIO는 디지털화의 시급성을 인식하고 CFO는 기술 기반의 과제에 우선순위를 부여해야 한다. 곧 다가올 2020년부터 AI는 신규 직업을 창출하고 2021년부터는 AI로 2.9조 달러어치의 비즈니스 가치와 62억 시간의 생산성을 창출할 것으로 예상한다.

하이-퍼포밍 디지털High-performing digital 업무공간 구축을 위한 새로운 조직구조와 인적 구성을 통해 디지털 덱스터러스Digital Dexterous 문화 구축이 진행될 것이며 2018년에 집중될 기술은 IoT, APIs, AI를 예상한다.

디지털 비즈니스 트랜스 포메이션Digital Business Transformation에 대해 스케일을 강조하고 스케일링 업Scaling up(효율성 확대), 스케일링 어크로스Scaling Across(내부 조직 간의 협력을 통한 역량 확대), 스케일링 아웃Scaling Out(내·외부 플랫폼 및 생태게 간의 협력을 통한 역량 확대)이 변화의 흐름을 대표한다.

최근 4년간 발표된 「10대 기술 트렌드Top 10 Technology Trends」(2015~2018) 보고서를 살펴보면 어드밴스드 애널리틱스Advenced Analytics~AI 파운데이션

Foundation으로 집중되는 것을 알 수 있다.

1.2 2018 가트너 10대 기술 트렌드 주요 내용

- 인텔리전트Intelligent: AI가 거의 모든 앱App에 스며들 것으로 전망. 잘 정의 된 목표와 범위를 통해 좀 더 유연하고 동적이며 자율적인 시스템으로 변화
- 디지털: 가상 세계와 실제 세계를 융합하여 기하급수적으로 증가하는 데 이터를 요약하고 중앙 시스템에 보내기 위해 데이터 처리 중심을 에지 Edge로 이동하게 하고 AI와 함께 차세대 디지털 비즈Biz.와 생태계 구축을 주도
- 메시Mesh: 디지털 결과를 제공하기 위한 확장된 인력, 비즈니스, 장치, 콘 텐츠 및 서비스 간의 연결, 다양한 연결을 위한 심도 깊은 보안을 제공하 고 이벤트Event 응답의 새로운 역량을 요구

10대 기술	주요 내용	연관 키워드
1. AI Foundation (AI 강화 시스템)	- 2020년까지 자율적으로 학습·적응·행동하는 시스템들의 등장 - AI 활용한 의사결정 향상, 비즈니스 모델, 고객경험 향상 주도 - AI 활용을 위한 체계적인 조직 정비 필요 - 기술과 프로세스, 툴(데이터 준비, 통합, 알고리즘, 학습 방법론, 모델 생성 등) 데이터 사이언티스트 중심으로 여러 관계자와 협업 - AI 활용 특정 가치 창출 가능한 비즈니스 시나리오 선정이 중요	- ML - DL - 챗봇 - RPA - NLP - 빅데이터
2. Intelligent Apps and Analytics (지능형 앱 & 분석)	- ERP 등 패키지형 소프트웨어나 서비스 제공업체들은 인공지능을 활용해 고급 분석, 지능형 프로세스, UX(사용자 경험) 등의 형태로 새롭게 비즈니스 가치 창출	- HTML5 - Design Thinking - Argumented Data Discovery - ML
3. Intelligent Things (지능형 사물)	- 사람을 중심으로 주변환경이 자연스럽게 상호 작용하는 것 - 지능형 자동차의 경우 반자율(semi-autonomous) 형태로 진행 중 - 독립적인 지능형 사물에서 협력적인 지능형 사물로 진화 예상	- 로봇 - 드론 - IoT
4. Digital Twin (디지털 트윈)	- 실제 시스템을 가상화 기반의 디지털 방식으로 표현 - 실제 대상과 실시간 연결되어 정보를 제공하고 변화에 관찰 대응 - 인공지능 기술과 접목하여 트윈(Twin)으로 고급 시뮬레이션	- Meta-data Monitoring - ML/AI
5. Cloud to the Edge (클라우드에서 에지로)	- 에지 컴퓨팅(Edge computing)은 기존 클라우드의 문제점을 보완(클라우드 사용자 증가 시 데이터 처리 지연, 정보 유출 등 문제 발생) - 에지 단말기에서 데이터 수집-저장-연산 결과를 클라우드 전송	- Edge cloud
6. Conversational Platform (대화형 플랫폼)	- 디지털과 인간 상호작용 방식 간 차세대 패러다임 전환 - Chat/Voice 입력받은 후 랭귀지 프로세싱(language processing), 기능 수행	- NLP - 챗봇 - AI

10대 기술	주요 내용	연관 키워드
	− 사용자 상호작용	
7. Immersive Experience (몰입 경험)	− 증강현실(Argument Reality), 가상현실(Virtual Reality), 혼합 현실 (Mixed Reality) − VR과 AR을 통해 생산성 향상, 교육, 시각화 프로세스 증진	− 대화형 플랫폼
8. Blockchain (블록체인)	− 분산형 계정으로 디지털 통화(비트코인) 인프라 수준에서 디지털 혁신 플랫폼으로 진화 중 − 중앙집중 데이터 기록 관리 방식에서 공유(Shared)와 분산(Distributed)으로 탈중앙집중 기술 적용	− Ethereum − Hyperledger
9. Event Driven Model (이벤트 기반 모델)	− 디지털 비즈니스 구현을 위해 상품구매 주문과 완료, 항공기 이착륙과 같은 비즈니스 이벤트를 매 순간 감지, 디지털 정보로 반영하여 활용할 수 있는 체계 − 이벤트 브로커, IoT, 클라우드 컴퓨팅, AI 등 디지털 기술이 복합적으로 접목	− IoT − AI
10. Continuous Adaptive Risk And Trust (CARTA 접근법)	− 기술이 고도화·복잡화되면서 보안과 리스크에 대한 중요성과 난이도 상승, 리스크 및 신뢰 평가(CARTA) 접근법 채택 − 데브옵스(DevOps) 툴을 통해 개발팀과 운영팀 간의 간극이 줄어든 것과 같이 보안팀과 애플리케이션팀 간 장벽을 허물기 위한 방법론 (SecOps)	− DevOps

2 포레스터의 2014~2016년 기술 트렌드

2.1 포레스터 기술 트렌드의 개요

포레스터Forrester는 2014년부터 향후 3년간의 주요 기술 트렌드를 발표했다. 직원들을 포함해 소비자들은 지속적으로 연결성을 갖게 되고, 끊임없이 앱 App을 공급받게 되므로, CIOChief Information Officer는 소비자와 직원들의 요구를 만족하기 위해 더욱 민첩하게 대응할 필요가 있다. 또한 트렌드는 사업의 새로운 동인이 되며 IT 리더는 변화의 원인을 명확히 해서, 더욱더 전략적으로 접근할 필요가 있다.

2.2 포레스터 10대 기술 트렌드 주요 내용

10대 기술	주요 내용
디지털 융합의 경계 파괴	- 디지털과 실제 세계가 융합되고 있으며, 고객은 디지털이나 실제 세계에서 동일한 서비스를 기대함
디지털 경험 사업화	- 디지털 세대의 사회 참여에 따라 과거에는 있으면 좋았던 디지털 경험이 이제는 사업의 핵심 요소가 됨
API를 통한 디지털 결합	- 네트워크 기반 서비스로 유용한 기능을 개방적으로 접근해 사용할 수 있게 되고, 데이터 노출에 따른 철저한 보안의 필요성이 높아지고 있음
프로세스 및 인텔리전스의 주도권 변화	- IT의 BI(Business Intelligence)에 대한 통제가 점차 어려워지고, 비즈니스 프로세스는 점차 값비싼 IT의 지원 없이 사용자 기반으로 직접 서비스 기능을 자동화하고 프로세스화할 수 있도록 변화해가고 있음
데이터 한계의 극복	- 저렴하고, 더욱 신속하게, 협력적으로 적용할 수 있는 데이터 분석 및 공유 기법이 중요하며, 예측 앱들은 환경을 센싱해 실시간 대응하고, 사용자의 액션을 예측할 수 있도록 제공함
센서, 디바이스 기반의 에코 시스템 구축	- 사물인터넷은 유비쿼터스화와 디바이스의 확산에 따라 점차 현실화되어가고 있으며, 웨어러블 컴퓨팅 또한 틈새 영역에서 점차 확산되고 있음
데이터의 신뢰와 식별에 대한 재고	- 수많은 IT 디바이스와 앱이 증가하면서, 신뢰가 보장된 인터페이스 식별이 점차 불가능해지고, 많은 데이터 침해 사고는 신뢰가 보장된 내부 직원에게서 발생함
인프라스트럭처 기반의 참여	- UC&C(Unified Communications & Collaboration)와 MDM(Mobile Device Management), PC 등은 직원들의 참여 및 혁신을 촉진하고 효율적으로 활용하도록 변화하며, 통합 인프라와 SDN의 발전을 통해 효율적 비용으로 최고의 성능을 제공하는 SDDC로 전환될 예정임
클라우드, 모바일의 지속적 연구	- 클라우드와 모바일 전략에 따라 기존 구축된 애플리케이션들은 재설계되어야 하며, 지금보다 더 많은 모바일 기반의 IT 전략이 보완되어야 함
민첩한 서비스 브로커로서의 IT	- IT회사는 점차 새로운 환경에 따라 다음과 같은 영향을 받게 됨 - 기술 서비스 브로커로 전환 - 소프트웨어 개발, 아키텍처, 솔루션 개발을 모바일, 클라우드, 빅데이터 솔루션 기반으로 수정하는 역할 - 프로젝트(Project)보다 제품(Product)에 집중된 포트폴리오 관리에 집중 - 프로젝트 관리 지표가 '시간, 비용, 자원'에서 '가치, 용량, 타임 투 마켓(Time-to-Market)'으로 대체됨

3 2014년 이후까지 이어질 《인포월드》의 IT 트렌드

다음은 《인포월드InfoWorld》의 에디터인 에릭 크노르Eric Knorr가 작성한 트렌드로 최근 IT 트렌드에 대한 많은 시사점을 준다. 《인포월드》에 있는 내용을 요약해 다음 표에 정리했다.

9대 IT 트렌드	주요 내용
신규 하드웨어로서의 클라우드	- 인터넷을 기반으로 서버, 스토리지, 네트워크 장비뿐만 아니라 데이터 센터 내 모든 냉난방 공조 장치까지 SDI(Software Defined Infrastructure)로 구축되어 고확장성을 제공하는 클라우드 시대로 확장함
참여 시스템의 미래 선도	- 클라우드의 확장성은 사용률의 변동 폭이 크거나 고객 지향의 웹과 모바일 애플리케이션처럼 다양한 사용자의 참여가 요구되는 경우에 적합함 - 하둡 기반 애플리케이션을 사용한 빅데이터 수집 및 분석이나, 몽고DB, 카산드라, 카우치베이스 등의 NoSQL 기술 등으로 고객과의 상호작용을 최적화하는 데 집중함
스스로 앞서 나가는 빅데이터	- 모든 센서가 연결되어 엄청난 양의 측정 데이터를 전달해 제품 설계나 정확한 예측 등을 개선할 수 있는 사물인터넷의 지속적인 확대에 따라 빅데이터는 제조, 운송, 전력 등의 모든 산업군에서 폭발적인 활용이 예상됨
클라우드 통합 강화	- 여러 퍼블릭 클라우드의 활용 증가에 따라 중복되는 데이터가 분리된 여러 저장소에 흩어지는 문제가 발생하므로 클라우드 통합의 강화가 필요함 - 클라우드를 통합하기 위해서는 향상된 API가 더욱 많이 필요해지고 있으며, 애피지(Apigee)처럼 기업이 자체 퍼블릭 API를 내놓고 유지할 수 있는 새로운 API 솔루션 또한 출현 중임
보안의 새로운 기준 ID	- 퍼블릭 클라우드를 안전하고 효과적으로 도입하려면 개인의 ID 관리가 필요하며, 누가 어디서 접근하는지에 대한 관리와 퇴사자의 ID 회수 등의 작업은 복잡하지만 필수적이 되고 있음
메모리 기반 스토리지	- 대용량 메모리는 소프트웨어 측면에서 모든 관계형 데이터베이스 솔루션이 분석 시 대규모 처리 작업 시간을 줄이기 위해 인메모리 기능을 추가하고 있으며, 하드웨어 측면에서는 SAN(Storage Area Network)까지 갔다 와야 하는 읽기(Read) / 쓰기(Write) 속도를 대폭 줄이고자 플래시 메모리를 사용한 대규모 분산 캐시를 서버에 탑재함
자바스크립트 중요	- 다양한 클라이언트 하드웨어에 사용되는 플랫폼을 단일 코드 기반으로 유지하기 위해 브라우저 내에서 구동되는 자바스크립트와 HTML5를 활용한 모바일 웹이 확대될 전망임 - 신규 자바스크립트 프레임워크가 등장하고 자바스크립트 앱을 네이티브 앱으로 쉽게 전환해주는 폰갭(PhoneGap)과 같은 크로스 플랫폼 모바일 개발 환경 또한 발전 중임
SaaS로 향하는 엔터프라이즈 개발자	- 클라우드에서 애플리케이션의 신속한 코딩, 테스트, 배처에 필요한 툴 서비스를 제공하는 PaaS는 상용 소프트웨어 개발사나 전문 서비스 회사에서 기업 개발자로 사용자가 확대됨 - 특정 산업 영역에 특화된 툴과 서비스를 보유한 산업 영역별 PaaS가 부상할 것으로 전망함
지속적인 개발자의 영향력	- 2011년에 마크 안드레센(Marc Andreessen)이 《월스트리트 저널》에 "왜 소프트웨어가 세상을 집어삼키고 있는가?(Why software is eating the world?)"라고 기고한 것과 같이 수많은 이종의 플랫폼과 SDx(Software Defined Everything)을 프로그래밍해야 함에 따라 코드를 작성할 개발자가 부족하며, 이에 따라 인력을 양성할 수 있는 효과적인 방안에 대한 고민이 필요함

이와 같은 IT 트렌드는 단기적으로 커다란 변화를 의미하며, IT 분야 변화에 동인으로 작용할 것이다. 또한 기존의 하드웨어와 네트워크 장비 등이 점점 소프트웨어화되면서 구축이 아닌 단일 상품이나 서비스의 형태로 판매될 것이다. 다양한 디바이스의 확대에도 앱 개발은 OSMD One Source Multi

Devices로 말미암아 클라이언트Client 디바이스의 종류가 큰 영향을 받지 않게 될 것이다.

참고자료

Forbes. 2013.11.25. "Forrester: Top Technology Trends for 2014 And Beyond."

_____. 2014.10.7. "Gartner: Top 10 Strategic Technology IT Trends For 2015."

_____. 2017.10.14. "Gartner: Top 10 Strategic Technology Trends For 2018."

Knorr, Eric. 2013.11.4. "9 trends for 2014 and beyond." *InfoWorld*.

A-2

플랫폼의 이해

시장의 추세는 플랫폼화를 통해 제품 개발 비용을 절감하거나 시장의 독점을 통해 수익을 확대하는 전략으로 나아가고 있다. 시장에서 이야기하는 플랫폼의 정의는 혼용되어 사용되고 있기에 플랫폼의 유형을 정확히 살펴보고 어떤 플랫폼을 말하는지 알아야 한다. 또한 플랫폼을 통해 시장에 진입하거나 유지하기 위한 다양한 전략과 플랫폼에서 일어나는 여러 가지 현상을 이해해 제대로 된 플랫폼 전략을 수립하는 것이 필요한 시기다.

1 플랫폼의 개요

1.1 플랫폼의 정의

웹스터Webster 사전에 나온 플랫폼의 정의를 보면 애플리케이션Application과 상품을 개발할 수 있는 기본 환경을 구성하는 표준 또는 원칙들의 집합을 의미한다. 플랫폼은 초기 하드웨어를 의미하는 개념에서 점차 소프트웨어와 서비스 등의 개념으로 확대되어갔다. 하나의 운영체계나 컴퓨터 아키텍처 등 응용 서비스를 구동하기 위한 하드웨어, 운영 시스템, 미들웨어를 지칭하는 의미부터 서비스의 기반이나 공통적으로 활용할 목적으로 설계된 구조체 등에 이르기까지 서비스 핵심 기반의 관점에서 다양한 의미로 혼용되어 사용되고 있다. 이런 추세에 따라 플랫폼에 대해 새롭게 정의하면, 플랫폼은 플랫폼 위에서 서비스를 제공하는 여러 요소와 제공되는 여러 종류의 도구Tool를 의미한다. 플랫폼을 직접 파는 것이 아니라 서비스를 파는 것이고, 고객 또한 플랫폼 내 도구를 직접 활용하는 것이 아니라 서비스를 활용하는 것이다.

1.2 플랫폼의 개념도

플랫폼은 개발 비용을 줄이고, 제품군과 보완재를 함께 생산해 생산량을 쉽게 확대할 수 있으므로, 단위 고정비용이 줄어 수익이 늘어나는 구조다.

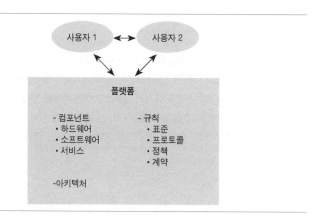

2 플랫폼의 유형

2.1 거시적 관점의 플랫폼 유형

IT 발달에 따라 플랫폼의 중요성은 더욱 부각되어가고, 공급과 수요 측면에서 새로운 플랫폼이 등장할 여건이 조성되고 있으며, 이를 활용할 잠재 참여자들의 종류와 규모 또한 크게 확대될 것으로 예상된다. 플랫폼은 다음과 같은 타입들이 존재한다.

타입	내용
내부 플랫폼	- 다양한 제품을 생산하는 데 활용되는 공통 영역을 제공하기 위한 플랫폼 - 단일 회사 내 안정된 아키텍처 기반 재사용 모듈로 구성 - 제품 디자인을 유연하게 해서 다양한 파생 제품을 효율적으로 제공 - 고정비용 절감이 목적이며, 대량의 커스터마이징을 가능하게 함
공급망 플랫폼	- 공급망에 걸친 생산에 대한 효율성을 증대하기 위한 플랫폼

타입	내용
	- 공급망 내 안정된 아키텍처 기반 재사용 모듈로 구성 - 공급망에 있는 여러 다른 공급자가 디자인하고 생산한 요소를 이용해 최종 제품을 구성 - 전략적으로 연대하거나 단순 조립 및 부품 관계를 통해 제공
산업 플랫폼	- 산업 생태계에서 플랫폼 사업자와 보완재 생산자 간의 협업 활동을 통해 가치를 창출하는 플랫폼 - 산업 생태계 내 플랫폼 기반 인터페이스를 통한 플러그인(plug-in) 허용 - 보완재 생산 기업 간에 사고파는 관계로 동일 공급망 안에 있지 않아도 가능 - 외부 보완재 생산 기업들의 직간접적 네트워크 효과를 유발해 상호 보완적인 혁신이 증가할수록 플랫폼의 가치는 상승
양면 플랫폼	- 산업 내에서 다른 고객 그룹 간의 거래를 촉진해 가치를 제공하는 플랫폼

2.2 미시적 소프트웨어 관점의 플랫폼 유형

소프트웨어 관점에서 플랫폼은 SDK, 프레임워크Framework, IDE 등의 소프트웨어 개발 환경과 APIApplication Programming Interface를 통해 애플리케이션에 필요한 서비스를 제공하는 기반 환경을 제공한다. 소프트웨어 플랫폼은 활용 목적 등에 따라 다양한 플랫폼으로 구성할 수 있다.

유형	내용	사례
소프트웨어 개발 플랫폼	- 소프트웨어 개발 및 실행을 위한 통합 환경 - 개발 언어, SDK, 프레임워크, 빌드 도구 등 통합 개발 환경 제공	이클립스, 비주얼 스튜디오, 닷넷 플랫폼
소프트웨어 유통 플랫폼	- 소프트웨어를 등록·검색·구매할 수 있고 통합적으로 활용할 수 있는 환경 제공	구글 플레이, 앱 스토어, WAC 등
소프트웨어 서비스 플랫폼	- 하드웨어의 컴퓨팅 환경을 기반으로 소프트웨어 서비스를 가능하게 하며, 이를 기반으로 개발, 실행, 활용, 서비스 등 올인원(All-in-One)으로 에코 시스템을 구성할 수 있는 환경을 제공	안드로이드, iOS, 타이젠, 아마존 EC2 등
소셜 플랫폼	- 사람과 사람의 관계를 촉진해주는 데 좀 더 특화해 다양한 서비스 환경을 제공	페이스북, 트위터, 카카오톡 등

3 플랫폼 구성을 위한 주요 기술

이런 플랫폼을 구성하려면 플랫폼을 좀 더 자유롭게 사용하고 활용할 수 있는 다양한 기술이 필요하며, 대표적인 기술은 다음과 같다.

분류	기술	설명
인터페이스	Open API	- 애플리케이션 개발이나 플랫폼에서 서비스하는 기능을 활용하기 위한 인터페이스
	JSON, REST	- 플랫폼 기반으로 사용자와 개발자 간, 상호 간의 질의 및 교환의 표준을 제공
애플리케이션	HTML5	- 웹 브라우저상에서 동작하는 웹앱(Web App)과 실행 플랫폼 개발
	플랫폼별 제공 애플리케이션	- 클라우드 컴퓨팅 서비스를 제공하기 위해 그에 맞는 업무 프로세스, IT 인프라, 업무 모듈 등을 구현 - 빅데이터 관련 컴퓨팅 환경 제공 시 하둡 등의 오픈 소스 기반으로 구축
인프라	CDN, ADN	- 정적·동적 콘텐츠의 네트워크 지역화와 캐시를 통한 트래픽 절감 수행
보안	OAuth 1.0a, OAuth 2.0	- 개인 인증 정보를 사용하지 않고, 토큰 처리로 앱 간, 서비스 간 인증 정보를 공유하고 로그인을 처리
	개인정보 보호	- 개인정보의 암호화 처리 및 익명 처리 기술 등 필요 - 저장, 전송 시에 SHA-256, SHA-384, SHA-512 등의 암호화와 128비트 이상의 보안 수준 처리가 필요 - FIPS 140-2 등 플랫폼 서비스 대상 국가의 표준 준수
	콘텐츠 보호	- DRM, 워터마크 등 콘텐츠 보호와 포렌식을 위한 기술 제공 필요

4 플랫폼 전략

4.1 플랫폼 전략의 두 가지 옵션, 코어링과 티핑

플랫폼은 기술 시스템으로서 근본적인 기능을 수행하고, 산업 내 다수 기업의 사업적인 문제를 해결하기 위한 것이다. 플랫폼을 성공적으로 활용하도록 유도하려면 전략이 반드시 필요하다. 플랫폼 공급자는 혁신을 유도하기 위한 방법을 제공하고, 타 플랫폼과의 경쟁에서 더 나은 생태계를 어떻게 구성해나갈 것인지 등을 고민해야 한다. 전략에는 코어링Coring과 티핑Tipping 등 두 가지 옵션이 있다.

코어링
이전에 없던 플랫폼을 구성하기 위해 기회를 식별하고 핵심 요소의 디자인을 수행

티핑
플랫폼 경쟁에서 승리하기 위해 영업, 마케팅, 가격, 제품 개발, 생태계 형성 등의 측면에서 플랫폼 경쟁 우위를 확보

전략적 옵션	기술/디자인 수행 시 고려 사항	비즈니스 수행 시 고려 사항
코어링 (신규 플랫폼 구성 전략)	- 필수 시스템 문제를 해결 - 외부 모듈의 애드온(add-ons) 활용 촉진 - 기술의 핵심적인 요소는 IP(Intellectual Property)로 보호 - 플랫폼과 보완 요소 간의 강한 의존관계 유지	- 다양한 산업에 비즈니스의 필수적인 문제 해결 고려 - 보완재를 제공하는 사업자에게 인센티브 지원 - 매출과 수익의 주요 원천 보호 - 경쟁 플랫폼의 스위칭 비용을 높게 유지

전략적 옵션	기술/디자인 수행 시 고려 사항	비즈니스 수행 시 고려 사항
티핑 (플랫폼 성장 전략)	- 복제가 어렵고, 사용자의 관심을 유도하는 차별화된 특성을 개발 - 인접한 시장에서 기술적인 특성을 흡수하거나 연계	- 보완재를 제공하는 사업자에게 경쟁자보다 높은 인센티브 제공 - 경쟁자들과 상생하기 위한 방안 검토 - 사용자가 플랫폼에 매력을 느끼기 위한 가격 또는 보조금 체계 검토

자료: Gawer(2009).

4.2 플랫폼 산업 신규 진입자의 선택 전략

플랫폼 산업에 신규로 진입하는 사업자의 경우에는 다음과 같은 전략을 선택할 수 있다.

보유 설계 역량	타깃 산업	
	지배적 플랫폼이 없는 경우	지배적 플랫폼이 있는 경우
특화된 컴포넌트 개발 사업자	- 코어링 전략 - 산업 내 핵심 플랫폼 선점을 위한 시스템 기반 경쟁 플랫폼에 대한 공격적 진입 - MS, 인텔, 퀄컴 등	- 코어링, 핑 전략 - 기존 플랫폼의 비즈니스 모델과 반대이거나 포함되지 않는 영역을 대상으로 비즈니스 모델 발굴 - 경쟁자 간의 연합 구성이 가능 - 구글, 리눅스 등
시스템 연계 또는 통합 사업자	- 플랫폼 전략을 선택하지 않음 - 폐쇄적인 시스템으로 남거나 상품 전략 단계에 머무름 - 자동차 제조사 등	- 상품 전략 + 티핑 전략 선택 - 폐쇄적/상용 시스템 또는 기기를 기반으로 플랫폼 내 보완재를 제공 - 애플의 아이팟, 애플 iTV, 아이폰 및 소니, 닌텐도 등

4.3 플랫폼 산업 기존 사업자의 선택 전략

이런 신규 플랫폼의 진입을 방어하기 위해 기존 기업의 플랫폼에 대응하는 다음과 같은 전략이 필요하다.

보유 설계 역량	대응 전략
특화된 컴포넌트개발 사업자	- 경쟁자와의 동맹 - 인접 시장의 독점적 지배 사업자의 공격에 대항하기는 어려움 - 심비안 등
시스템 연계 또는 통합 사업자	- 듀얼(Dual) 전략(상품과 플랫폼) - 제품과 플랫폼 전략을 동시에 수행하면서, 산업 내 시스템의 연계 통합과 플랫폼 리더를 함께 추구함 - 전략 실행 중 내부적으로 이해관계가 상충할 수 있음 - 노키아, SAP 넷위버(NetWeaver) 등

5 플랫폼의 핵심, 네트워크 효과

5.1 네트워크 효과의 개념

네트워크 효과Network Effects는 다른 네트워크 사용자들의 인원수에 따르는 사용자의 네트워크 가치이며, 여기서 말하는 가치란 네트워크 참여를 위해 사용자가 기꺼이 투자하는 비용을 의미한다.

2000년대 초반에 양면Two-Sided 네트워크에 대한 논의를 본격적으로 진행했다. 양면 네트워크에는 동일 그룹Side 내 사용자 간에 발생하는 동일 고객 그룹Same-Side 효과와 다른 그룹 내 사용자들과의 사이에 발생하는 다른 고객 그룹Cross-Side 효과가 있다. 그리고 여기에 더해 각 네트워크 효과는 긍정적Positive이거나 부정적Negative일 수 있기에 양면 네트워크에는 총 네 가지 네트워크 효과가 있다. 이런 네트워크 효과는 성공적인 플랫폼이 시장을 독식WTA: Winner-Take-All할 수 있는 구조를 만들어낸다.

5.2 네트워크 효과가 플랫폼에 미치는 영향

동일 고객 그룹의 긍정적인 효과는 사용자 간의 상호 연결을 통해 제품의 지식을 공유하는 등의 사례가 있다. 게임에서 사용자가 함께 게임 내 적을 격파하는 것 등도 유사 사례라고 할 수 있다. 부정적인 경우는 전자 상거래의 경매 사이트처럼 서로 경쟁하면서 가격을 높이는 등 여러 사람이 붐벼서 불편하거나 서로 다르기를 원하는 사례가 있다. 이는 사용자 개인의 입장에서는 높은 가격으로 상품을 구입해야 하므로 부정적인 효과를 제공한다.

다른 고객 그룹의 긍정적인 효과로는 상품 판매자와 소비자 간의 거래에

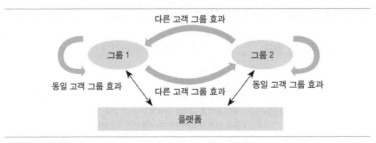

자료: Parker and Van Alstyne(2005); Eisenmann, Parker and Van Alstyne(2006).

서 카드를 사용해 결제하거나, 모바일 플랫폼 등에서 개발자와 사용자 간에 앱을 개발하고 이를 사용자가 활용하는 사례 등이 있다. 부정적인 효과로는 콘텐츠를 사용할 때 사용자가 DRM Digital Rights Management 에 대한 비용을 함께 추가로 지불해야 하거나 상대 고객 그룹에서 광고를 통해 활용을 유도하기 위한 비용이 발생하는 경우가 있다.

6 플랫폼의 대표적인 사업 역할자

플랫폼 내 역할은 대표적으로 후원자 Sponsors 와 공급자 Providers 가 있다. 공급자는 플랫폼에서 사용자가 처음 접하게 되는 플랫폼 사업자다. 후원자는

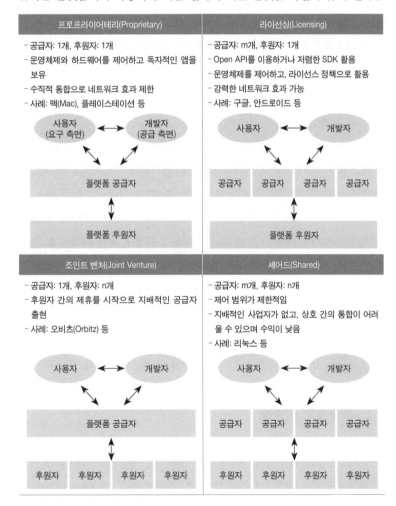

사용자와 직접적으로 연결 관계에 있지는 않지만, 플랫폼 기술을 변화시키거나 플랫폼 공급자 또는 네트워크 사용자 등의 구성원을 결정하는 등 플랫폼의 규칙을 제정하는 권리를 보유한 사업자다. 각 역할은 단일 회사가 수행할 수도 있으며, 단일 회사가 두 가지 역할을 모두 수행할 수도 있다.

7 플랫폼의 활성화 방안 및 플랫폼의 이중성

7.1 플랫폼의 활성화 방안

양면 시장의 경우 보조금 정책이 매우 중요하다. 누구에게 어떤 수준으로 보조금을 줄 것인지를 보조금의 가격에 대한 민감도와 네트워크 효과를 감안해 결정해야 한다. 예를 들어 데이트를 주선하는 맞선 사이트의 경우 여성 고객과 남성 고객으로 이루어진 양면 시장이 된다. 맞선 사이트는 여성 고객이 증가하면 남성 고객이 늘어나는 네트워크 효과를 가지고 있다. 따라서 여성 고객을 대상으로 가격을 크게 내려 여성 고객의 유입을 늘리면, 남성 고객의 가격을 조금 올리더라도 남성 고객의 수는 줄지 않고 늘어나는 효과를 볼 수 있다. 이처럼 가격 민감도를 잘 이용해 차별적으로 가격을 적용할 수 있다. 또한 산업에 따라 보조금을 제공하는 대상자가 달라진다. 게임 산업의 경우 하드웨어부터 운영체제, 소프트웨어, 서비스까지 수직적으로 통합된 형태로, 프로그램 가격에 예민하고, 게임에 대한 기대 수준이 높다. 반면에 PC 산업에서는 서비스에서 하드웨어까지 수평적으로 분화된 형태로, PC 사용자는 가격에 덜 민감하며 프로그램에 대한 기대 수준이 게임 사용자보다 낮다. 그러므로 게임 산업의 경우 사용자에게 보조금을 지급해 게임 플랫폼이 활성화되도록 유도해야 하며, PC 산업의 경우에는 개발자에게 보조금을 지급해 다양한 서비스를 제공할 수 있도록 유도해야 한다.

7.2 플랫폼의 이중성

플랫폼은 성장을 위해 개방적인 형태를 취하지만, 성장한 후에는 점차 자신의 이익과 영역을 확대하기 위해 위협적인 존재가 된다. 애플Apple 의 아이튠스와 같은 경우에도 초기에는 음원 시장의 구세주 역할을 했으나, 플랫폼이 성장한 현재 음원 시장의 입장에서는 대응이 어려운 지배자가 된 상태다.

시장의 지배력을 강화한 이후 이용료를 인상할 수도 있다. 사용자의 이용료는 높이면서, 공급자에게 지불하는 비용은 낮게 가지고 감에 따라 큰 차익을 올릴 수 있다.

사용자에 대한 지배력 강화를 위해 내 상품을 구매한 가입자 정보를 이용해 플랫폼에서 개발한 제품을 판매할 수도 있으며, 경쟁사를 지원해 시장점유율Market Share을 약화시킬 수도 있다.

또한 플랫폼 기반으로 수직 통합을 수행할 수도 있다. 이마트, 홈플러스 등의 대형 마트에서 소비자가 많이 찾는 상품에 대해 내부의In-House 브랜드를 출시하는 것이 유사하며, 마이크로소프트Microsoft에서는 브라우저, 메신저, 오피스 등도 윈도우Windows의 기본 기능에 포함해 제공함으로써, 경쟁 상품이 시장에서 사라지게 했다(물론 이후 법 개정을 통해 오피스 등이 윈도우에서 분리되었다).

 참고자료

학주, 안드레이(Andrei Hagiu)·히라노 아쓰시 칼(平野敦士 Carl). 2012. 『플랫폼 전략: 장(場)을 가진 자가 미래의 부를 지배한다』. 더숲.

Eisenmann, Thomas, Geoffrey Parker, and Marshall W. Van Alstyne. 2006. "Strategies for Two Sided Markets." *Harvard Business Review*, 84, No.10(October).

Gawer, Annabelle. 2009. *Platform, Markets and Innovation*. Edward Elgar Publishing.

Parker, Geoffrey and Marshall W. Van Alstyne. 2005. "Two-Sided Network Effects: A Theory of Information Product Design." *Management Science*, Vol.51, No.10, pp.1494~1504.

 기출문제

96회 정보관리 구글과 애플의 비즈니스 생태계 전략을 다면 플랫폼(Multi-sided Platform) 차원에서 설명하시오. (25점)

99회 컴퓨터시스템응용 소프트웨어 플랫폼(Software Platform). (10점)

기술 수명 주기

기술 수명 주기는 기업에서 기술의 트렌드를 예측하기 위한 주요 도구로 활용된다. 그리고 이런 예측을 통해 기업은 지속적이고 차별화를 유지할 수 있는 기술을 선정해 개발하거나 도입하는 것을 의사결정하게 된다. 기술 수명 주기는 S곡선을 기본으로 기술 수명 주기 이론, 가트너의 하이프 사이클 등이 대표적이며, 기술 수명 주기의 각 단계에 따라 수익을 확보할 수 있는 다양한 라이선스 정책을 알아보고자 한다.

1 기술 수명 주기의 개요

1.1 기술 수명 주기의 필요성

시장의 경쟁이 치열해지고, 기술의 발전 속도가 과거 어느 때보다 빨라진 상황에서, 기업들은 경쟁력을 확보하기 위해 다양한 기법을 활용해 시장이나 기술을 예측하고자 노력하고 있다. 특히 예측에 따라 기업의 성패가 달라질 수 있기에 기업들은 다양한 예측 방법에 대한 시도를 통해 시장과 기술에 대한 트렌드를 확인하고자 한다. 디지털카메라를 먼저 개발해놓고도 트렌트를 제대로 읽지 못해 퇴출 운명에 놓인 코닥Kodak의 사례나, 스마트폰에 대한 시장의 패러다임 변화를 제대로 파악하지 못해 회사가 합병되어버린 노키아Nokia 등을 보면 한순간의 실수가 기업의 운명을 좌우해버리는, 급변하는 시대에 살고 있다고 해도 과언이 아니라고 하겠다.

이런 경쟁 상황은 기업의 지속성과 가치를 확보하기 위한 기술 개발 경쟁을 촉진했고, 이에 따라 지배적인 기술의 수명이 점차 단축되면서 기술의 상업적인 성공 가능성 또한 기대하기 어려워졌고, 기술에 대한 예측 정확도를 높이려는 다양한 수단이 발전하게 된 것이다.

1.2 기술 수명 주기의 개념

기술 수명 주기Technology Life Cycle는 향후 기술의 가치 변화, 발전 방향, 경쟁 구조 등을 파악해 연구 개발의 투자를 통해 상품의 경제적인 이익을 얻기 위한 단기의 기술 예측 기법이다. 연구 개발의 기술적 성과와 경제적 성공 가능성의 비례 관계는 점차 낮아지고, 연구 개발 투자에 대한 회수 가능성도 낮아짐에 따라 기술의 경제적 가치에 대한 평가가 중요해져 갔다. 이에 따라 기술의 경제적인 유효 수명인 기술 수명 주기의 분석은 객관적인 기술 가치 평가의 핵심 요인이 되었으며, 기술 예측의 중요 수단으로 활용되고 있다. 기술 예측이 전체 기술 분야의 변화에 대한 장기 예측이라면, 기술 수명 주기 분석은 특정 기술군, 혹은 그 세부 기술에 대한 단기 예측에 적합하다. 기술 예측은 델파이 기법이나 시나리오 기법, 시뮬레이션 기법처럼 심층적으로 분석할 수 있는 정성적 기법이 주로 사용되지만, 비용과 시간의 측면에서 비효율적이며 결과의 신뢰성을 보장할 수 없어 구조화된 기술 가치 평가 모델을 구성하기에는 적합하지 않다. 반면에 기술 수명 주기 분석은 정량적 데이터를 산출하기 위해 계량적인 기법 위주로 진행되기 때문에 쉽게 이해할 수 있는 분석 척도를 활용해 평가 모델을 구조화하기 용이하다는 장점이 있다. 기술 수명 주기는 상품의 종류에 따라 시간 차이가 발생한다. 철이나 제지 등의 제조 기술은 대체로 수명 주기가 긴 반면, 전기나 전자 등의 분야는 수명 주기가 짧은 편에 속한다. 기술 수명 주기는 기술의 개발 기간과 비용, 비용 회수 기간 등과 큰 연관이 있다. 기술 수명 주기를 늘리는 데는 특허나 법률적인 방법 등을 이용하거나 기술가치보험 등을 활용해 부가 이익을 높이는 다양한 방법이 있다.

1.3 S곡선 기반 기술 수명 주기의 단계

기술은 시간에 따라 유사한 형태의 흐름을 가지게 된다.

단계	내용
R&D 단계	R&D 투자 중심으로 수입은 거의 없고, 실패 가능성이 높은 단계
상승(Ascent) 단계	A 지점에서 M 지점으로 올라가는 상황으로 단기적인 지출은 회수할 수 있는 상황이며, 기술 강점이 점차 높아지는 단계
성숙(Maturity) 단계	M 지점 주위로 이익이 높고, 안정화되어 있으며, 시장이 점차 포화되어가는 단계
쇠퇴(Decline) 단계	D 지점 이후로 기술에 대한 자산 및 시설을 감소시키는 단계

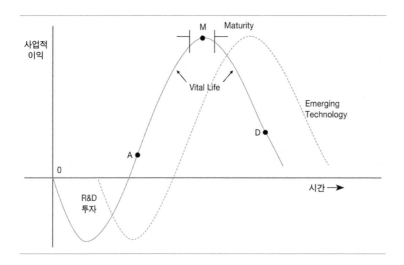

2 기술 수명 주기의 종류

기술 수명 주기를 분석하는 데는 다양한 방법이 존재한다. 앞에서 이미 언급한 S곡선S-Curve 이론이 있으며, 기술 수용 주기 이론Technology Adaptation Life Cycle과 대중의 기대 심리를 축으로 수명 주기를 제공하는 가트너의 하이프 사이클Hype Cycle 등이 있다.

2.1 기술 수용 주기 이론

기술 수용 주기 이론은 변화에 대한 도전성, 그리고 위험부담을 회피하는 정도에 따라 기술을 수용하는 고객들의 유형이 분리되어 이를 기반으로 기술의 수명 주기를 파악해 전략을 조정하는 이론을 의미한다. 기술 수명 주

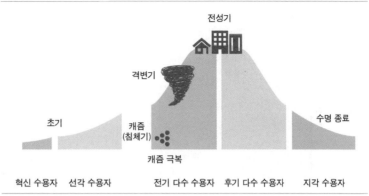

자료: Moore(1995: 19, 25).

단계	내용
혁신 수용자 (Innovator)	- 벤처 관점에서 최신 기술에 대한 높은 탐구 의지로 활용 - 신규 아이디어 제공 및 타인에게 기술에 대한 전파 수행
선각 수용자 (Early Adopter)	- 기술의 장점을 활용해 혁신적인 활동을 수행
전기 다수 수용자 (Early Majority)	- 기술의 안정적 성장에 대한 신뢰를 확보하고, 사업적인 가능성을 인정받음 - 소비자 스스로 입증된 기술에 대해 관심을 갖고 구매 수행
후기 다수 수용자 (Late Majority)	- 신규 기술에서 이익을 확보하는 것에는 관심이 없으며, 기술 도입 가격에 민감한 　소비자 집단이 포함됨 - 주위 영향에 따라 기술 제품을 구매하는 경우가 다반사임
지각 수용자 (Laggard)	- 보수적인 관점에서 기술에 접근해 새로운 기술로 변화하는 것을 두려워함 - 기존 기술의 사용이 어렵게 된 경우 신규 기술 도입을 고려함

기는 다섯 단계로 구분되며, 혁신 수용자Innovator(기술 애호가), 선각 수용자
Early Adopter(진보적 선구자), 전기 다수 수용자Early Majority(실용주의자), 후기 다
수 수용자Late Majority(보수주의자), 지각 수용자Laggard(회의론자)의 다섯 가지
유형으로 나뉜다.

2.2 가트너의 하이프 사이클

가트너의 하이프 사이클은 비즈니스 문제를 해결하고 신규 기회에 활용할
수 있는 다양한 기술에 대해 시간에 따른 성숙도를 그래픽으로 가시화해 제
공한다. 시간과 인지도를 두 축으로 하고 성숙도를 의미하는 그래프를 포함
해 해당 비즈니스 영역에 필요한 개별 유망 기술을 놓아 해당 영역의 전체

하이프 사이클의 5단계

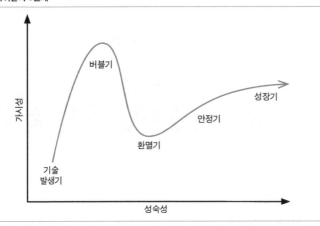

단계	내용
기술 발생기 (Technology Trigger)	- 신기술 출현으로 관심의 집중을 받는 단계 - 기술 기반의 유용한 상품은 없고 상업적으로 불확실한 상황
버블기 (Peak of Inflated Expectation)	- 신기술이 도입되기 시작하면서 일부 성공 사례의 기대감으로 평판이 증폭되는 단계 - 본격적인 사업 전략 수립 기업이 출현하고 기술의 적합성에 대한 검증을 시도하는 노력이 계속되지만 종종 실패 사례 또한 발생
환멸기 (Through of Disillusionment)	- 신기술의 실험적 성능과 상용화된 성능 간에 괴리가 발생하기 시작하고, 수익 모델의 부재와 같은 다양한 한계점이 노출되면서 대중의 실망이 드러나는 단계 - 생존한 기업만이 선각 수용자(Early Adopter)의 만족도를 위해 상품 개선을 유지
안정기 (Slope of Enlightenment)	- 기술이 수용되어 효용성이 입증되고 실제적인 이용이 시작되는 단계 - 이전 사례로부터 교훈을 획득해 기술에 대한 현실적인 인식을 갖게 되기 때문에 현실적으로 시장에 대응 가능
성장기 (Plateau of Productivity)	- 신기술이 구체적으로 가시화되고 응용 분야가 확대되면서 안정적으로 주류 기술로 수용되는 단계

기술을 보여주는 형태다. 기술이 새롭게 등장한 후에 사람들의 기대 심리와 맞물려 관심을 집중적으로 받다가, 기술적인 한계성 등에 따른 상용화 문제로 기대가 거품으로 꺼지고, 이후 기술적인 성장으로 한계성이 극복된 시점에서 다시 시장에서 서서히 받아들여지면서 기술이 널리 활용되는 수명 주기를 보여준다.

3 기술 수명 주기의 단계별 라이선스 선택

기업 간의 경쟁이 치열해지고, 신속한 혁신에 따라 기술 수명 주기는 점점 짧아짐에 따라 S곡선을 기반으로 과거 성숙 단계에서 필요했던 라이선스가 위험을 완화하기 위해 수명 주기의 모든 단계에서 필요하게 되었다.

단계	내용
R&D 단계	- 기술 개발을 위한 많은 투자가 진행되어, 제3자 또는 제휴를 통해 자금을 마련하거나 기술 개발의 위험을 방지 - 중소형 기업은 벤처 캐피털을 통해 자금을 투자받고 기술을 라이선싱하며 기업 공개(IPO: Initial Public Offering)를 통해 얻은 이익을 공유 - 대기업은 전략적 제휴를 통해 컨소시엄을 구성 후 기술을 개발하고 개발된 기술은 제휴사 간 교차 라이선스(Cross Licensing)로 공유
상승(Ascent) 단계	- 기술을 라이선싱하기보다는 특허를 통해 기술의 독점적 권리를 행사 - 해외에 사업 기회가 많은 경우 제3자에게 기술을 라이선싱하기보다 자회사를 선호
성숙(Maturity) 단계	- 안정적이고 많은 수익이 발생하나, 기술의 '바이탈 라이프(Vital Life)' 시기에만 가능 - 기술 라이선싱을 활용해서 기술로 말미암은 수익성이 낮아지는 위험을 완화하거나 수익을 낼 수 있는 기회를 확장 - 일반적으로 해당 기술이 개발도상국에서는 상승 단계에 있게 되므로 조인트 벤처 형태의 라이선싱 전략 수립이 가능 - 재무적인 다양한 기회를 기반으로 기술의 사용 수준을 조정하며 투자 기반이나 로열티 수익의 두 가지 주요 수익에 집중
쇠퇴(Decline) 단계	- 기술을 통한 수익이 급격히 감소하기 시작하므로 기술 수명 주기를 길게 유지하기 위한 기술 라이선싱을 활용 - 기술이 다른 시장에서 아직 매력적인 상황인 경우 라이선싱을 통해 기술의 수명을 연장하는 전략을 수립 - 일반적인 기술에 대한 라이선스를 제공하는 자의 간섭이나 제한이 적어지며, 라이선스를 받은 자의 위험을 완화해줄 목적으로 조인트 벤처 형태의 계약을 맺거나 재정적 보증을 같이 제공

기술 수명 주기상에 특정 기술이 어떤 위치에 있는지와 경쟁 기술과의 우위 상황인지를 파악하는 것은 쉽지 않지만, 안정적인 수익을 지속적으로 확보하기 위해서는 기술에 대한 경제적 가치를 평가해 적절한 라이선싱 전략을 수립할 필요가 있다.

참고자료

유선희·이용호·원동규. 2001. 「특허 인용 분석을 통한 기술 분야의 수명 예측에 관한 연구」. ≪한국경영과학회지≫, 제31권 제4호.

정보통신산업진흥원. 2011. 「소프트웨어 글로벌화 가이드 v1.0」.

Moore, Geoffrey A. 1995. *Inside the Tornado: Marketing Strategies from Silicon Valley's Cutting Edge*. HarperCollins.

기출문제

99회 정보관리 최근 급격한 기술 변화로 신기술의 수명이 짧아지면서 기술 수명 주기(Technology life cycle) 관리가 더욱 중요해졌다. 기술 수명 주기를 4단계로 구분할 때, 수명 주기 각 단계에서 선택할 수 있는 라이선싱(Licensing) 전략에 대하여 설명하시오. (25점)

A-4

소프트웨어 해외 진출

국내 소프트웨어 산업은 글로벌 시장과 비교할 때 많은 부분 낙후되어 있으며, 해외로 진출한 소프트웨어 또한 소수에 지나지 않는다. 이런 상황에서 기업에 소프트웨어 해외 진출은 필수적으로 이루어져야 할 과제이지만 기업의 생사를 좌우할 정도로 도전적인 일이다. 소프트웨어 해외 진출에 필요한 글로벌화 항목에 대해 정보통신산업진흥원에서 발간한 가이드를 기반으로 살펴보고, 제품 개발 주기와 버전 관리 전략, 제품의 성공 요인을 소개하고자 한다.

1 소프트웨어 해외 진출의 개요

1.1 소프트웨어 해외 진출의 배경

국내 소프트웨어 산업은 하드웨어 중심의 성장에 따라 글로벌 경쟁력이 매우 낮은 상황이다. 대다수 소프트웨어는 해외 기업을 통해 공급되며, 원천 기술에 대한 경쟁력도 선진국보다 매우 낮은 상황이다. 이를 타개하기 위한 소프트웨어에 대한 R&D 투자도 부족한 상황이고, 우수 소프트웨어 인력에 대한 양성 또한 제대로 이루어지고 있지 않으며, 내수 위주의 시장 구조로 수출 규모도 매우 적은 상황이다. 이 때문에 소프트웨어 기업들은 침체된 내수 시장을 탈피해 신시장 개척을 위한 해외 수출을 확대하고 있다. 그리고 정부는 글로벌 경쟁력을 강화하기 위해 패키지 소프트웨어의 품질 개선과 현지화를 지원하고, 대형 IT 프로젝트 지원 및 신흥 시장을 대상으로 한 정보화 사업 진출 지원 정책을 추진해오고 있다.

1.2 소프트웨어 해외 진출의 이슈 및 준비 사항

하지만 현지 정보의 부족과 문화적인 이질감 등 여러 이유로 소프트웨어 해외 진출은 쉽지 않으며, 그중에서 가장 우선적인 애로 사항은 바로 현지화에 대한 내용이다. 날짜 표기 순서, 언어 문제, 통화 표시 등 사소한 것부터 프로그램 가동 시 화면에 나타나는 메시지까지 다양한 내용에 대해 수정이 요구되고 있으며, 한글 전용 인코딩을 사용해 개발한 경우에는 외국 시스템에서 화면이 정상적으로 출력되지 않는 문제도 발생할 수 있다.

소프트웨어의 해외 진출을 위해 준비해야 할 사항은 정보통신산업진흥원 부설 소프트웨어공학센터에서 제공하는 「소프트웨어 글로벌화 가이드 v1.0」과 「소프트웨어 글로벌화 체크리스트 v1.0」(2011년 1월), 「SW 수출 준비를 위한 '제품의 완성도 체크리스트'」(2013년 2월)에서 상세한 가이드를 제공하고 있다. 다음은 그중 앞부분 내용을 요약해 설명한 것으로, 소프트웨어의 해외 진출에 관심이 있는 사람은 소프트웨어공학센터 홈페이지 (http://www.software.kr/)에서 상세한 내용과 체크리스트를 확인할 수 있다.

2 소프트웨어 해외 진출 시 글로벌화 가이드

2.1 소프트웨어 해외 진출 시 비용과 기간에 대한 이슈

소프트웨어 해외 진출은 비용과 기간이 많이 소요되며, 무엇보다 의사결정자의 의지와 해외 진출을 하고자 하는 소프트웨어가 타깃으로 하는 시장의 요구 사항이 무엇인지, 요구 사항을 충족하는 방법이 무엇인지가 명확히 정의되어 있어야 한다. 비용에 대해서도 어느 정도의 예산이 필요한지 알아야하는데, 소프트웨어 수출의 경우 대략적인 초기 소요 비용은 일본이 평균 3억~5억이며, 중국은 5억~6억 정도다. 또한 해당 지역에 맞게 글로벌화하는데 걸리는 소프트웨어 프로젝트 기간이 필요하며 일본은 평균 17~25개월, 중국은 16~32개월이 소요된다. 추가로 품질 보증에 대한 충분한 시간이 할당되어야 한다. 수출하고자 하는 제품에 대해 무엇을 기대할지, 기대치가 요구 사항에 부합하며 기대치와 요구 사항이 예산에 맞는지를 꼼꼼히 확인하고 현실적인 기대치를 설정해, 지금의 능력을 초과하는 기대치를 설정하지 않도록 유의한다.

2.2 소프트웨어 해외 진출을 위한 글로벌화 개념

소프트웨어 글로벌화·국제화·현지화의 기술적 의미

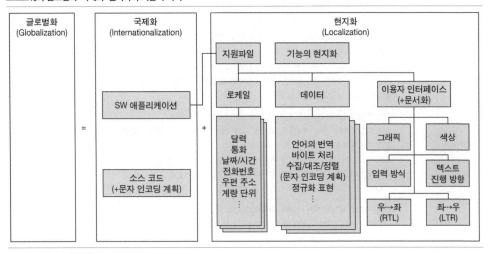

자료: 정보통신산업진흥원(2011).

글로벌화는 글로벌 제품을 생산하기 위한 통합적인 접근 방식으로 기술적인 관점에서 보면 소프트웨어 국제화와 현지화의 두 단계로 구성된다. 우선 국제화를 통해 제품을 현지화할 수 있는 기반을 구축한 다음, 다양한 언어나 문화권의 이용자에게 서비스할 수 있도록 현지화해 제공하는 절차를 의미한다. 국제화는 동일 코드로 다양한 문화, 지역, 언어권의 이용자에게 제품을 서비스할 수 있도록 설계하고 구현하는 것으로, 소프트웨어 개발에 대한 핵심적이고 구조적인 접근 방식이다. 현지화는 제품을 특정 언어나 문화권에 적합하도록 변형하는 절차를 의미하는 것으로, 현지에서 개발된 경쟁 제품과 비교해 차이가 나지 않도록 현지의 특색을 최대한 반영하도록 제공하는 것이다. 설계 단계에서 국제화를 고려해 지역별 소프트웨어 수정에 대한 비용을 최소화하는 것이 중요하며, 지역에 따라 모듈을 확장하거나 대치할 수 있게 하고, 추가할 수 있는 유연성을 확보하는 것이 중요하다.

2.3 소프트웨어 글로벌화 시 주요 고려 사항

다음은 소프트웨어 글로벌화 시 전형적으로 고려해야 하는 사항이다.

고려 사항	내용
사용자 인터페이스	- 지역에 따라 교체할 언어, 그래픽, 사운드, 미디어 준비 - 내비게이션 순서 변경 가능성 확보 - 레이아웃, 포맷, 색상, 스타일 변경 가능성 확보
비즈니스 로직	- 특정 지역 시장에서 유용한 기능 구현 필요(휴일, 작업 플로, 각종 데이터 구성 및 입력 방법의 다양성 등) - 지역 법률, 규정, 회계 등 고려(특정 지역, 정부에서 요구하는 보고서, 국가 법률에 의한 장애인에 대한 기능 구현 차이점, 보안 관련 등 수입·수출에 대한 기술적 규정, 국가별로 요구되는 인증 등 반영)
콘텐츠	- 지역 법률, 기존 국내외 경쟁 업체, 공급자 가용성 등에 따라 영향 - 지역 상황에 따라 판매, 마케팅, 라이선스, 가격, 패키징 전략, 방식, 제품 개발 및 프로모션 등의 차이 고려 - 프라이버시, 저작권, 스팸, 성인물 등에 대한 지역 법률, 지역 검열법에 따른 언어, 이미지, 주제 등에 대한 규제 사항, 언어나 문자 인코딩에 대한 법적 요구 사항, 데이터베이스 스키마와 콘텐츠의 지역화 등 고려
환경	- 각 지역 외부 환경에 따른 대역폭, 수용력, 가용성 등 고려 - 네트워크, 통신, CPU, 메모리 등 주요 부품의 성능 대비 가격을 제품 품질, 이용성, 가격 정책 등에 반영
통합	- 각종 장치, 플랫폼, 시스템, 소프트웨어 컴포넌트, 서비스, 파일 포맷 등 제품 구성 요소에 대한 지역적 차이 고려 - 지역마다 다양한 파일 포맷 및 변종 고려, 제품에 적용되는 다양한 서드 파티 라이브러리, 컴포넌트의 국제화, 지역화 지원 수준 파악 및 보완

3 소프트웨어 해외 진출을 위한 제품 개발 주기

3.1 소프트웨어 해외 진출을 위한 제품 개발 주기 개념도

제품의 전체 개발 생명주기를 보면 국제화와 현지화 단계가 순차적으로 진행된다. 제품을 단기간에 여러 국가에 출시할 계획이 없더라도 국제화는 먼저 구현되어야 한다. 추후 해외 진출을 확대함에 따라 아키텍처 문제로 말미암아 지연되거나 비용이 과다하게 소요되어 제품이 캐즘Chasm 에 빠지는 것을 막기 위해서는 설계 단계와 구현 단계에서 국제화 요건을 올바르게 수행하고 결과를 검증하는 것이 중요하다.

캐즘 단계
혁신성을 중요하게 생각하는 소비자 중심의 초기 시장에서 실용성을 중시하는 소비자 중심의 주류 시장으로 진입할 때 제품의 급격한 매출감소나 정체가 발생하는 시기

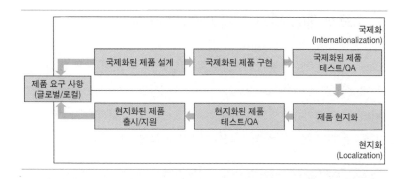

3.2 소프트웨어 해외 진출을 위한 제품 개발 주기 단계

단계	내용
제품 요구 사항 분석	- 가능성 있는 모든 지역 시장에서 얻은 정보를 통합한 글로벌 제품 사양 - 글로벌 제품이 제공하는 콘텐츠와 기능, 그리고 지역별로 다른 콘텐츠 등과 관련된 요구 사항 - 지역별 업무 프로세스나 규정 요건 준수를 위해 조정이 필요한 기능 - 제공해야 할 기술 지원, 주요 기능 및 제공 방법 - 지원 언어와 이를 위한 필요 사항
국제화된 제품 설계	- 한 가지 언어로 개발하는 경우에도 타 언어의 경우를 염두에 두고 개발 수행 - 그래픽, 색상, 아이콘, 약어, 제품 표시, 단축키, 양식, 사용자 입력, 텍스트 축소·확장 등에 대한 유연성과 번역 가능성 등을 고려
국제화된 제품 개발	- 국제화된 제품 설계 기반으로 코딩 및 제조 수행 - 개발 과정에 대한 아웃소싱 사례 증가
국제화된 제품 테스트/QA	- 이 단계는 오류 수정이 중요하며, 향후 문제 시 현지화된 각 버전의 별도 수정이 필요해 개발 비용이 급증할 수 있음 - 국제화된 제품의 초기 테스트는 모든 텍스트를 실제 목적 언어의 특성에 가까운 가비지(garbage) 텍스트로 변경해 현지화 중 일어나는 문제점을 사전에 확인하는 유사 번역을 이용하는 것이 필요
제품 현지화	- 요구 사항 분석 단계에서 확정된 목표 시장에 대한 기준을 바탕으로 제품 현지화 수행 - 목표 시장에 제품 출시 시기와 그 밖의 현지화 버전에 대한 출시 간격을 최소화하는 것으로 이상적으로는 다양한 언어권과 문화권에 현지화 버전을 동시 출시하는 것임
현지화된 제품 테스트/QA	- 현지화 버전에 대해 기술 및 언어의 테스트, QA 수행 - 해당 지역의 자회사나 배포자 또는 고객이 해당 국가 내 유효성 검사나 인수 테스트를 포함해 수행 - 버그 관리를 통해 한 언어 버전에서 얻은 결과는 타 버전 현지화 작업자와 개발자가 이용할 수 있도록 제공하는 것이 필요
현지 제품 마케팅, 지원 및 피드백	- 현지화된 제품의 발표 및 목표 국가 내 마케팅, 지원 수행 - 고객의 기능 및 현지화 관련 오류를 신고할 수 있는 채널 확보와 이런 오류가 개발팀으로 피드백될 수 있도록 프로세스 개발이 필요

4 소프트웨어 해외 진출을 위한 제품 버전 관리 전략

소프트웨어 제품의 국제시장 진입을 목표로 할 때 세 가지 접근 방법이 있다. 첫째는 목표 지역마다 별도의 제품을 출시하는 방법이고, 둘째는 단일 제품을 목표 지역마다 별도로 컴파일해 출시하는 방법, 셋째는 모듈화된 단일 제품을 각각 현지화해 해당 목표 지역에 출시하는 방법이다.

방법	내용	개념도
별도 제품 출시	- 소스 코드, 실행 파일 국가별 존재 - 해외 진출국 증가 시 제품 개수 및 유지 보수 비용도 비례해 증가	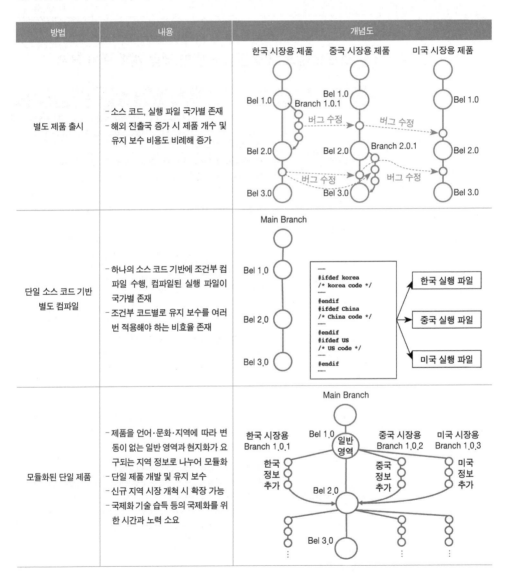
단일 소스 코드 기반 별도 컴파일	- 하나의 소스 코드 기반에 조건부 컴파일 수행, 컴파일된 실행 파일이 국가별 존재 - 조건부 코드별로 유지 보수를 여러 번 적용해야 하는 비효율 존재	
모듈화된 단일 제품	- 제품을 언어·문화·지역에 따라 변동이 없는 일반 영역과 현지화가 요구되는 지역 정보로 나누어 모듈화 - 단일 제품 개발 및 유지 보수 - 신규 지역 시장 개척 시 확장 가능 - 국제화 기술 습득 등의 국제화를 위한 시간과 노력 소요	

5 소프트웨어 해외 진출의 성공 방향

소프트웨어 해외 진출 시에는 다양한 항목을 고려해야 한다. 제품의 기획 단계부터 제품의 긴급성과 관련된 요구 사항 처리보다는 지속 가능성 관점에서 요구 사항을 관리하고 우선적으로 처리해야 한다. 또한 제품의 차별화 전략과 함께 제품의 라이선스 및 가격 정책에서도 목표 시장의 다양한 변수를 고려해 설정해야 한다. 이런 점에서 목표 시장에 대한 제품의 동향, 경쟁사 가격 동향 등의 다양한 통계 데이터를 확보하는 것이 무엇보다도 중요하다.

5.1 제품 개발 단계의 성공 요인

제품을 개발하는 단계에서는 아키텍처의 유연성 확보가 무엇보다도 중요하다. 보통의 경우 제품은 단일 시장을 목표로 진행하다가 다수 시장으로 성장하는 단계에서 제품이 갑자기 성장을 멈추거나 하락하는 경우가 발생한다. 이는 신규 제품이 초기 시장 진입 후 성장하는 단계에서 다수 고객의 요구 사항에 적절히 대응하지 못하거나 한계에 도달했을 때 발생하는 캐즘을 만나게 되었기 때문이다. 특히 초기 목표 고객의 수에 따라 구축된 인프라나 소프트웨어 구조가 제품의 성장에 따라 목표 고객 수를 초과하게 될 경우 느려진 속도 또는 추가 요구 사항을 수용하지 못하거나, 변경에 필요한 시간이 점차 늘어나 고객에게 피드백하는 시간이 고객의 기대 시간보다 더 걸려서 성장이 후퇴하는 현상이다. 이 시기는 제품으로서 큰 위기의 순간이며, 제품이 시장에서 사라질 수도 있지만, 해당 시기를 잘 극복한 제품은 더욱 큰 매출과 이익을 얻을 수 있다. 이런 시기에 보통 제품은 신규 아키텍처를 채택해 다양한 요구 사항에 신속히 대응할 수 있게 하고, 회사의 업무 프로세스를 개선해 고객의 '페인 포이트Pain Point'에 대한 제품의 신규 기회 확보와 신속한 유지 보수를 제공할 수 있게 체계를 갖추는 데 집중한다.

5.2 제품 캐즘 단계의 성공 요인

기업에 따라 캐즘의 시간은 다르며, 어느 기업에는 10년에 가까운 긴 시간이 걸리는 것이 또 다른 기업에는 단 1~2년의 시간만 소요되기도 한다. 그리고 이런 시기를 견딜 수 있게 기업에 충분한 예산이 요구되는 것은 당연한 일이다. 이를 위해 소프트웨어 기업들은 지속적인 투자를 할 수 있도록 내수를 기반으로 한 건전한 수익 구조가 필요하며, 우선적으로 유지 보수 비용의 현실화 등이 필요하다. 유지 관리 부분에 관한 개선이 이루어져야 소프트웨어에 가장 중요한 계속적 연구와 업그레이드, 신제품 출시의 선순환이 이루어질 수 있으며, 해외로 나가는 기반을 갖출 수 있다. 지식정보보안산업협회KISIA에 따르면 소프트웨어 유지 보수 요율은 8% 수준이며, 매출에서 차지하는 비중도 22%가량에 지나지 않는다. 이에 반해 글로벌 소프트웨어 기업들의 수익 구조를 살펴보면 라이선스 판매 수익은 30% 미만이다. 라이선스보다 유지 보수비가 훨씬 큰 비중을 차지하고 있는 것이다.

5.3 제품 판매 단계의 성공 요인

제품을 판매하는 단계에서는 무엇보다 현지 회사와의 파트너십이 중요하다. 다수의 제품을 판매하는 회사보다는 해당 제품에 대해 함께 책임감을 가지고 제품의 개선 방향을 고민하고, 현지화에 대한 노력을 제공해줄 수 있는 파트너사의 확보가 무엇보다 중요하다. 이를 위해 공동 비즈니스 모델을 개발하거나 공동 브랜드 방식 등을 이용하는 것도 한 방법이다.

참고자료

정보통신산업진흥원. 2011. 「소프트웨어 글로벌화 가이드 v1.0」.

_____. 2013. 「SW 수출 준비를 위한 제품의 완성도 체크리스트」.

≪전자신문≫, 2013. 3. "SW 해외 진출 성공의 조건". 1~5.

기출문제

98회 정보관리 우리나라의 소프트웨어 산업은 세계 소프트웨어 시장의 1% 미만으로 낮은 수준이지만 국내 시장에서의 성공을 바탕으로 글로벌 시장으로 그 영역을 넓혀 나가는 소프트웨어들이 생겨나고 있다. 이러한 소프트웨어 제품들이 다양한 글로벌 환경과 요구 사항에 대응할 수 있도록 개발하고, 세계적 수준의 품질을 확보하기 위한 소프트웨어 글로벌화와 관련하여 다음에 대해 설명하시오. (25점)

    가. 글로벌 소프트웨어 개발 주기

    나. 글로벌화 테스팅을 위한 테스트 유형과 절차

    다. 소프트웨어 제품의 글로벌화를 위해 목표 지역마다 별도 제품을 출시할 경우의 문제점과 해결 방안

ICT

Convergence

Technology

B

빅데이터 서비스

—

빅데이터 서비스의 개요

클라우드 컴퓨팅, 데이터베이스 관련 기술 등의 진보적 발전으로 데이터의 대상이 정형 위주의 샘플 조사로 분석하던 방식에서 동영상이나 텍스트 등 비정형 데이터까지 확대되었고, 샘플 조사에서 전수조사를 적절한 비용과 시간 내에 분석할 수 있을 정도로 컴퓨팅 파워는 개선되었다. 이제 빅데이터 서비스는 비즈니스에서 선택이 아닌 필수로 인식되고 있으며, 다양한 분야에서 빅데이터 서비스를 활용하거나 신규 사업으로 점차 확대하는 추세다. 하지만 빅데이터 서비스에 필요한 전문 역량은 턱없이 부족하기에 시스템의 구축만이 아니라 관련 역량 확보와 인력 양성이 시급히 필요한 상황이다. 또한 분석 정보를 효율적으로 공유하기 위해 데이터 시각화와 관련된 연구가 꾸준히 수행되고 있으며, 특히 비정형 데이터가 많이 활용되는 공간 분야는 빅데이터 분석에서 많은 연구가 진행되고 있는 상황이다.

1 빅데이터 서비스의 개요

1.1 빅데이터의 개념

빅데이터는 다양한 종류의 고속, 고가치를 지닌 대규모 데이터로 구성되어 있으며, 효율적 비용으로 의사결정이나 높은 통찰력을 위해 정보를 혁신적인 형태로 처리하는 차세대 기술 및 아키텍처를 말한다.

1.2 빅데이터의 특성

가트너와 IDCInternational Data Corporation에서는 빅데이터의 특성을 'Volume, Variety, Velocity'의 3V로, 또는 'Value'를 더해 4V로 설명한다. 'Volume'은 데이터의 양이 메가, 기가급에서 테라, 페타, 엑사급으로 규모가 증가한

빅데이터의 탄생

1990년대 중후반부터 대용량의 복잡한 데이터에서 의미 있는 정보를 이끌어내는 일련의 과정을 연구하는 학문인 데이터 마이닝이 등장했고, 2004년 페이스북의 활성화로 대화체 형태인 자연어 처리가 필요해졌으나, 기존 데이터 처리 및 분석 기술을 사용하기에는 많은 한계점이 드러났다. 이를 극복하기 위해 분산 병렬처리 기법을 이용한 하둡이 공개되었으며, 하둡 기반으로 소셜 네트워크 데이터 분석을 수행하면서 기존과 다른 대용량 비정형 데이터의 효율적 저장과 처리 기술에 초점을 맞춘 빅데이터가 사용되기 시작했다.

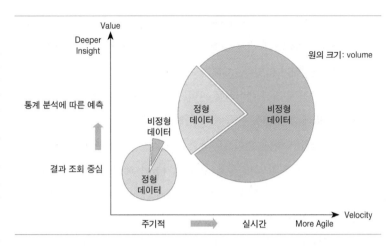

다는 것이다. 또한 'Variety'는 기존의 고객, 매출, 재고, 회계 데이터의 비중은 줄고 그 대신 동영상, 음악, 위치 정보 등 통일된 구조로는 정리하기 어려운 비정형 데이터가 90% 이상을 차지하게 된다는 것이다. 'Velocity'는 데이터가 생성된 후 전달되고 활용되기까지 소요되는 시간이 월, 주, 시간 단위에서 분초 이하로 거의 실시간에 가깝게 단축된다는 의미다. 그리고 이런 데이터를 분석해 유의미한 정보를 제공하는 'Value'를 주는 것이 바로 빅데이터의 특성이라고 할 수 있다.

1.3 빅데이터의 관심 배경

빅데이터에 대한 관심이 높아진 배경은 다음과 같다.

- 데이터의 수집 행위 증가: 기업 간의 경쟁이 치열해지면서 기업은 대량 공급 형태에서 개인 맞춤형 공급 형태로 점점 변화해갔다. 이에 기업은 고객 데이터를 온라인과 오프라인에서 적극적으로 수집하려고 하며, 관련된 고객 정보가 점차 증가할수록 더 많은 스토리지와 분석 능력이 필요하게 되었다.
- 비정형데이터의 폭증: 개인 콘텐츠를 생산하고 공급하는 UCC와 더불어서 기존에 아날로그 형태로 존재하던 영상 정보가 디지털로 바뀌면서 동영상이 데이터화되어 전달되었다. 또한 IP 기반의 카메라와 저장

기기가 지속적으로 적용이 확대되는 동시에, 고화질 카메라의 보급으로 동영상 데이터가 점차 고화질로 바뀌면서 인터넷 트래픽에서 높은 비율을 차지해가고 있다. 그리고 기존에는 생산과 저장에 중점을 두었다면, 이제는 수집된 데이터를 관리하고 분석해 가치 있는 정보를 제공하는 방법에 대해 더욱 관심을 가지게 되었다.

- SNS의 급격한 확산: 스마트폰의 확산으로 이동 중에도 데이터를 주고받을 수 있게 되었으며, 상호 공유가 가능한 페이스북이나 트위터 등 SNS 플랫폼의 등장이 기폭제가 되어 문자, 동영상 등 다양한 데이터를 활용할 수 있게 되었다.
- IoT 확산에 따른 센터 저변 확대: CCTV, 센서의 활용 증가로 다양한 표준의 데이터들을 수집한 후 분석해 의미 있는 정보를 생산해내고, 이를 기반으로 다른 장치 등을 실시간 제어할 필요성이 점차 확대되고 있다.
- 클라우드 컴퓨팅에 따른 데이터 집중화: 각 기업 내 하드웨어에 존재하던 데이터가 외부 클라우드 컴퓨팅 활용의 증가로 점차 한곳에 집중화되면서 대용량의 데이터를 관리하기 위한 다양한 기술 개발이 필요해졌다. 기업에 필요한 데이터를 제공하기 위한 검색 기능이나 자동 분류 기능 등을 위해 빅데이터 관련 기술은 지속적으로 발전하고 있다.

2 빅데이터의 처리 개념도

빅데이터 처리는 우선적으로 데이터를 수집한 다음, 저장 분석을 위한 데이터 통합과 개인정보 보호 등의 목적으로 익명화하는 전처리 과정을 거치게 된다. 이후 데이터를 효율적으로 저장하고, 활용을 위한 분석을 수행한 다

음, 사용자 관점에서 통찰력insight을 제공하기 위해 가시화하는 단계를 거친다. 이러한 빅데이터 처리 과정에는 클라우드 컴퓨팅이나 고집적 서버 등이 인프라로 제공될 수도 있다.

3 빅데이터를 넘어, 스마트 데이터의 등장

3.1 스마트 데이터의 등장 배경

빅데이터에 대한 관심이 높아지면서 기업은 데이터의 홍수와 다양한 빅 노이즈로 비롯된 또 다른 문제에 직면하게 되었다. 이에 따라 빅데이터에서 품질적 부분을 강조한 스마트 데이터 시대를 이야기하기 시작했다.

3.2 스마트 데이터의 특징

특징	내용
정확성 (Accurate)	- 빅데이터의 노이즈를 파악해 정확한 양질의 정보를 전달 - 제3자의 검증으로 유효성에 대한 지속적인 입증 수행 - 스마트 데이터를 유지하기 위한 투자 대비 효과성 검증 필요
행동성 (Actionable)	- 조직에서 바로 활용하여 행동과 서비스를 제공할 수 있는 데이터 확보로 수익, 시장 점유율 확대 등의 가치 창출을 위한 성장 동력으로 작동
민첩성 (Agile)	- 비즈니스 환경에 대응해 실시간으로 데이터 분석이 가능 - 즉각적인 행동을 취할 수 있도록 변화하는 기술적 요구 조건과 비즈니스 조건에 따라 데이터 속성도 변화가 필요

3.3 엑셀레이트eXelate의 애자일agile한 스마트 데이터 처리 과정

비즈니스 결정을 처리하기 위해 기다려야 하는 일이 더는 없게 될 것이다. 데이터는 고객으로부터 다양한 형태로 발생하며(Seed), 여러 데이터가 점차 증가하고(Scale), 75개 이상의 미디어 플랫폼에 실시간 제공되어 이용할 수 있게 된다. 스마트 데이터는 즉시 액션을 수행하는 구조로 기술적인 요구 사항이나 비즈니스 조건에 적응하면서 이동하고, 성과 피드백에 따라 비즈니스 조건을 변화시키기 위해 데이터 모델을 조절하게 된다.

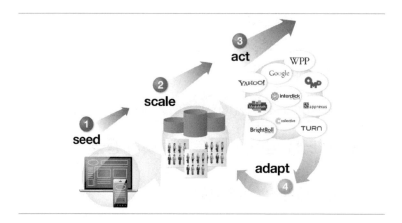

3.4 스마트 데이터의 조건

조건	내용
고품질 데이터 (Data Quality)	지속적으로 데이터 품질과 관련된 문제를 해결
	데이터 정확도에 대한 지속적인 의문 제기 및 해결 수행
데이터 기반 확장 (Data Scale)	데이터를 기반으로 수익 및 시장 점유율을 확대하거나 비용을 절감하는 등의 명확한 비즈니스 사례들이 나타남
실시간성 판단 (Real-time)	빅데이터가 배치(batch)가 아닌 실시간으로 처리되고 분석 결과로부터 행동을 취하는 것이 즉시 이루어져야 함
데이터 입증 (Validation)	제3자 혹은 중립적 시각에서 지속적으로 데이터의 정확함을 평가
행동성 (Actionability)	매일 데이터가 비즈니스 행동의 근거 혹은 원동력으로 작동되는지 설명할 수 있어야 함
최소 실행 자원 (Resources Needed to Execute)	빅데이터 전략을 성취하기 위해 컨설턴트, 플랫폼 및 서비스 벤더들이 최소로 사용되어야 함
유연성 데이터 확보 (Flexible Data)	데이터를 모바일과 같은 신규 플랫폼에 적용하거나 변화하는 비즈니스 조건에 따라 쉽게 변화시켜야 함

참고자료

안창원·황승구. 2012. 「빅데이터 기술과 주요 이슈」. ≪정보과학회지≫, 제30권
제6호, 10~17쪽.

eXelate. 2013. "the smart data manifesto."

기출문제

102회 컴퓨터시스템응용 빅데이터(Big Data)의 주요 요소 기술인 수집, 공유, 저
장·관리, 처리, 분석 및 지식 시각화에 대하여 설명하시오. (25점)

99회 정보관리 데이터의 증폭으로 대표되는 빅데이터가 최근 다양한 분야에 활
용되고, 빅데이터 처리 및 분석 능력이 기업의 경쟁력으로 인식되고 있다. 다음에
대해 설명하시오. (25점)

　　가. Big Data 3대 요소(3V)

　　나. Big Data 분석 기법

　　다. Big Data 활용 분야

B-2

빅데이터 아키텍처 및 주요 기술

빅데이터를 처리하고 분석하기 위한 다양한 아키텍처가 제안되고 있다. 그중 하나의 참조 아키텍처에 대해 데이터 추출, 정보 추출, 보안 등 11개 기능 컴포넌트를 설명하고, 빅데이터를 처리하고 분석하기 위한 기본 기술인 하둡을 중심으로 얀(YARN)이나 HDFS에 대해 언급하고자 한다. 또한 오픈 소스를 중심으로 발전하고 있는 빅데이터 기술의 특성에 따라 주요 오픈 소스를 내용에 포함했다.

1 빅데이터 참조 아키텍처

Reference Architecture: High-Level Functional View

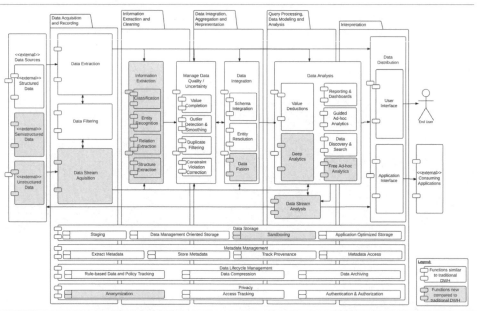

1.1 빅데이터 참조 아키텍처 내 상위 기능 뷰

빅데이터와 관련된 다양한 개념적 아키텍처Conceptual Architecture나 구성도는
벤더별로 제공되며, 다양한 정보를 인터넷에서 확인할 수 있다. 이에 따라
실질적으로 빅데이터가 처리되는 과정에 대해 상위 기능 뷰High-Level Functional
View로 참조 아키텍처Reference Architecture를 살펴보고자 한다.

Reference Architecture: Detailed Functional View

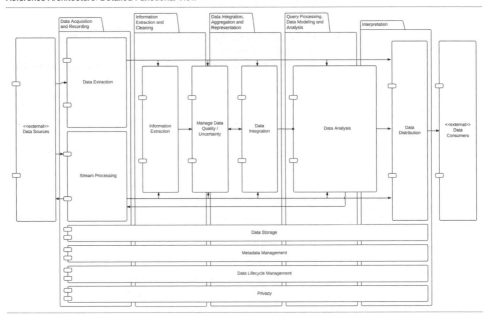

1.2 빅데이터 참조 아키텍처 내 기능 컴포넌트

기능 컴포넌트	주요 내용
Data Extraction	- 배치 또는 API, ODBC 등으로 여러 시스템의 정형·반정형·비정형 데이터를 추출하는 컴포넌트 - 비정형 데이터의 경우 정보(information) 추출 단계가 필수임 - 규칙(rule) 또는 속성(attribute) 기반이나 기계학습(machine learning) 모델을 기반으로 한 데이터 필터링(data filtering) 기능이 포함되어 있으며, 추가 분석이 불필요하거나 개인정보 등으로 분석에 적합하지 않은 경우 사용함
Stream Processing	- 거의 실시간에 가까운 스트림(streams)에서 데이터를 획득 및 분석하는 것을 목표로 하는 컴포넌트 - Data Stream Acquisition: 유동적인 데이터 스트림(data streams)에서 데이터 획득 및 필터링 후 관련 데이터를 임시 저장하고, 사용자가 적시에 분석할 수 있도록 임시 뷰(views)를 제공, 이후 정상적으로 데이터가 로드되면 임시 뷰는 삭제되고, Data Extraction과 유사하게 진행함 - Data Stream Analysis: 유동적인 데이터 스트림에서 자동적으로 분석해 결과에 따라 프로세스를 조

기능 컴포넌트	주요 내용
	정하거나 대시보드(dashboard)에 경보(alert)를 제공, Data Stream Acquisition은 애드혹(ad-hoc) 분석을 위해 부가적인 수동 분석이라는 점에서 차이가 있음
Information Extraction	- 반정형·비정형 콘텐츠에서 정형(structured) 형태의 정보(information)를 추출하는 컴포넌트 - 단순 파싱(parsing)이나 XML 페이지, HTML 페이지 형태에서 텍스트 분석이나 분류(classification), 개체 인식(entity recognition), 관계 추출(relation extraction) 등의 자연어 처리, 온톨로지(OWL 등)와 같은 기술을 활용함 - Classification: 비정형 데이터를 새로운 차원(dimension)으로 분류함 - Entity Recognition: 비정형 데이터를 사람, 제품 등의 인자로 식별함 - Relation Extraction: 개체(entity) 간의 관계를 구체화하는 온톨로지를 사용함 - Structure Extraction: 반정형 데이터를 파서(parsers)나 메타데이터(metadata) 등을 이용해 XML, JSON 파일이나 HTML 코드 등으로 전환함
Manage Data Quality / Uncertainty	- 데이터의 에러를 조정하고 부족한 속성이나 노이즈(noise) 또는 이상 값(outliers)을 식별 및 제거하기 위해 데이터 클리닝(data cleaning)하는 컴포넌트 - Value Completion: 다른 속성에서 값을 유추하거나 통계 기법 또는 기계학습 기법을 이용해 부족한 속성 값을 완성함 - Outlier Detection & Smoothing: 이상 값이나 에러를 표시, 삭제 또는 에러 처리 기능으로 전달해 값을 완성함 - Duplicate Filtering: 하나의 식별 값을 가지는 다수의 데이터 값들을 필터링해 하나의 유효한 값만 제공함 - Inconsistency Correction: 속성 간의 무결성 이슈나 제약 조건(constraints)에 대해 위반이 발생하는 데이터를 식별해 수정함
Data Intergration	- 여러 소스(sources)에서 수집한 데이터를 일정하게 조합해 함께 쿼리(query)할 수 있게 하나의 스키마(schema)로 전환하는 컴포넌트 - Schema Integration: 다른 방식으로 모델링된 다수의 데이터 소스 스키마를 통합 스키마로 전환함, 필드/속성 매핑, 코드 통일 등 - Entity Resolution: 개체(entity) 수준에서 같은 개체를 식별해 통합, 다른 소스에서 사용된 키(key) 값들을 통합된 키 값으로 대체함
Data Analysis	- 데이터로부터 통찰력(insights)과 의미를 도출하기 위한 컴포넌트 - Value Deductions: 작은 규모의 레코드들에 부가 정보를 더해 주요 수치 계산 또는 마스터 데이터 정보를 추가적으로 제공함 - Deep Analytics: 복잡한 분석이나 대량 데이터 분석에 대해 기계학습, 데이터 마이닝(data mining), 통계적으로 수행하는 모든 분석을 제공함 - Reporting & Dashboarding: 쉽고 신속하게 주요 수치를 파악하고 유용한 정보를 단기간에 이해할 수 있도록 시각화(visualization)해 제공함 - Guided Ad-Hoc Analysis: OLAP와 같이 도구 기반으로 정해진 방식에 따라 데이터를 필터링하고, 차원을 조정해 제공함 - Free Ad-Hoc Analysis: SQL, HiveQL 등을 이용해 직접 데이터를 조회하고, SAS, SPSS 등의 예측 분석 툴로 분석 정보를 제공함 - Data Discovery & Search: 메타데이터를 기반으로 유용한 데이터를 찾고, 프리 텍스트(free-text) 검색을 활용한 문서나 특정 데이터 항목(data item)을 검색해 제공함
Data Distribution	- User Interface나 Application Interface를 통해 유용한 분석 결과와 데이터를 제공하거나 만드는 컴포넌트 - User Interface: 포털, PDF 등 분석 결과를 시각화해서 제공함 - Application Interface: 타 시스템과 메시지 전달을 위한 API 등을 제공함
Data Storage	- 데이터 처리 파이프라인(pipelines)에 따라 임시적이거나 지속적인 데이터와 함께, 메타데이터를 포함해 데이터를 저장하는 컴포넌트 - Staging: 클리닝(cleaning)이나 통합, 변형을 위한 임시 저장소

기능 컴포넌트	주요 내용
	- Data Management oriented Storage: EDW와 유사하게 단일화된 메타데이터와 스키마를 고려한 통합 데이터 저장소 - Sandboxing: 단일 사용자 또는 그룹, 부서를 위해 실험적으로 데이터 처리 또는 분석을 수행하기 위한 임시적인 데이터 저장소 - Application Optimized Storage: 데이터 마트와 같이 데이터의 스키마 전환 등을 통해 애플리케이션에 적합하게 제공하는 저장소
Metadata Management	- 저장된 데이터의 구조, 포맷, 스키마 등 스트럭처 메타데이터(structure metadata)와 데이터의 처리와 변형, 분석, 통합에 사용되는 프로세스 메타데이터(process metadata), 데이터 항목의 출처를 표현하는 오퍼레이셔널 메타데이터(operational metadata)를 추출, 생성, 저장 관리하는 컴포넌트 - Extract Metadata: 데이터 소스와 스토리지에서 메타데이터를 추출함 - Store Metadata: 모든 메타데이터를 통합해 저장함 - Track Provenance: 데이터 관련 이력 정보를 제공함 - Metadata Aceess: 메타데이터의 접근 및 수정에 대한 권한을 제공함
Data Lifecycle Management	- 데이터의 생성에서 소멸까지 라이프 사이클을 관리하는 컴포넌트 - Rule-based Data and Policy Tracking: 자동화를 위해 규칙 기반의 스케줄과 데이터 관련 규칙 및 트리거(trigger)를 정의함 - Data Compression: 데이터 압축을 위한 기법을 제공함 - Data Archiving: 데이터를 보관(archiving)하는 절차와 트리거를 제공함
Privacy	- 데이터 저장 시 보안 및 접근, 인증, 권한에 대한 컴포넌트 - Anonymization: 정부 정책 및 회사 규정에 따라 개인정보 관련 데이터를 다른 데이터로 대체 또는 삭제, 노이즈를 추가해 제공함 - Authentication & Authorization: 사용자 식별, 패스워드, 권한을 제공함 - Access Tracking: Authentication & Authorization 기반의 접근 제어

2 빅데이터의 주요 기술

2.1 빅데이터의 처리 및 분석 기술

빅데이터는 대용량 데이터를 신속하게 처리한다는 점에서 수집, 저장, 처리, 분석 및 활용 단계에 따라 추가적인 기술을 활용한다. 빅데이터는 대용량 데이터의 저장, 관리, 유통 등을 수행하는 빅데이터 처리 기술과 빅데이터를 분석해 기업의 의사결정에 필요한 유의미한 정보를 제공하는 분석 기술로 구분할 수 있다.

구분	기술 이름	내용
처리 기술	Hadoop	- 분산 시스템상에서 대용량 데이터 세트를 처리하기 위해 구글에서 소개한 오픈 소스 소프트웨어 프레임 워크 - 주요 구성 요소로 HDFS, Hbase, 맵리듀스[MapReduce(YARN)] 등이 있음 - 저렴한 x86 서버를 가상화해 대형 스토리지(HDFS)를 구성, HDFS에 저장된 대량의 데이터 세트를 분산 처리할 수 있는 자바(Java) 기반의 맵리듀스 프레임워크를 제공함 - 수평인인 확장성을 확보하고자 다중을 독립적인 네임 노드(Namenode)와 네임 스페이스(Namespaces) 를 사용하고, 데이터 노드(Datanode)는 블록(Block)들로 구성된 공유 저장소로 사용되며, 각 데이터 노드 는 클러스터 내 모든 네임 노드를 등록함
	NoSQL	- Not-Only SQL, 혹은 No SQL을 의미하고, 비관계형 데이터베이스로 구성되며, 카산드라(Cassandra), Hbase, 몽고DB(MongoDB) 등이 있음 - 수평적인 확장성을 가지고 있으며, 테이블 스키마가 고정되어 있지 않고, 테이블 간의 조인 연산을 지원하 지 않음 - 대규모의 유연한 데이터 처리를 위해서는 NoSQL 기술이 적합하지만, 안정성이 중요한 시스템에서는 관 계형 데이터베이스 선정이 필요함
	MapReduce (YARN)	- 클러스터 내 병렬, 분산 알고리즘으로 대량의 데이터 세트를 처리하기 위한 프로그래밍 모델 - 맵리듀스 2.0 버전을 YARN이라고 부르며, 기존의 1.0 버전에 있는 잡트래커(JobTracker)의 주요 기능인 리소스 관리와 잡(job) 스케줄링 / 모니터링을 2개 데몬으로 분리함 - 맵리듀스 1.0은 슬롯(Slot) 기반 모델로 싱글 슬롯으로 작업(task)이 실행되므로 과다하거나 부족한 이용 률 이슈가 있는 반면, 2.0은 메모리 관리 모델로 제한된 메모리를 가진 컨테이너(container)를 통해 리소스 를 요청하므로 메모리 사용을 조절함
	In-Memory	- 분석과 트랜잭션 처리 시에 즉각적인 결과를 제공하기 위해 입출력 속도가 하드 디스크보다 상대적으로 빠른 컴퓨터의 메인 메모리로 대량의 실시간 데이터를 저장하고 처리하는 기술 - 로우(row) 방식의 기존 데이터 저장과 달리, 컬럼(column) 기반 데이터 저장으로 높은 데이터 압축률을 제 공함 - 인덱스, 요약 테이블 등의 부가 데이터가 불필요함 - 기존 SMP(Symmetric Multi-Processing)와 달리 MPP(Massively Parallel Processing)로 확장성이 좋음
분석 기술	R Integration	- 통계 계산과 시각화를 위한 언어와 개발 환경을 제공함 - 기본적인 통계 기법부터 모델링, 최신 데이터 마이닝 기법까지 구현과 개선이 가능함 - 구현 결과는 그래프 등으로 시각화할 수 있으며, 자바, C, 파이썬(Python) 등의 다른 프로그래밍 언어와 연 결이 용이함 - 맥 OS, 리눅스 / 유닉스, 윈도우 등 대부분의 컴퓨팅 환경을 지원함
	Text Mining	- 비정형과 반정형 테스트 데이터에서 자연어 처리 기술에 기반을 두어 유용한 정보를 추출하고 가공하는 기술 - 방대한 텍스트에서 의미 있는 정보를 추출하고, 타 정보와의 연계성을 파악하며, 텍스트가 가진 카테고리 를 식별함 - Document Classification, Document Clustering, Information Extraction, Document Summarization 등 에서 활용함
	Sentimental Analysis	- 데이터를 기반으로 긍정, 부정, 중립 등의 감성적 의미를 도출하는 기술
	Social Network Analysis	- 수학의 그래프 이론을 기반으로 소셜 네트워크의 연결 구조와 연결 강도 등을 통해 사용자의 명성과 영향 력을 측정함 - 입소문 등을 주도하는 영향력 있는 사용자를 모니터링하고 관리하는 관점으로 접근함
	Opinion Mining	- 웹사이트와 소셜 미디어에서 노출된 다양한 여론과 의견을 분석해 유용한 정보로 재가공하는 기술 - 사건에 대한 이야기와 댓글, 포스팅 등을 기본적으로 긍정·부정으로 분류해 객관적이고 정확하게 평판을 파악할 수 있음
	Clustering /	- 유사성 등의 개념을 바탕으로 데이터를 여러 그룹으로 분류하는 기술

구분	기술 이름	내용
	Classification	- 각자의 주요 관심사에 따라 자동차나 사진에 대한 사용자 그룹을 군집 분석을 통해 분류할 수 있음
	Collaborative Filtering	- 데이터에 대한 선호도와 관심 표현을 기반으로 유사한 패턴을 가진 데이터를 식별해 통합 또는 연관 관계 분석에 활용하는 기술
	Machine Learning	- 환경과의 상호작용을 통해 데이터로부터 컴퓨터 알고리즘을 기반으로 기계의 동작을 개선하는 시스템 연구 기술 - 감독(supervised), 무감독(unsupervised), 강화(reinforcement) 학습 등의 유형으로 분류함
	CEP (Complex Event Processing)	- 분산된 다중 이벤트를 처리하기 위해 다양한 이벤트 스트림에서 의미 있는 이벤트를 식별하고 처리하는 엔진 - 공급망 관리, 물류, 금융시장 분석 등에서 중요하게 활용 - 처리되는 이벤트의 양에 따라 이벤트 스트림 처리(ESP: Event Stream Processing)와 복합 이벤트 처리(CEP)로 구분함 - 이벤트 처리 과정은 이벤트 수신, 분석 및 필터링, 신규 액션 연계 수행 단계로 구분함

2.2 오픈 소스 중심의 빅데이터 처리 기술

빅데이터를 처리하기 위해 사용되는 대표적인 분산 컴퓨팅 오픈 소스 프로젝트로 하둡Hadoop이 있다. 하둡 플랫폼은 기본적으로 타 하둡 모듈을 지원하는 공통 하둡 모듈과 애플리케이션 데이터에 고처리 접근이 가능한 하둡 분산 파일 시스템HDFS: Hadoop Distributed File System, 잡Job 스케줄링과 클러스터 리소스를 관리하고 대용량 데이터 세트를 병렬 처리하는 맵리듀스MapReduce로 구성되어 있다.

그 외에 하둡과 관련된 프로젝트는 데이터베이스인 HBase, 관계형 대수 쿼리 언어의 인터페이스인 피그Pig, 데이터웨어하우스 솔루션인 하이브Hive 등을 포함해 언급하기도 한다.

HDFS는 마스터Master와 슬레이브Slave 구조를 가지며, HDFS 클러스터는 하나의 네임 노드Namenode와 파일 시스템을 관리해 클라이언트 접근을 통제하는 마스터 서버로 구성되어 있다. 맵리듀스는 분산 컴퓨팅 환경에서 운영되므로 함수형 프로그램의 특성을 가지고 있다. 또한 실시간 처리도 가능하나 분산 컴퓨팅 환경에서 운영되기 때문에 배치 형식의 데이터 처리 시스템으로 설계되어 있다.

하둡은 2.X로 업그레이드하면서, HDFS와 맵리듀스의 업그레이드를 수행했다. HDFS 2.0은 네임Name 서비스를 수평적으로 확장하기 위해 다수의 독립적인 네임 노드와 네임 스페이스Namespace를 사용하게 된다. 네임 노드들은 독립적이고, 각 네임 노드 간 연계는 발생하지 않으며, 모든 네임 노드

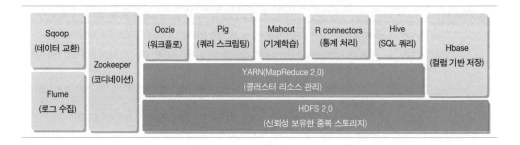

는 데이터 노드Datanode를 블록들의 공통 스토리지로 사용한다. 클러스터 내 각 데이터 노드는 모든 네임 노드에 등록하고, 데이터 노드는 주기적으로 하트비트Heartbeats를 보내어, 블록 정보를 리포팅하고 네임 노드로부터의 명령을 다루는 역할을 수행한다. 맵리듀스 2.0은 얀YARN이라고 부르며, 잡트래커JobTracker의 두 가지 주요 기능인 리소스 관리와 잡Job의 라이프 사이클 관리를 분리했다. 신규 리소스 관리 데몬ResourceManager은 종합적으로 애플리케이션들에 계산된 리소스를 할당하도록 관리한다. 각 애플리케이션에 있는 응용 프로그램 마스터 데몬ApplicationMaster은 애플리케이션의 스케줄링과 연계해 각 머신Machine 내에서 사용자 프로세스들을 관리하는 노드 관리 데몬NodeManager이 태스크들을 실행하고 모니터링하는 작업과 리소스 관리 데몬에서 리소스를 할당하는 작업을 수행한다.

또한 하둡과 같이 페이스북과 구글Google 등에서 자사의 빅데이터 처리 로

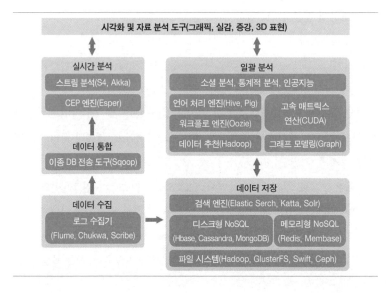

분석 종류	오픈 소스 기술 이름	내용
일괄 분석		− 수집된 데이터 전체를 다시 분석함 − 데이터 수집, 저장, 일괄 분석, 시각화 과정으로 처리함
	Flume	다양한 다수의 서버 내 로그들을 하나의 로그 수집 서버에 안정적으로 수집해 HDFS에 저장하는 프레임워크
	Solr	루씬(Lucene) 엔진을 이용해 웹 기반으로 사용자와의 인터랙티브한 질의응답이 가능하도록 만든 분산 색인 및 실시간 검색 UI 플랫폼
	Oozie	하둡의 잡을 관리하기 위한 워크플로 스케줄러 시스템으로, 액션(action)으로 구성하고 방향성 있는 비순환 그래프로 형성됨
실시간 분석		− 이전 분석 결과에 새롭게 생성된 데이터를 추가해 학습하는 방법 − 데이터 수집, 데이터 통합, 실시간 분석, 시각화 과정으로 처리함
	Sqoop	MySQL, 오라클(Oracle) 등의 관계형 DBMS의 자료를 HDFS로 들여오고 보내는(Import / Export) 데이터 전송 도구
	Akka	JVM에서 작동하는 리액티브 애플리케이션(Reactive Application)을 쉽게 만들기 위한 액터(actor) 프로그래밍 모델 기반의 병렬, 분산 애플리케이션을 지원하는 스트림 분석 도구
	Esper	자바를 기반으로 하는 ESP / CEP 컨테이너를 지원하며, 경량으로 임베디드(embedded)가 가능하고, EPL(Event Processing Language) 지원으로 SQL처럼 데이터 프로세싱이 가능한 시간 이벤트 처리를 위한 CEP 대표 오픈 소스

직을 오픈 소스로 공개한 것에 영향을 받아 분산 처리 및 다양한 연산 기술 분야에서 표준처럼 오픈 소스를 제공하는 경우도 많다. 데이터의 수집, 저장, 분석, 시각화 등의 빅데이터 처리 과정에서 앞의 아키텍처에서 언급한 실시간 분석과 일괄 분석을 나누어 다양한 오픈 소스 프로젝트가 존재한다.

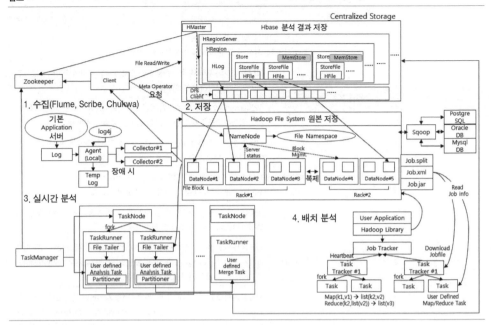

참고자료

김상락·강만모. 2014. 「빅데이터 분석 기술의 오늘과 미래」. ≪정보과학회지≫, 제32권 제1호, 8~17쪽.

김정태·오봉진·박종열. 2013. 「빅데이터 핵심 기술 및 표준화 동향」. ≪전자통신 동향분석≫, 제28권 제1호(139).

Maier, Markus. 2013. "Towards a Big Data Reference Architecture." Master's thesis, Department of Mathematics and Computer Science. Eindhoven University of Technology.

기출문제

102회 컴퓨터시스템응용 CEP(Complex Event Processing). (10점)

101회 정보관리 빅데이터 핵심기술을 오픈 소스와 클라우드 측면에서 설명하고, 표준화 기구들의 동향을 설명하시오. (25점)

96회 컴퓨터시스템응용 빅데이터(Big Data) 처리 분석 기술인 하둡(Hadoop)에 대하여 설명하시오. (10점)

B-3

빅데이터 사업 활용 사례

빅데이터는 기존의 BI보다 미래 예측이나 실시간 관점에서 기업의 주도적인 의사결정을 지원한다. 이런 관점에서 기업의 마케팅, 경영, 서비스, 물류, 경영관리 등에서 우수 활용 사례가 점차 늘어나고 있으며, 빅데이터 기반의 사업 형태 또한 다양하게 증가하고 있다.

Prescriptive
한두 가지의 확률 예측을 넘어서 다수의 값에 대한 예측을 결합해 미래의 상태에 대해 다차원적·종합적·입체적으로 제시

1 BI와의 차별화된 사업 활용 방향

빅데이터는 이미 다양한 분야에서 활용되고 있다. 활용 양상에서도 데이터를 분석하고 가시화하는 단계를 거쳐 사용자가 신속하게 유용한 정보들을

	Analytic 기법	핵심 분석 대상		
경쟁력	통계적 최적화	− 다양한 조건에 따라 최적의 성과를 어떻게 달성하는가?	Prescriptive	Big Data Analytics (신사업 모델 지원 및 기회 발굴)
	최적화	− 최적의 성과를 어떻게 달성하는가?		
	예측 모델링	− 일정 조건에서 어떤 일이 발생할 것인가?	Predictive	
	예보	− 이런 추세가 계속된다면 무엇이 예상되는가?		
	시뮬레이션	− 무엇이 발생할 수 있는가?		
	경보	− 어떤 행동이 필요한가?	Descriptive	BI: Access & Reporting (현 사업 운영 지원, 준수 요구 만족)
	애드혹 리포팅	− 문제가 정확히 무엇인가?		
	쿼리 / 드릴 다운	− 얼마나 많이, 종종, 어디서 발생했는가?		
	표준 리포팅	− 무엇이 발생했는가?		

복잡도 수준

자료: Davenport and Harris(2007).

파악할 수 있는 방향으로 변화하고 있다. 또한 후後 집계 및 원인 파악에서, 실시간으로 이슈를 탐지하고 특정 상황에서는 패턴을 통해 선先 대응이 가능한 방향으로 이슈에 접근하고 있다.

기존의 BI Business Intelligence가 OLAP이나 리포팅 등으로 과거 데이터에 기반을 둔, 반응적인Reactive 의사결정을 지원했다면, 빅데이터 분석은 데이터를 분석하고 모델링하며, 다양한 예측을 수행하면서 지속적으로 최적화하는 주도적인Proactive 의사결정을 지원한다.

Predictive
한두 가지의 확률 예측을 통해 미래의 상태를 단면적으로 제공하거나 일정 조건 내 예측 정보를 제시

Descriptive
이미 발생한 정확한 사실로 가까운 미래에 반복될 가능성이 있으나, 미래의 상황에 따라 다른 결과가 나타날 가능성도 높음

구분	사례
최적화	- 판매(Sales) 전략 수립, 가격 플랜 최적화
모델링	- 자동차 보험 재가입률 추정 모형 - 신용 사기(부정 사용) 발견 모형
예측	- 수요 예측, 설비 고장의 조기 경보와 불량률 예측
분석 / 해석	- 고객 행동 / 소비자 반응 분석 - 공정 내 설비 / 제품 품질 원인 분석

또한 비즈니스 애널리틱스Business Analytics는 이러한 빅데이터 분석을 BI와 함께 활용해 비즈니스 성과를 높인다. 기존 BI 영역과 더불어 빅데이터 처리를 위한 다양한 엔진(CEP, 하둡 등)을 기반으로 예측 분석Predictive Analytics이나 비즈니스에 필요한 성과 관리Performance Management, 위험 관리 Risk Management, 기업 마케팅 관리 등을 포괄적으로 사용한다.

2 빅데이터의 주요 활용 사례

분야	주요 사례	내용
마케팅	고객 이탈 사전 감지	T Mobile(도이치텔레콤 자회사)에서는 'Tribe Calling Circle Model' 분석을 통해 주도자 한 명이 해지할 때 유관 네트워크 내 70% 고객이 추가로 이탈한다는 결과를 도출해 가입자 생애 가치 분석과 인적 네트워크 규모, 영향력 측정으로 맞춤형 추가 혜택을 제공함으로써 고객 동요율(churn rate)을 감소시킴
	고객 행동 분석을 통한 맞춤 상품 제공	Expedia(인터넷 기반 여행사)에서는 실시간 호텔 및 항공 가격과 과거 고객 구매 데이터를 분석해 구매 확률이 높은 순서로 맞춤 상품을 제공
	고객 맞춤형 서비스 제공	eBay(미국 온라인 경매 / 쇼핑 기업)에서는 소셜 미디어, 웹로그, 쇼핑 기록 및 클릭스트림(clickstream) 등의 고객 행태를 분석해 고객별 맞춤 광고 및 추천 단어 제시로 전환율(conversion rate)을 향상함

Tribe Calling Circle Model
T-Mobile USA에서 내세운, 소셜 네트워크 분석과 유사한 다중 그래프 기반으로 여러 사람에게 영향력을 주는 리더들의 전염적인 이탈과 같은 잠재적인 영향력을 완화하고, 이탈 성향을 예측하기 위한 모델

분야	주요 사례	내용
	웹로그 데이터분석을 통한 웹사이트 수익 증가	CBS Interactive(CBS 방송사 온라인 사업부)에서는 사용자 행동 패턴 분석을 통해 세그먼테이션(segmentation)을 분리하고 맞춤형 웹 페이지 레이아웃을 매시간 변경해 제공함으로써, 사용자의 웹사이트 방문 시간을 늘려 광고 클릭 수와 수익을 증가시킴
영업	실시간 가격 책정(pricing)을 통한 매출 향상	Macy's(미국 1위 백화점 체인)에서는 계절성, 제품별 생애 주기와 생산 수량, 매장별 재고 수준, 매장 위치의 전략성과 주변 경쟁 점포 유무 등 약 2억 개 이상의 요인(factor)을 고려해 800여 개 매장별 1만 개의 제품에 대한 2시간 미만의 가격 책정을 수행함
	고객 타깃팅 및 기존 고객 관리	EMC(미국 IT 기업)에서는 기존 고객과 잠재 고객의 과거 구매 이력, 금액, 품목, 구매 경향, 도입 기술 성숙도, 유지 보수 기록, 경쟁사 기술 사용 정도, 소셜 미디어 등의 정보를 이용해 영업 성공 가능성이 높은 타깃 시장과 고객을 선별, 기존 고객의 재계약 시점을 파악함
	고객 추천 영화 정보 제공	Netflix(미국 온라인 DVD 대여 / 스트리밍)에서는 10만여 개의 영화 정보, 2,000여 명의 고객 정보, 일 재생 횟수 3,000만 건, 400개의 영화 평가, 고객의 지리적 위치, 재생 디바이스 정보 등 다양한 고객별 개인화 알고리즘으로 다음에 어떤 영상을 볼 것인지 분석해 하루 평균 50억 개 이상 추천 정보를 생산함
구매 / 제조	원자재 최적 구매 시기 결정	Dow Chemical(미국 화학 기업)에서는 환율, 과거와 현재 국제 유가, 물류 비용, 관련 산업 현황 등의 정보를 활용해 매주 원자재 가격 방향과 6~9개월 지역별·산업별 수요 예측으로 원자재 최적 구매 시기를 결정함
	석유 매장 위치 예측	Chevron(국제 석유 기업)에서는 하둡 플랫폼 기반의 데이터 통합을 통해 저비용으로 효율적 관리를 수행하며, 지하 환경 모델링과 시뮬레이션으로 석유 매장 위치를 예측하고 정교화해 시추선 운영을 효율화함
물류	최단 / 최소 시간 운행 경로 관리	UPS(최대 규모 운송 업체)에서는 엔진, 배달 정보, GPS, 지도, 센서 데이터를 조합해 차량 부품 간 연관 관계 분석과 상태에 기초한 차량 보수 및 유지를 실시하고, GPS와 지도 데이터를 조합해 최적 이동 경로를 제시함
	매장별 수요 변화 확인	ZARA(패션 / 의류 업체)에서는 창고와 매장별 재고와 판매 예측 모델을 기반으로 해서 최적 공급량을 결정하며, 매장별로 재고 대비 판매 비율(inventory-to-sales)을 고려한 재고 최적 분배 시스템을 통해 제품 배송 수량을 결정함
서비스	실시간 VIP 고객 차별화 서비스	Caesars(세계 1위 카지노 업체)에서는 모바일 데이터 분석을 통해 실시간 고객 맞춤 오퍼링을 수행하고 있으며, 비디오 분석을 활용한 실시간 VIP 고객 식별 자동화 서비스를 제공할 예정임
	맞춤 의료 서비스 제공	Crouse Hospital(미국 사립 병원)에서는 의사의 판단을 뒷받침하는 CDSS(Clinical Decision Support System)로 분석 결과를 제공하며, 환자 나이, 성별, 수술 전 증상, 입원 이유 등 다양한 데이터 분석을 통해 수술 후 정확한 항생제 처방 시점과 재입원 예상 환자의 예방 진료를 수행함
	질병 예방 계획 수립	Healthways(건강 서비스 기업)에서는 가입자의 과거 병력과 임상 데이터를 분석해 잠재 질병 위험군을 파악하고, 분석 결과를 대상으로 맞춤형 질병 예방 프로그램을 제공함
	자동차 결함 발견	Volvo(스웨덴 자동차 업체)에서는 차량 내에 탑재된 컴퓨터를 통해 이상 발견 시 정보를 기록하고 차량 수리 시 활용하며 실제 수리 신고와의 연관성과 사용 패턴 정보 분석을 통해 모델별 결함 원인, 향후 결함 발생 가능성, 결함별 소요 비용 등을 파악함

분야	주요 사례	내용
경영관리	인력 관리 프로세스 개선	Google에서는 직종, 직급, 성별, 업적 평가 면담 등을 통해 얻은 100개 이상의 정보 및 400페이지 분량의 인터뷰를 코드화해 선발, 평가, 교육 훈련 프로세스의 개선과 직원의 맞춤형 지원 방안을 수립함
	거래 분석을 통한 범죄 예방	Visa에서는 고객의 사용 패턴을 기반으로 한 거래 금액, 거래 장소 등 500개의 특성 정보와 과거 사기(fraud) 거래 주요 특징을 이용해 거래 데이터를 100% 전수 검사해서 정확한 카드 범죄를 사전 예방함
	의사결정 최적화	Bank of America(미국계 다국적 은행)에서는 950만 건의 모기지 대출에 대해 부도율을 모델링하고 채무불이행 가능성을 계산해 분석 소요 시간을 단축함

3 빅데이터의 서비스 유형

또한 시장에서 빅데이터는 다양한 형태로 서비스할 수 있다.

빅데이터 사업 모델

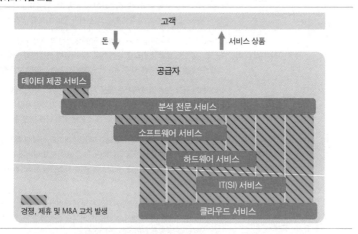

사업 영역	내용	사례
데이터 제공 서비스	기업이 보유하기 어려운 고부가가치의 데이터를 제공함	의료, 바이오 정보, 위성 정보 등
분석 전문 서비스	빅데이터를 분석함으로써 발견한 통찰력(insight)을 기업에 제공함	원자재 가격 예측, 고객 행동 분석 등
소프트웨어 서비스	빅데이터를 처리하고 분석하는 데 필요한 소프트웨어를 제공함	하둡, R 등
하드웨어 서비스	스토리지, 컴퓨팅 시스템 등 빅데이터를 저장하는 데 필요한 하드웨어를 제공	빅데이터 어플라이언스 (Big Data Appliance) 등

사업 영역	내용	사례
IT 서비스(SI)	기업 고객 대상으로 빅데이터 시스템과 솔루션을 구축 및 제공	공간 빅데이터 체계 구축 등
빅데이터 클라우드 서비스	기업의 빅데이터 분석 인프라를 서비스 형태로 제공	엘라스틱 맵리듀스(아마존) 등

분석 전문 기술을 보유해 서비스를 제공하거나, 분석 소프트웨어, 하드웨어 및 IT 서비스를 제공하는 등 다양한 형태의 빅데이터 기반 사업 영역이 존재한다. 또한 영역별로 제휴 및 경쟁을 통해 고객에게 가치 있는 서비스를 제공한다.

참고자료

Big Data Insight Group. 2012. "Expedia."
Davenport, Thomas H. and Jeanne G. Harris. 2007. *Competing on Analytics: The New Science of Winning*. Harvard Business Review Press.
Sheppard, Brett. 2011.8.11. "T-Mobile challenges churn with data." *O'Reilly Radar*.

기출문제

102회 정보관리 Business Intelligence와 Business Analytics를 비교하여 설명하시오. (25점)

96회 정보관리 빅데이터(Big Data) 분석과 기존 경영정보 분석과의 차이점에 대하여 설명하고, 빅데이터 분석의 활용 효과에 대하여 설명하시오. (10점)

빅데이터와 인공지능

인공지능 분야에서 데이터의 분석은 지능화를 위한 중요한 처리 과정이다. 빅데이터의 발전은 인공지능 분야에 중요한 영향을 주고 있으며, 특히 기계학습 분야에서 병렬처리 기반이나 빅데이터 기반으로 다양한 연구가 진행되고 있다.

1 인공지능의 개요

1.1 인공지능의 정의

인공지능AI: Artificial Intelligence 은 컴퓨터 등의 사물에 인간과 같은 지능을 구현하기 위한 기술 연구 개발을 의미한다. 인공지능 분야는 사물에 대한 지식을 수집하고, 이를 기반으로 추론해, 사물 스스로 학습과 의사소통, 인지 및 조작 등을 수행할 수 있도록 지능적인 기계와 소프트웨어 분야에 집중적으로 연구 개발을 수행한다. 또한 인공지능의 핵심인, 복잡한 데이터 분석 업무는 사물을 자동화하고 개선하는 데 활용되며, 빅데이터 발전은 인공지능 분야에 중요한 영향을 끼치고 있는 상황이다.

1.2 인공지능 내 빅데이터의 활용 사례

구글의 경우 1만 6000여 개에 이르는 CPU 코어와 10억 건 이상의 데이터 연결을 처리하는 모델을 통해 유튜브에서 무작위로 추출한 이미지 1000만 개를 인공 신경망에 인식시킨 다음 표준 기계학습 방식을 통해 인공 신경망이 스스로 이미지에 이름을 붙여서 분류하도록 했고, '고양이'라는 단어를 입력해, 학습하지 않았음에도 동영상 이미지에서 고양이를 스스로 구분함으로써 대규모 분산 컴퓨팅 인프라가 사람의 뇌 역할을 수행할 수 있다는 것을 증명했다.

애플의 시리Siri는 많은 분야에서 음성인식 기술로 활용하고 있으며, 문장의 이해에서 한 단계 더 나아가 문맥의 이해까지 수준을 높였다는 점에서 처음 시장에 출시되었을 때 혁신적인 소프트웨어로 인식되었다. 시리는 빅데이터 기술을 활용해 지속적으로 데이터를 수집하고 의사소통과 관련된 텍스트를 분석해 인공지능의 대응 능력을 향상하고 있다.

이처럼 인공지능 분야의 관심 영역은 매우 광범위하며, 빅데이터 분석 및 처리는 인공지능 분야에서 핵심 기술임과 동시에, 인공지능 또한 데이터 분석 및 처리에 핵심 기술로 활용할 수 있는 상호 보완적 역할을 수행한다.

2 인공지능 관련 기술 분야

2.1 인공지능의 기술 분야

인공지능 분야와 관련해 다양한 기술 분야가 존재하며, 기계학습 분야를 포함해 다양한 분야에서 빅데이터 분석과 같은 인공지능적인 분석 및 처리 기술이 필요해지고 있다.

인공지능 관련 기술 분야	주요 내용
자동제어	- 제어 대상에 미리 설정한 목표 값과 검출된 피드백(Feedback) 신호를 비교해 오차를 자동적으로 조정하면서 대상을 제어
로보틱스 인지로봇공학	- 로봇에 관한 기술학으로, 로봇의 설계·제조·응용 분야를 다루며 제한된 계산 자원을 사용해 복잡한 환경의 복잡한 목표를 달성하게 하는 인식 능력을 로봇에 부여
컴퓨터 비전	- 컴퓨터가 실세계 정보를 취득하는 모든 과정으로 로봇의 시각적인 부문을 연구하는 분야
기계학습	- 새로운 정보를 학습하고, 습득한 정보를 효율적으로 사용할 수 있는 능력과 결부하는 방법으로 작업을 반복적으로 수행해 최적의 결과를 얻어내는 개선

인공지능 관련 기술 분야	주요 내용
	과정 - 빅데이터의 출현으로 기초적인 수준에 있던 기계학습 관련 기법들이 크게 발 전할 것으로 전망
자동 추론	- 계산기 과학의 한 분야로 추론의 다양한 측면을 이해함으로써 컴퓨터에 의한 완전한 자동 추론을 가능하게 하는 소프트웨어 개발을 목표로 함
데이터 마이닝	- 많은 데이터 가운데 숨겨져 있는 유용한 상관관계를 발견해, 미래에 실행할 수 있는 정보를 추출해내고 의사결정에 이용하는 과정
지능 엔진	- 반복적인 컴퓨터 관련 업무를 인간 대신 실행하고 사용자를 보조하는 인공지 능적 기능이 있는 소프트웨어 엔진
시맨틱 웹	- 컴퓨터가 정보 자원의 뜻을 이해하고, 논리적으로 추론까지 할 수 있는 차세 대 지능형 웹

자료: 임수종·민옥기(2012).

2.2 인공지능 분야 내 기계학습

기계학습은 인공지능 분야 중 가장 활발하게 빅데이터를 활용하는 분야로,
인간과 같은 학습 능력을 기계에서 구현하기 위해 병렬처리 기반이나 빅데
이터 기반으로 분류할 수 있다.

분류	주요 내용	대표 사례
병렬처리 기반 기계학습	- 확장성이 없는 기존 기계학습 방법에 빅데이터 처리를 위한 병렬처리 기법 활용	- Mahout: 지능형 애플리케이션 개발을 위해 분산처 리와 병렬처리가 가능한 기계학습 라이브러리로 분류, 군집화, 회귀분석 등 알고리즘 지원 - 그 외에 Skytree, SystemML 등이 있음
빅데이터 기반 기계학습	- 대용량 색인, 검색 등 처리하기 어려운 대용량 데이터의 효율 적인 처리 시 활용 - 상대적으로 진행되는 내용이 많지 않음	- NELL 프로젝트: 기계학습을 이용해 인터넷 웹사이 트를 분석하면서 인간의 도움 없이도 단어의 뜻을 스스로 학습하는 것을 구현 - 그 외에 Google Prediction API, BigML 등이 있음

마이크로소프트의 최고 경영자CEO: Chief Executive Officer인 스티브 발머Steve
Ballmer가 빅데이터의 본질이 기계학습이라고 언급했던 것처럼 빅데이터는
인공지능 기술과 접목되어가고 있으며, 기계학습은 데이터 처리의 가장 핵
심적인 기술로 성장할 것으로 예상된다.

참고자료

임수종·민옥기. 2012. 「빅데이터 활용을 위한 기계학습 기술동향」. ≪전자통신
동향분석≫, 제27권 제5호(137).
한국정보화진흥원. 2010. 「모바일시대를 넘어 AI시대로」. ≪IT&Future Stratey≫,
2010년 7호.

데이터 과학자 Data Scientist

빅데이터의 발전에 따라 각 기업은 데이터 과학자를 양성하고 채용하기 위해 다양한 노력을 기울이고 있다. 데이터 과학자는 여러 비즈니스 도메인 지식을 보유해야 하며, 수학, 통계학, 논리학 등의 전문 기법과 함께 결과를 도출하는 데 통찰력을 보유한 전문가다. 하지만 현실적으로 모든 역량을 보유한 전문가는 소수에 지나지 않으며, 단기적으로 양성하는 데도 제약 사항이 있으므로, 장기적인 관점에서 데이터 과학자를 확보하기 위한 노력이 필요하다.

1 데이터 과학자의 이해

1.1 데이터 과학자의 등장 배경

맥킨지McKinsey 보고서에 따르면 2018년까지 미국에서만 데이터 전문가 14만~19만 명이 추가로 필요할 것으로 예상한다. 또한 데이터 분석 기반의 관리자도 150만 명이 필요할 것으로 예견된다. 이처럼 빅데이터에 대한 관심이 높아지면서 방대한 데이터에서 의미 있는 정보를 찾아내고 이를 비즈니스와 연결하려는 사람들, 즉 데이터 과학자에 대한 관심은 폭발적으로 증가하고 있다.

1.2 데이터 과학자의 정의

데이터 과학자는 풍부한 비즈니스 도메인 지식을 바탕으로 수학, 통계학, 논리학 등 다양한 전문 기법을 이용해 데이터를 분석한 후 가치 있는 정보의 발견을 통해 미래를 예측하고, 이를 의사결정에 접목할 수 있게 지원하는 전문가를 말한다. 기존의 BI가 구조적인 관계나 데이터의 논리적 접근을 통해 규칙을 기반으로 분석의 자동화를 진행했다면, 빅데이터 분석에서는 창조적이고 통합적인 사고로 인간의 직관력을 중시하는 관점에서 시스템과 더불어 데이터 과학자라는 전문가 또한 중요한 구성 요소로 인식되고 있다.

2 데이터 과학자의 필요 역량

2.1 데이터 과학자의 분석 역량 수준

학문적으로 다양한 분석 이론과 기법 등을 연구하는 R&D 분야가 있고, 이론과 기법을 활용해 각 비즈니스 도메인 지식을 기반으로 다양한 모델링을 개발하는 데이터 과학Data Science 분야가 있으며, 개발된 모델을 관리하고 운영하며 구축하는 오퍼레이션Operation 분야와 정보를 가시화해 제공하는 디스커버리Discovery 분야가 있다. 각 분야에 대해서는 다음 표에서 설명하고 있다.

분석 종류	분석 설명	보유 수준
R&D 분야	이론 생성, 알고리즘 개발, 학문적 업적 및 리서치 수행, 특화된 영역에서 업무 수행	박사급 수준 지식
Data Science (Quantitative Analytics)	비즈니스 도메인 지식 기반 통계 및 수학적 모델링 및 개발 수행	비즈니스 도메인 및 최신 수학, 통계 전문 지식
Operational Analytics	분석 모델을 관리 및 운영, 프로젝트 관리 및 분석 시스템 구축 기술 보유	비즈니스 도메인 지식
Business Intelligence / Discovery	리포팅, 대시보드, OLAP 및 시각화 수행	특정 선진 통계 지식 등 불필요

2.2 데이터 과학자의 융합적 요구 역량

또한 데이터 과학자에게 필요한 역량은 다양한 방식으로 도식화해 표현되고 있으며, 이 중 하나가 데이터 과학 벤다이어그램Data Science Venn Diagram이다.

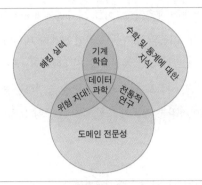

자료: http://www.drewconway.com/zia/?offset=1367606798614

'해킹 실력Hacking Skills'은 IT 기술 중에서 대규모 데이터베이스 구축과 관리 기술, 하둡 및 클라우드 시스템 기술, 시각화 기술 등을 의미한다. '수학 및 통계에 대한 지식Math & Statistics Knowledge'은 분석에서 활용하는 통계 모델링, 분석 결과를 해석하는 수치 및 통계적인 배경 지식을 말한다. '도메인 전문성Substantive Expertise'은 빅데이터 분석을 수행하는 의료, 물류, 생명공학 등의 도메인 지식과 관련된 현업 업무 지식을 의미하며, 이 모두가 데이터 과학자가 보유해야 할 필요 역량이다. 특이한 점은 IT 지식과 업무 지식만을 가진 전문가를 위험 지대Danger Zone에 있는 것으로 표현했는데, 이는 전문적인 수학 지식과 통계 지식 없이 분석을 수행해 얻은 결과는 잘못된 정보를 얻을 수 있고, 이런 정보를 기반으로 의사결정을 하게 되면 기업에 치명적인 문제를 유발할 수 있다는 의미로 이렇게 표현했다.

물론 전문가들이 이야기하는 데이터 과학자의 역량을 모두 보유한 전문가는 현실적으로 없는 상황이며, 각 기업체에서 모집하고 있는 데이터 과학자 정보를 통해 필요 역량을 가늠해볼 수 있다(63쪽 〈표〉 참조).

기업에서는 쏟아져 나오는 데이터를 그냥 버리기보다는 데이터 과학자를 통해 마케팅, 제품 혁신 등 여러 분야에서 다양하게 활용할 수 있다. 또한 빅데이터를 기반으로 다른 산업 간의 데이터 융합을 통한 시너지 효과를 누릴 수도 있다.

데이터 과학자의 필요 역량

관점	필요 역량	내용
Analytical Skill	Statistics / Mathematics	- 데이터 분석 이론 및 기법, 수학적 스킬 보유
	Visualization	- Flare, HighCharts, Processing, Google Visualization API 등의 경험 인력
Technology Skill	Programming	- 하둡과 맵리듀스 등의 경험 보유 - R 또는 프로세싱 언어 경험 보유
	Modeling	- 예측 모델링 또는 데이터 마이닝 경험 보유 - 빅데이터 툴 및 분석 기법 이해
Business Skill	Domain Knowledge	- 2~5년 정도의 해당 기업의 비즈니스 도메인 경험 보유
	Communication	- 스토리텔링 등을 이용해 분석한 정보를 내부와 외부 이해관계자에게 전달하는 역량 보유

3 데이터 과학자 양성을 위한 선결 과제

데이터 과학자는 다양한 분야의 전문적인 지식을 보유해야 한다. 기본적으로 IT 스킬과 수학 및 통계 분야의 지식을 보유하고 있어야 하지만, 업무 영역별로 충분한 현업 지식을 보유해야 한다. 수학, IT, 통계, 경영 지식을 기반으로 자연과학이나 생명공학, 물류, 제조, 금융 등 업종별 지식이 없이는 제대로 된 정보를 도출하기 어렵다. 따라서 기존 현업에서 일하는 재직자를 대상으로 부족한 빅데이터 관련 IT 스킬이나 수리 통계 분야의 지식을 보충하게 하는 것은 데이터 과학자로 양성하는 데 유용한 방법 중 하나다. 그뿐만 아니라 과거에는 프로세스 기반의 의사결정 및 업무 처리가 중심이었다면, 데이터 기반의 의사결정 및 업무 처리가 중요해지고 있는 현 추세에서 경영층의 변화 의지가 무엇보다도 중요한 요소임을 알 수 있다.

또한 데이터 기반의 문화가 확산되면서 데이터 관리에 철저한 책임이 필요하다. 고의이든 실수이든 개인정보에 대한 유출은 방지해야 하며, 정보의 수집, 저장, 분석, 활용의 각 단계마다 익명성을 보장해줄 수 있는 제도적·기술적인 장치가 반드시 필요한 상황이다.

참고자료

조완섭. 2014. 「빅데이터 활용과 데이터 과학자」. ≪정보과학회지≫, 제32권 제1호, 59~65쪽.

Manyika, James et al. 2011. 「Big Data: The next frontier for innovation, competition, and productivity」. McKinsey Global Institute.

기출문제

99회 정보관리 데이터 과학자(Data Scientist)에 대하여 설명하시오. (10점)

B-6

빅데이터 시각화 Big Data Visualization

빅데이터의 시각화는 정보의 다양한 속성을 기법이나 아키텍처, 모델링 등을 활용해 도식화하는 형태로 제공된다. 도식화 형태 또한 다양한 방식으로 제공할 수 있으며, 그중 최근에 많이 활용되는 기법이 인포그래픽이다. 인포그래픽이 무엇인지, 어떤 구성 요소가 포함되어 있는지 최근 자주 사용되는 인포그래픽 툴에 대해 알아보도록 한다.

1 빅데이터 시각화의 개요

1.1 빅데이터 시각화의 이해

(빅)데이터 시각화
정보 단위의 속성 및 변수를 포함해 도식화된 형태로 제공하는 데이터의 시각화된 표현

정보 시각화
인간의 인식을 촉진하기 위해 텍스트나 지리적 정보 등의 정성적·정량적인 데이터의 시각화된 표현

인포그래픽
그래픽을 적극적으로 이용해 시각 스토리텔링 형식의 메시지를 전달하는 시각화된 표현

빅데이터 시각화에는 데이터 시각화와 정보 시각화, 인포그래픽 등의 용어가 사용되며, 각 용어에 대한 명확한 이해가 필요하다.

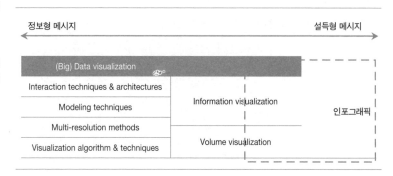

1.2 빅데이터 시각화 과정 및 구성 요소

빅데이터 시각화는 정보를 처리할 수 있는 역량을 확장해주며, 많은 데이터
를 동시에 체계화해 전달할 수 있다. 또한 지각적인 추론으로 새로운 통찰
력을 가질 수 있고, 감성적 표현이 가능해 사용자의 몰입을 유도할 수 있다.
용어의 어려움이 없기에 다양한 계층에서 접근해 정보를 전달할 수 있고,
정황 전달까지 할 수 있는 다양한 장점이 있다. 하지만 해석하는 과정에서
지적 능력이 요구되고, 문화적 요인 등으로 정보를 왜곡할 가능성이 있으며,
과도한 시각화는 오히려 효율을 저하할 수 있다.

벤 프라이(Ben Fry)의 정보 시각화 절차

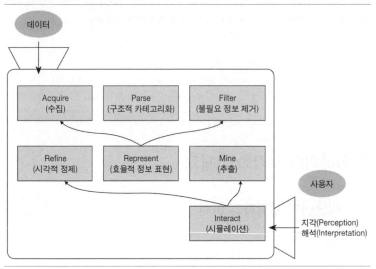

앞의 그림은 데이터를 수집하고 구조화함으로써 필요한 정보를 기반으로
시각화해 사용자와 상호작용하는 과정을 보여준다.

2 빅데이터 시각화 장치 및 데이터 표현 방식

빅데이터 시각화는 시각화 장치와 데이터 종류, 시각화 방법 측면에서 다양하게 제공할 수 있다. 빅데이터를 활용하는 사람들은 다양한 시각화 방식을 활용해 데이터 내에 숨어 있는 통찰력을 더욱 수월하게 찾아낼 수 있다.

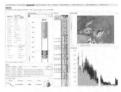

Chevron의 iRAVE 솔루션

천연자원 공급사인 Chevron에서는 회사의 가스와 오일을 관리하고자 TIBCO 사를 통해 iRAVE(Integrated Reservoir Analysis and Visualization Environment) 솔루션을 개발, 그래픽으로 각 필드별 생산량과 로그 분석, 운영 최적화 등을 수행

분류	항목	내용
시각화 장치 측면	2차원 장치	컴퓨터 모니터에서 안경, 자동차 앞면 유리와 초대형 스크린으로 다양화
	3차원 장치	3D 홀로그램 등으로 시각화 환경 지원
데이터 종류 측면	정량적 데이터	숫자, 크기 등의 수치 기반으로 과학적·통계적 정보를 제공
	정성적 데이터	물리적 현상, 사상 등에 대한 정보를 표현해 사용자가 이해하기 쉽게 제공
시각화 방법 측면	1차원적 방법	문자, 점자 출력 등의 정보 표현 중심
	2차원적 방법	위치, 크기, 방향과 같은 공간적 속성 정보를 이용해 그래프, 웹 페이지 배치 등을 통해 표현
	3차원적 방법	3차원 공간 정보를 이용해 3D 모델링, 3축 그래프, 가상공간에서의 정보 표현
	관계적 방법	계층 관계, 상관관계 등 정보들 간의 관계 중심
	형상적 방법	애니메이션, 이미지, 색상 등의 방식으로 사물의 속성을 잘 드러낼 수 있는 정보 표현

3 빅데이터 시각화의 주요 표현 방식: 인포그래픽

3.1 인포그래픽의 이해

데이터 시각화 방식 중에서 최근에 많이 사용되는 것이 인포그래픽이다. 인포그래픽이란 인포메이션Information과 그래픽스Graphics의 합성어로서, 복잡한 정보를 빠르고 쉽게 알 수 있도록 자료를 시각화하는 기법을 의미한다. 빅데이터 분석을 수행한 결과는 매우 복잡하고, 또한 정보 해석에 따라 양이 방대하다. 복잡하

자료: Results collected using SurveyMonkey Audience.

고 방대한 데이터를 다른 사람에게 언어적 정보를 통해 전달하기에는 시간적 한계가 있으며, 전달받는 사람 또한 데이터의 의미를 충분히 이해하지 못할 수 있다. 하지만 핵심적인 내용 위주로 정보를 재구성한 후, 각종 시각적 방식을 적용해 효과적으로 제공하면 시간을 줄일 수 있으며, 정보에 대한 이해도 또한 높아질 수 있다.

3.2 인포그래픽의 구성 요소

최상의 시각적 구성을 위해 인포그래픽은 대표적으로 네 가지 구성 요소를 가지고 있다.

구성 요소	내용
Design	색상, 폰트 등으로 콘텐츠를 아름답게 꾸미고, 보는 사람이 이해할 수 있도록 제공하는 요소
Data	신뢰성과 최신 정보를 기반으로 타인에게 전달하고자 하는 콘텐츠
Story	명확히 문제를 인식한 후 해결을 위해 데이터를 흥미와 메시지 등으로 꾸며서 재구성하는 이야기의 흐름
Shareability	SNS 등의 방식이나 검색 엔진 등을 통해 콘텐츠의 공유 가능성 제공

3.3 인포그래픽의 주요 툴

앞의 네 가지 구성 요소를 이용해 다음의 주요 툴을 활용하면 다양한 형태의 인포그래픽을 만들 수 있다.

주요 툴	내용	사례
Google Charts	- 단순 라인 차트에서 복잡한 계층적 트리 맵(Tree Maps)을 제공 - 차트 갤러리에는 사용할 많은 수의 차트 타입을 제공	
Easel.ly	- 인포그래픽을 만드는 테마(Theme) 기반의 앱 - 캔버스에 테마를 드래그하고, 정보를 입력	

주요 툴	내용	사례
Piktochart	- 테마를 가지고 쉽게 드래그 앤 드롭 (drag & drop)을 해서 최적화하는 웹 기반 앱 - 유용한 튜토리얼과 리소스를 제공	
Infogr.am	- 30개 이상의 차트 타입이 있으며, 버블 차트와 트리 맵에서 파이 차트까지 제공 - XLS, XLSX, CSV 파일로 전환 가능	
Visual.ly	- 3만 5000개 이상의 디자이너, 일러스트레이터, 저널리스트 커뮤니티가 있으며, 데이터 분석과 디자인을 지원	
InfoActive	- 데이터 기반 스토리 및 모바일용 인포그래픽을 제공할 수 있는 온라인 플랫폼	

참고자료

신희숙·임정묵·박준석. 2013. 「정보 시각화 기술과 시각장애인을 위한 정보 표현 기술」. 한국전자통신연구원.
허윤. 2013. 「빅데이터 Visualization 분석」. FK BCG Corp.
Intel IT Center. 2013. 「Big Data Visualization: Turning Big Data Into Big Insights」.
Wikipedia. 2014. "Data visualization", "information visualization".

기출문제

102회 컴퓨터시스템응용 빅데이터(Big Data)의 주요 요소 기술인 수집, 공유, 저장·관리, 처리, 분석 및 지식 시각화에 대하여 설명하시오. (25점)

공간 빅데이터

공간 정보 분야에서 발생되는 데이터는 대다수가 비정형 형태이며 빅데이터의 발전에 따라 활용이 증가하는 주요 분야 중 하나다. 아직은 표준화나 기술적인 성과가 크지 않지만 활용 사례가 늘어나고 있고, 또한 공간 정보에 특화된 빅데이터의 분석 및 인프라 기술의 수준이 점차 높아지면서 지도 내 위치 정보 등을 다양하게 활용한 서비스에 대한 연구도 점차 확대되고 있다.

1 공간 빅데이터의 활용

1.1 공간 빅데이터의 활용 분야

빅데이터 기술이 중요한 이슈로 떠오르면서, 비정형 데이터가 대부분인 공간 정보 분야에도 많은 영향을 미치게 되었다. 공간 분야는 공간적인 속성들을 처리하기 위해 공간 데이터 타입, 공간 연산자, 공간 인덱스 등을 지원할 수 있어야 한다. 하지만 관련 기술은 아직 초기 단계로 표준화나 기술적인 성과가 크지 않은 상황이며, 지속적인 활용을 위한 노력이 진행되고 있는 단계다.

1.2 공간 빅데이터의 활용 사례

공간 데이터는 래스터Raster(그리드Grid), 벡터Vector, 그래프Graph 등 세 가지 기본 모델로 구성되어 있다. 래스터 데이터의 좋은 사례로는 인공위성 이

래스터 데이터 사례
(원거리 지형 정보)

자료: Levchuk, Bobick and Jones
(2010).

**연료 소비 이해를 위한
엔진 측정 데이터**

자료: Capps et al.(2008).

공간 빅데이터 종류	내용
래스터	- 구글 어스 등의 지형 이미지에서 원격 센싱과 지형 분류 시 사용 - UAV(Unmanned Aerial Vehicles, 무인 항공 기계)를 이용해 단기간 대량으로 수집되는 WAMI(Wide Area Motion Imagery) 데이터로 이미징 처리를 효과적이고 정확하게 수행하는 것이 필요 - 특정 지형의 레이저 펄스를 이용해서 지형 정보를 수집하는 LiDAR(Light Detection and Ranging or Laser Imaging Detection and Ranging) 데이터 등이 있음
벡터	- 대표적으로 VGI(Volunteered Geographic Information, 사용자 참여형 GIS) 데이터가 있으며, 사용자가 온라인으로 직접 참여해 이용하기 쉽게 지형 정보를 교환하는 데 활용할 수 있어서 사용자가 만드는 지형 정보가 급격히 증가하는 계기가 됨 - 스마트폰이나 차량 내비게이션 등을 이용해 다양한 서비스에서 활용할 수 있는 GPS 추적 데이터가 있음
그래프	- 길 찾기와 관련된 선과 위상 정보에서 추가적으로 구간당 시간 정보까지 제공하는 'Temporally-Detailed Roadmaps' 데이터가 있음 - 고도 변화, 날씨 등의 환경에 따른 영향이나 차량, 교통 관리, 운전자의 행동 등에 따라 차량 내 엔진에서 발생하는 'Spatio-Temporal Engine Measurement' 데이터가 대표적임

미지가 있으며, 벡터는 점Points, 선Lines, 다각형Polygon과 다면 등으로 구성
된다.

2 공간 빅데이터의 기술

2.1 공간 빅데이터의 주요 분석 기술

다음은 빅데이터 분석 기법을 활용해 앞에서 제시한 공간 데이터를 처리하는 기술로서 대표적인 공간 빅데이터 분석 기술을 보여준다.

분석 기술	내용
공간 데이터 마이닝	- 이동 객체의 위치 데이터, 궤적 데이터, 비정형 데이터를 포함한 공간 데이터들을 수집하고, 공간적인 상관관계와 다양한 공간적 패턴을 식별해 이동 궤적 분류 및 예측 등의 정보를 찾아내는 과정
공간 데이터 클러스터링	- 지리적·위치적 특성에 따라 유사성을 가진 데이터들을 같은 그룹으로 구분해 여러 개의 클러스터로 분류하고, 특성 속성에 가중치를 부여하는 방식으로 수행 - 구글 맵에서는 사용자에게 용이하도록 POI(Ponit of Interest)를 클러스터링 결과로 제공하며 경위도 중심, 사격형 구분, 밀집 지역 중심 타일링(tiling) 서비스를 제공

분석 기술	내용
공간 의사결정 지원 시스템	- 정형, 비정형 데이터 및 시맨틱 웹의 링크드 데이터 등에서 중요 정보를 식별하고 3차원 공간 분석, 국토 측량, 전염병 예방, 군사 훈련 등 여러 분야에 적합한 분석 모델을 제시해 효율적인 공간 의사결정에 활용
공간 관련 소셜 네트워크 분석	- 소셜 네트워크 내 영향력, 관심사, 성향 및 행동 패턴 등의 정보에서 함께 수집되는 GPS 좌표나 지역 이름 등의 공간 데이터를 분석해 활용
공간 R	- 이동 객체 분석이나 공간 데이터 세트 분석, 또는 정밀한 공간 예측을 하는 기능이 뛰어나기 때문에 환경 적합성 모델링에 유용

2.2 공간 빅데이터의 주요 인프라 기술

공간 빅데이터를 처리하기 위해서는 분석 기술과 더불어서 인프라 기술이 중요하다. 데이터의 양이 매우 클 뿐만 아니라 다양한 정보를 분석하기 위해 빅데이터 인프라를 추가한 새로운 특성의 인프라가 필요하다.

분석 기술	내용
공간 하둡	- 하둡을 기반으로 HDFS, 맵리듀스의 단계에서 효율적으로 공간 데이터를 처리하기 위해 공간 인덱스인 Quadtree, R-tree, KD-tree 등을 이용한 공간 데이터 검색 및 저장 관리 기술을 연구 / 개발 중
공간 NoSQL	- NoSQL 중 몽고DB는 기본적으로 Near, Box, Center의 간단한 공간 연산자를 제공하고 있으며, Z-Curve 공간 알고리즘과 SDR-tree라는 분산형 공간 인덱스에 대한 연구를 진행 - CouchDB는 플러그인 방식으로 Point, LineString, Polygon 등의 공간 데이터 타입을 지원, 다차원 공간 인덱스인 R-tree를 지원 - 공간 HBase는 OGC(Open Geospatial Consortium, 공간정보표준기구)의 다양한 공간 데이터 타입과 공간 연산자를 지원하며, 위치 기반으로 공간 데이터를 클러스터링해 저장하고 공간 데이터 질의 처리 시 공간 인덱스를 이용해 분산 처리 - Neo4j는 Contain, Cover, Covered By, Cross, Disjoint, Intersect, Overlap 등의 공간 연산자를 제공
공간 스토리지	- 공간 빅데이터 분산 처리 지원을 위한 관련 기술 및 연구 진행 - 공간 데이터 처리 및 관리 지원을 위한 빅데이터 어플라이언스 활용
공간 정보 검색 엔진	- 오픈 소스 소프트웨어인 루씬(Lucene)을 이용해 공간 속성인 Point, Polygon, LineString 등과 공간 연산자인 Bounding Box, Distance 등을 활용할 수 있으며, 공간 인덱스인 Quadtree를 사용해 효율적인 공간 검색 색인 기능도 지원

3 공간 빅데이터의 연구 동향

공간 빅데이터는 공간 지형 구축이나 재난 방재, 의료 방역, 공공 안전 등 다양한 분야에서 활용된다. 국내의 경우, 한국전자통신연구원ETRI: Electronics and Telecommunications Research Institute은 자체 개발한 분산 스토리지인 GLORY-FS를 이용해 공간 정보와 사회적 관계를 통합한 인지형 소셜 미디어 서비스 기술을 개발했다. 사용자 요구를 기반으로 디지털 공동체를 검색하고 정보를 공유하며, 동일 장소 내 사용자의 상호작용으로부터 잠재적인 공동체를 발견해 적합한 서비스를 추천하는 등의 서비스 제공으로 SNS가 가지는 시공간 및 참여의 제한성을 해소하고, 사용자가 필요로 하는 문제 해결에 효과적인 협업형 소셜 미디어 서비스를 제공할 수 있다. 또한 서울시에서는 아고라와 트위터를 통해 제보된 수해 지역 사진과 위치 정보를 통합한 공간 빅데이터 분석을 통해 폭우 지도 서비스를 제공한다.

국외의 경우, 싱가포르 교통국에서는 '아이-트랜스포트 시스템i-Transport System' 구축을 통해 실시간 교통 흐름 분석과 예측 서비스를 제공하고, 센서를 이용해 실시간으로 들어온 교통 데이터를 기반으로 교통 흐름 분석과 특정 시간의 통행량을 예측한다. 또한 대표적인 구글 어스, 구글 맵과 더불어서 200만 개의 사진 데이터를 저장하고 있는 사진 공유 커뮤니티 사이트인 구글 파노라미오 등도 다양한 공간 서비스를 제공한다.

참고자료

김정준·신인수·한기준. 2013. 「공간 빅데이터 기술 동향」. 정보통신산업진흥원.
Capps, Gary et al. 2008. "CLASS-8 HEAVY TRUCK DUTY CYCLE PROJECT FINAL REPORT." ORNL/TM- 2008/122.
Cugler, Daniel Cintra et al. 2013. "Spatial Big Data: Platforms, Analytics, and Science." GeoJournal.
Levchuk, Georgiy, Aaron Bobick and Eric Jones. 2010. "Activity and function recognition for moving and static objects in urban environments from wide-area persistent surveillance inputs." Proc. SPIE 7704, pp. 77040P, doi:10.1117/12.849492

소셜 네트워크 분석 Social Network Anaylsis

개인의 의견이나 취향 등 사적 정보가 소셜 네트워크 서비스를 통해 많은 부분 수집이 가능하며, 기업은 이런 데이터를 마케팅이나 신사업 기획 등에 활용하려는 목적으로 분석을 통해 의미 있는 정보를 식별하려고 한다. 이런 관점에서 좀 더 정확한 고객의 의견을 파악하기 위해 데이터 간의 관계를 분석하여, 관계 중심의 정보를 활용하는 것이 소셜 네트워크 분석이다.

1 소셜 네트워크 분석의 개요

1.1 소셜 네트워크 분석의 정의

트위터, 페이스북, 링크드인Linked in 등의 소셜 네트워크 서비스가 활성화되면서 소비자인 대중은 자신들의 관심이나 지식, 실시성의 정보와 의견 등을 빠른 속도로 타인에게 전달하고 있으며, 또 다른 개인의 이러한 일련의 것들을 수용하거나 재생산해 다시 전달하는 반복적인 활동을 수행하고 있다. 기업 관점에서 이런 데이터는 손쉽게 얻을 수 없는 매우 가치가 높은 데이터이며, 잘 분석해 활용한다면 소비자의 정확한 의견Right Opinion 을 파악해 정확한 결정Right Decision 을 할 수 있는 매우 중요한 자원임이 자명한 사실이다. 소셜 네트워크 분석이 타 분석과 다른 점은 타 분석이 나이, 성별, 직장 종류 등의 데이터Nodes의 속성에 근거한 분석을 수행했다면, 소셜 네트워크 분석은 데이터 간의 관계Edges에 관심이 있다. 따라서 기존에 발견할 수 없거나 보지 못했던 특정 취미 생활을 공유하는 네트워크나 특정 조직에 대한

소셜 네트워크 분석
개인과 집단들 간의 관계를 노드와 에지(또는 링크)로 모델링해 각 위상 구조나 확산 및 진화 과정을 계량적으로 분석하는 분석 기법

네트워크 등을 파악하거나 네트워크 내에서 각 데이터가 어떤 의미를 가지는지를 파악할 수 있게 된다.

소셜 네트워크 분석은 개인과 집단들 간의 관계를 노드와 에지(또는 링크)로 모델링해 각 위상 구조나 확산 및 진화 과정을 계량적으로 분석하는 분석 기법을 의미한다. 소셜 네트워크 분석은 원래 사회학에서 인간의 관계에 대한 분석을 위해 오랫동안 연구해온 내용이다. 소셜 네트워크 분석의 시초는 1930년대 정신과 의사인 제이컵 모레노Jacob Moreno에 의해 고안된 사회성 측정법Sociometry으로서, 인간관계의 그래프나 조직망을 추적하는 이론이다. 모레노는 이를 통해 현대사회에서 감정에 대한 불공정한 배분이 문제가 되고 있으며, 대인적 정서의 재분배를 위해 사회성 측정법이 공헌할 수 있다고 주장했다. 이후 그래프 이론이나 1970년에서 1980년까지의 사회학이 부흥기를 거치면서 학문적으로 많은 발전을 하게 되었다. 그리고 IT 분야에서 다양한 인간관계를 연결해주는 플랫폼이 등장하면서 소셜 네트워크 분석은 가트너 등의 IT 시장조사 기관에서 선정한 향후 핵심 기술로 관심을 받았다.

1.2 소셜 네트워크 환경의 주요 특징

소셜 네트워크 환경은 다양한 기업이나 사람들이 의견과 정보를 교환하는 장소다. 기업 자체의 상업적 정보를 제공하기도 하며, 사용자가 제품을 비교하거나 요구 사항, 제품 추천, 불편 사항 등을 제시하기도 한다. 하지만 대다수의 이슈나 트렌드는 아주 작은 영향력을 끼치며, 단지 소수의 사람에게서 가공되어 나오는 의견이나 정보가 대다수의 사람에게 영향력을 행사한다.

기존의 소셜 네트워크 환경이 특정 관심사나 가족 관계 등을 기반으로 특정 그룹 형태로 조직을 구성해 정보를 공유하거나 의견을 나누는 폐쇄적인 형태였다면, 최근의 환경은 시간과 환경에 따라 관심사가 동적으로 계속 변화하고 사람들의 이해관계에 따라 집단의 구조가 지속적으로 변화하면서 누구나 참여할 수 있는 개방적인 모습을 취하고 있다. 이런 특징에 따라 소셜 네트워크 분석은 정형화된 분석의 형태가 아니라 특정 목표를 가지고 사용자 간의 관계 분석을 수행해야 한다.

또한 사람이 생각하는 의견을 판단하기 위해서는 소셜 네트워크 환경에 남기는 콘텐츠를 파악하는 것도 필요하지만, 콘텐츠 외 타인에게 미치는 영향력을 함께 분석하는 것이 정확도를 높이는 데 중요하다. 추가적으로, 언어에는 유희적인 표현이나 비언어적 표현, 반어법 등의 다양한 방식의 전달 방법이 있기 때문에, 페이스북 등의 '좋아요Like' 의견이나 부정적 의견 등을 텍스트 자체로 이해하는 것은 정확한 분석이라고 보기 어렵다. 따라서 이 사람이 어떤 콘텐츠를 전달하는지, 트위터에서 어떤 내용을 리트윗하는지를 보면 정확한 의사 표현에 대한 정보를 얻을 수 있다.

2 소셜 네트워크 분석의 주요 기법

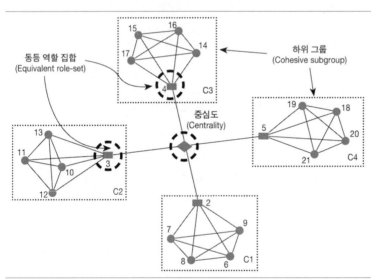

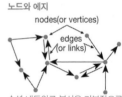

노드와 에지
nodes(or vertices)
edges (or links)

소셜 네트워크 분석은 기본적으로 그래프 이론에 대한 지식이 필요하며, 그래프는 노드와 에지라는 두 개의 요소로 이루어지고, 특정 상태나 객체를 의미하는 것을 노드(node), 노드를 연결하는 간선을 에지(edge)라고 한다.

소셜 네트워크 분석은 그래프 이론을 기반으로 다양한 에지가 만나는 중심도Centrality에 대한 분석, 여러 개로 구성되는 하위 그룹Cohesive Subgroup에 대한 분석, 각 그룹에서 동일 역할을 수행하는 동등 역할 집합Equivalent Role-Set에 대한 분석 등을 수행하며, 기본적인 분석 기법은 다음 표와 같다.

기법	설명
Neighbor Analysis	- 한 행위자와 서로 인접해 있는 타인과의 관계 분석 - 업무가 연결된 부서나 개인의 업무 비중, 그 부서나 개인이 포함된 그룹이 얼마나 강한 결속력을 가지고 있는지 확인
Centrality Analysis	- 한 행위자가 네트워크에서 중심에 위치하는 정도를 분석 - 부서 혹은 개인이 간접적으로 관여하는 업무 비중이나 부담 정도, 업무를 매개/중개해주는 부서나 개인의 비중, 부서나 개인의 업무 비중에 대한 가중치, 부서나 개인의 의사 전달에 미치는 영향 - 연결 중심도(Degree Centrality): 직접적인 영향력 크기를 측정할 수 있으며, 직접 연결된 이웃 노드가 많을수록 연결 중심도는 높아짐 - 근접 중심도(Closeness Centrality): 평균적으로 타 노드들과의 거리가 짧은 노드의 중심성이 높으며, 근접 중심성이 높은 노드는 가장 빨리 다른 노드에 영향을 주거나 받을 수 있음 - 연계 중심도(Betweenness Centrality): 타 노드 간의 최단 경로에 많이 포함되어 가장 많이 거치게 되는 노드가 연계 중심도가 높으며, 이런 노드는 정보 흐름에 대한 통제력을 가지고, 노드 제거 시 전체 네트워크 연결과 흐름에 큰 영향을 주게 됨
Connection Analysis	- 네트워크가 갖는 최단 거리/연결성 강도에 대한 분석 - 다른 부서나 개인에게 도달할 수 있는 최단 거리, 조직 구조 연결에 필수적인 부서나 개인 도출, 하위 그룹에서의 매개체, 문지기 역할 도출 - 최단 경로(Shortest Path): 두 노드가 연결될 수 있는 여러 가지 경로 중 가장 짧은 거리
Cohesion subgroup Analysis	- 네트워크 하위 집단에 대한 분석 - 서로 밀접한 관계로 맺어진 하위 그룹 도출, 원활한 정보 흐름을 위한 하위 그룹 도출, 조직에서 핵심 그룹이 되는 부서나 개인 탐색 - 컴포넌트: 연결 고리가 끊이지 않는 노드들의 집합으로 직간접적으로 연결된 노드들은 하나의 컴포넌트에 속하게 됨 - 클릭(Clique): 모든 노드가 서로 완벽하게 연결된 그룹 형태로, 모든 노드 사이는 직접적으로 연결(거리 1)되어 있어야 함 - 커뮤니티(Community): 하위 그룹 내 노드 간의 에지의 밀도가 높고, 타 노드와의 에지 밀도가 낮아지도록 노드를 그룹화함
Equivalence role-set Analysis	- 행위자들 간의 구조적 등가성 분석 - 동일한 지위와 역할을 행사하는 그룹 도출, 유사한 지위와 역할을 행사하는 그룹 도출

중심도 분석은 대체적으로 밀도Degree, 근접도Closeness, 관계도Betweenness 등을 분석해 노드 간의 연계 관계 특징이나 네트워크 내 중요한 노드를 파악한다. 하위 그룹은 밀접도Clique 등을 분석해 긴밀하게 연결된 하위 노드 그룹을 판단한다. 동등 역할 집합은 역할이나 구조 정보를 이용해 노드 간의 관계에서 유사한 패턴을 보이는 노드를 파악한다.

3 소셜 네트워크 분석의 구성 프레임워크

클라우드 컴퓨팅의 발전으로 대용량 데이터에 대한 분석 속도가 점차 빨라졌다. 특히 소셜 네트워크 데이터와 같은 비정형 데이터를 분석할 수 있게 되었다.

Data Crawling	Network-Related ETL	Network Data (Network Data Mart, Graph DB, Dump file 등)	SNA Engine	API	Presentation tools & UI Platform

소셜 네트워크 분석은 기존 기업이 구현한 BI 시스템과 연동해 구현할 수 있으며, 별도로도 구현할 수 있다.

구성 요소	설명
Data Crawling	- 트랜잭션 데이터베이스 내 로그나 프로파일 데이터 등을 정제해 EDW나 관계형 데이터베이스로 저장
Network-related ETL	- 수집된 데이터에서 네트워크 관련 정보를 데이터마트나 그래프 데이터베이스 등으로 추출해 변환한 후 적재
SNA Engine	- 데이터의 평판, 신뢰성 측정, 영향도 분석, 네트워크 동적 분석 및 전문가 판단, 경로 검색 등을 활용해 데이터를 분석 - 데이터 및 분석 기법 등을 관리
Presentation & UI Platform	- 분석된 정보를 시각화하거나 그래픽으로 표현해 타 시스템에서 활용이 가능하도록 플랫폼 기반으로 인터페이스 제공

이런 분석 프레임워크를 기반으로 클라우드 컴퓨팅이나 메모리 기반 데이터베이스 등을 활용해 대용량 데이터에 대한 분석 속도를 점차 높이고 있으며, 소셜 네트워크 데이터와 같은 비정형 데이터의 분석도 원하는 시간 내에 유의미한 정보를 제공할 수 있게 되었다.

4 소셜 네트워크 분석의 활용

소셜 네트워크 분석을 활용해 유사한 관계에 있는 친구를 소셜 네트워크 서비스상에서 추천해주는 것이 가능하다. 클러스터링 등을 이용한 방법으로 기존에는 단순 이웃 관계에 있거나, 학교, 직장 등의 1차원적인 관계를 이용해 친구 추천을 했으나, 소셜 네트워크 서비스를 통해 일어나는 활동을 분석해 친화력에 대한 전파를 분석하고 클러스터링화한 다음 군집단의 친구를 추천하는 방식이 가능하다.

소셜 네트워크 분석을 이용한 대표적인 사례는 미군의 사담 후세인 체포 작전이다. 사담 후세인의 인맥 관계를 소셜 네트워크로 재구성한 후, 정부의 공적 문서보다는 가십gossip이나 가족 관계 등을 이용했으며, 네트워크를 통해 공직의 중요 인물이 아닌, 혐의 선상에 없었던 대상들을 조사하게 된다. 이런 분석을 기반으로 사담 후세인의 운전, 요리 등을 담당하는 보디가드를 식별했고, 보디가드의 위치 분석을 통해 사담 후세인이 티그리스 강 근처 농장의 토굴에 은신한 것을 찾아낼 수 있었다.

또한 기업의 홍보 등에서도 많은 부분 활용할 수 있다. 소셜 네트워크 서비스를 통해 전파되는 기업의 다양한 이미지나 기업 관련 검색어를 분석해 가장 큰 소리를 내는 빅 마우스 소비자를 파악할 수 있고, 이런 소비자들을 대상으로 한 타깃 마케팅을 통해 적은 비용으로 큰 효과를 낼 수 있게 되었다.

하지만 방대한 비정형 데이터의 폭발적인 증가로 필요한 데이터를 식별하는 비용이 점차 늘어나고 있으며, 개인정보를 포함하는 소셜 데이터 수집에 대한 컴플라이언스compliance 이슈 또한 증가하고 있다. 언어에 대한 유희적인 표현을 처리하거나 불용어, 속어 등에 대한 처리 또한 계속적인 연구를 통해 정확도를 높일 필요가 있다. 이를 극복하기 위해 특정 키워드 기반으로 필터링을 수행하는 기술이나 전처리를 이용해 개인정보를 삭제하는 기술, 그리고 시맨틱이나 신경망, 유전자 알고리즘 등을 통해 자연어 처리가 가능한 인공지능 기술 등이 지속적으로 연구되고 있다.

참고자료
이우기·박순형. 2014. 「그래프 이론과 소셜 네트워크」. ≪정보과학회지≫, 제32권 제1호, 33~43쪽.

기출문제
96회 정보관리 소셜 네트워크 분석(Social network analysis)의 개념과 방법에 대하여 설명하시오. (10점)

B-9

데이터 레이크 Data Lake

나날이 증가하는 방대한 데이터와 새로운 포맷의 데이터들을 수집하고 축적/활용하려는 요구는 계속 증가하고 있으나 전통적인 ETL/W 방식의 데이터 관리로 이를 해결하는 데에는 한계가 있다. 이 때문에 최근 업계는 정형 데이터로 구성된 전통적인 소스 외에 수많은 비정형 데이터들(소셜 텍스트, 센서 데이터, 이미지, 동영상 등)을 실시간으로 수집, 정제, 통합하여 활용하기 위한 방안으로, 빅데이터 수용이 가능한 데이터 레이크(Data Lake)를 구축하여 원천 데이터 및 분석/서비스 데이터를 준비하는 새로운 방식의 데이터 레이크 관리 플랫폼에 주목하고 있다. 기업의 Biz 민첩성 증대, IT 비용 절감, 사일로 데이터(Silo data) 제거라는 매력적인 요소에 이끌려 많은 조직이 기본적인 정보 거버넌스 차원에서도 많은 기업이 데이터 레이크 도입과 활용을 고려하고 있다.

1 데이터 레이크 개념

1.1 데이터 스토어 Data Store 패러다임 변화

단계	성격	주요 변화
1 단계	전통적 데이터 웨어하우스	관계형 DBMS 기반으로 정형 트랜잭션 데이터 처리
2 단계	확장된 데이터 웨어하우스	로그 형태의 반정형(semi-structured) 데이터를 기존 데이터 웨어하우스에 통합
3 단계	데이터 레이크 시작	기존 정형·반정형 데이터뿐만 아니라 실시간 빅데이터와 대규모 비정형 데이터 처리에 대한 요구를 모두 수용

1.2 데이터 레이크 정의

데이터 레이크는 대량의 데이터를 네이티브, 원시 형식으로 보관하는 저장소 리포지토리 Repository이다. 데이터 레이크 저장소는 테라바이트 TB 및 페타

바이트PB 규모의 데이터에 맞게 크기를 조정할 수 있도록 최적화되어야 하고 일반적으로 여러 소스에서 오는데 구조화, 반조화 또는 구조화되지 않을 수 있다. 모든 것을 변형되지 않은 원래 상태로 저장하는 것이 데이터 레이크의 개념이다. 이 접근 방식은 데이터를 수집할 때 데이터를 변환하고 처리하는 기존의 데이터 웨어하우스Data Warehouse와는 다른 부분이다.

Data Lake는 다음과 같은 특징이 있으며, 구조화를 위해서는 반드시 고려되어야 할 사항이다.

- 모든 데이터가 한곳에 고유의 데이터 모델링을 유지한 상태로 저장된다.
- 분석 목적으로만 사용하고, 운영 시스템 간 연동을 위해 사용해서는 안된다.
- 유입되는 모든 데이터는 생성/유입 관련 근거가 있어야 한다.
- 구조화 없이 저장, 분석 처리가 가능하다.
- 구조화되지 않은 데이터, 반구조화된 데이터 등 다양한 형태로 저장된다.

데이터 레이크의 장점

• 데이터가 원시 형식으로 저장되므로 절대 왜곡되거나 버려지지 않는다. 이러한 특징은 데이터에서 어떤 통찰력을 얻을 수 있을지 미리 알 수 없는 빅데이터 환경에서 특히 유용하다.
• 사용자는 데이터를 탐색하고 직접 쿼리를 만들 수 있다.
• 기존의 ETL 도구보다 빠를 수 있다.
• 구조화되지 않은 데이터 및 반구조화된 데이터를 저장할 수 있으므로 데이터 웨어하우스보다 유연하다.

데이터 레이크는 일반적으로 데이터 탐색, 데이터 분석 및 기계학습에 사용된다. 데이터 레이크를 데이터 웨어하우스의 데이터 원본으로 사용할 수도 있다. 이 방법에서는 원시 데이터가 데이터 레이크로 수집된 후 구조화된 쿼리Query 가능 형식으로 변환한다. 일반적으로 이 변환에서는 ELT Extraction, Transformation, and Loading(추출-적재-변형) 파이프라인을 사용하며, 여기서 데이터가 수집되고 변환된다. 이미 관계가 있는 원본 데이터는 ETL 프로세스를 사용하여 데이터 레이크를 건너뛰고 곧바로 데이터 웨어하우스로 이동할 수 있다. 데이터 레이크 저장소는 변환 또는 스키마 정의 없이도 많은 양의 관계형 및 비관계형 데이터를 유지할 수 있으므로 이벤트 스트리밍 또는 IoT 시나리오에서 자주 사용된다. 이 저장소는 짧은 대기 시간으로 많은 양의 작은 쓰기를 처리하도록 고안되었으며 대규모 처리량에 최적화되어 있다.

데이터 레이크 단계별 프로세스

단계	단계별 수행 내용
COLLECT	- 소스 데이터 세트(sets)를 데이터 레이크에 한 번 통합 - 온 보딩 프로세스를 간소화하고 일회성 통합 기능 제공 - 다양한 소스 시스템에서 수집 　(예: 관계형 데이터베이스, 비관계형 데이터베이스, 스트림, 플랫 파일)
STORE	- 내구성이 높고 확장성이 뛰어남 - 엄격한 권한 적용으로 안전성 보장 - 데이터 품질 검사 및 스키마 유효성 검사로 데이터 품질 보장
PROCESS/ ANALYZE	- DISCOVER: 데이터 세트의 정보를 반영한 카탈로그 통한 빠른 검색 - SUBSCRIBE: 데이터를 쉽게 구독할 수 있는 프로세스 제공 - DELIVER: 데이터를 분석할 수 있는 플랫폼에 데이터 제공, 데이터 업데이트 및 동기화 - ANALYZE: 양방향 분석, 머신러닝(Machine Learning) 및 시각화
CONSUME	- 시각화 및 활용 - 다양한 솔루션과 연동

데이터 레이크는 기존 데이터웨어하우스와 쓰이는 목적과 용도, 아키텍처가 다르다.

DATA WAREHOUSE	vs	DATA LAKE
structured, processed	DATA	structured / semi-structured / unstructured, raw
schema-on-write	PROCESSING	schema-on-read
expensive for large data volumes	STORAGE	designed for low-cost storage
less agile, fixed configuration	AGILITY	highly agile, configure and reconfigure as needed
mature	SECURITY	maturing
business professionals	USERS	data scientists et. al.

자료: WHAT IS THE DIFFERENCE BETWEEN DATA LAKES, DATA MARTS, DATA SWAMPS, AND DATA CUBES?

2 데이터 레이크 구현 방안

2.1 데이터 레이크 구현 방안

단계	단계별 수행 내용
대규모 데이터를 처리	대규모의 데이터를 수집하여 가공할 수 있는 발판을 마련해야 하며, 이 단계에서 데이터 분석은 매우 간단할 수 있지만 ApacheTM Hadoop®을 원하는 대로 이용할 수 있는 방법을 터득하게 될 것이다.
데이터 가공/분석을 위한 역량 강화	기업은 자신의 역량에 가장 적합한 도구를 선택하여 다양한 데이터를 수집하고 애플리케이션을 개발하기 마련이며, 엔터프라이즈 데이터 웨어하우스(EDW)와 데이터 레이크 기능이 함께 사용된다.
운영 효과를 광범위하게 홍보	데이터 및 데이터 분석 효과를 최대한 많은 사람에게 알려야 하며, 데이터 레이크와 EDW가 통합 운영되지만 각각 자신의 역할을 충실히 실행한다.
엔터프라이즈 기능 추가	다원화된 빅데이터 활용이 증가하면서 거버넌스, 규정 준수, 보안 및 감사가 필요하게 되면 높은 성숙도의 기업들이 출현하게 된다.

데이터 레이크 한계점

• 데이터 수집은 사용자가 직접 해야 함: 사이트마다 수집 방식이 상이하여 수집에 어려움
• 기본적으로 데이터 풀제공 안 함: 공공 데이터, SNS 데이터 등 외부 데이터를 적극 활용
• 데이터 레이크의 구축과 유지에 지속적인 비용 지출 필요: 데이터 품질, 규모/품질을 지속 관리

2.2 데이터 레이크 활용 사례

GE 사는 비행기 운행 관련 데이터 레이크를 구축해 항공기 운용과 유지·보수 등에 활용하고 있다.

운용 중인 항공기로부터 프리딕스Predix 플랫폼을 통해 실시간으로 데이터를 입력받고, 데이터 레이크에 쌓이는 데이터를 활용하여 과거의 정비 이력, 엔진의 사용 기간 등을 분석하여 실시간으로 유지·보수 포인트를 찾는 등 문제 해결이 가능해졌다.

이러한 데이터 레이크 시스템은 기존의 방식(여러 출처로부터 데이터를 모아 분석)으로 1개월 정도 소요되던 작업을 20분 만에 해결할 수 있게 되었다.

이렇듯 풍부한 데이터가 저장된 데이터 레이크는 다양한 내·외부 보안 위협의 목표물이 될 수 있으므로 앞으로 이런 형태의 기술과 여기에 연결되는 사용자는 해커의 주공격 대상이 될 수 있으므로 기업에서는 기업의 자산을 안전하게 보호하기 위한 치밀한 계획과 대응체계 수립과 준비가 요구된다.

2.3 데이터 레이크 보호 방법

1. 인증 및 ID 관리: 사용자 ID 확인
2. 권한 부여 및 접근통제 제어: 사용자 인증 후 권한 부여, 엑세스 권한 제어
3. 네트워크 격리: 방화벽 설정, 접근 가능 클라이언트 IP 설정
4. 데이터보호: 전송구간 암호화, 저장 시 암호화
5. 활동 및 진단 로그: 데이터 관련 활동에 대한 로그를 찾는지에 따라 활동 로그 또는 진단
6. 감사 프로세스: 상기 활동들에 대한 주기적인 감사를 통해 사전/사후 위협요소 진단, 조치
7. 사고 대비, 대응체계 구축 및 사전 이행 훈련

참고자료
https://www.samsungsds.com/global/ko/support/insights/data_lake.html
https://docs.microsoft.com/ko-kr/azure/architecture/data-guide/scenarios/
data-lake http://www.itdaily.kr/conference18/images/conference18_down07.pdf

B-10

데이터 마이닝 Data Mining

―――

지난 2015년 6월 알리바바의 마윈(馬雲) 회장은 "지난 20년간 지속된 IT의 시대가 저물고, 앞으로 30년간 DT(Data Technology) 혁명에 기반한 새로운 인터넷 시장이 열리게 될 것이며, 이제는 방대한 고객 데이터를 활용해 개별 고객의 요구에 부응할 줄 아는 기업이 성공하는 DT 시대가 될 것"이라고 했다. 또한, 마윈 회장은 "데이터를 활용해 돈을 버는 일이 미래의 핵심 가치가 될 것"이라며 "경비를 관리해 이윤을 내는 사업 방식은 앞으로 잘되지도 않을 것이고 성장성도 없을 것"이라고 내다봤다. 이러한 데이터에 대한 관심과 중요성은 30여 년 전부터 관심의 초점이었으며, 더욱 다양한 데이터의 생산 및 축적 등으로 최근에 중요성이 더욱 부각되어 나타나고 있다.

1 데이터 마이닝의 개요

1.1 들어가며

광산에서 광석(금, 다이아몬드 등)을 채굴하는 것을 마이닝Mining이라고 하듯이, 데이터 마이닝은 방대한 데이터 더미 속에서 쉽게 드러나지 않은 가치 있는 정보와 지식을 찾아내는 것이다.

1.2 데이터 마이닝의 정의

데이터 마이닝의 정의는 관점과 목적마다 일부 차이를 두고 있으나 본질은 크게 다르지 않으며, 빅데이터의 출현 이후 그 역할도 커지고 있다.
- 대량의 데이터 집합으로부터 유용한 정보를 추출하는 것
- 의미 있는 패턴과 규칙을 발견하기 위해 자동화되거나 반자동화된 도구를 이용하여 대량의 데이터를 탐색하고 분석하는 과정

- 통계 및 수학적 기술뿐만 아니라 패턴 인식 기술들을 이용해 데이터 저장
소에 저장된 대용량의 데이터를 조사함으로써 의미 있는 새로운 상관관
계, 패턴, 추세 등을 발견하는 과정

위의 다양한 정의를 한마디로 정리하자면, 데이터 마이닝은 대량의 데이
터가 축적되어 있는 데이터베이스로부터 데이터 간의 정보를 분석하고 유
용한 정보 또는 지식을 추출하는 과정이다.

2 데이터 마이닝 분석 방법 및 알고리즘

데이터 마이닝 기법은 통계학 분야에서 발전한 탐색적 데이터 분석, 가설
검증, 다변량 분석, 시계열 분석, 일반선형 모형 등 방법론과 데이터베이스
분야에서 발전한 OLAP On-line Analytic Processing(온라인 분석 처리), 인공지능 분
야에서 발전한 SOM Self-Organizing Map(자기조직화 지도), 신경망, 전문가 시스
템 등 기술적 방법론 등에 사용한다.

2.1 데이터 마이닝 분석 방법

데이터 마이닝 방법 선정 관련해서 결과 값 기반으로 새로운 데이터를 예측
하는 분류classification, 예측foecasting, 회귀regression는 예측기반 모델링predictive
modeling이라 하며, 데이터에 나타나 있는 구조 또는 패턴을 찾는 방법인 군
집clustering, 연관 규칙association rule, 연속성sequencing 요약summarization은 서술기
반 모델링descriptive modeling이라한다.

2.1.1 예측기반 모델링Predictive modeling
- 분류Classification
  - 일정한 데이터 집단에서 특정 기준에 따라 분류/구분하는 것
  - 일련의 범주들이 사전에 분류되어 있을 때, 특정 데이터가 어디에 속하
    는가를 결정
  - (예시) 경쟁사로 이탈했거나 이탈할 가능성이 있는 고객 분류, 품질등급
    이 양호·보통·불량일 때 새로운 제품의 품질등급 결정

- 회귀 Regression
  - 하나 이상의 변수 간 영향이나 관계를 분석 및 추정하는 기술
  - 독립 변수 분석을 통해 종속변수가 무엇인지 밝혀내는 데 사용
  - (예시) 어떤 상품의 예상 판매 실적을 주요 고객들의 소득 수준과 상품의 판매 가격과의 상관관계로부터 예측하는 방법

- 예측 prediction
  - 데이터 집합 내의 패턴을 기반으로 미래를 예측
  - 주어진 데이터에 근거하여 모델을 만들고 이 모델을 이용해 새로운 케이스 case들에 대한 예측을 하는 작업
  - (예시) 수요 예측

- 시계열 Time-Series
  - 시간의 변화에 따라 일정한 간격으로 연속적인 통계 숫자를 저장한 시계열 데이터에 바탕을 둔 분석 방법
  - (예시) 매일 주식의 값을 저장하는 시계열 데이터를 분석

2.1.1 서술기반 모델링 descriptive modeling

- 군집 분석 Clustering
  - 비슷한 속성을 갖는 몇 개의 집합으로 구분하여 군집을 구성하는 것으로 미리 정의된 특성에 대한 정보를 가지지 않는다는 점에서 분류와 다름
  - 이질적인 집단을 몇 개의 동질적인 소집단으로 세분화하는 것
  - (예시) 시장 세분화, 여러 공정 중 유사 특성을 갖는 공정 간의 군집화

- 연관 규칙 Association rule
  - 동시에 발생한 사건 간의 관계를 정의, 즉 한 패턴의 출현이 다른 패턴 출현을 암시하는 속성이나 항목 간의 관계를 파악
  - (예시) 넷플릭스에서 고객의 취향에 맞춰 영화, 드라마 등을 추천해주는 기법

- 연속성Sequencing
  - 시간에 따라 순차적으로 나타나는 사건의 종속성
  - (예시) A제품을 구입한 고객이 향후 B제품을 구입할 확률이라든가, 작년의 계절적 매출 변동 요인과 올해의 매출 등을 알아내는 것

- 요약Summarization
  - 데이터의 일반적인 특성이나 특징의 요점을 간략히 정리하는 기술

2.2 데이터 마이닝 알고리즘

- 의사결정 트리Decision Tree

대표적인 지도학습Supervised Learning 방법론이며, 수치형/범주형 종속변수에 대한 예측·분류를 위해 사용합니다. 화이트 박스White Box식 모델이기 때문에 결과를 좀 더 직관적으로 이해할 수 있다는 점, 계산 방법이 간단하다는 장점이 있지만 과적합화 등으로 인해 다른 모델에 비해 정확도가 낮은 편이다.

- K-means 클러스터링

비지도학습의 대표적인 분석 방법으로 주어진 데이터를 유사한 K개의 군집으로 묶는 알고리즘이다. K값을 사전에 지정해주어야 한다는 점, 이상치에 민감하게 반응하는 점 및 구형이 아닌 군집을 찾는 데는 적절하지 않다는 단점이 있다.

- 선형 회귀Linear Regression

종속변수Dependent variable Y와 한 개 이상의 설명변수Independent Variable X(들)과의 선형 상관관계를 모델링하는 회귀분석 기법이며 종속변수가 수치형 변수일 때 사용한다.

- 로지스틱 회귀Logistic Regression

종속변수와 설명변수 간의 관계를 함수로 설명하려는 측면은 동일하나 종속변수가 범주형 변수일 때 사용한다. 분류 및 예측에 주로 사용되는 모델

이다.

– 인공 신경망 알고리즘Artificial Neural Network algorithm
생물체의 신경망(중추 신경계, 뇌 등)의 뉴런이 시냅스를 통해 결합되는 것처럼 여러 개의 함수 집합과 각 집합에 대한 가중치를 조정하여 분류·예측하는 알고리즘이다.

– 협업 필터링Collaborative Filtering
사용자의 선호도 및 아이템의 특성 등을 사용해서 사용자가 선호할 아이템을 예측하는 추천 시스템에 주로 사용되는 방법이다. 사용자, 아이템 중 어떤 것에 기반하느냐에 따라 여러 종류로 나뉜다.

3 데이터 마이닝의 수행 절차

3.1 데이터 마이닝의 수행 절차(Case 1)

데이터 마이닝의 목적 정의부터 데이터 선택·정제·보강·변환 작업을 거쳐 분석 및 평가하는 일련의 과정을 통해 원시 데이터Raw data로부터 통찰Insight 및 가치를 추출해낸다.
– 데이터 생성·수집
  •데이터와 자료를 수집 및 생성하는 단계
– 데이터 전처리
  • 데이터에서 의미 있는 요소를 추출하고 분석을 위한 적당한 포맷으로 데이터를 전처리
  • 결측치·극단치 및 측정 단위 등에 대한 데이터 정제·보강·변환 처리
– 데이터 추출
  • 수학적 모델(알고리즘)을 이용하여 유용한 정보를 추출
– 데이터 분석
  • 분석 유형을 결정하고 마이닝 작업 수행
– 데이터 해석·활용

• 결과 해석 및 모델 활용

3.2 데이터 마이닝의 수행 절차(Case 2)

SAS사에서 개발한 데이터 마이닝 작업을 위한 가이드로서 'SEMMA'라고 불리우며, 데이터 마이닝 모델 개발 측면에 초점을 맞추고 있다.

- 자료 수집sampling
  • 방대한 자료에서 모집단을 닮은 작은 양의 자료를 추출
- 자료 탐색Exploration
  • 기본적인 정보를 검색하고 유용한 정보를 추출
  • 데이터 분포의 시각화를 통해 이상치를 판단하고 연관성이 적은 변수와 결측치가 많은 변수를 제거
- 자료 변환Modification
  • 데이터가 가지고 있는 정보를 효율적으로 사용할 수 있도록 변수 변환, 수량화, 그룹화 같은 방법을 통해 데이터를 변형하고 조정
- 모형화Modeling
  • 분석 목적에 따라 적절한 기법을 통해 예측 모형을 찾아내는 방법들을 찾아냄
- 평가Assessment
  • 모형화를 통해 얻어진 결과의 타당성, 신뢰성, 유용성 등을 평가
  • 다양한 도표와 그래프 등이 제공되는 평가 도구를 이용

4 데이터 마이닝

4.1 데이터 마이닝 활용 분야

- 국가별·도시별 적용 분야
  • 바르셀로나: 데이터를 활용하여 더 편리한 도시로 변하고 있는데 그 결과 관광객의 이동 패턴을 파악하고, 공용 자전거 대여소를 더 배치할 장소를 찾고, ATM이 더 필요한 장소를 파악하고 있다.

- 아랍 에미리트: 새로운 데이터 도구를 사용하여 세계 최초로 소비하는 에너지보다 생산하는 에너지가 많은 건물을 설계하고 있다.
- 케냐: 모바일 데이터를 사용하여 말라리아 감염 패턴을 파악하고 정부가 방역 활동을 집중적으로 할 장소를 파악하고 있다.
- 미국 아이오와주, 인도: 농민들 모두 종자, 위성, 센서, 트랙터에서 수집한 정보를 사용하여 재배할 작물, 파종 시기, 식품의 신선도 추적 방법, 변화하는 기후에 적응하는 방법 등을 결정하고 있다.

- 마케팅 분야
  - 고객 세분화Customer Segmentation: 고객의 인구 통계 자료나 구매 패턴의 정보를 기반으로 고객을 세분화Segmentation하고 그 특성을 요약
  - 타깃 마케팅Target Marketing: 고객 세분화 결과를 바탕으로 타깃 마케팅에 활용
  - 이탈 고객 분석Churn Analysis: 고객의 성향을 파악하여 경쟁 업체로의 전환 가능성이 있는 고객, 혹은 더 이상 우리의 제품이나 서비스를 이용하지 않은 고객들을 분류해 고객 유지율을 향상시키고, 이탈한 고객들을 다시 우리 고객으로 되돌릴 수 있는 방안을 모색함으로써 고객과의 지속적인 관계를 유지해나가는 데 이용
  - 신규 고객 유치: 현재 고객들의 자료를 토대로 고객들의 순위를 부여하고 이에 따라 우수한 새 고객의 유치에 이용

- 금융 분야
  - 사기행위 색출Fraud Detection: 신용카드 거래 사기 탐지, 부정수표 적발, 부당·과다 보험료 청구 탐지
  - 신용평가Credit Scoring: 신용카드, 주택할부금융 등의 신용거래 대출한도를 결정하기 위해 특정인의 신용 상태를 점수화하고 이를 통해 불량 채권과 대손을 추정하여 최소화함

- 유통 분야
  - 장바구니 분석Basket Analysis: 고객의 실제 구매 패턴을 분석함으로써 구매 물품 사이의 연관 관계를 파악해서 A물건을 구입하는 고객은 B물건

도 같이 구입하는 패턴을 분석했다면 다른 고객이 A물건 구입 시 B물
건을 추천해주는 기법
- 시계열 패턴 조사: 시간에 따른 구매행위에 대한 조사

- 헬스 분야
  - 암 진단 지원: 과거의 환자들에 대해 종양 검사의 결과를 근거로(예를
    들어 종양의 크기, 모양, 색깔 등) 종양의 악성·양성 여부를 구별하는 분류
    모형을 만든 후, 새로운 환자에서 얻은 입력변수를 이용하여 종양 악성
    여부를 제시

- 검색 분야
  - 구글과 인플루엔자 유행 예측: 사람들이 자신이나 가족이 아프면 가장
    먼저 그에 관한 정보를 검색하게 되는데, 구글은 검색 내역과 질병 데이
    터를 분석해보았더니 실제로 연관성이 있는 것으로 나타남. 구글은 의
    료기관보다 2주 먼저 인플루엔자 유행을 예측

4.2 데이터 마이닝 응용 분야

- 텍스트 마이닝Text Mining

  텍스트 형태로 이루어진 비정형 데이터들을 자연어 처리 방식을 이용하
  여 정보를 추출하는 기법으로 문서의 텍스트 정보에서 문맥을 파악하거
  나 텍스트 간 연계를 분석할 수 있다. 이는 텍스트 기반의 데이터로부터
  새로운 정보를 발견할 수 있도록 하며, 정보 검색, 추출, 체계화, 분석 과
  정을 모두 포함한다.

- 오피니언 마이닝Opinion Mining

  상품평이나 영화 감상평 또는 정치인에 대한 호감도와 같이 특정 주제나
  대상에서 보인 사람들의 주관적이고 감정과 의견을 나타내는 패턴을 이
  용하여 특정 주제에 보인 긍정·부정·중립을 찾아내거나 선호도 등을 판
  별하는 기술이다.

- 웹마이닝 Web Mining

웹을 대상으로 하는 마이닝으로 인터넷을 이용하는 과정에서 생성되는
웹 로그 정보나 검색어로부터 추출되는 유용한 정보를 대상으로 한다.

4.3 데이터 마이닝의 발전

오늘날 사람과 기계는 엄청난 데이터를 생산하고 있다. 과거에 특정 산업
분야이나 기업에서 데이터가 생성되고 이를 마이닝했다면, 이제는 데이터
생성과 시점이 실시간으로 다양화되고 있다. 페이스북, 인스타그램 등의
쇼셜 네트워크상에 글과 사진을 올리고 빌딩과 도시에 설치된 CCTV에 24
시간 동안 영상이 찍히고 웨어러블 기기에서 라이프로그 데이터가 만들어
지고 있다. 생성되는 데이터의 용량, 다양성, 속도가 가속되면서 빅데이터
라 불리우는 새로운 키워드가 나왔고, 빅데이터 분석을 위한 데이터 마이
닝은 빅데이터 분석 플랫폼의 하나의 요소로서 새롭게 등장하는 기술(하둡,
NoSQL 등)과 혼합되어 활용 범위가 더욱 넓어지고 있다.

 참고자료
https://ko.wikipedia.org/
https://en.wikipedia.org/wiki/Data_mining
http://www.zdnet.co.kr

B-11

NoSQL

SNS의 발전과 함께 데이터를 저장하고 공유하는 방법이 기존 RDBMS와는 다른 DBMS 가 필요하게 되었다. 클라우드 환경에서 비용 우위를 가지면서 성능을 일정하게 유지하 고자 하는 오픈스택 기반의 DBMS가 등장하게 되고 발전 과정에서 다양한 변형과 장점 을 강조하는 NoSQL DB-Engine으로 지속적으로 발전하고 있다. 웹과 모바일 기반의 HTML5로 동작되는 오픈 데이터 서비스의 발전 속도에 적합한 데이터베이스 요구 사항 과 함께 기존 RDBMS가 고가인 것에 대한 반발로 더욱 빠르게 기업 내부 시스템에 대해 서도 NoSQL DBMS로 사용률이 빠르게 증가하고 있다.

1 NoSQL 개념

1.1 NoSQL 등장 배경

NoSQL은 데이터베이스의 기본 액세스 언어로 SQL을 지원하는 기존 RDBMS 형태가 아닌 데이터베이스를 의미하는 일반적인 용어이다.

  SNS의 발전으로 아마존, 페이스북, 구글 등과 같은 클라우드 기반 기업들 의 애플리케이션을 운영하고 데이터센터 요구 사항을 수용하는 데 RDBMS 로는 한계가 존재했다. 이에 이러한 웹과 모바일 서비스 기반으로 데이터베 이스에 자유롭게 정보를 등록하고 검색하고 싶은 요구를 충족할 수 있도록 애자일agile 개발 방법론을 지원할 수 있는 유연한 데이터 모델과 전 세계 클 라우드 애플리케이션 사용자들로부터 매우 빠른 속도로 만들어지고 발생되 는 대규모의 데이터를 고성능·고가용성으로 운영할 수 있는 새로운 데이터 관리 플랫폼이 필요하게 되었다.

- 클라우드 활용성 제약: 수백만 명의 동시 사용자를 허용 시 낮은 성능(slow performance at cloud scale)
- 서버 자원의 확장 제약: 데이터 증가에 따른 효율성 확대(scale-up) 한계로 인해 고비용화(need more power → replace server)
- Fixed Layout, Pre-defined table 사용 제약: 변경과 변화가 많은 데이터 모델의 유연성 낮음(inflexible cloud data)

1.2 NoSQL 특징

비관계형, 비구조적인 데이터 저장을 위해 비공유Shared Nothing 기반의 분산 저장과 수평 확장이 가능한 데이터베이스이다.

NoSQL의 특징

- Cluster friendly: 오토 샤딩(Sharding) 포함
- Operational: 백그라운드 배치 중심의 분석 업무보다는 실시간 중심의 운영 시스템에 적합
- Flexible: 데이터 스키마와 속성을 동적으로 정의하는 스키마리스(Schemaless)
- Fast: 분산적·수평적 확장에 뛰어나므로 대량 데이터 처리 가능
- Non relational: 관계형 모델이 아니므로 조인 기능 없음, API 또는 non-SQL 데이터 액세스
- Cloud focused: 24 * 7 글로벌 서비스 가능

1.3 CAP 정리의 이해

CAP 정리 또는 브루어의 정리
일관성(Consistency), 가용성(Availability), 분할내성(Partition tolerance) 세 가지를 모두 만족시키는 분산 컴퓨터 시스템은 존재하지 않음을 증명한 것. 세 가지 중 두 가지만 만족한다.

CAP 정리Theorem(브루어Brewer의 정리)는 분산 시스템에 내재하는 제약 사항을 분석한 이론으로, 특정 시점에 다음 세 가지 특성을 모두 만족하는 분산 시스템의 저장소 구현은 불가하다는 개념이다. 따라서 세 가지 특성 중 두 가지 특성만을 적용한 데이터베이스 제품을 만들 수 있다는 것이다.

- 일관성Consistency
  - 동일 시점에 분산된 노드 중 어느 노드로 접근하더라도 데이터 값이 같아야 함
- 가용성Availability
  - 특정 노드에 장애가 발생해도 데이터 쓰기나 읽기가 가능해야 함
- 분할내성Partition Tolerance
  - 클러스터 장애(네트워크 일부 장애) 상황이어도 데이터 쓰기나 읽기 가능해야 함
  - 비관계형, 비구조적인 데이터 저장을 위해 비공유 기반

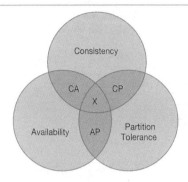

- **CP: Consistency and Partition Tolerance**

  데이터 발생·변경 시 수평적으로 확장된 클러스터 내의 데이터 일관성을 즉각적으로 유지

  → Couchbase, MongoDB, Appache HBase
- **AP: Availability and Partition Tolerance**

  데이터 일관성은 즉시는 아니더라도 결국에는 유지(eventually consistent)

  → Cassandra, Couchbase(XDCR) , ScyllaDB
- **CA: Consistency and Availability**

  데이터 발생·변경 시 수직적으로 확장된 시스템 내에서 데이터 일관성을 즉각적으로 유지

  → MySQL, Oracle, Microsoft SQL ServerCloud focused: 24 * 7 글로벌 서비스 가능

2 데이터 분산 모델의 이해

2.1 데이터 분산 방법

데이터를 분산하여 저장하는 방법은 크게 복제replication와 분할partitioning이 있다. 복제는 동일한 데이터를 복사하여 여러 노드(서버)에 저장하는 방식이며, 마스터-슬레이브Master-slave 복제 방식과 피어-투-피어peer-to-peer 복제 방식으로 구분된다.

분할은 여러 개의 노드에 데이터를 분배하여 저장하는 것으로 수직적 분할과 수평적 분할로 다시 구분할 수 있다. 수평적 분할은 하나의 데이터 세트(하나의 테이블로 가정하면 이해가 쉬울 것이다)를 몇 개의 서브 세트로 나누어 여러 노드에 분산 저장하는 것으로, 분산 시스템에서는 분할을 주로 샤딩sharding이라는 용어로 많이 사용한다. 샤딩에 의해 분할된 데이터 서브 세트를 샤드shard라 한다.

분산 시스템을 구현하는 데 복제와 분할은 둘 중 하나만 사용할 수도 있고 모두 사용할 수도 있는데, 대부분의 NoSQL은 두 가지 방식을 모두 적용한다.

2.2 마스터-슬레이브 복제 Master-slave Replication

노드 하나가 마스터 또는 주Primary 노드로 선정된다. 마스터는 데이터 생성 및 변경 처리에 대한 책임을 가진다. 다른 노드는 슬레이브 또는 부Secondary 노드가 되며, 복제 프로세스는 슬레이브를 마스터와 동기화한다. 쓰기에 대한 충돌이 없는 단순한 구조이면서 슬레이브로의 동기화가 보장되어 읽기에 대한 다양한 서비스가 가능하다. 동기화된 상태에서 마스터의 예기치 않는 서비스 중단이 발생할 경우에 슬레이브 중 하나가 마스터가 된다.

마스터-슬레이브 복제

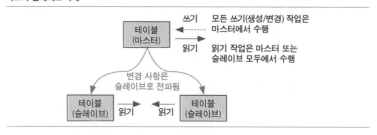

2.3 피어-투-피어 복제 Peer-to-Peer

마스터 노드를 두지 않는 구조로 모든 복제본의 가중치는 동일하다. 모든 노드에서 쓰기 요청을 처리하고, 노드 중 어느 것이 실패하더라도 데이터 노드에 대한 접근은 중단되지 않는다. 쓰기 충돌의 위험성을 피하기 위해 복제본에 대한 쓰기 조율을 하는 네트워크 트래픽 비용이 늘어나는 대안을

피어-투-피어 복제

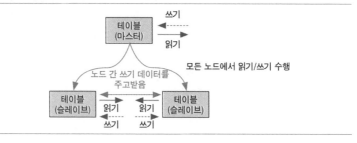

취하거나, 비일관적 쓰기를 허용하거나 병합하는 정책을 적용한다.

2.4 수직적 분할

업무 기능상 독립적이고 릴레이션Relation이 없는 테이블들을 각기 다른 서버에 배치하도록 하여 업무 단위로 독립적인 서버에서 각각의 테이블을 읽기 및 쓰기를 분산시키는 효과를 가져올 수 있다. 이때, 서로 다른 서버의 결과를 쉽게 조인할 수 없는 단점이 있어 동일 기능이 있는 독립 서버의 스케일-업Scale-Up 한계를 극복하기 위한 대안이 되기는 쉽지 않다. 즉, 수직적 분할 Vertical Partitioning로 구성하는 경우는 다음에 나올 수평적 분할을 설명하기 위한 용도로만 언급된다.

2.5 수평적 분할

NoSQL에서 가장 중요한 수평적 분할Horizontal Partitioning-Sharding의 샤딩과 비공유Shard Nothing에 대한 이해를 필요로 한다. 샤딩은 비공유 모델을 사용하며, 각 서버는 자신의 데이터와 프로세서를 가지고 해당 서버가 담당하는 샤드를 쓰기 및 읽기 처리한다. 각 테이블을 여러 서버에 분산 저장시키는 방법으로, 저장되는 위치는 샤딩 키에 의해 결정되므로 적합한 샤딩 키 설계는 분산 시스템에서의 중요한 요소가 된다.

수평적 분할

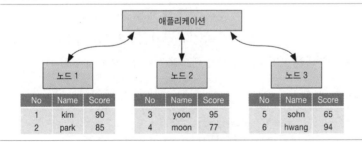

B · 빅데이터 서비스

2.6 복제와 샤딩의 결합

결합에 대한 의미는 NoSQL에서 매우 중요하다. 복제와 샤딩 전략은 결합될 수 있으며 피어-투-피어 복제와 샤딩을 결합하여 구현한 것은 컬럼 패밀리Column Family형 NoSQL에서 흔히 볼 수 있다.

아래 그림은 각 노드번호와 동일한 s_no를 샤딩하고 해당 건을 시계 방향 순으로 인접 노드에 복제한 방식을 이미지화한 것이다(복제 계수 3을 가정).

복제와 샤딩의 결합을 통해 분산 저항한 데이터의 키key 값에 대해 어느 노드에 저장되어 있는지 샤딩 키를 알고 있다면 모든 노드에서 쓰기를 수행하면서 한편으로 복제를 통해 분산 저장의 목적을 달성 할 수 있다. 노드의 장애 발생 시에도 인접 노드의 복제되어 있는 데이터에서 안정적인 읽기 서비스를 지속할 수 있다.

복제와 샤딩의 결합

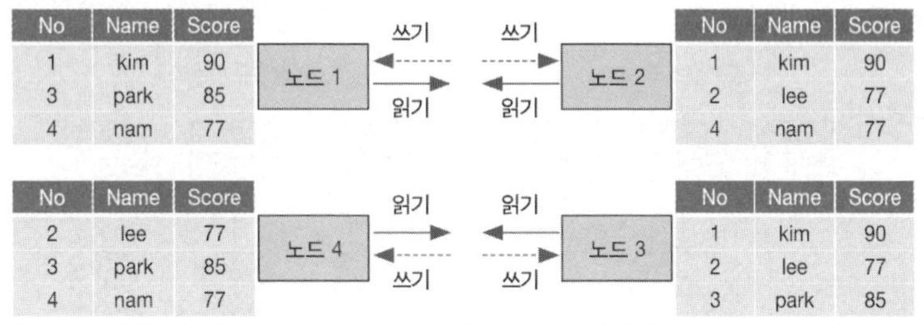

3 NoSQL과 관계형 DB 접근법 비교

3.1 모토리틱 시스템과 분산 시스템

애플리케이션 타이어Tier는 부하 분산이나 자동화된 장애 복구Failover 등 클러스터 환경에 맞춰 발전해왔으나, 퍼시스턴스 타이어Persistence Tier는 관계형 DB의 모노리틱 시스템Monolithic System 접근법으로 인해 고가의 하드웨어 사용, 확장 및 부하 분산의 제한, SPOFSingle Point of Failure 등의 한계점을 지니고 있었다. 이에 반해, NoSQL은 분산 시스템Distributed System 접근법을 사용하여 확장성 있는 범용 하드웨어, 부하 분산, 자동화된 장애 복구 등을 지원한다.

모노리틱 시스템과 분산 시스템

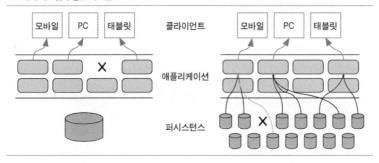

3.2 공유 디스크 vs 비공유 디스크 Shared Disk vs Shared Nothing Disk

RDBMS 기술은 주로 DB 서버 여러 대를 클러스터회 하되 디스크는 공유하는 형태로 수평적 확장을 하는 방식이었다. 반면 NoSQL DB는 DB 서버는 물론 디스크까지도 공유하지 않는 형태로 수평적 확장을 하는 형태이다.

공유 디스크와 비공유 디스크

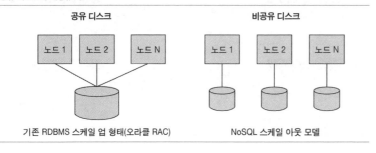

3.3 스케일 업 vs 스케일 아웃 Scale up vs Scale out

RDBMS는 일반적으로 하나의 머신에 집중적으로 CPU, RAM 등을 추가함으로써 수직적인 확장을 한다. 일부 DBMS의 경우 클러스터 기술을 이용하는 경우도 있다(Oracle RAC).

NoSQL DB의 경우 여분의 노드를 추가함으로써 수평적으로 확장하게 되는 스케일 아웃 아키텍처를 가능하게 한다.

3.4 ACID vs BASE

- ACID: 데이터베이스 트랜잭션이 안전하게 수행되는 것을 보장하기 위한 성질(RDBMS에서 중요한 요소)

구분	내용
Atomicity (원자성)	트랜잭션 내의 모든 문장이 모두(all) 반영되거나, 혹은 모두 반영되지 않아야 (nothing) 함
Consistency (일관성)	트랜잭션의 수행으로 데이터베이스의 무결성이 깨져서는 안 됨
Isolation (고립성)	여러 개의 트랜잭션들이 동시 수행될 때, 한 개의 트랜잭션이 다른 트랜잭션의 영향을 받지 않아야 함
Durability (지속성)	수행이 완료된(Committed) 트랜잭션은 어떤 상황에서도 그 내용을 영구적으로 유지할 수 있어야 함

- BASE: NoSQL은 로우-Row 단위의 ACID 정도만 제공하는 것이 일반적이므로 업무 로직이 복잡한 서비스 개발에는 불편한 점이 많다.

구분	내용
Basically Available	- 항상 시스템 가용성이 유지되어야 하는 특성으로, 분산 처리를 통해 구현
Soft State	- 사용자 입력 없이도 시간이 지나면서 시스템의 정보 상태가 변경됨 - NoSQL은 여러 개의 복제본을 두고 관리하기 때문에 특정 시점에서는 데이터가 일치하지 않을 가능성이 있는데, 일관성을 맞추는 과정에서 데이터가 더 최신 상태로 쓰이는 것을 의미함
Eventual Consistency	- 일정 시간 후에는 항상 일치성이 확보된 상태가 되는 특성, 즉 일시적으로 일치성이 확보되지 않은 상태가 될 수 있음

3.5 정적 데이터 모델과 동적 데이터 모델

Static Data Model vs Flexible Data Model

RDBMS는 데이터를 입력하기 전에 테이블이라는 형태를 생성하는 것으로 (통상 크리에이트 테이블Create Table '테이블명' 명령어를 수행) 사전에 데이터 구조의 정의가 필요하며, 하나의 테이블 컬럼의 모든 데이터는 동일한 데이터 유형을 가지고 있게 된다. 물론 모든 컬럼이 전부 값을 가질 필요는 없으므로 널null 상태로 비워둘 수는 있다. 반면, NoSQL은 사전에 데이터 구조를 정의하지 않고도 데이터를 입력할 수 있으며, 하나의 테이블 단위에 해당하는 집합의 데이터들이 모두 동일한 속성(컬럼)을 가질 필요는 없다.

3.6 정규화 vs 반정규화

RDBMS는 관계형 데이터 모델을 적용하여 데이터의 중복 관리를 최소화하고 콤팩트compact하게 관리함으로써 데이터의 이상 현상을 방지하고 있다. 따라서 데이터 정규화Normalization를 강조하게 되며 그에 따라 데이터 무결성을 유지하고 데이터 간의 관계를 통해 새로운 정보를 쉽게 만들 수 있는 애드혹 쿼리adhoc query를 용이하게 지원하는 장점이 있다. 반면 분산 시스템 기반의 NoSQL은 조인을 지원하지 않으므로 최대한 데이터 간의 조인을 피하여 성능을 최대화하고 코딩coding을 단순하게 할 수 있도록 반정규화De-normalization를 강조하게 된다.

RDBMS 정규화와 NoSQL 반정규화

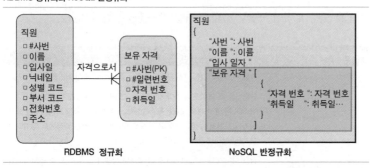

구분	RDB(Relational Database)	NoSQL(Not Only SQL)
개념	집합 개념을 활용하여 데이터를 쉽게 조작할 수 있으며, 데이터 간 관계를 통해 동적으로 새로운 정보 창출 가능	데이터의 분산 저장으로 수평적인 확장 용이
트랜젝션 특징	ACID(Strong Consistency)	BASE(Weak Consistency)
스키마 정의	사전에 테이블 구조 정의	동적으로 데이터 입력 시 컬럼을 임의로 정의 가능 단, 최근 카산드라(Cassandra), 스킬라DB(ScyllaDB) 등에서는 사용자 편의를 위한 CQL(카산드라 쿼리 언어) 지원으로 RDB처럼 사전에 테이블 구조 정의
장점	테이블 간 조인이 쉽고, SQL을 통해 다양한 조건으로 데이터를 쉽게 처리하는 것이 가능	저가의 분산 환경을 이용하여 스케일 아웃(Scale-out)이 용이하며, 대량의 데이터를 빠르게 처리
단점	스케일 아웃(Scale-Out, 특히 쓰기)이 어려우며, 대량 데이터 처리 시 성능 저하	조인 기능 미지원 및 키 값 외 다양한 조건 검색이 어렵고, 데이터 일관성 보장 기능이 미흡

RDB와 NoSQL 비교 정리

구분	RDB(Relational Database)	NoSQL(Not Only SQL)
제품 종류	상용: ORACLE, DB2, MS-SQL 등 Open Source: MySQL, PostgreSQL 등	Hbase, 카산드라(Cassandra), 몽고(Mongo) 등 (대부분 오픈 소스)
적합 서비스	정확성 / 일관성 중시, 지속적인 업데이트, 정형 데이터 위주의 서비스	증가량이 큰 대용량 기반, 비정형 데이터 위주 웹서비스, IOT 서비스

4 데이터 모델 측면의 NoSQL 분류

4.1 NoSQL 유형

NoSQL은 데이터 모델 측면에서 키-밸류Key-Value, 도큐먼트Document, 컬럼 패밀리Column Family, 그래프Graph형으로 구분된다.

- 키-밸류
  - 키와 단순값으로 구성
  - 레디스Redis, 리악Riak, 볼드모트Voldmort 등
- 도큐먼트
  - 키와 구조화된 값(JSON, XML 등)으로 구성
  - 복잡한 계층구조 표현 가능
  - 몽고DBMongoDB와 카우치베이스Couchbase 등

- 컬럼 패밀리
  - 키와 튜플/컬럼으로 구성
  - Hbase, 카산드라Cassandra, 스킬라DB 등
- 그래프
  - 키 값을 가진 오브젝트의 링크드 리스트Linked list로 구성
  - 클러스터 환경보다는 단일 서버에서 실행되는 경우가 많음
  - Neo4J, 알레그로그래프AllegroGraph 등

4.2 NoSQL 유형별 제품

유형	데이터베이스	구현 언어	설명
Key-Value	Redis	C	- 대표적인 인메모리 기반의 Key / Value 스토어
	Riak Erlang	C	- 아마존의 다이나모(Dynamo)의 논문을 기반으로 구현된 K/V 스토어 - 기술지원회사: Basho
	Voldmort		- 아마존의 다이나모(Dynamo) 논문을 기반으로 링크드인(LinkedIn)에서 개발하고 공개 - 인메모리 캐싱을 스토리지 시스템과 결합
Document	MongoDB	C++	- 설치 개발이 매우 쉽고 매우 빠른 성능을 제공 - 기술지원회사: 10Gen
	Couchbase	C/C++ Erlang	- 카우치DB(CoouchDB)와 메모리 캐싱 시스템(Key / Value 방식)인 멤베이스(Membase)가 합병하면서 구현
Column Family	HBase	Java	- 구글 빅테이블(BigTable) 아키텍처를 차용하여 설계 - 하둡 기반 동작, 하둡 도구들과 상호 운영성 좋고, 수십 테라바이트 넘는 빅데이터에 적합 - 아파치 라이선스 적용
	Cassandra	Java	- 구글 빅테이블(BigTable) 데이터 모델과 다이나모(Dynamo)의 분산 기술을 결합해서 구현 - 빅데이터에 적합 - 아파치 라이선스 적용 - 기술지원회사: Datastax
	ScyllaDB	C++	- 카산드라의 마스터리스(masterless) 아키텍처에 자체 개발한 고성능 애플리케이션 프레임워크인 시스타(Seastar)를 적용하여, 카산드라의 장점과 Modern C++ (C++11 이후)이 제공하는 비동기 동시성 처리 방식의 장점을 결합한 시스템으로 이스라엘의 스킬라DB사에 의해 2016년 4월 GA(General Available) 버전 최초 출시
Graph	Neo4J	C++, Java	- 속성을 가진 노드 정보와 관계 정보를 저장 처리하고 ACID 트랜잭션을 지원하는 데이터베이스, 시맨틱웹 RDF 처리에 최적, 스파크 QL(Spark QL) 질의 도구, 기계 한 대에서 수십억 노드와 관계정보 저장·처리 가능하나 스케일 아웃(Scale out) 미구현 상태
	AllegroGraph	Lisp	- Allegro Common Lisp으로 유명한 프란츠(Franz)에서 개발한 그래프 데이터베이스

5 NoSQL 제품별 아키텍처 및 특징

NoSQL은 데이터 모델에 따라 키-밸류형, 도큐먼트형, 컬럼 패밀리형, 그래프형 등으로 NoSQL 제품을 분류할 수 있고, 각각의 타입에 해당하는 NoSQL 구현체 또한 다양하게 존재한다. 많은 제품 중 몇 가지 주요 제품의 특징을 소개한다.

5.1 HBase

HBase는 HDFS상에서 구현된 NoSQL로 구글의 빅테이블Bigtable을 참고해서 자바JAVA로 개발된 분산 컬럼 지향 데이터베이스이다. 빅테이블이 구글 파일 시스템에서 제공하는 분산 데이터 스토리지를 활용하는 것처럼 아파치Apache HBase는 하둡 및 HDFS 위에 빅테이블 같은 기능을 제공한다. 아마존 S3(EMRFS 사용) 또는 하둡 분산 파일 시스템HDFS에서 실행되는 버전이 지정되어 있다. 아파치 피닉스Apache Phoenix는 아파치 HBase와 통합되므로 아파치 HBase 테이블에 대한 지연 시간이 짧은 SQL 액세스와 성능 향상을 위한 보조 인덱싱을 제공할 수 있다. 또한, 아파치 HBase는 아파치 하둡, 아파치 하이브Apache Hive 및 아파치 피그Apache Pig와 긴밀하게 통합되므로 대량의 병렬 분석과 빠른 데이터 액세스를 손쉽게 결합할 수 있다.

HBase와 하둡/HDFS의 차이점을 보면, HDFS는 대용량 파일 저장에 적합한 분산 파일 시스템이다. HDFS는 범용 파일 시스템이 아니며 파일에서 개별 레코드 검색을 빠르게 제공하지 않는다. 반면, HBase는 HDFS 위에 구현되어 대용량 테이블에 대한 빠른 레코드 조회 기능을 제공한다. 이것이 때때로 개념적 혼란을 가져오는 부분인데, HBase는 빠른 조회를 위해 HDFS에 있는 인덱싱된 스토어파일StoreFiles에 내부적으로 데이터를 저장한다.

HDFS	HBase
HDFS는 대용량 파일을 저장하기에 적합한 분산 파일 시스템	HBase는 HDFS 위에 구축된 분산 데이터베이스
데이터의 순차적 액세스 제공	데이터의 랜덤 액세스 제공
개별 레코드의 빠른 검색 지원 못 함	개별 레코드의 빠른 검색 지원

5.1.1 HBase 특징

- 읽기/쓰기에 대한 일관성 보장
- 오토 샤딩 지원
- 자동화된 장애 복구 지원
- 하둡/HDFS 통합: HDFS 지원
- 맵리듀스MapReduce 지원
- Java Client API 지원: 자바Java API 기반의 액세스 가능
- Thrift/REST API 지원: 쓰리프트Thrift 및 프론트엔드Forntend의 빠른 네트
  워킹과 API 표준형 데이터를 지원하는 레스트REST 적용
- 블록 캐시 및 블룸 필터: 대용량 쿼리 최적화

HBase는 마스터-슬레이브(리전 서버) 구조로 주키퍼ZooKeeper는 전체 HBase 클러스터에 대한 코디네이터 역할을 한다. 마스터 서버는 클러스터를 조정하고 리전Region 지정 및 로드밸런싱을 수행한다. 마스터 서버는 단순히 HBase에 대한 설정 파일과 리전 서버Region Server에 대한 정보만을 가지고 있다. 리전 서버는 각 서버에 할당된 리전(데이터 서브 세트)을 처리하는 실질적인 작업을 수행한다. 클라이언트는 리전 서버에 HBase의 데이터를 액세스하도록 요청을 하게 되는데 이때 카탈로그 테이블hbase: meta을 이용하게 된다.

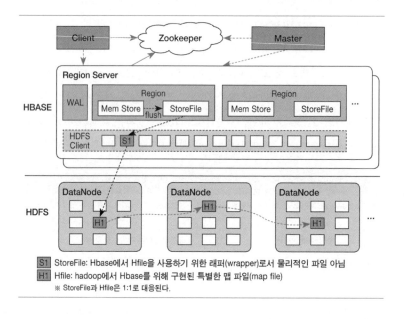

S1 StoreFile: Hbase에서 Hfile을 사용하기 위한 래퍼(wrapper)로서 물리적인 파일 아님
H1 Hfile: hadoop에서 Hbase를 위해 구현된 특별한 맵 파일(map file)
※ StoreFile과 Hfile은 1:1로 대응된다.

5.1.2 HBase 용어

- 리전Region: HBase 기본 작업 단위로 하나의 테이블은 여러 개의 리전으로 분할될 수 있다. 테이블의 가용성 및 분산의 기본 요소이며 컬럼 패밀리로 구성된다.
- 멤스토어MemStore: 쓰기 캐시로 사용되는 인메모리 스토리지로, 리전에는 멤스토어도 포함된다.
- HFiles: HBase의 실제 데이터로 클라이언트는 HFiles을 직접 읽지는 않지만 리전 서버를 통해 데이터에 접근한다(HBase 테이블의 HDFS 디렉토리 구조).

5.1.3 HBase와 주키퍼의 상호작용

- 주키퍼는 외부 클라이언트의 연결을 제어하고 리전 서버들에 대한 정보를 추적tracking할 뿐만 아니라, 루트 리전이 어디에 위치했는지에 대한 정보도 관리한다.
- 클라이언트는 제일 먼저 주키퍼 클러스터ZooKeeper cluster/앙상블Ensemble에 연결되고, 리전 서버들의 위치 정보를 요청하게 된다.
- 클라이언트로부터 특정 테이블에 대한 "쓰기" 요청이 발생하는 경우, HBase는 먼저 WAL Write Ahead Log에 데이터를 저장하게 된다(RDBMS에서 커밋 로그commit log와 유사한 개념).
- 이후 주키퍼는 저장 공간이 가용한 리전 서버를 찾아 WAL에 저장된 데이터를 멤스토어 저장소에 가져오게 된다.
- 만약, 멤스토어의 공간이 가득 차면 주키퍼는 HFiles이라 불리우는 파일에 데이터를 플러시 하여 HDFS상에 저장한다.
- 리전 서버에 장애가 발생하면, 주키퍼는 리전 장애 복구Failover 프로세스를 시작한다.

5.1.4 카탈로그 테이블

카탈로그 테이블 hbase:meta은 HBase 테이블로 존재하며 HBase 셸의 리스트list 명령에서 제외되지만 사실 다른 테이블과 마찬가지로 테이블이다. hbase:meta 테이블은(이전에 .META.라 불림) 시스템의 모든 리전 목록을 보관하고 있으며, .META. 테이블이 분할되지 않기 때문에, HBase 클러스터는 최대 1개의 리전에 저장할 수 있는 메타 정보 개수만큼의 리전을 저장할 수 있다. 즉, HBase 클러스터를 무한히 크게 할 수는 없다. 이 카탈로그 테이블의 위치는 주키퍼에 저장되어 있으며 habse:meta 테이블은 키Key와 밸류Value로 다음과 같이 구성되어 있다.

- Key
  - [table], [region start key], [region id] 형식의 리전 키
- Values
  - info:regioninfo(해당 리전의 직렬화된 HRegionInfo 인스턴스)
  - info:server(해당 리전을 관리하는 리전 서버의 서버:포트)
  - info:serverstartcode(해당 리전을 관리하는 리전 서버 프로세스의 시작 시간)

메타 테이블 구조

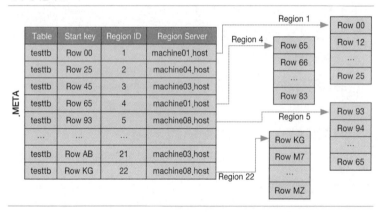

주키퍼와 메타 테이블 구조

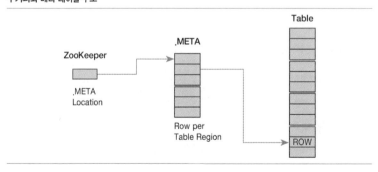

5.1.5 마스터

HMaster는 마스터 서버의 구현체이다. 마스터 서버는 클러스터의 모든 리전 서버 인스턴스를 모니터링하며 모든 메타 데이터 변경을 위한 인터페이스이다. 분산 클러스터에서 마스터는 일반적으로 네임 노드에서 실행된다.

5.1.6 런타임 영향

HBase 클라이언트는 리전 서버와 직접 대화하기 때문에 마스터가 다운될 때 클러스터는 여전히 안정된 상태로 작동할 수 있다. 또한 hbase:meta는 HBase 테이블로 존재하며 마스터에 위치하지 않는다. 그러나 마스터는 리전 서버 장애 복구와 리전 분할 완료와 같은 중요한 기능을 제어한다. 따라서 클러스터가 마스터 없이 잠시 계속 실행될 수 있는 동안 마스터는 가능한 한 빨리 다시 시작되어야 한다.

5.1.7 리전 서버

리전 서버Region Server는 리전 서버의 구현체이며 리전 관리를 담당한다. 분산 클러스터의 리전 서버는 데이터 노드에서 실행된다.

5.1.8 프로세스

- CompactSplitThread: 분할 체크하고 마이너 컴팩션minor compaction을 처리
- MajorCompactionChecker: 메이저 컴팩션major compaction 체크
- MemStoreFlusher: 주기적으로 멤스토어에서 스토어파일StoreFile로 메모리 내 쓰기를 플러시
- LogRoller: 주기적으로 리전 서버의 WAL을 체크

5.1.9 HDFS

HBase는 HDFS에서 실행되므로(각 스토어파일은 HDFS에서 파일로 작성됨) HDFS 아키텍처를 이해하는 것이 중요하다. 특히 HDFS 아키텍처가 파일을 저장하고, 장애 극복을 처리하고, 블록을 복제하는 방법을 이해하는 것이 중요하다.

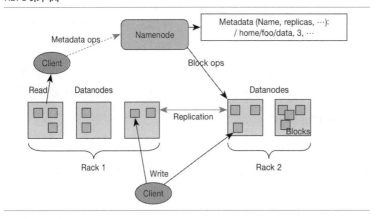

5.1.10 네임 노드 및 데이터 노드

HDFS는 마스터-슬레이브 아키텍처를 가지고 있다. HDFS 클러스터는 파일 시스템 네임 스페이스를 관리하고 클라이언트가 파일에 액세스하는 것을 제어하는 마스터 서버인 단일 네임 노드와 클러스터 노드당 하나씩 있는 데이터 노드로 구성된다. HDFS는 파일 시스템 네임 스페이스를 제공하고 사용자 데이터를 파일에 저장할 수 있도록 한다. 내부적으로 파일은 하나 이상의 블록으로 분할되며 이러한 블록은 데이터 노드에 저장된다. 네임 노드는 파일과 디렉토리의 열기, 닫기, 이름 바꾸기와 같은 파일 시스템 네임 스페이스 작업을 실행하며 데이터 노드에 대한 블록 매핑을 결정한다. 데이터 노드는 파일 시스템의 클라이언트로부터 읽기 및 쓰기 요청을 제공한다. 데이터 노드는 또한 블록 생성, 삭제 및 네임 노드의 지시에 따라 복제를 수행한다.

5.1.11 파일 시스템 네임 스페이스

HDFS는 전통적인 계층적 파일 구성을 지원한다. 사용자 또는 응용 프로그램은 디렉토리를 작성하고 파일을 저장할 수 있다. 파일 시스템 네임 스페이스 계층은 다른 대부분의 기존 파일 시스템과 유사하다. 즉, 파일을 생성 및 제거하고 하나의 디렉토리에서 다른 디렉토리로 파일을 이동하거나 파일의 이름을 바꿀 수 있다. 또한, HDFS는 사용자 할당량 및 액세스 권한을 지원한다. 응용 프로그램은 HDFS에서 유지 관리해야 하는 파일의 복제본 수를 지정할 수 있다. 파일의 사본 수를 해당 파일의 복제 계수라고하는데이 정보는 네임 노드에 저장된다.

5.1.12 데이터 복제

HDFS는 대용량 클러스터의 여러 시스템에 매우 큰 파일을 안정적으로 저장하도록 설계되었다. 각 파일을 일련의 블록으로 저장하는데 파일 블록은 내결함성을 위해 복제된다. 블록 크기 및 복제 계수는 파일별로 각기 설정할 수 있다. 복제 계수는 파일 생성 시 지정할 수 있으며 나중에 변경할 수 있다.

5.1.13 샤딩 방식

HBase는 로우 키row key를 기준으로 레인지Range 방식의 샤딩만을 지원한다. 즉, 로우 키 값의 범위에 따라 구간을 나누어 샤드(리전)를 만든다. 해시Hash 방식으로 샤딩을 하기 위해서는 애플리케이션에서 해시 함수를 적용하여 로우 키를 가공해야 한다. 리전별 로우 키 범위는 사용자가 지정할 수 있다.

아래 그림에서 로우 키 A~S까지 데이터를 가지고 있는 테이블을 A~F까지 리전 1, G~L까지 리전 2, M~S까지 리전 3으로 분리해서 생성하고 각 리전을 관리해줄 리전 서버가 할당된다.

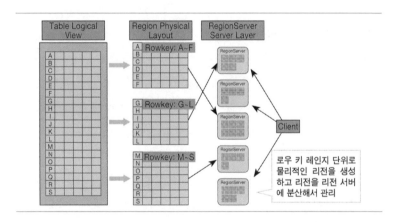

5.1.14 리전 수와 리전 크기

일반적으로 적은 리전 수가 클러스터를 좀 더 원활하게 운영할 수 있도록 해준다(필요하면 큰 리전을 수작업으로 분할하여 클러스터에 걸쳐 데이터를 분산시키거나 로드를 요청할 수 있다). 리전 서버RS당 20~200개 리전이 적당한 범위인데 일반적으로 리전 서버당 약 100개의 리전 수를 관리할 때 최적의 결과를 낼 수 있다고 한다. 여러 테이블에 대해 리전을 구성할 때 대부분의 리전 설정은 셸 명령뿐만 아니라 'HTableDescriptor'를 통해 테이블 단위로 설정할 수 있다. 이러한 설정 값들은 hbase-site.xml의 값에 재정의할 수 있어 테이블별 워크로드나 유스케이스가 다른 경우 유용하게 사용할 수 있다. HBase는 서버당 비교적 큰 리전(5~20GB)을 20~200개의 작은 개수로 나누어 실행되도록 설계되어 있는데 일반적으로 리전 서버당 약 100개의 리전 수를 관리할 때 최적의 결과를 낼 수 있다고 한다.

5.1.15 현재 리전 수 보기

HMaster UI를 사용하여 테이블의 현재 리전 수를 볼 수 있다. 각 테이블의 온라인 리전 수는 온라인 리전 컬럼Online Regions column에 보여지는데 이 수에는 메모리 내 상태만 포함되며 사용 불가능 또는 오프라인 리전은 포함되지 않는다. HMaster UI를 사용하지 않는 경우 HDFS에서 / hbase / ⟨table⟩ / 하위 디렉토리의 하위 디렉토리 수를 계산하거나 bin/hbase hbck 명령을 실행하여 영역 수를 확인할 수 있다. 리전의 상태에 따라 두 가지 방법에 의해 확인된 리전 수는 약간의 차이가 있을 수 있다.

5.1.16 리전 서버당 리전 수: 상한

기본적으로 최대 리전 수는 주로 메모리 사용량에 의해 결정된다. 각 리전마다 자체 멤스토어가 있으며 128~256MB 범위로 늘어난다. hbase.hregion.memstore.flush.size를 기본 값이 134217728로 128MB에 해당하므로 이 경우 멤스토어 크기가 128MB를 초과하게 되면 멤스토어 내용이 디스크로 플러시된다. 리전 서버는 전체 메모리 대비 멤스토어가 차지하는 비율을 hbase.regionserver.global.memstore.size로 설정하며, 이 값을 초과하면 서버의 응답이 없거나 컴팩션 스톰compaction storm 같은 바람직하지 않은 현상을 야기할 수 있다.

- 리전 서버당 리전 수 산정 공식pseudo-code은 다음과 같다.

```
((RS memory)*(total memstore fraction)) / ((memstore size)*(# column
families))
```

- 디폴트 설정 값의 16GB RAM 리전 서버의 경우, 위의 식을 적용하면 $16384 \times 0.4 / 128 = 51$개의 리전 수가 나온다. 위의 식은 모든 리전이 거의 동일한 비율로 데이터가 채워져 있다고 가정한 것이다.
- 쓰기가 많은 워크로드의 경우 블록 캐시를 희생하여 구성에서 멤스토어 비율을 놓일 수 있으며, 이 경우 리전 수가 증가된다.

5.1.17 리전 서버당 리전 수: 하한

HBase는 많은 서버에 걸쳐 리전을 분배함으로써 확장한다. 따라서 노드 20개를 가지고 있는 시스템에서 16GB 데이터가 리전 2개로 구성되는 경우 데이터가 몇 대 시스템에 집중되어 거의 모든 클러스터가 유휴 상태가 된다. 반면에 매우 많은 양의 데이터가 있는 경우 너무 큰 리전을 피하기 위해 더 많은 수의 리전으로 이동을 원할 수 있다.

리전 수를 낮게 유지해야 하는 이유는 다음과 같다.

- MSLAB MemStore-local allocation buffer는 멤스토어당 2MB를 필요로 한다. 즉, 리전당 2MB이다. 리전 1000개는 데이터를 저장하지 않는 상태에서도 2GB의 힙 영역을 사용하게 되는 것이다.

5.1.18 최대 리전 크기

최대 리전 크기는 대체로 컴팩션compaction에 의해 제한된다. 매우 큰 메이저 컴팩션은 클러스터 성능을 저하시킬 수 있다. 현재 권장되는 최대 리전 크기는 10~20GB이며 5~10GB를 최적 크기로 보고 있다. 리전이 2개로 분할되는 크기는 일반적으로 hbase.hregion.max.filesize에 설정된 값을 기준으로 한다. 초기에 테이블의 크기를 잘 예측할 수 없다면 디폴트 값을 유지하는 것이 좋다.

5.1.19 리전 서버당 총 데이터 크기

리전 서버당 리전 수를 낙관적으로 추정하면 리전 서버당 10GB(리전 크기) × 100(리전 수)가 되어 최대 1TB까지 처리될 수 있는 것으로 계산이 된다. 그러나 서버당 1TB의 데이터와 10GB의 블록 캐시를 사용하면 데이터의 1%만 캐시되므로 모든 블록 인덱스를 처리하기 어려워진다.

5.1.20 리전 분할

리전이 설정된 임계 값에 도달하면 분할된다. 분할은 마스터가 관여하지 않고 리전 서버에서 자동으로 실행된다. 리전 서버는 리전을 분할Split하고 분할 리전을 오프라인으로 만든 다음 자식 리전을 hbase:meta에 추가하고 부모의 호스팅Hosting 리전 서버에서 자식 리전을 오픈한 다음 마스터에 분할 정보를 리포트한다.

5.1.21 리전 분할 관리

HBase는 일반적으로 hbase-default.xml과 hbase-site.xml 환경설정 파일의 설정 값을 기반으로 리전 분할을 처리한다. 중요한 설정 항목은 hbase.regionserver.region.split.policy, hbase. hregion.max.filesize, hbase.regionserver.regionSplitLimit이다. 단순하게는 리전 크기가 hbase.hregion.max.filesize 설정 값까지 늘어나면 리전이 분할된다고 볼 수 있다. 대부분의 경우는 자동 분할을 사용해야 하며 키 스페이스에 대해 잘 알고 있다면 수동으로 리전 분할을 관리할 수 있다. 수동 분할은 부하 시 리전 생성과 이동을 완화할 수 있고 리전의 경계를 알 수 있으며 변하지 않게(리전 분할을 사용 불가하게 하는 경우) 할 수도 있다. 수동 분할을 사용하는 경우 네트워크 I/O 로드를 분산시킬수 있도록 시차를 두고 순차 적재time-based major compaction를 수행하는 것이 용이해진다.

5.1.22 데이터 읽기와 쓰기

데이터 읽기

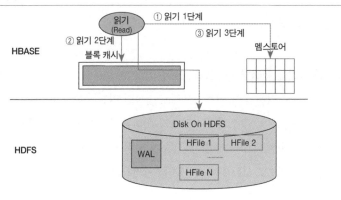

138　　　　　　　　　　　　　　　B · 빅데이터 서비스

- 1단계: 클라이언트에서 읽기 오퍼레이션 수행 시 우선적으로 멤스토어를 쿼리
- 2단계: 멤스토어에 읽고자 하는 데이터가 없는 경우, 클라이언트는 블록 캐시(BlockCache)를 쿼리
- 3단계: 멤스토어와 블록 캐시 모두 읽고자 하는 데이터가 없는 경우 HBase는 HFiles에서 해당 데이터를 메모리로 로드(Load) 후 최종 결과를 리턴(Return)

데이터 쓰기

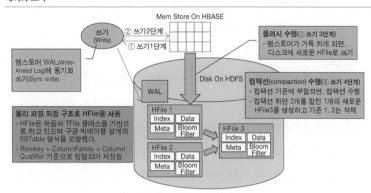

- 1단계: 쓰기 오퍼레이션(Write Operation) 수행 시 WAL 파일에 트랜잭션 정보를 최우선적으로 기록
- 2단계: 실제 변경될 데이터는 멤스토어에 기록하고 클라이언트에 결과 리턴
- 3·4단계: 멤스토어의 변경 내용은 백그라운드 프로세스에 의해 디스크에 쓰기 및 컴팩션 수행 클라이언트에서 리드 오퍼레이션(Read Operation) 수행 시 우선적으로 멤스토어를 쿼리

5.2 카산드라Cassandra

카산드라는 아파치 재단에서 관리하는 오픈 소스 NoSQL 분산 데이터베이스 관리 시스템이다. 2008년, 구글 빅테이블의 컬럼 기반 데이터 모델과 아마존 다이나모DynamoDB 분산 모델을 기반으로 하여 페이스북의 아비나쉬 락샤만Avinash Lakshman(아마존 다이나모의 저자 중 한 사람)과 프라샨트 말릭Prashant Malik에 의해 최초 발표된 이후, 2009년 아파치 인큐베이터 프로젝트 선정, 2010년 아파치 톱-레벨top-level 프로젝트로 선정되는 등 혜성같이 등장하여 SNS계의 데이터베이스 강자로 자리 잡아 가고 있다. 이와 같은 빠른 성장의 배경에는 마스터리스 아키텍처Masterless Architecture(특정 노드가 코디네이터 역할을 전담하는 기존의 마스터-슬레이브 방식과 달리, 모든 노드가 코디네이터 역할을 수행할 수 있는 토큰링 구조)로 인한 고성능·고가용성의 장점이 있으며, 기존의 RDBMS와는 달리 스케일 아웃을 통한 성능 향상이 수월하다는 점도 그 폭발적인 인기에 한몫을 하고 있다.

5.2.1 주요 특징

- 분산 저장 시스템: 일반적인 NoSQL과 유사한 비공유 방식이다.
- 고가용성High Availability: 마스터리스 아키텍처 및 복제와 멀티플 데이터 센터Multiple data center를 통한 고가용성, 운영 안정성을 확보했다.
- 우수한 확장성Scalability: 노드 추가/삭제가 유연하며 노드 증가에 따라 처리 성능도 일정하게 증가하는 장점이 있다.
- 쿼리 언어Query Language(CQL) 지원: SQL과 유사한 쿼리 사용이 가능하므로 SQL을 통해 RDBMS를 활용하던 사용자들의 기술적 진입 장벽이 낮다.

5.2.2 오픈 소스(아파치 카산드라) vs 엔터프라이즈 에디션

카산드라는 아파치 재단에서 관리하는 오픈 소스와 데이터스택스DataStax사에서 개발 및 기술 지원을 담당하는 엔터프라이즈 에디션enterprise edition 이렇게 두 종류가 있다. 이 중 아파치 카산드라는 V1.2부터 컬럼 패밀리 구조를 테이블 구조로 변경하고, 가상 노드 기능을 추가하는 등 초기의 모습에 비해 많은 변화가 적용되었고 이후 많은 발전을 거쳐 현재(2017년 4월 기준)의 최신 안정 버전은 V3.10에 이르고 있다(V2.0 이전 버전은 이제 지원하지 않음).

데이터스택스 엔터프라이즈는 아파치 카산드라의 V1.0을 기준으로 V1.0 제품을 출시했으나 이후 다양한 버전업을 통해 현재(2017년 4월 기준) 최신 버전인 V5.0에서는 아파치 카산드라 V3.0을 기반으로 하고 있다(V4.7 이전 버전은 더 이상 지원하지 않음).

5.2.3 카산드라 클러스터 아키텍처

카산드라는 아마존 다이나모의 특징인 해시 알고리즘 기반의 데이터 분산 아키텍처를 채택하고 있다. 또한 Hbase를 포함한 초창기 NoSQL 제품에서 주로 사용하던 마스터-슬레이브 아키텍처와 달리 마스터리스 '링Ring' 아키텍처(멀티마스터Multimaster 구조)를 채택하고 있어 모든 노드가 코디네이터 노드와 복제본Replica 노드가 될 수 있기 때문에, SPOFSingle Point of Failure를 피할 수 있다는 점과 마스터 노드에서의 병목 현상을 제거했다는 측면에서 높은 안정성과 우수한 성능의 두 가지 장점을 모두 확보했다. 이러한 아키텍처상의 특징이 전 세계적으로 카산드라가 빠르게 확산되고 있는 주요한 원인 중 하나라 할 수 있겠다(CQL이라는 쿼리 언어를 지원하고 있는 것 또한 카산드라가 많은 기업에서 빠르게 확산되고 있는 현상의 또 다른 주요 원인이기도 하다).

　카산드라의 모든 노드는 상황에 따라 코디네이터와 복제본의 역할을 수행하게 되는데, 코디네이터 노드는 클라이언트로부터 요청을 받은 노드를 의미하며 필요한 데이터를 보유하고 있는 노드(복제본 노드)로 작업을 전달했다가 해당 복제본으로부터 응답을 받으면 클라이언트로 다시 응답을 전달하는 역할을 한다. 또한 트랜잭션의 지원과 고성능 처리 요구 사항을 균형적으로 수용하기 위해 일치성Consistency 레벨 조정을 통해 일치성 수준을 제어할 수 있도록 했다.

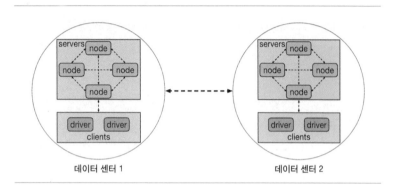

데이터 센터 1　　　　　　　데이터 센터 2

5.2.4 구성 요소

카산드라는 클라이언트의 요청을 직접 처리하는 기본 단위인 노드와 노드의 그룹으로 이루어진 데이터 센터, 그리고 여러 개의 데이터 센터가 모여 이루어진 클러스터로 구성되어 있으며 각각의 구성 요소는 다음과 같은 특징이 있다.

- 노드: 데이터가 실제로 저장되는 곳이다. 클라이언트의 요청을 처리하는 클러스터 구성 요소의 최소 기본 단위이다. 노드 내에는 데이터의 빠른 적재, 처리를 위해 커밋 로그Commit Log, 멤테이블Memtable, SSTable 등의 구성 요소를 포함하고 있다.

- 랙Rack: 노드의 물리적인 구성 요소(CPU+Memory+Disk+NIC)가 실제로 설치되는 물리적인 단위이다. 여러 개의 노드가 모여 데이터 센터를 구성하게 되는데 이때 하나의 데이터 센터는 한 개의 물리적인 랙으로 구성될

수도 있고, 하나 이상의 랙으로 구성될 수도 있다. 복제 전략에 따라 복제 본을 분배할 때 하나의 데이터 센터 내에서 랙의 존재 유무를 인식하여 좀 더 안정성을 높이기 위해 서로 다른 랙 간에 복제 데이터를 고르게 분 배하는 전략을 취하기도 한다.

- 데이터 센터: 여러 개의 노드가 모여서 구성된 서버의 단위이다. 물리적 Physical 데이터 센터 또는 가상Virtual 데이터 센터로의 구성이 모두 가능하 다. 복제는 데이터 센터 단위로 설정된다(복제 계수의 설정 값에 따라 해당 개수만큼의 데이터 센터로 복제). 최신의 복제 전략에서는 가용성을 극대화 하기 위해 복제본을 데이터 센터 내의 랙 간에 전송하는 방식을 넘어 데 이터 센터 간에 분배하는 방식을 사용하기도 한다.

- 클러스터: 하나 또는 그 이상의 데이터 센터로 구성된 최대 단위이다. 사 용자가 바라보는 실질적인 하나의 최상위 단위이다[오라클과 같은 RDBMS 에서 여러 개의 RAC 노드와 공유 디스크를 묶어 하나의 '데이터베이스 서버(또는 DBMS)'로 인식하는 것과 유사한 최상위 단위를 의미].

5.2.5 카산드라 데이터 복제 방식 개요

카산드라에서는 일반적인 NoSQL 제품과 마찬가지로 고가용성을 확보하기 위해 여러 노드 간의 데이터를 복제하는 방식을 사용하는 데 대략적인 개요 는 다음 그림과 같다.

카산드라 복제 방식 개요

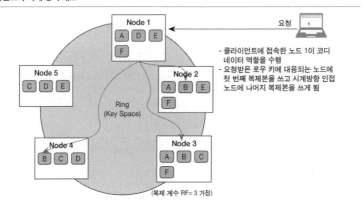

(복제 계수 RF= 3 가정)

- 새로운 로우(row)가 추가될 때 토큰링을 기반으로 로우 키(row key)를 분배하는 방식
  → 그림의 A~F는 각 노드에 할당된 토큰 값을 의미하며, 그 토큰 값이 카산드라 클러스터에서 데이터를 분배하는 기준이 됨
- 복제 계수(Replication Factor)는 일관성을 확보하기 위해 희생해야 할 성능의 정도를 결정하는 값으로 클러스터 내에서는 RF 값의 노드 수만큼 동일 데이터를 갖게 됨
  → NoSQL 종류에 따라 RF 값이 원본을 제외하고 순수 복제본 개수만을 의미하는 경우도 있으나 카산드라는 원본/복제본 구분 없이 RF=3이면 동일 데이터가 3개 존재한다는 의미
- 노드의 추가 및 제거만으로 전체 저장 공간의 확장/축소가 가능

내부 링과 외부 링

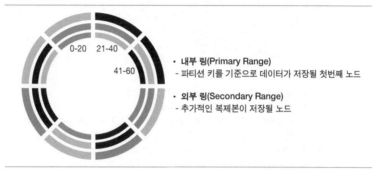

- **내부 링(Primary Range)**
  - 파티션 키를 기준으로 데이터가 저장될 첫번째 노드

- **외부 링(Secondary Range)**
  - 추가적인 복제본이 저장될 노드

5.2.6 가십 프로토콜Gossip Protocol

가십 프로토콜은 클러스터 내의 노드 위치와 각 노드들의 상태 정보를 파악하기 위한 노드 간 커뮤니케이션 프로토콜이다. 모든 카산드라 노드는 코디네이터 노드와 복제본 노드가 될 수 있으므로 역할에 따른 정확한 작업 수행을 위해서는 가십Gossip을 통해 필요한 정보를 주고받는 것이 매우 중요하다.

5.2.7 힌티드 핸드오프Hinted Handoff

장애가 발생하여 클러스터에서 제외되었던 노드가 클러스터로 돌아왔을 때, 일관성을 맞추기 위한 기능이다. 클라이언트에 쓰기Write 요청이 들어왔을 때 복제본에 요청 내용을 적용해야 하는 복제본 노드 중 노드 하나가 다운되면 코디네이터 노드는 해당 쓰기 요청을 시스템 키스페이스Keyspace의 힌트Hint라는 테이블에 저장했다가, 다운되었던 노드가 재가동되면 이 정보를 전달하여 쓰기 요청을 적용하도록 한다.

카산드라 복제 계수

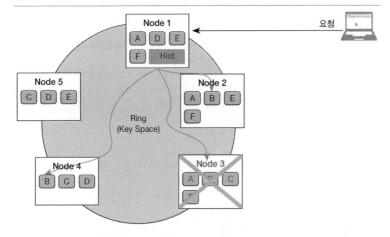

• RF(복제 계수) = 3일 때, 토큰 값 B에 해당하는 값을 노드 2, 3, 4에 쓰는 것을 가정
 1. 노드 3이 다운되어 있으면 일단 노드 2, 4에 해당 데이터를 기록
 2. 노드 3에는 데이터를 기록할 수 없고 클라이언트로부터 요청을 받은 노드 1에 힌트(Hint) 형태로 저장
  → 힌트 정보에는 다운된 복제본 위치, 버전 관련 메타데이터, 써야 할 실제 데이터가 포함
 3. 힌트 적용될 노드가 복구되었다는 가십을 발견하면 타깃 노드로 해당 데이터 전송

5.2.8 카산드라의 논리적 데이터 구조

카산드라의 논리적 데이터 구조는 최상위에 키스페이스가 있고 키스페이스
가 테이블(V1.2 이전은 컬럼 패밀리)을, 테이블이 컬럼을 포함하는 구조이다.

Cassandra Logical Data Structure

• Ver 1.2 이전: Keyspace〉Column Family〉Row〉Column(Column Name + Column Value)
• Ver 1.2 이후: Keyspace〉Table〉Row〉Column(Column Name+Column Value)
 (→ RDBMS의 Database〉Table〉Row〉Column 구조와 유사해짐)

Ver 1.2 이후 적용된 주요한 구조적 변경 사항은 다음과 같다.

– 컬럼 패밀리 → 테이블

– 슈퍼 컬럼Super Column → 스펙에서 제외(슈퍼 컬럼은 컬럼 안에 컬럼을 포함하
 는 구조였으나 스펙에서 제외됨. 유사한 기능 사용을 원할 경우 컬렉션Collection
 데이터 타입을 사용하도록 권장)

컬렉션 데이터 타입
필요한 모든 컬럼(Column)의 값들
을 하나의 로우(Row)에 가지는 구
조를 슈퍼 컬럼(Super Column)이
라 하면 컬렉션(Collection) 데이터
타입은 슈퍼 컬럼에서 형식이 각기
조금씩 다른 여러 개의 표현을 하
나의 단위로 묶는 작업을 통해 여
러 개의 로우(Row)를 갖도록 표현
하는 것

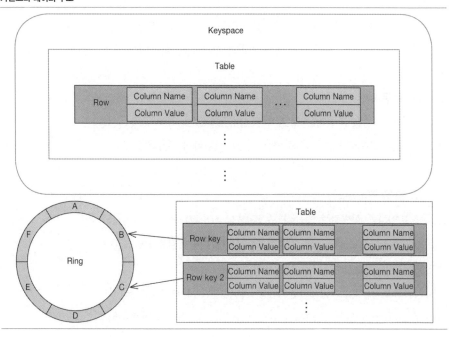

5.2.9 키스페이스Keyspace

키스페이스는 카산드라의 최상위 데이터 구조로서 RDBMS의 데이터베이스와 유사한 개념의 구조이다. 애플리케이션당 하나의 키스페이스를 구성하는 것이 바람직하다는 의견도 있으나 필요할 경우 여러 개의(수천 개는 곤란) 키스페이스를 생성하는 것도 무방하다(일부 테이블에 대해 복제 계수, 복제본 배치 전략을 다르게 설정해야 하는 등의 상황).

키스페이스별로 가능한 설정

- 복제 계수(Replication factor): 각 로우(Row)에 대해 복제본으로 동작할 노드의 개수
- 복제본 배치 전략(Replica placement strategy): 복제본이 링(Ring)에 배치되는 방법(몇 가지 전략이 있음)
- 테이블(Ver 1.2 이전은 컬럼 패밀리): RDBMS와 유사하게 테이블은 키스페이스별로 관리

5.2.10 테이블 Table (컬럼 패밀리)

테이블Table은 여러 개의 로우Row를 포함하고 있는 구조이다(V1.2 이전에는 '컬럼 패밀리'라는 명칭을 사용). RDBMS의 테이블에 대응되는 개념이다. V1.2 이전에는 컬럼의 추가/삭제가 자유롭고, 각 로우마다 컬럼의 개수, 타입 등이 다를 수 있는 등 유연성을 지향하는(Hbase의 컬럼 패밀리와 유사) 구

조였으나 V1.2 이후에는 슈퍼 컬럼이 제거되었고, CQL이 좀 더 폭넓게 활용(크리에이트 테이블문으로 테이블 구조를 확정한 이후 데이터를 입력하도록 함)되면서 RDBMS의 테이블과 크게 다르지 않은 구조를 갖게 되었다.

5.2.11 로우Row

하나 이상의 컬럼을 포함하는 구조이다. 로우 키Row key라는 고유 식별자가 있으며 로우 키는 해당 로에 대한 기본 키primary key처럼 동작한다.

5.2.12 로우 키Row Key

로우를 유일하게 식별하는 키는 기본 키이다. 기본 키 중 일부 컬럼을 샤딩 키Sharding Key(=Partition Key)로 지정할 수 있으며 디폴트로는 PK 중 선두 컬럼만 샤딩 키(=Partition Key)로 사용하게 된다.

물리적으로 샤딩 키(=Partition Key)는 한 번만 저장하고 PK 중 샤딩 키(=Partition Key)가 아닌 컬럼(Clustering Key)은 컬럼 수만큼 반복 저장하므로 샤딩 키(=Partition Key) 지정 전략에 따라 용량 크기가 달라질 수 있다.

5.2.13 컬럼Column

카산드라 데이터 구조에서의 최소 단위이다. Hbase의 컬럼과는 다르게 테이블 생성 시 컬럼의 이름, 타입, 개수 등이 확정되어야 한다. 컬럼 간의 조인은 불가능하므로 클라이언트 쪽에서 처리하거나 조인 결과를 저장한 비정규화 테이블을 활용해야 한다. 내부적으로 다음과 같이 구성된다(cqlsh을 통해서는 컬럼명Column Name과 컬럼 값Column Value만 확인 가능).

Column Name + Column Value + Timestamp + TTL(Time to live)

컬럼명은 콤퍼레이터comparator를 가지며, 컬럼명을 기준으로 정렬되어 저장된다(컬럼명의 가장 큰 크기는 64KB이나, 가급적 길지 않게 만들도록 권장). 컬럼 값Column Value은 생략이 가능하며, 값의 가장 큰 크기는 2GB이지만 가급적 10MB 이내로 권고한다.

5.2.14 샤딩 방식

카산드라에서의 데이터 샤딩은 데이터의 위치를 결정하는 파티셔너Partitioner에 의해 진행되는데, 입력되는 데이터의 파티션 키partition key에 대응되는 토

Comparator Type
카산드라의 컬럼명에는 다음과 같은 형식 타입(Comparator Type)을 사용할 수 있다.

BytesType - no type
IntegerType - 32 bit integer
LongType - 64 bit integer
AsciiType - ASCII string
UTF8Type - UTF8 encoded string
TimeUUIDType - version 1 UUID (timestamp based)
LexicalUUID - non-version 1 UUID

큰 값을 해시 함수Hash Function에 의해 계산하고 이 토큰 값을 기준으로 각 노드별로 데이터를 분배하는 방식이다. 레인지 샤딩 방식도 지원하나 부하 분산Load Balancing, 핫 스팟Hot Spot 등의 문제가 발생 할 수 있어 권고하지는 않는다. 가상 노드 사용 시 토큰별 할당 데이터의 범위가 줄어들어 노드 추가/삭제 등의 재구성Rebuild 작성 시 수행 속도가 향상된다.

5.2.15 가상 노드

가상 노드는 한 개의 노드에 여러 개의 토큰을 할당하게 하여 기존의 방식(1 토큰 - 1노드)보다 더욱 세밀한 단위로 데이터를 각 노드에 분산시키기 위한 방법이다(V1.2 이후 적용).

가상 노드의 주요 특징

- 토큰을 자동으로 계산하여 각 노드에 할당(한 노드가 최대 256개의 토큰을 가질 수 있음)
- 클러스터에 노드가 추가/삭제되는 경우 자동으로 클러스터 재구성을 수행
  (노드가 추가될 경우 데이터를 전체 노드에 고르게 분배하고, 노드가 다운/삭제될 경우에도 해당 노드의 데이터를 전체 클러스터 내에 고르게 분배)
- 특정 노드가 다운될 경우에 클러스터 재구성 작업에 모든 노드가 참여하여 빠르게 진행 가능
- 클러스터 내의 각 머신에 할당된 가상 노드의 비율을 조정할 수 있으므로 각각의 머신 용량에 따라 유연한 구성이 가능

노드 간 유연한 토크 할당

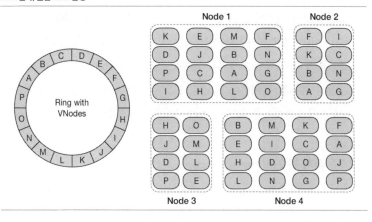

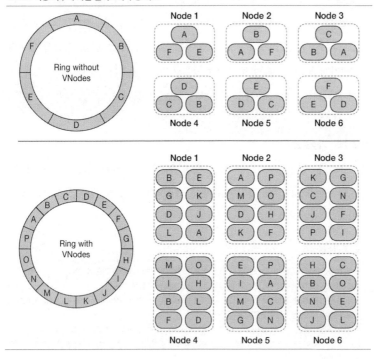

5.2.16 복제Replication

카산드라는 신뢰성Reliability과 장애 대응력fault tolerance을 보장해 주기 위해 여러 개의 노드에 데이터를 복제하는 방식을 사용한다. 이를 위해 복제 전략이라는 방법을 통해 복제본을 어느 노드에 위치시킬 것인지를 결정하고, 복제 계수를 통해 복제될 복제본의 개수를 결정하게 된다. 이때, 프라이머리 primary(또는 마스터) 복제본이 존재하지 않는 기본 아키텍처로 인해 각각의 복제본 간의 중요도는 모두 동일하게 처리된다는 특징이 있다.

5.2.17 복제 계수RF: Replication Factor

클러스터 내의 각 노드에 복제된 복제본의 개수를 지정하기 위한 것이다. '복제 계수(이하 RF)=1'이라면 클러스터 전체에 해당 로우를 한 카피copy만 저장하겠다는 의미이며, 만일 RF=1인 상황에서 특정 노드가 다운될 경우 해당 노드 내의 데이터들은 서비스될 수 없다. 따라서 RF는 최소 2 이상으로 설정해야 하며 가급적 안정성을 최대한 확보함과 동시에 응답 속도에는 지나치게 큰 영향을 주지 않기 위해 '디폴트=3'으로 설정되어 있다(RF 값이 증가할수록 복제본이 늘어나게 되는 만큼 안정성을 높아지겠지만 복제본을 생성하고 분배하는 시간 또한 증가하게 되어 응답 속도가 저하된다. 이렇듯 트레이드 오프 관계에 있는 안정성 확보를 위한 복제본 생성과 응답 속도 향상이라는 두 가지 목표 사이에 균형을 이루도록 하는 것이 중요하다). RF는 키스페이스 단위로 있으며 키스페이스 생성 시 정의하게 된다.

5.2.18 복제 전략Replication Strategy

각각의 복제본을 어떤 노드에 위치시킬 것인지를 결정하기 위한 방법이다. 싱글 데이터 센터와 단일 랙One Rack 구성에만 사용되는 심플 스트래티지 Simple Strategy와 멀티플 데이터 센터에서 사용되는 네트워크 토폴로지 스트래티지Network Topology Strategy가 있는데, 향후 데이터가 급격히 증가하여 데이터 센터를 추가해야 하는 상황이 될 경우 좀 더 용이하게 확장을 하려면 네트워크 토폴로지 스트래티지로 사용하는 것을 매우 권장한다. RF와 마찬가지로 키스페이스 단위로 설정이 가능하며 키스페이스 생성 시 정의하게 된다.

5.2.19 심플 스트래티지Simple Strategy

클러스터 링에서 데이터 저장을 요청받은 노드로부터 가장 가까운 이웃 노드 순으로 복제본을 복제하는 전략이다. 이때, 데이터 센터나 랙의 구성 토폴로지topology에 대한 고려를 전혀 하지 않고 무조건 가장 가까운 노드에 데이터를 복제하므로 오직 싱글 데이터 센터와 단일 랙One Rack 구성에서만 사용이 가능하다(물리적으로 하나의 데이터 센터 내에 여러 개의 랙을 구성하거나 여러 개의 데이터 센터를 구성하는 경우에 심플 스트래티지를 설정한다면 데이터 복제 전략을 세울 때 이러한 구성의 장점을 전혀 활용할 수 없게 되어 분산 처리의 고성능과 안정성이라는 효과를 얻을 수 없게 된다). 따라서 둘 이상의 데이터 센터를 사용할 경우에는, 네트워크 토폴로지 스트래티지를 사용해야 한다. 심플 스트래티지를 사용할 경우 복제 계수에 대한 값만 추가로 설정하게 된다.

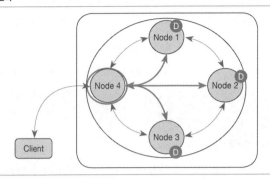

5.2.20 네트워크 토폴로지 스트래티지 Network Topology Strategy

데이터 센터를 넘어서는 범위까지 고려하는 복제본 배치 전략이다. 따라서
향후 데이터 급증에 따라 클러스터의 확장이 필요할 경우 노드 추가에 따른
데이터 분산이 용이하므로 대부분의 경우 주로 추천하는 방법이다.

심플 스트래티지 Simple Strategy를 사용할 경우에는 복제 계수 설정을 통해
단순히 클러스터 내에 몇 개의 복제본을 유지할 것인지만을 설정하지만 네
트워크 토폴로지 스트래티지에서는 각각의 데이터 센터 단위로 몇 개의 복
제본을 분배할 것인지에 관한 것까지 설정이 가능하다. 또한 데이터 처리를
요청받은 노드와 동일한 데이터 센터 내에 복제본을 전달할 경우에는 해당
데이터 센터 내에서 자신이 속하지 않은 다른 랙의 노드를 우선적으로 찾아
복제본을 기록하는 방식을 사용하여 데이터 센터 내에서도 가급적 여러 랙
에 데이터를 분산시키는 효과를 통해 안정성을 최대한 보장하려 한다.

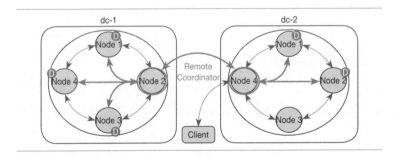

5.2.21 스닛치 Snitch

스닛치 Snitch는 특정 노드가 어떤 데이터 센터의 어떤 랙에 속해 있는지를 판
별하여 해당 노드로부터 가까운 노드를 찾아 주는 과정을 통해 데이터 요청

및 복제본 선정 등의 작업을 효율적으로 처리하게 하도록 돕는 역할을 한다. 이를 위해 스닛치는, 네트워크 토폴로지에 대한 정보를 수집한 후 이를 기반으로 노드 근접도에 관한 정보를 제공하며, 카산드라는 노드 근접도 정보를 바탕으로 복제 전략을 결정하게 된다.

'동적 접근Dynamic Snitching'은 스닛칭snitching이 동작하는 메커니즘을 말하는데, 여러 복제본에 대해 읽기 오퍼레이션의 처리 성능 정보를 모니터링하여 이를 기반으로 최적의 복제본을 선택하는 방식(읽기 지연read latency이 좋지 않은 노드를 배제하는 방식)이며, 모든 스닛치에서 동적 접근을 기본적으로 사용하고 있다(설정은 cassandra.yaml에서 함).

스닛치는 근접도를 판단하는 방법에 따라 다음의 몇 가지 종류로 나뉘는데, 만일 스닛치를 다른 종류로 변경하고 그에 따라 토폴로지가 변경이 될 경우에는 복제 관련 속성property 수정 및 재시작이 필요하다.

5.2.2.1 스닛치 종류

- SimpleSnitch

  • 데이터 센터나 랙에 관한 정보를 인식하지 않으므로 싱글-데이터 센터 구성도는 퍼블릭 클라우드Public Cloud의 단일 존Single-Zone에서만 사용이 가능한 방법이다.

  • 캐시 로컬리티cache locality를 높이기 위한 목적으로 근접성proximity을 기반으로 하여 가까운 노드를 선정한다.

  → 파티셔너partitioner에 의해 저장될 노드가 정해지면, 복제본에 대해서는 무조건 시계 방향으로 나머지 복제본 개수만큼 순차적으로 배치시킴

  • 심플스닛치SimpleSnitch를 사용하려면 해당 키스페이스에 대해 복제 설정을 심플 스트래티지로 해두어야 한다.

- RackInferringSnitch

  • 데이터센터와 랙의 IP 주소를 기반으로 노드의 위치를 판별하는 방법이다.

  • NetworkTopolobyStrategy와 함께 사용하면 유리하다.

- PropertyFileSnitch

  • 클러스터 내에 그룹화된 노드들의 정보를 특정 속성 파일(cassandra-topology.properties)을 통해 정의한다.

  • 모든 노드의 정보를 속성 파일에 기재하여 관리하며, 모든 노드는 동일 속성 파일을 유지해야 하므로 관리상의 번거로움이 있을 수 있다.

- GossipingPropertyFileSnitch

  • cassandra-rackdc.properties 파일에 기록한 정보를 통해 근접도를 판단한다.

    → 각 노드가 자신이 속한 데이터 센터와 랙에 대한 정보를 cassandra-rackdc.properties에 정의해두고 이것을 가십을 통해 다른 노드로 전달하는 방식을 사용

  • 대부분의 운영 환경에 권장된다.

- Ec2Snitch

  • 아마존 EC2의 단일 리전single region 내에서 클러스터를 운영할 때 사용하는 방법이다.

  • 프라이빗 IP Private IP를 이용하기 때문에 멀티 리전multi region에서는 동작하지 않는다.

  • 싱글 데이터 센터로 구성할 경우 별도의 속성 정의properties는 필요하지 않다.

  • 멀티 데이터 센터로 구성할 경우 cassandra-rackdc.properties 파일에 dc_suffix option을 기록한다.

- Ec2MultiRegionSnitch

  • 아마존 EC2에서 멀티 리전에 클러스터가 분산되어 있을 경우 사용하는 방법이다.

  • cassandra.yaml과 cassandra-rackdc.properties를 동시에 사용한다.

  • cassandra.yaml의 설정: 리전region을 넘어서는 통신을 위해 다음과 같이 프라이빗 IP와 퍼블릭 IP Public IP를 모두 설정해주어야 한다.

    → listen_address: 노드의 프라이빗 IP

→ broadcast_address: 노드의 퍼블릭 IP

- 시드seed 노드에 대한 퍼블릭 IP도 별도로 설정 가능하다.

  → e.g.: seeds: 50.34.16.33, 60.247.70.52

- 모든 노드를 시드 노드로 설정하지 않도록 권고

  → 관리에 대한 비용이 증가하며 가십의 성능은 오히려 감소하므로 통상 데이터 센터당 3개의 시드 노드 설정 권장

- cassandra-rackdc.properties의 설정(us-east와 us-west의 리전 두 개를 사용할 경우)

- GoogleCloudSnitch

  - 구글 클라우드 플랫폼의 하나 이상의 리전에서 클러스터를 운영할 때 사용하는 방법이다. 싱글 데이터 센터로 구성할 경우에는 별도의 속성 정의properties 수정이 필요하지 않다.

  - 멀티플 데이터 센터로 구성할 경우에는 다음과 같이 cassandra-rackdc.properties에서 dc_suffix를 설정해주어야 한다.

- CloudStackSnitch

  - 아파치 클라우드스택Apache Cloudstack 환경에서 클러스터를 운영할 때 사용하는 방법이다.

5.2.22 카산드라 데이터 쓰기 구조

카산드라가 데이터 쓰기 요청을 받으면 다음의 과정을 통해 쓰기 작업을 처리하게 된다.

데이터 삭제 과정

- 쓰기 1단계: 클라이언트로부터 쓰기 요청이 들어오면 커밋 로그에 먼저 저장한다.
- 쓰기 2단계: 커밋 로그에 저장 후 멤테이블에 기록한다.
- 쓰기 3단계: 멤테이블이 가득 차거나 사용 가능한 커밋 로그 파일이 없을 경우, 기존 커밋 로그 파일 삭제를 위해 멤테이블의 데이터를 디스크로 플러시 한다.
- 쓰기 4단계: 플러시가 발생하면 새로운 SSTable 파일이 생성되고 필요할 경우 기존 SSTable과 컴팩션을 수행하여 한 개의 SSTable 파일로 합쳐진다.
  → 플러시는 커밋 로그에 의해 발생하거나 테이블별로 설정된 일정 주기에 의해 발생하게 된다.
  → 컴팩션은 신규 SSTable 파일이 생성될 때마다 항상 수행되는 것은 아니며 컴팩션 전략에 따라 달라질 수 있다.

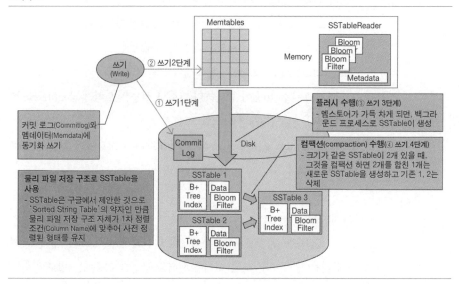

5.2.23 톰스톤Tombstone

카산드라가 데이터 삭제 요청을 받으면 일단 삭제 대상 데이터에 '삭제된 데이터'라는 삭제 마크deletion mark를 기록해두고, 실제 디스크에서 데이터를 즉시 삭제하지는 않고 추후 컴팩션 등의 작업을 통해 삭제하게 된다(전통적인 RDBMS의 soft delete/logical delete와 유사한 방식). 이때, 사용하는 '삭제된 데이터'라는 의미의 삭제 마크를 톰스톤이라 한다.

카산드라 쓰기

- 삭제가 실행되면 톰스톤이 설정된 삭제 마크(delete mark) 정보를 추가
- gc_grace_time 경과 후 해당 로우 키(Row key)를 컴팩션 하여 로우를 삭제
- TTL 설정 시 TTL 시간이 경과되면 컴팩션으로 삭제

5.2.24 카산드라 데이터 읽기 구조

카산드라가 데이터 읽기 요청을 받으면 다음의 과정을 통해 읽기 작업을 처리한다. 읽기 작업을 위한 데이터 구조의 특징이 있다.

카산드라 읽기

- 읽기 1단계(Check Memtable): 클라이언트로부터 읽기 요청이 들어오면 멤테이블을 우선 확인하여 해당 데이터가 존재할 경우 바로 결과를 리턴한다.
- 읽기 2단계(Check Row cache): 멤테이블에 요청한 로우가 존재하지 않거나 SSTable과 병합이 필요한 경우, (로우 캐시를 사용하도록 설정했을 때) 로우 캐시를 확인하여 로우 캐시에 결과가 존재하면 해당 값을 리턴한다.
- 읽기 3단계(Check Bloom filter): 로우 캐시에 데이터가 없으면 SSTable별 메모리에 로딩되어 있는 블룸 필터(Bloom Filter)를 스캔하여 해당 SSTable 데이터의 존재 유무를 확인한다.
- 읽기 4단계(Check Partition key cache): 블룸 필터 스캔 결과 해당 SSTable에 데이터가 존재한다면 키 캐시(Key Cache)를 우선 확인한다.
- 읽기 5단계: 키 캐시에 데이터가 존재한다면 위치 정보를 읽어 해당 SSTable로부터 결과를 리턴하고, 키 캐시에 존재하지 않는 경우 Index 정보를 스캔한 후 해당되는 SSTable을 읽어 결과를 리턴한다.
- 읽기 6단계: 새롭게 인출된 탐색 위치(Seek Position)를 키 캐시에 추가한다.
- 읽기 7단계: SSTable과 멤테이블의 데이터를 병합해야 하는 경우 타임스탬프를 사용하여 최신 데이터를 리턴한다.
- 읽기 8단계: 로우 캐시 사용 시에는 결과 리턴 시 해당 로우를 메모리에 적재한다.

읽기 구조

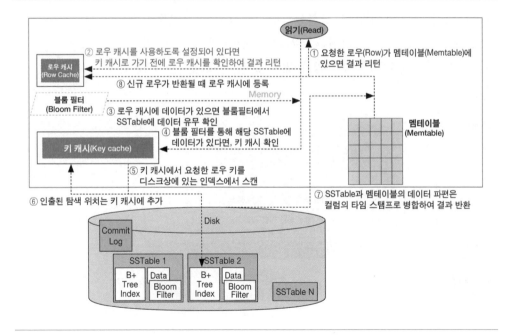

5.2.25 로우 캐시Row Cache(in memory)

로우 캐시는 SSTable의 데이터 중 자주 사용되는 일부를 메모리에 올려 놓아 디스크 I/O를 위해 소요되는 시간을 줄이기 위한 구조이다. 사용 여부와 로우 캐시 크기를 설정할 수 있으며 LRUleast recently used 알고리즘에 의해 자주 사용되는 로우를 캐시에 유지하게 된다. 또한 캐시에 저장된 로우 데이터의 원본이 변경되었을 경우 해당 로우는 비허용invalidate한 후 나중에 해당 로우가 다시 요청되기 전까지 캐시에 다시 적재하지는 않는다(write-back cache).

5.2.26 블룸 필터Bloom Filter

블룸 필터를 요청받은 파티션partition 데이터가 해당 SSTable에 존재하는지를(실제 SSTable에 대한 디스크 I/O가 발생하기 전에) 확인하여 성능을 개선하기 위한 방법이다. 모든 SSTable은 각각의 블룸 필터를 갖게 되는데, 파티션 키partition key를 여러 해싱hashing 함수들로 해싱하여 SSTable 내의 로우 리스트에 존재하면 1 아니면 0으로 설정한 후, 각 해싱 함수가 모두 1로 설정한 SSTable들만이 파티션 키가 존재할 확률이 있다고 판단하는 방식을 사용한다. 이러한 원리에 의해 판단 오류false positive의 특성을 갖기 때문에 블룸 필터에 의해 SSTable에 존재하는 로우라고 판단했지만 실제로는 없을 수 있으나 반대의 경우는 발생하지 않기 때문에 요청 데이터를 누락시키는 일은 발생하지 않는다.

SSTable 인덱스

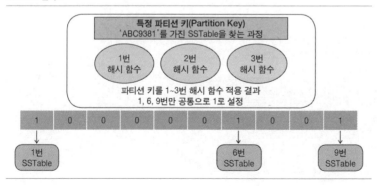

bloom_filter_fp_chance(설정 파라미터)

- 판단 오류(false positive)의 정도를 의미(비트맵에는 1로 되어 있지만 데이터는 존재하지 않을 확률).
- 0.0~1.0 사이에서 설정하며 0에 가까울수록 메모리를 더 사용하여 데이터가 존재하는 SSTable을 찾을 확률을 증가시킨다.
- 1.0 으로 설정 시 블룸 필터 자체를 사용하지 않는다.

5.2.27 카산드라 트랜잭션

카산드라에서는 RDBMS와 같이 롤백rollback / 로킹 메커니즘locking mechanism 등을 활용한 트랜잭션의 네 가지 주요 특성ACID: Atomicity, Consistency, Isolation, Durability을 모두 엄격하게 지원하지는 않는다. 관계형 데이터베이스가 아니므로 테이블 간의 조인join과 참조 키foreign key가 존재하지 않으며 그에 따라 금융 거래 등에서 요구되는 높은 수준의 일관성을 제공할 필요성이 크지 않기 때문이다.

이러한 특성으로 인해 원자성Atomicity과 고립성Isolation은 로우-레벨row-level 로 지원하되 고가용성과 빠른 쓰기 성능을 함께 고려하는 방향으로 지원하며 일관성에 대해서는 사용자가 필요에 따라 그 수준을 조절할 수 있도록 하고 있다(서버 차원에서 제공 안 함). 또한 모든 데이터는 최종적으로 디스크에 기록하므로 지속성Durability은 보장하고 있다. 이러한 카산드라 트랜잭션 특성 중 원자성, 고립성, 지속성에 대해 살펴보면 다음과 같다.

- 원자성Atomicity

카산드라에서의 쓰기 오퍼레이션에 대한 원자성은 파티션partition 단위로 보장하게 된다. 즉, 같은 파티션 내에서 처리되는 2개 이상의 로우에 대한 입력insert, 수정update, 삭제delete 작업은 하나의 동일한 쓰기 오퍼레이션으로 취급된다.

예를 들어, RF=3이고 consistency level = QUORUM이라면 쓰기 오퍼레이션 실행 시 복제본 3개를 다른 노드에 기록하되 노드 2개에서 쓰기 작업이 성공하면 사용자에게 성공에 대한 리턴을 보내게 되는데 만일 노드 2개 중 1개에서는 성공하고 다른 1개에서는 실패를 하게 되더라도 실패한 노드의 데이터에 대해 자동으로 롤백rollback을 진행하지는 않는다. 또한 컬럼 데이터에 대해 가장 최근의 업데이트 여부를 판단하는 기준으로 클라이언트 측 타임스탬프client-side timestamps를 사용하는데, 사용자가 특정 로우 데이터 요청 시 타임스탬프timestamp 기준으로 가장 최신의 데이터를 제공하게 된다.

- 고립성Isolation

카산드라의 쓰기와 삭제 오퍼레이션은 로우 레벨row-level 독립isolation으로 처리된다. 따라서 어떤 노드의 어떤 파티션partition 내에서 실행되는 로우 데이터의 쓰기 작업은 그것이 완료될 때까지는 해당 작업을 실행하는 클라이언트에게만 보이게 된다. 그러나 배치batch 오퍼레이션의 경우에는, 하나 이상의 파티션에 대한 업데이트 오퍼레이션 작업에 대해서는 고립성이 보장되지 않는다.

- 지속성Durability

카산드라에서의 모든 쓰기 작업은 지속성이 보장된다. 모든 쓰기 작업은 메모리상의 멤테이블에 대한 데이터의 기록과 더불어 디스크상의 커밋 로그에 대한 기록도 병행하기 때문에 쓰기 작업이 성공했다는 것은 디스크상에 관련 내용이 확실히 기록되었음을 의미한다. 따라서 만일 멤테이블의 데이터가 디스크상의 SSTable로 안전하게 플러시가 되기 전에 시스템에 장애가 발생되더라도 디스크에 저장된 커밋 로그를 활용하여 회복이 가능하다.

5.2.28 일치화 수준Consistency Level

카산드라에서는 트레이드 오프 관계에 있는 빠른 응답 속도와 높은 데이터 정합성 사이의 수준을 적절히 관리하기 위해 일치화 수준 옵션을 제공하고 있다. 클라이언트에서 카산드라에 쓰기 혹은 읽기 오퍼레이션을 요청했을 때, 일치화 수준을 통해 카산드라가 응답을 해야 하는 노드 수를 조정할 수 있으며, 일치화 수준은 서버에서 정의하는 것이 아니라 클라이언트에서 요청을 보낼 때 정의할 수 있다. 일치화 수준의 설정은 세션 단위 또는 개별 읽기/쓰기 오퍼레이션 단위로도 설정할 수 있다. cqlsh을 사용할 경우 'CONSISTENCY' 옵션으로 현재의 cqlsh 세션 내의 모든 쿼리에 대해 동일한 일치화를 유지할 수 있으며, 기타 다른 클라이언트 애플리케이션을 사용할 경우에는 해당 드라이버에서 제공하는 기능을 사용할 수 있다(e.g. QueryBuilder.insertInto 등의 자바 드라이버 등을 사용할 경우에는 setConsistency Level 옵션으로 제어 가능).

일치화 수준을 높이면 데이터 정합성은 보장되지만 성능이 저하되고, 레벨을 낮추면 성능은 향상되나 데이터 정합성을 보장하지 못하는 경우가 발생할 수 있으므로 주의해야 한다.

5.2.29 SSTable 인덱스SSTable Index

카산드라는 SSTable 내에 저장된 로우 데이터를 빠르게 찾기 위해 주어진 파티션 키partition key를 이용하여 B+Tree 기반의 인덱스 구조를 관리하게 된다. 이 SSTable 인덱스는 카산드라가 자동적으로 관리하게 되며, 저장하는 정보에 따라 인덱스 서머리Index Summary와 파티션 파일Partition File의 두 부분으로 나뉜다.

인덱스 서머리(Index Summary)

- 파티션 키(partition key)별 인덱스 파일 내의 시작 위치 정보를 저장해두는 곳이다.
- 여러 파티션 키를 하나로 묶어 시작 위치를 관리하고 파티션 키 개수를 인덱스 거리(Index Interval)로 명칭한다.
- 인덱스 거리 간격이 클수록 인덱스 서머리 크기는 줄어들지만 인덱스 파일 내 검색 시간은 증가한다.

인덱스 파일(Index File)

- 파티션 키(partition key)별 SSTable 내의 시작 위치 정보를 저장해두는 곳이다.
- 파티션 키 검색 시 인덱스 파일의 위치 정보를 이용해 SSTable에서의 파티션(partition) 시작 지점을 찾는다.

5.2.30 보조 인덱스Secondary index

보조 인덱스는 주 키 값이 아닌 컬럼non-primary key column으로 데이터를 조회하는 경우, 필터링을 위해 사용된다. 보조 인덱스 사용 시에는 인덱스 테이블 생성 패턴과 성능을 비교한 후에 의사결정을 할 필요가 있다.

5.3 스킬라DBScyllaDB

스킬라DB는, 클로디우스 시스템Cloudius Systems(현재는 사명을 ScyllaDB로 변경)이라는 이스라엘의 한 스타트업Startup에 의해 2016년 4월 GAGeneral Available 버전이 출시된 NoSQL 분산 데이터베이스 관리 시스템이다. 클로디우스 시스템은 클라우드-가상화 솔루션으로 널리 사용되고 있는 KVM(오픈소스 하이퍼바이저hypervisor)의 개발을 이끌었던 핵심 엔지니어들이 모여 창업한 기업이며, 스킬라DB 제품을 출시하며 제품명에 맞추어 사명도 변경했다. 이들은 KVM 및 가상화 환경에서 애플리케이션의 성능을 극대화하기 위한 가상화 OS(Osv)의 개발 경험을 통해 관련 기술을 꾸준히 축적해왔는데, 특히 OSv 개발 당시에 만든 고성능 애플리케이션 프레임워크인 시스타 Seastar를 활용하여 NoSQL의 강자인 카산드라와 호환이 가능한 NoSQL 분산 데이터베이스를 개발하기에 이르렀다. 스킬라DB는, 단순하지만 견고한 아키텍처인 카산드라의 장점과 Modern C++(C++11이후)이 제공하는 비동기 동시성 처리 방식의 장점을 결합하여 아파치 카산드라 대비 2~10배의 성능 개선을 구현해냈다. 이와 같은 비약적인 성능 향상의 바탕이 되는 시스타 프레임워크의 핵심 개념은 단일 스레드Thread가 CPU 코어core와 메모리를 독점하여 요청을 처리한다는 비공유 아키텍처인데 카산드라를 포함한 많은 솔루션에서 채택하고 있는 샤드 메모리 기반의 멀티 스레드 방식과 비교해본다면, 스레드 간 CPU, 메모리 자원의 사용을 위한 경합이 발생하는 것을 원천적으로 방지할 수 있다는 장점이 있다.

　스킬라DB는 NoSQL 분산 데이터베이스의 핵심 기능을 포함하고 있는 공개 목적의 커뮤니티 에디션과, 운영 안정성 및 편의성을 위해 애드민 서버 admin server, 보안 특성security feature 등을 추가한 엔터프라이즈 에디션의 두 종류가 있다.

주요 특징

- 분산 저장 시스템(비공유 방식)
- 복제와 멀티플 데이터 센터를 통한 고가용성, 운영 안정성 확보
- 우수한 확장성(노드 추가/삭제가 유연, 노드 증가에 따라 처리 성능도 일정하게 증가함)
- 쿼리 언어 지원(CQL)
- Event driven Model(NUMA와 유사하게 스레드가 코어와 메모리를 독점 사용하도록 할당)
- 비공유 데이터
- 코어마다 별도의 메모리 사용
- 강제 락이 없는 노-락(No-Lock) 구조이고 정합성을 따지지 않는(No contention) 형태

5.3.1 스킬라DB 클러스터 아키텍처

스킬라DB는 아파치 카산드라의 분산 아키텍처를 상당 부분 채택하고 있기 때문에 구조상 유사한 점이 많다. 따라서 카산드라와 동일하게 아마존 다이나모의 특징인 해시 알고리즘 기반의 데이터 분산 아키텍처를 채택하고 있다. 또한 Hbase 등의 초창기 NoSQL 제품에서 주로 사용하던 마스터-슬레이브 아키텍처와 달리 마스터리스 '링Ring' 아키텍처(멀티마스터 구조)를 채택

하고 있어서 모든 노드가 코디네이터 노드와 복제본 노드가 될 수 있기 때문에, SPOFSingle Point of Failure를 피할 수 있다는 점과 마스터 노드에서의 병목 현상을 제거했다는 측면에서 높은 안정성과 우수한 성능의 두 가지 장점을 모두 확보했다. 이러한 아키텍처상의 특징이 전 세계적으로 스킬라DB가 빠르게 확산되고 있는 주요한 원인 중 하나라 할 수 있겠다(CQL이라는 쿼리 언어를 지원하고 있는 것 또한 스킬라DB가 많은 기업에서 빠르게 확산되는 현상의 또 다른 주요 원인으로 꼽히기도 한다).

스킬라DB의 모든 노드는 상황에 따라 코디네이터와 복제본의 역할을 수행하게 되는데, 코디네이터 노드는 클라이언트로부터 요청을 받은 노드를 의미하며 필요한 데이터를 보유하고 있는 노드(복제본 노드)로 작업을 전달했다가 해당 복제본으로부터 응답을 받으면 클라이언트로 다시 응답을 전달하는 역할을 한다.

또한 트랜잭션 지원과 고성능 처리의 요구 사항을 균형적으로 수용하기 위해 일치화 수준Consistency Level을 조정할 수 있도록 했다.

클러스터

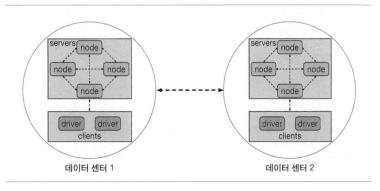

데이터 센터 1   데이터 센터 2

5.3.2 구성 요소

스킬라DB는 클라이언트의 요청을 직접 처리하는 기본 단위인 노드와 노드의 그룹으로 이루어진 데이터 센터, 그리고 여러 개의 데이터 센터가 모여 이루어진 클러스터로 구성되어 있으며 각각의 구성 요소는 다음과 같은 특징을 가지고 있다.

- 노드: 데이터가 실제로 저장되는 곳이다. 클라이언트의 요청을 처리하는

클러스터 구성 요소의 최소 기본 단위이다. 노드 내에는 데이터의 빠른 적재와 처리를 위해 커밋 로그Commit Log, 멤테이블Memtable, SSTable 등의 구성 요소를 포함하고 있다.

- 랙Rack: 노드의 물리적인 구성 요소(CPU+Memory+Disk+NIC)가 실제로 설치되는 물리적인 단위이다. 여러 개의 노드가 모여 데이터 센터를 구성하게 되는데 이때 하나의 데이터 센터는 한 개의 물리적인 랙으로 구성될 수도 있고, 하나 이상의 랙으로 구성될 수도 있다. 복제 전략에 따라 복제본을 분배할 때 하나의 데이터 센터 내에서 랙의 존재 유무를 인식하여 좀 더 안정성을 높이기 위해 서로 다른 랙 간에 복제 데이터를 고르게 분배하는 전략을 취하기도 한다.

- 데이터 센터: 여러 개의 노드가 모여서 구성된 서버의 단위이다. 물리적 데이터 센터 또는 가상 데이터 센터로의 구성이 모두 가능하다. 복제는 데이터 센터 단위로 설정된다(복제 계수의 설정 값에 따라 해당 개수만큼의 데이터 센터로 복제). 최신의 복제 전략에서는 가용성을 극대화하기 위해 복제본을 데이터 센터 내의 랙 간에 전송하는 방식을 넘어 데이터 센터 간에 분배하는 방식을 사용하기도 한다.

- 클러스터: 하나 또는 그 이상의 데이터 센터로 구성된 최대 단위이다. 사용자가 바라보는 실질적인 하나의 최상위 단위이다[오라클과 같은 RDBMS에서 여러 개의 RAC 노드와 공유 디스크를 묶어 하나의 '데이터베이스 서버(또는 DBMS)'로 인식하는 것과 유사한 최상위 단위를 의미].

5.3.3 스킬라DB 데이터 복제 방식 개요
스킬라DB도 고가용성을 확보하기 위해 여러 노드 간의 데이터를 복제하는 방식을 사용한다.

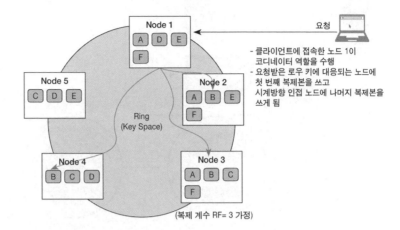

- 클라이언트에 접속한 노드 1이 코디네이터 역할을 수행
- 요청받은 로우 키에 대응되는 노드에 첫 번째 복제본을 쓰고 시계방향 인접 노드에 나머지 복제본을 쓰게 됨

(복제 계수 RF= 3 가정)

• 새로운 로우(row)가 추가될 때 토큰링을 기반으로 로우 키(row key)를 분배하는 방식
  → 그림의 A~F는 각 노드에 할당된 토큰 값을 의미하며, 그 토큰 값이 스킬라DB 클러스터에서 데이터를 분배하는 기준이 됨
• 복제 계수(Replication Factor)는 일관성을 확보하기 위해 희생해야 할 성능의 정도를 결정하는 값으로 클러스터 내에서는 RF값의 노드 수만큼 동일 데이터를 갖게 됨
  → NoSQL 종류에 따라 RF 값이 원본을 제외하고 순수 복제본 개수만을 의미하는 경우도 있으나 스킬라DB 원본/복제본 구분 없이 RF=3이면 동일 데이터가 세 개 존재한다는 의미
• 노드의 추가 및 제거만으로 전체 저장 공간의 확장/축소가 가능

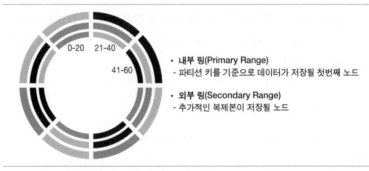

• 내부 링(Primary Range)
 - 파티션 키를 기준으로 데이터가 저장될 첫번째 노드

• 외부 링(Secondary Range)
 - 추가적인 복제본이 저장될 노드

5.3.4 스킬라DB의 물리적 데이터 구조(노드의 물리적 구조)

하나의 물리적인 서버에서 구동되는 스킬라DB 서버 프로세스와, 그에 따른 메모리와 디스크상의 자료 구조를 모아 '하나의 노드'라 할 수 있다. 입력/변경된 데이터들의 지속성durability을 보장해주기 위한 커밋 로그와 실제 데이터를 저장하기 위한 SSTable, 그리고 메모리와 디스크 간의 I/O 속도 차이

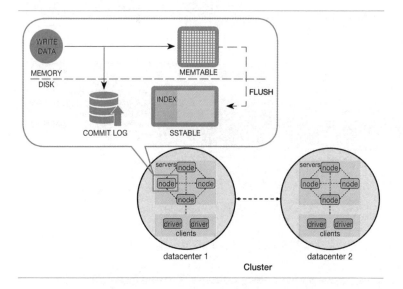

를 줄이고 빠른 응답 속도를 확보하기 위한 캐시와 버퍼buffer 역할을 하는
멤테이블 등이 있다.

- 커밋 로그Commit Log

데이터의 지속성을 보장하기 위해 실제 데이터를 쓰기 전에, 데이터의 변경
내역을 먼저 기록해두는 로그이다. 커밋 로그는 사고 복구Crash recovery 시에
사용되며 테이블 간에 공유된다. 커밋 로그와 관련된 모든 멤테이블상의 데
이터가 SSTable에 플러시 된 후에야, 해당 커밋 로그 공간 재사용/삭제가
가능하다.

- 멤테이블Memtable

스킬라DB의 데이터를 메모리상에 기록하기 위한 버퍼이다. 일반적으로 테
이블당 한 개의 액티브 멤테이블을 둔다. 멤테이블의 데이터가 플러시 되는
곳이 디스크상의 SSTable이다. 멤테이블이 플러시 되는 조건은 다음과 같
다. 멤테이블의 메모리 사용량이 사전에 정의된 임계치Threshold를 넘어섰을
경우(memtable_cleanup _threshold 으로 설정), 커밋 로그가 최대 사이즈에
도달했을 경우(커밋 로그 세그먼트에 공간 마련을 위해 강제로 멤테이블을 플러
시) 멤테이블은 힙메모리 안on-heap에 전체를 저장할 수도 있고 힙메모리 밖
off-heap에 일부를 저장할 수도 있다(memtable_allocation _type 으로 설정).

- SSTable

SSTable은 디스크에 데이터를 저장하기 위해 사용되는 데이터 파일이다. (in-disk structures) 멤테이블(메모리상에 위치)에 저장된 데이터 객체의 수가 한계점에 도달하면 멤테이블의 내용을 SSTable(디스크상에 위치)로 플러시 하게 된다.

SSTable로의 플러시를 진행하는 과정에서 연관된 여러 개의 SSTable을 한 개의 SSTable로 컴팩션 하는 작업을 진행하게 되며, 이렇게 새로 만들어 진 SSTable이 디스크에 기록될 때 기존의 SSTable은 삭제된다. 각각의 SSTable은 여러 개의 파일에 분리되어 구성된다.

카산드라 데이터 구조

5.3.5 키스페이스Keyspace

키스페이스는 스킬라DB의 최상위 데이터 구조로서 RDBMS의 데이터베이스와 유사한 개념의 구조이다. 애플리케이션당 하나의 키스페이스를 구성하는 것이 바람직하다는 의견도 있으나 필요할 경우 여러 개의(수천 개는 곤란) 키스페이스를 생성하는 것도 무방하다(일부 테이블에 대해 복제 계수, 복제본 배치 전략을 다르게 설정해야 하는 등의 상황). 키스페이스별로 복제 계수, 복제본 배치 전략Replica placement strategy, 테이블 등의 설정이 가능하다.

5.3.6 테이블(컬럼 패밀리)

테이블Table은 여러 개의 로우Row를 포함하고 있는 구조이다(V1.2 이전에는 '컬럼 패밀리'라는 명칭을 사용). RDBMS의 테이블에 대응되는 개념이다. V1.2 이전에는 컬럼의 추가/삭제가 자유롭고, 각 로우마다 컬럼의 개수, 타입 등이 다를 수 있는 등 유연성을 지향하는(Hbase의 컬럼 패밀리와 유사) 구조였으나 V1.2 이후에는 슈퍼 컬럼이 제거되었고, CQL이 좀 더 폭넓게 활용(크리에이트 테이블문으로 테이블 구조를 확정한 이후 데이터를 입력하도록 함)되면서 RDBMS의 테이블과 크게 다르지 않은 구조를 갖게 되었다.

5.3.7 로우Row

하나 이상의 컬럼을 포함하는 구조이다. 로우 키Row key라는 고유 식별자가 있으며 로우 키는 해당 로에 대한 기본 키primary key처럼 동작한다.

5.3.8 로우 키Row Key

로우를 유일하게 식별하는 키는 기본 키이다. 기본 키 중 일부 컬럼을 샤딩 키Sharding Key(=Partition Key)로 지정할 수 있으며 디폴트로는 PK 중 선두 컬럼만 샤딩 키(=Partition Key)로 사용한다.

물리적으로 샤딩 키(=Partition Key)는 한 번만 저장하고 PK 중 샤딩 키(=Partition Key)가 아닌 컬럼(Clustering Key)은 컬럼 수만큼 반복 저장하므로 샤딩 키(=Partition Key) 지정 전략에 따라 용량 크기가 달라질 수 있다.

5.3.9 컬럼Column

스킬라DB 데이터 구조에서 최소 단위이다. Hbase의 컬럼과는 다르게 테이블 생성 시 컬럼의 이름, 타입, 개수 등이 확정되어야 한다. 컬럼 간의 조인은 불가능하므로 클라이언트 쪽에서 처리하거나 조인 결과를 저장한 비정규화 테이블을 활용해야 한다. 내부적으로 다음과 같이 구성된다(cqlsh을 통해서는 컬럼명Column Name과 컬럼 값Column Value만 확인 가능).

Column Name + Column Value + Timestamp + TTL(Time to live)

컬럼명은 콤퍼레이터를 가지며, 컬럼명을 기준으로 정렬되어 저장된다(컬럼명의 가장 큰 크기는 64KB이나, 가급적 길지 않도록 권장). 컬럼 값은 생략이 가능하며, 값의 가장 큰 크기는 2GB이지만 가급적 10MB 이내로 권고한다.

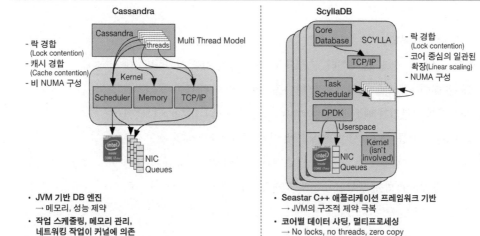

주: DPDK는 Data Plane Development Toolkit.

스킬라 데이터베이스 키 개념

- 코어당 하나의 독립 스레드(One Thread per Core)로 이벤트 처리 중심 모델(Event Driven Model)
- 각각의 스레드는 각각의 데이터 샤드를 독립적으로 처리
- 비공유 데이터(shared nothing)
- 코어별 메모리 영역 독립 구동(NUMA 아키텍처와 유사)
- 코어 간 메시지-패싱 방식으로 통신(Message-passing between Cores)
- 강제 락이 없는 노-락(No-Lock) 구조이고 정합성을 따지지 않는(No contention) 형태

5.3.10 메모리 구조

- LSA Log-Structured Allocator: 데이터 캐싱 목적

- Read Cache: LSA 영역의 대부분을 사용

- Write Cache: 멤테이블로 사용, 반복 플러시로 일정 용량 유지

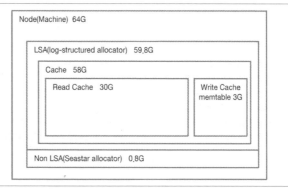

- Non LSA Seastar Allocator: 일반적인 목적으로 사용(컴팩션 등)

5.3.11 샤딩과 복제

스킬라Scylla에서는 노드 간 데이터 '분배'와 '복제' 작업을 함께 처리한다. 데이터들은 테이블 단위로 관리되고 각 테이블 내에서의 단위 데이터row는 기본 키에 의해 구분되기 때문에, 기본 키(실제로는 기본 키의 일부인 파티션 키 partition key를 사용)를 활용해서 어떤 노드에 어떤 데이터를 분배할 것인지를 결정한다. 이러한 과정을 거쳐서 노드별로 분배된 데이터가 저장될 때 해당 데이터의 복제본도 함께 생성되어 분배 및 저장하는 과정을 동일하게 거치게 된다.

5.3.12 샤딩 방식

스킬라에서의 데이터 샤딩은 데이터의 위치를 결정하는 파티셔너partitioner에 의해 진행되는데, 입력되는 데이터의 파티션 키partition key에 대응되는 토큰 값을 해시 함수에 의해 계산하고 이 토큰 값을 기준으로 각 노드별 데이터를 분배하는 방식이다. 레인지 샤딩 방식도 지원하나 부하 분산Load Balancing, 핫 스팟Hot Spot 등의 문제가 발생할 수 있어 권고하지는 않는다. 가상 노드 사용 시 토큰별 할당 데이터의 범위가 줄어들어 노드 추가/삭제 등의 재구성Rebuild 작성 시 수행 속도가 향상된다.

5.3.13 가상 노드

가상 노드는 한 개의 노드에 여러 개의 토큰을 할당하게 하여 기존의 방식(1 토큰 - 1노드)보다 더욱 세밀한 단위로 데이터를 각 노드에 분산시키기 위한 방법이다(V1.2 이후 적용).

가상 노드의 주요 특징

- 토큰을 자동으로 계산하여 각 노드에 할당(한 노드가 최대 256개의 토큰을 가질 수 있음)
- 클러스터에 노드가 추가/삭제되는 경우 자동으로 클러스터 재구성을 수행
  (노드가 추가될 경우 데이터를 전체 노드에 고르게 분배하고, 노드가 다운/삭제될 경우에도 해당 노드의 데이터를 전체 클러스터 내에 고르게 분배)
- 특정 노드가 다운될 경우에 클러스터 재구성 작업에 모든 노드가 참여하여 빠르게 진행 가능
- 클러스터 내의 각 머신에 할당된 가상 노드의 비율을 조정할 수 있으므로 각각의 머신 용량에 따라 유연한 구성이 가능

노드 간 유연한 토크 할당

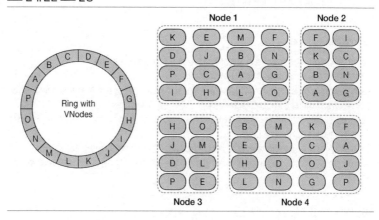

Vnode 적용 여부에 따른 클러스터 구성 비교

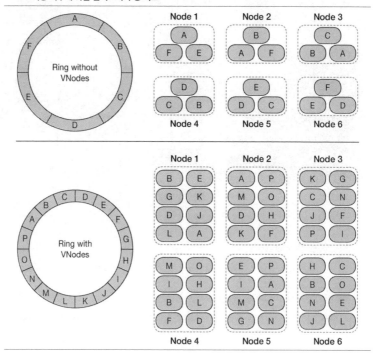

5.3.14 데이터 쓰기 메커니즘

스킬라 데이터 쓰기 구조

- 쓰기 1단계: 클라이언트로부터 쓰기 요청이 들어오면 커밋 로그에 먼저 저장한다.
- 쓰기 2단계: 커밋 로그에 저장 후 멤테이블에 기록한다.
- 쓰기 3단계: 멤테이블이 가득 차거나 사용 가능한 커밋 로그 파일이 없을 경우, 기존 커밋 로그 파일 삭제를 위해 멤테이블의 데이터를 디스크로 플러시 한다.
- 쓰기 4단계: 플러시가 발생하면 새로운 SSTable 파일이 생성되고 필요할 경우 기존 SSTable과 컴팩션을 수행하여 한 개의 SSTable 파일로 합쳐진다.
  → 플러시는 커밋 로그에 의해 발생하거나 테이블별로 설정된 일정 주기에 의해 발생하게 된다.
  → 컴팩션은 신규 SSTable 파일이 생성될 때마다 항상 수행되는 것은 아니며 컴팩션 전략에 따라 달라질 수 있다.

쓰기 구조

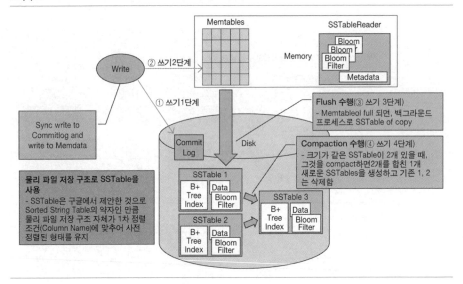

5.3.15 톰스톤Tombstone

스킬라가 데이터 삭제 요청을 받으면 일단 삭제 대상 데이터에 '삭제된 데이터'라는 삭제 마크deletion marker를 기록해두고, 실제 디스크에서 데이터를 즉시 삭제하지는 않고 추후 컴팩션 등의 작업을 통해 삭제한다(전통적인 RDBMS의 soft delete/logical delete와 유사한 방식). 이때, 사용하는 '삭제된 데이터'라는 의미의 삭제 마크를 톰스톤이라 한다.

톰스톤(Tombstone)이 활용되는 경우

- CQL 쿼리가 파티션 컬럼(Partition Column)을 삭제했을 경우, 읽기 작업이 수행되는 중에 만료되었음을 발견했을 때 사용됨
- 톰스톤(deletion marker)이 멤테이블에 있는 해당 컬럼에 적용됨
- 톰스톤이 설정된 이후에 실행된 쿼리들은 해당 컬럼이 삭제된 것으로 간주함
- 다음 회차의 멤테이블 플러시에서, 톰스톤은 새로운 SSTable로 이동됨
- 각 컴팩션에서 gc_grace_seconds보다 오래된 톰스톤 컬럼들은 새로 컴팩트된 SSTable에서 제거됨
- gc_grace_seconds: 다음 컴팩션에서 제거되기 전에 얼마나 오래 톰스톤을 유지시킬 것인가를 정의하는 테이블 속성(default: 864000, 10 days)

5.3.16 데이터 읽기 메커니즘

스킬라 데이터 읽기

- 읽기 1단계(Check Memtable): 클라이언트로부터 읽기 요청이 들어오면 멤테이블을 우선 확인하여 해당 데이터가 존재할 경우 바로 결과를 리턴한다.
- 읽기 2단계(Check Row cache): 멤테이블에 요청한 로우가 존재하지 않거나 SSTable과 병합이 필요한 경우, (로우 캐시를 사용하도록 설정했을 때) 로우 캐시를 확인하여 로우 캐시에 결과가 존재하면 해당 값을 리턴한다.
- 읽기 3단계(Check Bloom filter): 로우 캐시에 데이터가 없으면 SSTable별 메모리에 로딩되어 있는 블룸 필터(Bloom Filter)를 스캔하여 해당 SSTable 데이터의 존재 유무를 확인한다.
- 읽기 4단계(Check Partition key cache): 블룸 필터 스캔 결과 해당 SSTable에 데이터가 존재한다면 키 캐시(Key Cache)를 우선 확인한다.
- 읽기 5단계: 키 캐시에 데이터가 존재한다면 위치 정보를 읽어 해당 SSTable로부터 결과를 리턴하고, 키 캐시에 존재하지 않는 경우 인덱스 정보를 스캔한 후 해당되는 SSTable을 읽어 결과를 리턴한다.
- 읽기 6단계: 새롭게 인출된 탐색 위치(Seek Position)를 키 캐시에 추가한다.
- 읽기 7단계: SSTable과 멤테이블의 데이터를 병합해야 하는 경우 타임스탬프를 사용해 최신 데이터를 리턴한다.
- 읽기 8단계: 로우 캐시 사용 시에는 결과 리턴 시 해당 로우를 메모리에 적재한다.

읽기 구조

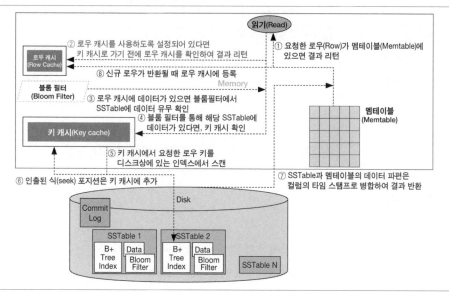

5.3.17 SSTable 인덱스SSTable Index

스킬라는 주어진 파티션 키partition key를 통해 SSTable 내에 저장된 로우 데이터를 빠르게 찾기 위해 B+Tree 기반의 인덱스 구조를 관리하게 된다. 이 SSTable 인덱스는 스킬라가 자동적으로 관리하게 되며, 저장하는 정보에 따라 인덱스 서머리Index Summary와 파티션 파일Partition File의 두 부분으로 나뉜다.

5.3.18 인덱스 서머리Index Summary

파티션 키partition key별 인덱스 파일 내의 시작 위치 정보를 저장해두는 곳이다. 여러 파티션 키를 하나로 묶어 시작 위치를 관리하며, 파티션 키 개수를 인덱스 거리Index Interval로 명칭한다. 인덱스 거리 간격이 클수록 인덱스 서머리 크기는 줄어들지만 인덱스 파일 내 검색 시간은 증가하게 된다.

5.3.19 인덱스 파일Index File

파티션 키별 SSTable 내의 시작 위치 정보를 저장해두는 곳이다. 파티션 키 검색 시 인덱스 파일의 위치 정보를 이용하여 SSTable에서의 파티션 시작 지점을 찾는다.

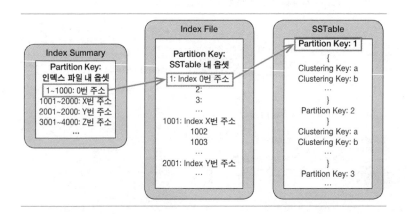

5.4 몽고DBMongoDB

몽고DB는 C++로 작성된 오픈 소스 문서 지향적Document-Oriented 크로스-플랫폼 데이터베이스이다. NoSQL 데이터베이스로 분류되는 몽고DB는 JSON

과 같은 동적 스키마형 도큐먼트BSON를 선호함으로써 특정한 종류의 애플리케이션 데이터를 더 쉽고 빠르게 통합할 수 있게 한다. 뉴욕시에 기반을 둔 회사인 10gen에서 2007년 10월 계획된 PaaS(서비스로서의 플랫폼) 제품의 구성 요소로 처음 개발했으며, 10gen이 상용 지원 및 기타 서비스를 제공한 2009년에 0.9 버전 오픈 소스(AGPL 라이센서)로 공개하고 서비스를 시작했고 2016년 11월 3.4 버전을 출시했다. 몽고DB는 크레이그리스트Craigslist, 이베이eBay, 포스퀘어Foursquare, 소스포지SourceForge, 뉴욕타임스, 구글, 페이스북과 같은 수많은 주요 웹사이트 및 서비스에 백엔드 소프트웨어로 채택되고 있다. 몽고DB는 가장 유명한 NoSQL 데이터베이스 시스템이다.

5.4.1 몽고DB 주요 특징

5.4.1.1 테이블 속성이 없음No-Schema

도큐먼트 데이터 스토어Document Data Store의 개념으로 오라클, MySQL과 같은 RDBMS와 반대로 스키마가 존재하지 않고, 데이터 관계 규약이 없기 때문에 유연하게 데이터를 추가할 수 있으며, 프로그램과의 정합성에 대해 신경 쓸 필요가 없다. JSON 타입의 데이터 저장구조 제공 JSON을 바이너리Binary화 한 BSON형식으로 데이터를 저장하며, 데이터 처리가 빠르고 가독성이 좋다.

5.4.1.2 빅데이터 처리 특화

메모리 매핑 입출력Memory Mapped(데이터 쓰기 시 운영체제OS의 가상 메모리에 데이터를 넣은 후 비동기로 디스크에 기록하는 방식)을 사용하기 때문에 방대한 데이터를 빠르게 처리할 수 있다. 하지만 운영체제OS의 메모리를 활용하기 때문에 메모리가 가득 찰 경우 하드 디스크에서 데이터를 처리하게 되어 속도가 급격히 느려진다. 이러한 현상을 방지하기 위해 하드웨어적인 측면에서 투자가 필요하다.

5.4.1.3 쿼리 지원

기존의 NoSQL들이 키-밸류의 형태만 제공하는 것과 달리 몽고DB는 RDB

와 같이 쿼리를 사용할 수 있다. 이를 통해 효과적으로 데이터를 추출해낼 수 있고, 기존의 관계형 데이터베이스로부터 이전이 쉽다.

5.4.1.4 대규모 분산 시스템 구성 지원

관계형 데이터베이스에 비해 대규모 분산 시스템 구성을 쉽게 할 수 있도록 연결되지 않은 데이터들이 동시 병렬 처리가 가능한 맵리듀스 기능을 제공하고, 자동으로 데이터를 여러 서버에 분할해주는 오토-샤딩Auto-Sharding 기능과 데이터 유실에 대비한 복제본 기능을 제공한다.

5.4.2 몽고DB 물리적 아키텍처

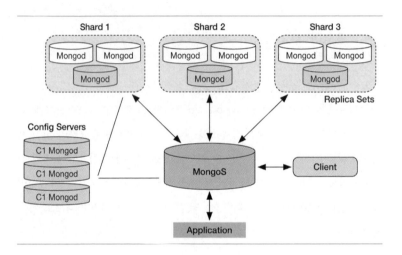

5.4.2.1 클러스터 구조(마스터-슬레이브 구조)

- Mongod: 데이터의 저장·관리(복제정책 적용 가능)
- Mongos: 클러스터에 대한 인터페이스 역할, 라우터 역할(일반적으로 WAS마다 한 대씩)
- Config 서버: 샤딩에 대한 환경 설정 서버, 분할에 대한 정보 등 메타 정보 관리

5.4.2.2 복제본 세트Replica Sets

- 마스터-슬레이브 구조, 자동 장애 복구(세컨더리Secondary 중 하나를 프라이머리Primary로 선출)

- 프라이머리Primary는 읽기, 쓰기를 수행하고, 세컨더리는 읽기만 수행
- 프라이머리에서 쓰기를 수행하고 해당 오퍼레이션을 옵로그opLog에 기록하며, 세컨더리는 이 로그를 복제하여 각자의 데이터 세트에 적용
- 세컨더리는 프라이머리의 데이터 세트의 복제를 유지
- 데이터 복제를 위해 세컨더리는 프라이머리의 옵로그부터 오퍼레이션들을 비동기 방식으로 자신의 데이터 세트에 적용
- 아비터Arbiter는 프라이머리 장애Fail 시 새로운 프라이머리 선출을 위해 "투표"에 참여할 수 있는 멤버이며, 프라이머리의 데이터를 복제하지 않고, 프라이머리도 될 수 없음

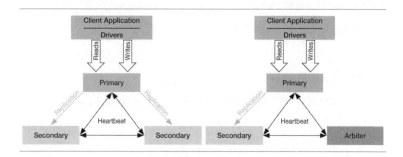

- 최소 3대의 mongod 노드로 구성
  • 2 Full node(P, S) + 1 Arbiter(복제는 안하고, 프라이머리Primary 선출 과정의 중재 역할만 수행)
  • 3 Full node(P, S, S)
- 노드는 홀수로 구성

5.4.3 몽고DB 데이터 구조

5.4.3.1 데이터베이스
몽고DB에서 도큐먼트의 컬렉션Collection으로 데이터베이스를 선택하기 위해선 몽고 셸shell에서 use 〈db〉 문을 사용해야 한다.

5.4.3.2 컬렉션Collection
몽고DB는 컬렉션에 도큐먼트를 저장한다. 컬렉션은 RDBMS table과 유사

하나 테이블 속성 제약이 없는 스키마 프리Schema-Free이며, "db.Collection
이름.명령어"로 표현한다(ex. db.blog.insert(…)).

5.4.3.3 뷰View

몽고DB 버전 3.4에서는 컬렉션이나 다른 뷰를 가지고 읽기 전용 뷰read-only
view 생성을 지원한다.
- Read Only: 뷰는 읽기만 가능하며, 쓰기를 하는 경우 에러
- Index Use and Sort Operations: 뷰는 뷰 생성 시 근간이 되는 컬렉션의
  인덱스를 사용
- Projection Restrictions
- Immutable Name: 뷰 이름 변경View rename은 불가

5.4.3.4 익스텐트Extent

- 대용량 데이터를 디스크에 쉽게 저장할 수 있는 단위로 도큐먼트를 그룹
  핑한 것을 익스텐트라고 하며, 몽고DB는 익스텐트를 이용하여 디스크에
  저장될 파일과 삭제된 도큐먼트를 관리한다.
- 익스텐트는 고유한 네임 스페이스를 가지고 있고 익스텐트에 포함된 도
  큐먼트는 동일한 네임 스페이스에 존재하는 데이터가 된다.
- 몽고DB는 확장자가 숫자로 증가하는 형태의 데이터베이스명으로 된 파일
  이 로컬 스토리지에 있으며, 네임 스페이스의 최대 크기는 128바이트이다.

익스텐트 구조

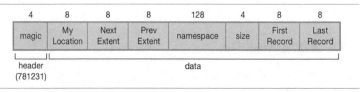

5.4.3.5 도큐먼트Document

몽고DB의 레코드record는 키와 필드field의 쌍으로 구성된 도큐먼트 구조이
며, JSON 오브젝트object와 비슷하다. 필드의 값에는 다른 도큐먼트와 도표
값arrays 등을 포함할 수 있다.

- 도큐먼트는 많은 프로그램 언어의 본래 데이터 타입에 해당
- 임베디드 도큐먼트와 도표 값(arrays)은 값비싼 조인(Join)을 줄여줌
- 다이내믹 스키마(Dynamic Schema)는 유연한 다형성(polymorphism)을 지원

5.4.4 몽고DB 스토리지 엔진MongoDB Storage Engine

몽고DB는 초기 버전인 1.x, 2.x까지는 메모리 매핑 스토리지 엔진Mapping Storage Engine을 기본적으로 제공해왔지만 3.x 버전부터 와이어드타이거wired-Tiger 스토리지 엔진을 제공하고 있으며, 3.2 버전부터 추가로 인-메모리 In-Memory 스토리지 엔진을 제공하고 있다.

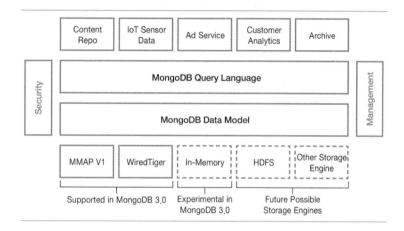

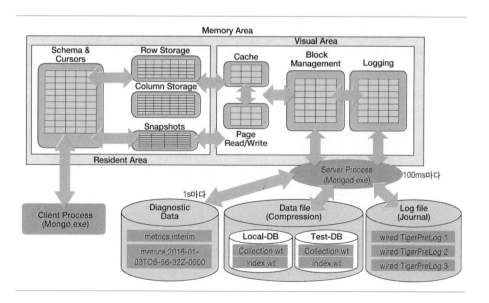

몽고DB 3.x 버전부터 제공된 스토리지 엔진으로 메모리 영역과 프로세스 영역, 파일 영역으로 구성된다.

5.4.4.1 메모리 영역

- 상주 영역Resident Area: 사용자 데이터를 실제 처리하는 메모리 영역
- 가상 영역Virtual Area: 가상 메모리 영역(데이터를 압축 및 암호화)

5.4.4.2 프로세스 영역

- 서버 프로세스: mongod.exe를 통한 서버 구동 프로세스
- 클라이언트 프로세스: 사용자 애플리케이션을 위한 프로세스

5.4.4.3 파일 영역

- 데이터 파일: 사용자 데이터의 저장 영역
- 진단 파일Diagnostsic File: 시스템 백업 및 복구를 위한 정보 저장 영역
- 저널(로그) 파일Journal(log) File: 자동 복구를 위한 백업 데이터 저장 영역

스킬라 데이터 쓰기 구조

- 도큐먼트 레벨 락(Document-Level Lock) 제공으로 다수의 사용자가 트랜잭션 위주의 데이터를 빠르게 처리할 수 있도록 동시성을 제공한다.
- 메모리 매핑 저장 엔진에 비해 DBMS의 성능 향상을 제공한다.
- 메모리 매핑 구조가 단일 CPU 중심의 프로세싱 구조라면 와이어드타이거(WiredTiger) 저장 엔진은 멀티-코어를 활용할 수 있는 시스템 구조이다. 멀티-스레드를 통해 집중화를 최소화하고, 동시성을 향상시켰다.
- 오류 검출(CheckSums) 기능을 통해 시스템 장애 또는 저장 장치 장애로부터 발생하는 데이터 유실을 최소화할 수 있고, 파일 시스템 정합성이 깨진(Corrupt) 상태를 분석할 수 있는 기능이 추가되었다.
- 압축(Compression) 기능을 통해 저장 공간의 최소화가 가능하다. 기본적으로 스내피 압축(Snappy Compression)과 지립 압축(Zlib Compression) 기능을 제공한다(Compact file, Big-Block IO 최소화).
  - Snappy: 기본 압축 기능이며 압축률이 좋고 오버헤드(Overhead)가 적게 발생한다.
  - Zlib: 스내피 압축 방법에 비해 매우 높은 압축률을 제공하지만, CPU 오버헤드가 발생한다. 1단계는 클라이언트로부터 쓰기 요청이 들어오면 커밋 로그에 먼저 저장한다.

5.4.5 MMAPv1 스토리지 엔진

몽고DB의 메모리 영역은 크게 두 가지 영역으로 나뉜다.

- 가상 메모리 영역
  - 캐시 영역 매핑 Mapped Cache Area: 데이터가 캐시될 메모리 영역
  - 가상 영역Virtual Area: 캐시 영역이 부족할 때 사용될 추가 캐시 영역
  - 저널 영역Journal Area: 사용자 작업을 실시간으로 백업할 메모리 영역

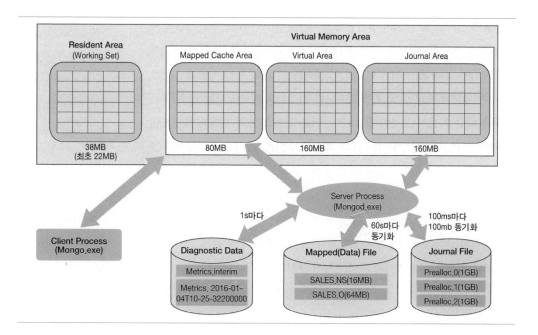

- 상주 영역Resident Area

  • 워킹 셋Working Set으로 표현되며 데이터를 처리하는 실제 메모리 영역

몽고DB는 메모리 매핑 기법에 의해 데이터 읽기/쓰기 작업을 수행하기 때문에 충분한 메모리 공간이 확보되어야 한다. 몽고DB는 사용자 데이터에 대한 읽기/쓰기를 위한 실제 작업 메모리 영역을 요구하게 되는데 이 영역을 상주 영역Working Set이라고 한다. 사용자 데이터를 메모리Working Set에 적재하기 위해 가상 메모리 영역은 워킹 셋Working Set의 3배 정도를 몽고DB에서 권장한다. 만약, 2GB의 데이터 파일을 처리하기 위해선 워킹 셋과 가상 영역을 포함하여 약 8GB가 요구되고, 시스템 영역의 90%까지 할당받으면 전체 시스템 램RAM 메모리 크기는 약 10GB 정도 요구하게 된다. 만약 시스템 램 메모리가 부족한 경우 다른 메모리로 이전하는 플러싱Flushing과 페이지 폴트PageFault가 발생하여 성능 저하 현상이 발생한다.

몽고DB 엔터프라이즈 버전 3.2.6부터는 메모리 내 스토리지 엔진이 64bit 빌드의 일반 가용성General Availability의 일부이며, 인-메모리In-memory 스토리지 엔진은 메타, 진단 데이터, 컨피그 비율Config Ratio 데이터, 인덱스 등을 포함하여 디스크상의 모든 데이터를 유지하지 않는다. 디스크 I/O를 피함으로써 인-메모리 스토리지 엔진은 데이터베이스 작업의 예측 가능한 대기 시간을 허용한다. 빠른 연산 처리 위주의 데이터 분석 및 통계 작업에 최적화되어 있다. 순수 메모리 기반의 데이터 저장 및 관리 기술을 기반으로 하기 때문에 서버 종료 후에 데이터가 저장되지 않는다. 충분한 메모리 자원에 대한 확장이 보장되어야 한다. 기본 값은 시스템 메모리의 50%이며, 최솟값은 1GB 이상이어야 한다. 몽고DB 엔터프라이즈 버전에서만 제공한다.

5.4.5.1 저널 파일Journal File
- 사용자의 데이터 유실을 방지하기 위해 별도의 파일에 저장한다.
  - dbpath로 정의된 경로에 저널 파일이 생성된다.
  - 기본 크기는 1GB(Prealloc.0, Prealloc.1 형태로 저장)이고 최대 크기에 도달하면 새로운 파일이 1GB 단위로 추가된다.
- 메모리 맵에 저장하기 전에 저널 파일에 먼저 저장
- 기본적으로 매 100ms마다 100mb를 저장
  - mongod 구동할때 저널링journaling[Commit Interval]을 정의할 수 있으며 2~300ms 범위에서 정의할 수 있다.
- 저널 모드가 요구되는 경우
  - 싱글 노드: 데이터의 무결성 보장을 위해 반드시 필요하다.
  - 복제본 세트Replica Set: 최소 1 노드에 정의해야 한다.
- 각 데이터베이스의 데이터 파일과 분리된 물리적 디스크에 생성해야 좋은 성능이 기대된다.

5.4.5.2 글로벌 락 & 페이지 폴트Global Lock & PageFault
- 글로벌 락Database Lock은 데이터베이스의 성능을 저하시키는 원인이 된다. 특정 사용자가 데이터를 업데이트하면 발생하는데, 이때 다른 사용자가 읽기 작업을 수행했고, 이로 인해 페이지 폴트PageFault가 발생했다면 디스크에서 읽은 데이터는 폴트 핸들러Fault Handler에 의해 즉시 캐시 영역 매핑 Mapped Cache Area에 로드Load되지 못하게 되어 성능 지연이 발생한다.
- 성능 지연 문제점을 개선하기 위해 글로벌 락이 발생했을 때 페이지 폴트가 발생하는 경우 쓰기 오퍼레이션에 대해 글로벌 락을 포기하는 것이다.

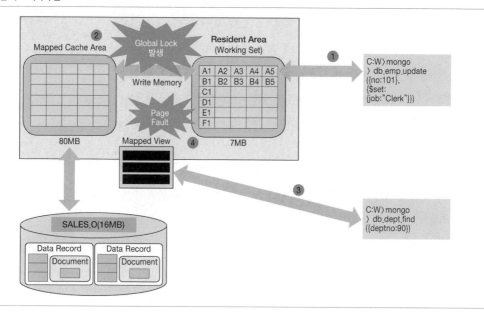

이것을 'PageFaultException write lock with yield'이라고 하는데 몽고DB 2.2
버전부터 지원한다.

5.4.6 텍스트 검색 엔진 Text Search engine

텍스트 검색 엔진은 몽고DB 2.4 버전에서 처음 소개되었고 옵션이었지만,
3.x 버전부터 기본 기능으로 제공되고 있는 검색 엔진으로, 텍스트 데이터
에 대한 빠른 검색이 가능하고, 빠른 검색을 위해 텍스트 인덱스를 제공한
다. 다중 언어에 대한 효과적인 검색을 위해 텍스트 인덱스 생성 시 적절한
언어 타입을 설정한다.

5.4.7 그리드 파일 시스템 GridFS: Grid File System

블로그 등과 같은 글을 작성하는 사이트를 만들어 DB와 연동할 경우 텍스
트만이 아닌 이미지 또는 특정 애플리케이션 바이너리 Application Binary를 저장
해야 할 것이며, 몽고DB는 이러한 바이너리 Binary 파일을 효율적으로 관리
하는 메커니즘을 제공하는데 이것이 그리드 파일 시스템(이하 GridFS)이다.
GridFS는 BSON-도큐먼트 크기가 16MB로 이를 초과하는 파일을 저장하고
검색하기 위해 사용된다.

- 그리드 파일 시스템을 사용해 파일을 저장해야 하는 이유
  • GridFS는 몽고DB를 위해 설정한 "복제"나 "오토-샤딩"을 활용한다. 이는 장애 복구 및 스케일-아웃Scale-out을 하는 데 매우 쉽다.
  • GridFS는 업로드 시 NTFS, FAT등과 같은 파일 시스템에 대한 문제를 해결해준다. 예를 들어 NTFS와 FAT와 같은 파일 시스템이 문제가 될 수 있는 경우 동일한 디렉토리 내 엄청난 개수의 파일들을 저장하는 일이다.
  • GridFS를 이용하며 파일 로컬리티에 대해 매우 유리하다. 이는 몽고DB가 파일 업로드 시 파일 크기를 2GB 크기의 덩어리로 분할하기 때문이다.

- 그리드 파일 시스템의 기능
  • 대용량의 비정형 데이터 파일을 데이터베이스 내에 업로드하거나 또는 데이터베이스 내 저장된 파일을 OS로 다운로드해야 하는 경우 사용
  • 하나의 비정형 파일은 Higher V1.8에서 최대 16MB 처리가 가능하며 하나의 파일 단위로 몽고DB 내에 저장되는 것이 아니고 256KB의 분할된 크기Chunk Size로 쪼개져 저장
  • 수십~수백 개로 분리된 분할Chunk 단위는 하나의 컬렉션에 여러 개의 분리된 도큐먼트로 저장

5.4.8 데이터 읽기와 쓰기

5.4.8.1 읽기 권한Read concern
복제본 세트와 복제 세트 공유Replica Set shard의 읽기 권한readConcern 쿼리 옵션은 쿼리 수행 시 되돌려줄 데이터가 어떤 것인지를 결정해준다. 읽기 권한 레벨은 세 가지이다.
- Local: 인스턴스Instance의 가장 최근 데이터를 리턴한다(디폴트).
- Majority: 대부분의 구성원에게 쓰인 것으로 확인된 인스턴스의 가장 최근 데이터를 리턴한다.
- linearizable: 쓰기 권한Write concern이 "majority"로 발행되고 '읽기' 작업이 시작되기 전에 모두 성공적으로 '쓰기'를 마친 데이터를 리턴한다.

5.4.8.2 쓰기 구조

- 프라이머리Primary 메모리에 쓰기
- 저널 파일: 쓰기 트랜잭션을 보장하고, 복구를 위해 저장되는 로그(디폴트 100ms 주기로 커밋)
- 데이터 파일: 디폴트 60초 주기로 플러시
- 옵로그Oplog: Operation log: 쓰기, 수정, 삭제와 같이 프라이머리에 데이터 변동이 발생될 때 연산을 저장하며, 세컨더리Secondary로 데이터를 복사하기 위한 파일, 크기는 가용 디스크 공간의 5%가 할당됨
- 쓰기 트랜잭션 완료는 쓰기 권한WriteConcern 타입에 의해 결정

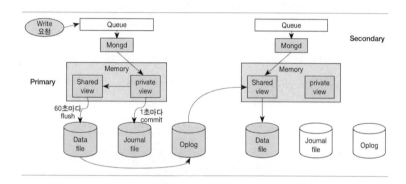

5.4.8.3 쓰기 권한WriteConcern

- 쓰기 권한은 몽고DB가 독립 형태Standaloned의 'mongod'이거나 복제본 세트 또는 샤드 클러스터에서 쓰기 작업을 위해 요청받는 레벨을 정의한다.
- 샤드 클러스터에서는 몽고 인스턴스가 샤드에 쓰기 권한을 전달한다.
- 쓰기 연산에 쓰기 권한을 조정하여 특정 연산에 대한 트랜잭션을 보장할 수 있도록 API를 제공한다.
- 트랜잭션 보장 레벨을 높일수록 성능은 떨어진다.

5.4.9 복제본과 복제본 세트Replica & ReplicaSets

- 마스터-슬레이브 구조, 자동 장애 복구
- 프라이머리는 읽기, 쓰기를 수행하고 세컨더리는 읽기만 수행
- 프라이머리의 옵로그를 전송받아 복제

5.4.9.1 마스터 서버와 슬레이버 서버

초당 몇만 건 이상의 데이터에 대한 읽기/쓰기 작업이 발생하는 빅데이터 환경에서 예기치 못한 시스템 장애로 인한 데이터 유실은 기업 입장에서 치명적일 수밖에 없다. 이러한 문제가 발생하더라도 빅데이터에 대한 안전한 저장과 관리 그리고 복구가 수행되기 위해서는 적절한 백업 솔루션이 필요하다. 복제본과 복제본 세트 기능은 빅데이터의 백업을 통해 안정성을 보장하기 위한 솔루션 중의 하나이다.

- 복제본 기능을 위해 마스터 노드와 슬레이브 노드가 필요하며, 경우에 따라서는 많은 수의 슬레이브 노드를 설정할 수도 있지만, 예상할 수 없는 다양한 장애가 발생할 수 있으므로 최소 3대 정도의 슬레이브 노드를 설정하는 것을 권장한다.
- 마스터 데이터베이스가 저장될 홈Home 경로를 생성하고 Mongod.exe를 통해 인스턴스를 활성화하고, 슬레이브 1과 슬레이브 2 데이터베이스에 대해 Mongod.exe를 통해 인스턴스를 활성화한다.

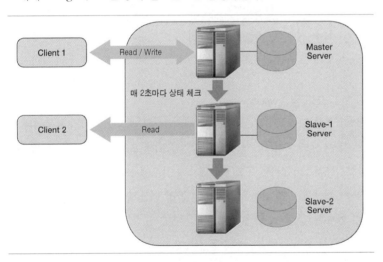

5.4.9.2 복제본 세트

마스터 서버와 슬레이브 서버의 관계는 원본 데이터베이스에 대한 복제본 데이터베이스에 동일한 데이터를 하나 더 저장해두는 관계를 의미하며, 장애가 발생하는 경우 복제본 데이터베이스를 통한 복구 작업을 수행할 수 있다. 하지만 실시간으로 마스터 서버에 대한 복구 작업을 수행하는 것은 아니며, 슬레이브 서버를 즉시 사용할 수 있는 것도 아니다. 이러한 문제점을 개선·보완한 기능이 복제본 세트이다. 복제본 세트 기능에서 실시간으로 사용되는 메인 서버를 프라이머리 서버라고 하며, 사용자들은 프라이머리 서버를 통해 데이터를 입력insert, 수정update, 삭제delet한다. 프라이머리 서버에 장애가 발생하면 실시간 서비스가 안 되기 때문에 빅데이터를 처리하는 기업 환경에서는 치명적인 상황이 발생할 수밖에 없다. 복제본 세트에서 두 번째 서버를 세컨더리 서버라고 하는데, 이 서버는 프라이머리 서버에 장애가 발생하여 서비스를 수행할 수 없는 경우에 즉시 프라이머리 서버의 마지막 수행 작업부터 연속적으로 작업을 수행해준다. 이때부터 세컨더리 서버는 프라이머리 서버가 되고, 최초 설정되었던 프라이머리 서버는 복구 후 세컨더리 서버가 된다.

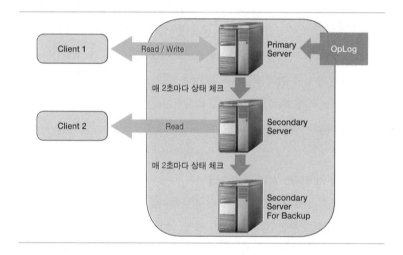

5.5 카우치베이스Couchbase

카우치베이스는 분산 메모리 캐시 솔루션인 멤 캐시memcached에 퍼시스턴스persistence를 추가하여 만든 키 밸류Key Value 저장소인 멤베이스Membase와 도큐먼트 저장소인 카우치DB CouchDB를 기반으로 새롭게 만든 제품이다. 2011년 2월 멤베이스를 개발한 노스스케일NorthScale과 카우치DB를 개발한 카우치원CouchOne이 카우치베이스라는 회사로 합병하고, 2012년 1월 카우치베이스 1.8 버전을 출시한 이후 2017년 4월 4.6 버전까지 출시했다. 카우치베이스는 몽고DB, 아마존DB와 함께 가장 많이 사용되는 도큐먼트 저장소 중 하나이다.

- 분산 캐시, 키-밸류(Key-Value) 저장소, 도큐먼트 저장소, 모바일용 NoSQL, Sync 매니지먼트(카우치베이스 서버와 모바일 간 Sync) 등 다양한 용도로 사용 가능
- 글로벌 인덱스 지원
- 맵리듀스 기반 로컬 인덱스 지원
- C, C++, Erlang으로 개발

5.5.1 오픈 소스 vs 커뮤니티 에디션 vs 엔터프라이즈 에디션

카우치베이스 서버는 오픈 소스, 커뮤니티, 상용 세 가지 버전을 제공한다. 오픈 소스 에디션OSE: OpenSource Edition은 아파치 라이선스 2.0으로 사용 및 커스터마이징에 제약이 없다. 커뮤니티 에디션CE: Community Edition은 운영 시스템 적용 시 제약이 없지만, 최신 버그 픽스Bug Fix 및 테스트 등이 완벽하게 적용되어 있지 않고 EE와 일부 기능 및 지원 여부에 차이가 있다. CE는 EE보다 수개월 늦게 동일한 마이너 버전을 출시한다. 하지만 CE와 EE는 버전 간 애플리케이션의 호환성을 완벽히 보장하므로 두 제품 간 이관 시 애플리케이션의 수정이 전혀 발생하지 않는다. 엔터프라이즈 에디션EE: Enterprise Edition은 버그 픽스 등에 대한 패치, SW 업데이트, 24*7 지원을 제공하며, CE에서 지원하지 않는 고급 기능들을 제공한다.

5.5.2 카우치베이스 서버 클러스터

카우치베이스 서버의 각 노드는 클러스터 관리를 위한 클러스터 매니저, 데이터 처리를 담당하는 노드 매니저, 캐시, 스토리지로 구성된다. 카우치베이스 클라이언트 라이브러리는 애플리케이션 서버에 설치되며, 라이브러리에서 제공하는 클러스터 맵을 활용하여 액세스할 데이터가 존재하는 노드를 찾아갈 수 있다. 클러스터 매니저는 모든 노드에서 기동되어 실행되지만, 한 개 노드의 클러스터 매니저가 오케스트레이터Orchestrator의 역할을 하며 노드 간 메시지를 전달한다.

- 해시 알고리즘(CRC32) 기반 데이터 분산(클러스터 맵 사용)
- 마스터리스 아키텍처(멀티마스터 구조)

카우치베이스 서버

해시 알고리즘의 마스터리스 구조라는 측면에서 카산드라, 스킬라DB와 유사한 면이 있으나 카산드라, 스킬라DB의 경우 클라이언트에 데이터 샤딩 정보가 존재하지 않기 때문에 액세스하려는 데이터가 어떤 노드에 존재하는지 알 수 없다. 카산드라, 스킬라DB에서는 애플리케이션에서 설정한 로드 밸런싱 방식[라운드 로빈(RoundRobin 등)]에 따라 한 개 노드에 요청을 보내면 그 노드가 코디네이터 역할을 하면서 키 값을 포함하는 노드로 요청을 전달하므로 클라이언트에서 데이터를 찾아가는 카우치베이스 서버와는 동작 방식에 차이가 있다.

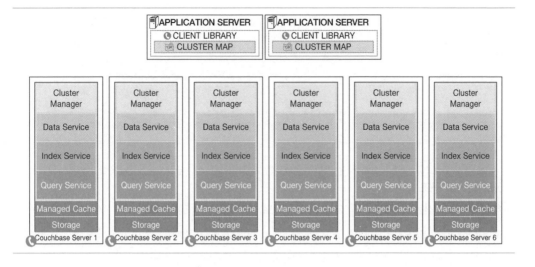

5.5.3 대칭 확장Symmetrical Scaling

일반적인 카우치베이스 서버 구성으로 데이터, 쿼리, 인덱스 서비스를 모든 노드에서 동일하게 제공한다. 이러한 구성 시에는 각 노드의 HW 스펙이 동일하거나 유사해야 한다.

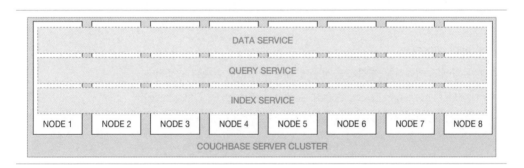

5.5.4 비대칭 확장 구성Asymmetrical Scaling Topology

데이터, 인덱스, 쿼리 서비스를 특정 노드에서만 서비스하도록 아래와 같이 구성할 수 있으며 이를 멀티 디멘션 방식 확장Multi Dimensional Scaling이라고 한다. HW 스펙(메모리, 스토리지, CPU 등)에 맞게 서비스를 최적화하여 구성할 수 있으며 3개 서비스 중 특정 서비스만 스케일링하는 작업이 가능하다. 예를 들어 인덱스 서비스에 대한 요청이 많은 경우에는 인덱스 서비스만 확장할 수 있으며 쿼리 서비스의 리소스가 부족하면 쿼리 서비스만 확장 가능하다. 이러한 MDSMulti Dimensional Scaling는 엔터프라이즈 버전에서만 지원된다.

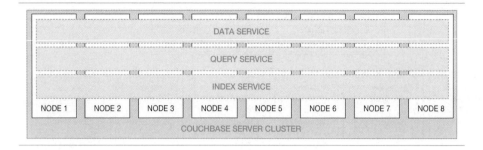

5.5.5 데이터 구조

카우치베이스 서버는 키-밸류 저장소 또는 도큐먼트 저장소로 사용되며, 모든 데이터를 키-밸류(문자열, 이미지, 정수, JSON, XML 등) 쌍으로 저장한다.

  키는 버킷Bucket 내에서 유니크한 식별자로서, RDBMS의 기본 키와 동일한 개념이다. 키는 최대 250바이트 문자열이며, 카우치베이스에서 자동으로 생성해주지는 않는다. 키는 메모리 내 저장되어 데이터가 증가할수록 메모리에 차지하는 공간이 많아지므로 키 설계 시 이러한 사항을 고려해야 한다. 밸류는 바이트 문자열이나 도큐먼트 형태로 저장되며 도큐먼트별 최대 20MB까지 저장할 수 있다.

5.5.6 메타 데이터

키, 밸류 외에도 데이터를 저장하면 항목별 메타데이터가 추가로 저장된다. 메타 데이터는 TTLTime To Live, CASCheck and Set, 시퀀스 번호, NRU 스코어 등을 포함하며 캐시에 존재하는 해시 테이블의 구조는 다음과 같다.

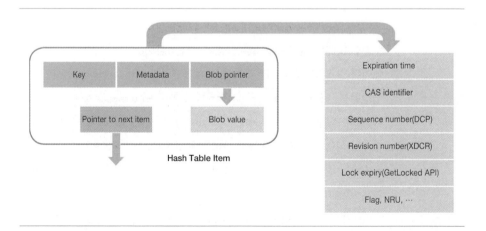

B • 빅데이터 서비스

5.5.7 CAS Check And Set

CAS는 카우치베이스가 값을 변경하거나 삭제할 때 참조하는 값으로 동시성 문제를 해결하기 위한 기능이다. 도큐먼트를 수정하기 위해 도큐먼트를 읽은 후 업데이트 하려는 순간의 CAS 값이 다르면 수정이 불가능해진다.

5.5.8 TTL Time To Live

데이터가 유지되는 시간으로 디폴트 값은 무한 값을 갖는다. 데이터 변경 시 TTL 값을 설정하고 설정된 시간이 지나면 데이터는 삭제된다.

5.5.9 FLAG

클라이언트 SDK에서 데이터 처리를 위해 부가적으로 사용하는 값으로 데이터 포맷 등을 포함한다.

5.5.10 클러스터 매니저 구성

클러스터 매니저는 클러스터의 모든 노드에서 기동되어 실행되며 클러스터 단위의 작업을 관리한다. 모든 노드에서 클러스터 매니저가 기동되어 하트비트Heartbeat 요청에 응답하고, 자체 서비스를 모니터링하는 기능을 한다. 클러스터 매니저 중 한 개 노드가 오케스트레이터 역할을 하면서 페일오버 시, 장애 발생을 전파하고 복제본을 활성 상태로 변경하는 등 클러스터를 감독한다. 오케스트레이터 노드에 장애가 발생하면 나머지 노드가 장애를 감지하고 새로운 오케스트레이터를 선출한다.

5.5.11 데이터 서비스

데이터 서비스는 카우치베이스 내부의 데이터베이스 엔진을 활용하여 데이터에 대한 접근과 처리 기능을 제공한다.

5.5.11.1 디스패처 Dispatcher

- 클라이언트의 요청을 처리하기 위한 스레드풀을 관리한다.
- 클라이언트에서 요청이 들어오면, 리스너가 해당 요청을 받아 클라이언트의 인증을 수행한다.
- 인증이 성공하면, 워커 스레드를 해당 연결에 할당한다.

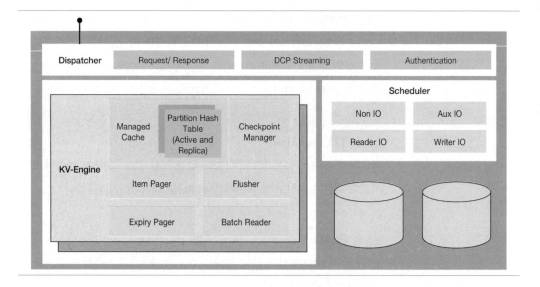

5.5.11.2 KV 엔진 Key-Value Engine

- 버킷별로 KV 엔진 인스턴스
- 읽기, 쓰기를 수행하기 위한 관리 캐시 Managed Cache
- 데이터 변경의 순서, 반복 Resume 을 관리하기 위한 체크 포인트
- 삭제·만료된 데이터 정리를 위한 데이터 정리기 Item Pager, 만료 정리기 Expiry Pager
- KV 엔진은 서버 재시작 및 데이터 복원 시 웜업 Warmup 을 수행
- 자주 사용되는 항목을 식별하고 우선순위를 지정하여 데이터를 메모리에 로드

5.5.12 인덱스 서비스

카우치베이스는 아래 세 가지 종류의 인덱스 서비스를 제공한다.

- Incremental Map/Reduce Views
  - 카우치베이스 서버의 일반적인 인덱스이며, 인덱싱을 위한 로직을 맵 리듀스 기능으로 정의하여 사용한다.
  - 카우치베이스에서 맵리듀스 뷰는 로컬 인덱스를 의미한다(데이터와 인덱스가 동일한 노드에 분산됨).
  - 지리 정보에 대한 인덱싱을 위한 공간 뷰 Spatial Views 를 제공한다.

- Global Sedondary indexer
  - RDB의 B+Tree와 유사한 N1QL을 통해서만 사용 가능하다.
  - 한 개 GSI는 한 개 노드에 생성할 수 있으며 자동으로 복제본이 생성되지 않는다.
  - 한 노드에 GSI를 생성하게 되면 클러스터 노드가 증가해도 오퍼레이션 처리 복잡도가 증가하지 않는다.

- Full-Text Search
  - 도치 인덱스Inverted Index를 활용하여 지원한다.
  - 구간 빈도Term Frequency, 도치 도큐먼트 빈도Inverse Document Frequency를 기준으로 스코어링Scoring 한다.
  - 전문 검색Full-Text Search을 위한 인덱스는 데이터와 유사하게 자동으로 샤딩되며 전문 검색 노드로 분산된다.
  - 스캐터-개더Scatter-Gather 방식으로 동작한다.

5.5.13 쿼리 서비스

5.5.13.1 도큐먼트 키Document Key를 이용한 쿼리

조회하고자하는 데이터의 키 값을 알고 있는 경우, 카우치베이스 서버의 데이터 서비스에서 제공하는 API를 활용하여 데이터를 조회할 수 있으며 데이터를 조회하는 가장 빠른 방법이다.

5.5.13.2 뷰를 활용한 쿼리

맵리듀스 뷰를 생성한 경우에는 뷰의 키 값을 사용하여 데이터를 조회할 수 있다. 맵 함수, 리듀스 함수를 사용하여 데이터를 가공하는 등 복잡한 데이터 처리가 필요한 경우 사용한다. 뷰를 사용하여 쿼리를 수행하면 인덱스를 업데이트하고(읽기 일관성 설정 값에 따라 달라짐) 결과를 리턴하게 된다. 뷰를 사용하는 경우 아래와 같이 유지stale 정책에 따라 업데이트가 진행된다. 업데이트 시 맵 함수가 수행되고 맵 함수의 아웃풋Output으로 리듀스 함수가 수행된다. 뷰 업데이트 결과 정렬된 데이터가 추출되고 조회 조건에 따라 해당 데이터를 필터링한 후 페이지 처리 등이 수행되어 결과가 리턴된다.

5.5.13.3 N1QL을 활용한 쿼리

N1QL은 SQL과 유사한 형태로 JSON 도큐먼트를 조회하는 쿼리 언어이다.
뷰와 다르게 전용 인덱스가 필요하지 않고, 애드혹Ad-hoc 쿼리 수행이 가능
하다. N1QL을 사용하여 GSI, 뷰 인덱스 또한 정의(생성)할 수 있다.

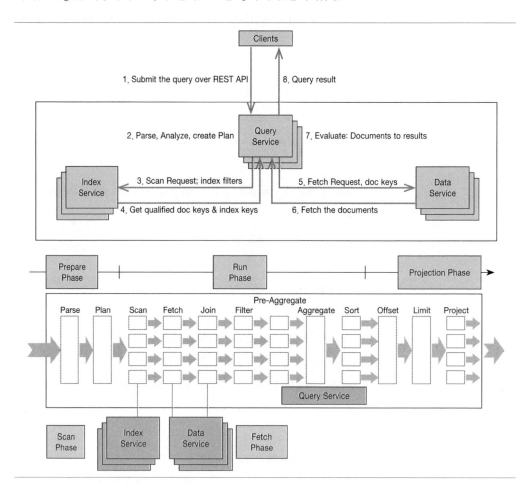

5.5.13.4 커버링 인덱스Covering index

쿼리에서 사용한 모든 컬럼이 하나의 인덱스 컬럼에 포함되면, 데이터를 스
캔하지 않고 인덱스만으로 쿼리를 처리할 수 있다. 이러한 기능을 커버링
인덱스라하며 일반적으로 쿼리 수행 시 데이터 서비스를 거치지 않아 성능
상 유리한 면이 있다.

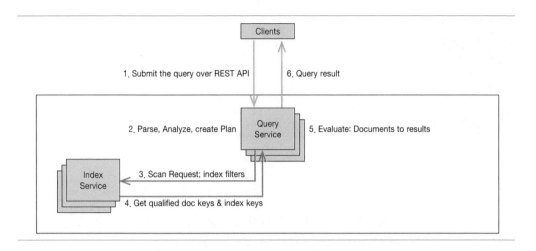

5.5.13.5 공간 뷰Spatial View를 활용한 쿼리

공간 뷰는 JSON 문서에 저장된 지리 정보를 처리하기 위한 맵 함수를 정의
하고 뷰의 키 값으로 좌표 정보를 사용한다.

 참고자료

삼성SDS. 2017. 「데이터베이스 기술랩」. 『NoSQL 기술백서』.

http://blog.recopick.com/

http://meetup.toast.com/

http://mindmajix.com/cassandra/architecture-overview

https://www.supinfo.com/

하둡 Hadoop

하둡이 등장한 지 10여 년의 지났으며, 다양한 빅데이터 기술이 발전해오고 있다. 코어 요소인 HDFS, 얀(YARN), 맵리듀스 등을 위협하는 대체재의 등장했고, 하둡의 기능을 보완해서 효율적으로 사용하기 위해 여러 오픈 소스가 하둡 에코 시스템을 이루게 되었다. 이런 상황에서 엔터프라이즈도 하둡 기술을 도입하는 추세이며, HDFS와 맵리듀스를 반드시 사용해야 했던 것에서 사용자가 각 요소를 다른 대체기술로 바꿀 수 있게 된 것이다. 수많은 하둡 에코 시스템 프로젝트는 맵리듀스 대신 새로운 데이터 처리 엔진을 쓸 수 있게 지원하고 파일 시스템도 굳이 HDFS를 쓰지 않고 또 다른 분산파일 시스템을 택해도 된다.

1 하둡의 이해

1.1 들어가며

소셜 네트워크 등장, 모바일 확산, 인터넷 속도의 증가 등으로 생성되는 데이터의 양은 기하급수적으로 늘어나고 있는 가운데 인공지능, 딥러닝, 자율주행 등이 최근의 핫 트렌드가 되면서 이들을 가능하게 한 빅데이터에 대한 관심도 더 한층 증가하고 있다. 이와 같이 처리해야 할 데이터가 많아질수록 데이터를 처리하기 위한 소프트웨어와 하드웨어가 필요하게 된다. 또한 빅데이터를 다루기 위해서는 빅데이터 저장·관리 기술, 빅데이터 수집·통합 기술, 빅데이터 처리 기술, 빅데이터 분석 기술 등이 필요하다.

빅데이터 집합을 처리하기 위해 슈퍼컴퓨터 및 기타 고가의 특수 하드웨어가 필요한데, 하둡은 일반적인 중·저급형 서버에서 안정적이고 확장 가능한 분산 컴퓨팅을 구현하므로 적은 예산으로도 페타바이트 이상의 데이터를 처리할 수 있고, 단일 서버에서 수천 대의 서버로 확장하고 응용 프로그램 계층에서 오류를 감지한 후 처리하여 안정성을 향상시키도록 설계되었다.

1.2 하둡의 정의

하둡Hadoop: High-Availability Distributed Object-Oriented Platform은 빅데이터 인프라 기술 중 하나로서 분산 처리를 통해 수많은 데이터를 저장하고 처리하는 기술로서, 대량의 자료를 처리할 수 있는 큰 컴퓨터 클러스터에서 동작하는 분산 응용 프로그램을 지원하는 프리웨어 자바 소프트웨어 프레임워크이다.

2 하둡의 구성 요소

하둡 프레임워크는 하둡 커먼Hadoop Common, 하둡 분산 파일 시스템HDFS, 하둡 얀YARN, 하둡 맵리듀스로 구성되나, 가장 핵심적인 요소는 분산 처리 구조의 분산형 파일 시스템HDFS과 맵리듀스이다.

2.1 HDFS

구글에서 발표한 논문 "The Google Filesystem"을 바탕으로 작성된 파일 시스템으로서, 파일을 여러 개 블록으로 나눠 저장하고 한 데이블을 보통 세 군데에 저장하는데 저장 시 같은 랙에 있는 서버에 두 개 저장하고 다른 하나는 다른 랙의 서버에 저장함으로써 하드웨어 고장에도 견고하며, 맵리듀스나 HBase와 같은 시스템의 기본 구성 블록으로 사용한다.

　　HDFS는 마스터-슬레이브 아키텍처로서, HDFS 클러스터는 하나의 네임 노드와 복수의 데이터 노드가 존재한다.
- 네임 노드: 파일 시스템의 네임 스페이스를 관리하고 클라이언트로부터 파일 접근을 통제하는 마스터 서버
- 데이터 노드: 노드에 붙어 있는 스토리지를 관리하고 파일 시스템 클라이언트로부터 읽기/쓰기 요청을 처리

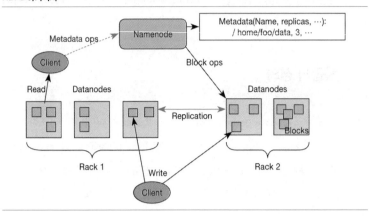

네임 노드에는 저장되는 파일들의 메타 정보를 관리하고 실제 데이터는 다수의 데이터 노드에 분산 저장된다. 데이터 노드들의 상호 간의 계속적인 통신으로 각 데이터 노드의 현재 상태와 보유 데이터 블록 목록을 체크하고 특정 데이터 노드에 문제가 감지되면 해당 노드의 블록들을 다른 노드에 복제한다.

2.2 맵리듀스MapReduces

구글에서 발표한 논문 "MapReduces: Simplified Data Processing on Large Cluster"을 바탕으로 작성된 분산 처리 시스템으로, 일종의 대규모 분산 병합 정렬Merge-sorting 프레임워크이다.

맵리듀스는 하나의 큰 데이터를 여러 개의 조각으로 나누어 처리하는 맵 단계와 처리된 결과를 하나로 모아 취합한 후 결과를 도출해내는 리듀스 단계로 구성된다. 데이터가 있는 서버로 코드를 전송하고 키/밸류 데이터 세트의 변환(맵퍼mapper와 리듀서reducer)으로 처리하며, 맵리듀스에서 동작하는 맵퍼 및 리듀서 간에 서로에 대한 의존 없이 동작한다.

3 하둡 에코 시스템

하둡은 빅데이터 저장과 처리의 기본적인 기능만 제공하기 때문에 이의 부족함을 보완하는 다양한 오픈 소스 소프트웨어를 합쳐서 하둡 에코 시스템이라고 지칭한다.

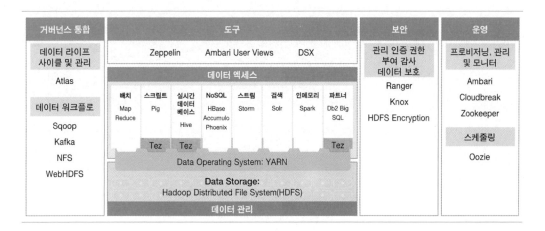

- 데이터 관리Data management: 아파치 ATLAS, 아파치 하둡, 아파치 하둡 HDFS, 아파치 하둡 얀
- 데이터 액세스Data access: 아파치 어큐물로ACCUMULO, 아파치 HBASE, 아파치 HIVE, 아파치 PIG, 아파치 슬라이더SLIDER, 아파치 솔라SOLR, 아파치 스파크SPARK, 아파치 스톰STORM, 아파치 테즈TEZ
- 데이터 관리 및 통합Data governance & Integration: 아파치 아틀라스ATLAS, 아파치 팔콘FALCON, 아파치 플럼FLUME, 아파치 하둡, 아파치 하둡 HDFS, 아파치 카프카KAFKA, 아파치 스쿱SQOOP
- 보안Security: 아파치 하둡, 아파치 하둡 HDFS, 아파치 녹스 게이트웨이 KNOX GATEWAY, 아파치 레인저RANGER
- 작업Operations: 아파치 암바리AMBARI, 아파치 하둡, 아파치 우지OOZIE, 아파치 주키퍼

하둡의 기능을 보완하고 효율적으로 사용하기 위해 만들어졌으나, 점점 독자적으로도 사용할 수 있는 프로젝트가 되어가고 있다.

참고자료
http://hadoop.apache.org
https://ko.hortonworks.com/ecosystems
https://data-flair.training/blogs/

B-13

데이터 거래소

개인 기업, 공공기관, 정부 등에서 ICT를 통해 확보한 다양한 데이터를 수집 가공해 부가 가치를 높여 필요한 수요자에게 공급하는 대규모 플랫폼 혹은 체계를 의미한다. 특히 최근 4차 산업혁명 시대에 접어들면서 빅데이터 시장이 급속도로 성장하고 있다. 글로벌 빅데이터 시장은 2020년에 2100억 달러 규모로 성장할 것으로 전망되는 가운데, 빅데이터를 활용한 여러 공급사슬에서의 혁신과 발전은 기업이 당면한 중요한 과제로 떠오르고 있다. ICT 관련 정부기관 주도로 최근 데이터 산업의 육성 기반을 마련하기 위한 데이터 거래소 설립 추진이 진행되고 있으며, 데이터 거래를 통해 데이터 가치를 인정받을 수 있는 데이터 기반 사회를 만들기 위해 정부 주도로 데이터를 거래할 수 있도록 현재 데이터진흥원이 운용하는 데이터 스토어를 개방형 플랫폼으로 전환하고 데이터를 확충하고 있다.

1 데이터 거래소

1.1 국내 데이터 거래소

국내에서는 DB 유통 시스템인 '데이터 스토어(www.datastore.or.kr)'가 공공과 민간에서 생산한 파일과 응용개발환경API 등 데이터 상품의 중개와 판매 대행, 유통·API 개발·활용, 가격 산정, 법률 상담 등을 지원하고 있다. 현재 데이터 스토어에는 중소기업 중심으로 150여 개 판매사가 참여하고 있으며 2018년 5월 데이터 스토어가 클라우드 기반의 개방형 플랫폼으로 업그레이드되었다.

기존에는 개인정보 등 보안 문제로 인해 데이터 상품을 등록·판매 시 데이터진흥원을 거쳐야 하는 반폐쇄성 플랫폼으로 운영되었으나, 개방형 플랫폼으로 전환되었고 새 오픈마켓은 개방형 플랫폼 클라우드 서비스로 선보여 데이터 소유 기업이 상품을 자유롭게 거래할 수 있어 유통이 활성화되는 동시에 다양한 데이터 서비스가 등장할 것으로 기대된다.

또한 영국에서 공공 데이터 유통을 위해 개발한 공개 SW 기반의 데이터 관리 시스템CKAN을 바탕으로 우리 실정에 맞게 한글 작업과 결제 기능 등을 추가하면서 가용성을 높일 예정이다.

데이터 거래소의 개념

1.2 데이터 거래소 상품 유형

파일 데이터, 오픈 API, 이미지 데이터 3개 유형이 있으며, 이미지 데이터는 미술 작품과 사진 작품으로 구분될 수 있다.

오픈 API

오픈 API(Open Application Programming Interface)는 인터넷 이용자가 일방적으로 웹 검색결과 및 사용자인터페이스(UI) 등을 제공받는 데 그치지 않고 직접 응용 프로그램과 서비스를 개발할 수 있도록 외부 개발자나 사용자들과 공유하는 프로그램을 말한다.

유형별 데이터 등록 건수(2018.8.16. 기준)

구분	파일 데이터	API	데이터 하베스팅	이미지	거래 건수
등록 건수	693	156	66,080	100,477	2,795

자료: www.datastore.or.kr

1.3 데이터 거래소 구성 요소

특징	설명	관련 구성 요소
표준 플랫폼	3V 특징을 가진 정형, 비정형 데이터 처리·분석 지원	빅데이터 플랫폼
성능, 확장성	이용자가 필요로 하는 데이터를 신속하게 검색 가능	검색 엔진
맞춤형 정보 제공	수요자 요청 특성을 파악하여 다수의 데이터센터와 연계해 등록된 데이터 제공	연계 인터페이스
구축 선행조건	거래 정보, 재산권, 개인정보와 관련된 정보 관리	정산 플랫폼

1.4 정부 주도 데이터 거래소 활성화 전략

정부가 4차 산업혁명의 '원유'로 꼽히는 데이터 산업 육성을 위해 기업들이 한곳에 모여 자유롭게 데이터를 거래할 수 있는 데이터 거래 플랫폼을 만들고 모든 공공기관의 공공 데이터를 한눈에 확인할 수 있는 국가 데이터맵도 구축한다. 또 앞으로 5년간 5만 명의 데이터 전문 인력을 양성한다.

정부의 데이터산업 청사진 공개(2018.6.26)

주요 전략	전략 내용
데이터 이용 패러다임 전환	- 개인정보 비식별 조치 법제화 - 정보 주체가 기관에서 직접 자기 정보를 받아 활용
데이터 안심존 구축	- 데이터는 반출하지 않고, 분석 및 AI 결과만 반출
의료·금융·통신 분야 시범사업	- 건강검진 결과 스마트폰으로 다운로드 가능 - 계좌 거래, 카드구매 내역 통합 정보 공개 - 음성, 데이터 사용량 공개해 맞춤형 요금제 추천
AI 데이터 세트 구축	- 범용·전문 데이터 1억 6000만 건 공급해 인공지능 지원
데이터 거래 기반 확보	- 민간-공공 데이터 포털 연계한 플랫폼 개발
국가 공인 데이터 자격제도	- 데이터 분석 국가 기술자격제도 신설해 실무인력 양성
국가 데이터맵	- 공공 데이터 전수 조사로 통합관리체계 구축·개방

데이터 거래소 양적·질적 확대와 함께 기업이 빅데이터를 활용하기 위해 데이터상품을 구매하고자 할 경우, 빅데이터 거래 요건, 거래 절차, 비용과 거래 시 업체 유의 사항을 고려한 철저한 검토와 제도적 지원체계가 요구된다.

특징	설명
표준 품질보증	다양한 형태 및 포맷을 가진 데이터에 대한 품질 표준화 필요
데이터 통합 분석	산재된 데이터를 수집 저장하여 통합된 플랫폼에서 분석·활용 필요
효율적 데이터 유통	빅데이터 산업 활성화를 위한 유통창구로서의 역할 필요
거래 보장	계약이행 보장
데이터 양성화	지적재산권, 저작권에 적법 여부 판단

1.5 데이터 거래소 유의 사항

- (계획 단계) 빅데이터 활용 목적부터 명확하게 하기
  기업은 생산성 향상, 신제품 연구 또는 마케팅, 유통구조 개선 등 공급사슬의 어느 단계에 빅데이터를 접목할 것인지, 어떠한 실질적 성과를 기대하는지 구체적으로 설정해야 한다.
- (선택 단계) 접근이 용이한 지원제도를 적극 활용하기

데이터상품은 데이터 스토어를 통해 검색하여 구매할 수 있다. 빅데이터 활용 목적을 달성하기 위해 구체적으로 어떤 데이터 상품을 구매하고, 어떻게 활용해야 할지 고민된다면 정부의 지원사업을 활용하여 컨설팅을 받을 수 있다.

- (계약 단계) 거래의 법률 저촉 가능성을 사전에 차단하기

  데이터상품 거래는 전통적인 상품 거래와는 성격이 다름에 유의해야 하며, 거래를 위한 계약을 체결할 때는 개인정보 이용의 권한 범위, 개인정보 보호의 책임 범위 등을 고려하여 계약서 내용을 철저하게 검토해야 한다.

- (활용 단계) 구매한 데이터 상품의 사후관리 철저

  구매한 데이터상품을 제3자에게 재판매하거나 유통하는 것이 불가하며, 비식별화된 정보가 재식별 가공되는 것이 금지되어 있으므로 사후관리에 만전을 기해야 한다.

  데이터상품에는 실시간 축적되는 행동 데이터나 최신 정보가 중요한 동향 데이터 등이 많아 시간 흐름에 따라 분석의 결과치에 차이가 많이 나기 때문에 주기적인 업데이트 관리가 필요하다.

[참고] 주요 국가 데이터 거래제도

국가	거래제도 내용
미국	- 데이터 브로커제도 활성화 - 브로커 업체 수 약 650개, 연매출 규모는 1560억 달러 추정
중국	- 지난해부터 개설된 빅데이터 거래소 7개 운영. - 100여 개 기관 및 업체가 참여하고 있음
영국	- 기업이 기계가 학습할 수 있는 개인 데이터를 제공하는 '마이 데이터' 프로그램 운영

참고자료
한국데이터 거래 연구회. 2014 .「한국 글로벌 데이터 거래소 제안」.
https://www.datastore.or.kr/

B-14

빅데이터 수집 기술

데이터 수집의 정의는 '서비스 활용에 필요한 데이터를 시스템의 내부 혹은 외부에서 주기성을 갖고 필요한 형태로 수집하는 활동'으로 정의할 수 있다. 서비스 활용 차원에서 데이터 수집의 역할은 서비스의 품질을 결정할 뿐 아니라 서비스 생명주기에도 영향을 미친다. 어떤 서비스를 할 것인지 결정했으면 먼저 수집할 원천 데이터를 탐색해야 한다. 데이터를 탐색하는 과정에서 고려해야 할 사항은 수집의 난이도적 측면과 비용적 측면, 데이터 수집의 안정성도 고려 대상이 된다.

1 빅데이터 수집의 이해

1.1 빅데이터 처리 과정에서 수집 과정의 역할

전형적인 SI 프로젝트와 빅데이터 관련 프로젝트, 전형적인 프로젝트의 차이점은 데이터의 생산 방식과 데이터의 생산 주체일 것이다. 빅데이터 관련 프로젝트는 데이터의 생산 주체와 방식이 데이터의 수집이라는 측면에서 이뤄진다. 전형적인 프로젝트에서 데이터 생산 주체는 프로젝트의 요구 사항에 이미 정의되어 있기 때문에 다른 주체로의 교체가 불가능하다. 하지만 빅데이터 프로젝트에서는 생산 주체가 아닌 이미 생산된 데이터를 가져오는 것이 중요하기 때문에 데이터의 생산 과정과 생산의 주체는 크게 중요하지 않다. 대신 어떤 데이터를 가져올 것인가와 생산된 데이터를 수집하는 과정의 안정성이 가장 큰 고려 사항이 될 것이다.

B-14 • 빅데이터 수집 기술   203

구분	빅데이터 프로젝트	일반 프로젝트
생산 주체 결정	상대적으로 중요하지 않고 프로젝트 실행 단계에서 누가, 무엇을 생산했는지에 대한 검토만 진행함	중요한 요소이며 프로젝트 실행 이전(정보화 전략 수립 시)에 먼저 결정됨
생산 주체 종류	로그 데이터 같은 경우 머신이 데이터의 생산 주체이듯 다양한 생산 주체가 있음	일반적으로 생산 주체는 정보 서비스를 사용하는 사용자
구현 형태	수집 기술로 구현됨	입력 UI로 구현됨.
분석 과정	기술 검토 및 적용 필요	업무 프로세스 정립 필요
설계 과정	다른 처리 과정의 아키텍처에 영향을 줌	다른 처리 과정 아키텍처의 일부분

1.2 빅데이터 수집 절차

데이터 수집 절차를 설계하기 위해서는 데이터 선정, 수집 세부계획 수립, 테스트 수집 실행의 프로세스로 나눌 수 있다.

1.2.1 빅데이터 선정

데이터 선정은 데이터 수집을 포함하는 프로젝트 진행 시 프로젝트의 성공, 품질, 진행에 영향을 미치는 핵심 업무로 수집 대상 데이터를 선정하기 위해 수집 가능성, 활용 데이터의 보안 문제, 그리고 데이터의 정확성이다. 데이터 수집의 난이도 및 비용적인 측면도 고려해야 한다.

1.2.2 빅데이터 수집계획 수립

데이터를 선정했으면 선정된 데이터의 위치를 파악하고 데이터의 유형을 파악해 수집 시 적용할 기술 및 보안 사항 등을 점검한 다음 수집 계획서를 작성해야 한다.

데이터 저장 위치별 수집 방법

저장 위치	수집 방법
시스템 외부	- 내부 시스템과 데이터 연계 가능 여부 파악 - 데이터 종류 및 수집 주기 인터페이스 연계
시스템 내부	- 오픈 API는 개방하는 데이터의 종류 및 형태를 파악해 데이터의 양과 트래픽 정도 확인 - 연계 방식 및 절차 수집 기술의 적용 방안 검토, 소스 데이터 시스템의 데이터 개방 정책 파악 - 크롤링을 통해 데이터를 가져올 경우 외부 시스템 수명 주기 및 저작권 문제 등 수집 가능 여부 체크, 수집 기술의 적용 방안 검토, 서비스 종료 시 다른 소스에 대한 대안 검토

1.2.3 빅데이터 수집 주기

데이터 수집의 주기성을 나눌 때 일반적으로 배치(일괄) 혹은 실시간이냐에 따라 주기를 결정한다. 하지만 이는 서비스의 활용적인 측면이지 원본 데이터의 생명주기lifecycle에 관한 것이 아니다.

데이터 유형별 수집 특성

형태별 난이도	정형	반정형	비정형
수집 난이도	下 파일 형태 스프레드시트라도 내부 형식이므로 용이	中 보통 API 형태로 제공되기 때문에 일부 데이터 처리 기술이 요구됨	上 텍스트마이닝 혹은 파일 데이터 형태는 파싱 필요할 수 있음
아키텍처 구성 난이도	下 CRUD가 일어나는 일반적인 아키텍처 구조로 구성됨	中 데이터 메타구조를 해석해 정형데이터 형태로 바꿀 수 있는 아키텍처 구조를 수정해야 함	上 텍스트 혹은 파일 파싱후 메타구조 기반 정형 데이터 형태 구조로 만들 수 있도록 아키텍처 구조를 수정해야 함
잠재 가치	보통 내부 데이터의 특성상 활용 측면에서 잠재적 가치는 보통	높음 데이터 제공자가 선별한 데이터로 잠재적 가치는 정형 데이터보다 높음	매우 높음 수집 주체에 의해 데이터에 대한 분석이 선행되었기 때문에 목적론적 데이터 특징이 가장 잘 나타날 수 있음

1.2.4 수집 데이터 저장 형태

빅데이터 처리에서 일반적으로 사용되는 저장소는 분산파일 시스템이지만, 수집된 데이터를 가공·처리하기 위해 DBMS가 사용될 수도 있고 서비스를 DBMS를 통해 제공할 수도 있으므로 서비스 환경에 맞는 아키텍처를 설계해야 할 것이다. 원본 데이터의 형태에 따라 사용되는 수집 기술이 다르고 수집되는 형태도 다르기 때문에 데이터 저장소의 아키텍처 설계 시 파일 시스템, 관계형 데이터베이스, 분산 처리 DBMS 등을 고려해야 한다.

데이터 유형별 수집 방법

유형	종류	수집 방법
정형	DBMS	DBMS 벤더가 제공하는 API를 통해 정형 데이터에 접근해 데이터를 수집하고 시스템에 저장
	이진 파일	FTP 프로토콜을 사용해 파일을 수집 시스템에 다운로드하고 해당 파일의 API를 통해 데이터 처리
반정형	스크립트 파일	http 프로토콜을 사용해 파일의 텍스트를 스크랩하고 데이터에 저장된 메타 정보를 읽어 파일을 파싱해 데이터 처리
	이진 파일	스트리밍을 사용해 파일의 텍스트를 스크랩하고 데이터에 저장된 메타 정보를 읽어 파일을 파싱해 데이터 처리
비정형	파일	FTP 프로토콜을 사용해 파일을 수집 시스템에 다운로드하고 해당 파일의 API를 통해 데이터 처리

1.2.5 테스트 데이터 수집을 통한 기술적·업무적 검토 사항

수집 계획이 완성되면 테스트 수집을 통해, 수집 기능 테스트 외에도 데이터 선정 시 고려했던 수집 가능성, 보안문제, 데이터의 정확성을 만족시키는지 검증해보고 수집된 데이터의 서비스 활용 측면까지 검토해야 한다. 원하는 데이터가 제대로 수집되었는지 기술적 방법의 적용은 최적의 방법으로 적용했는지 등을 검토해야 한다. 기술적 검토는 수집한 데이터 세트의 누락 여부, 소스 데이터와의 비교, 데이터 활용 측면에서의 데이터의 정확성에 대해 검토가 요구된다.

수집한 데이터에 대한 개인정보 보안 , 수집 데이터의 저작권 관련 사항 등 업무적 검토를 진행해야 하며, 추가적으로 협약기관에 많은 트래픽을 발생시킬 경우에 대비하고 제약 사항들도 검증해야 한다.

검토 사항		검토 방법
기술적	데이터 세트 누락	원본 데이터 요청 후 확인 재수집을 통해 누락 데이터 세트 확인
	소스 데이터와 비교	파일일 경우 사이즈 비교 수집한 데이터와 개수 비교
	데이터의 정확성	서비스 활용에 수집한 데이터의 사후 처리가 필요한지 확인
업무적	보안 사항	수집 데이터에 개인정보 수집 등 보안 사항이 없는지 검토
	저작권	수집한 데이터가 저작권 등 법적문제가 없는지 검토
	대용량 트래픽	수집 대상 시스템에 트래픽을 많이 발생시키는 요소가 없는지 검토

참고자료
한국데이터진흥원. 2017. 「2017 데이터산업백서」.
http://www.dbguide.net

B-15

TF-IDF

TF-IDF는 문서의 핵심어를 추출하거나, 검색 엔진에서 검색 결과의 순위를 결정하거나,
문서들 사이의 비슷한 정도를 구하는 등의 용도로 사용되는 가중치이다.

1 TF-IDF의 개요

1.1 TF-IDF의 정의

TF-IDF Term Frequency-Inverse Document Frequency 는 정보 검색과 텍스트 마이닝에
서 이용하는 가중치로, 여러 문서로 이루어진 문서군이 있을 때 어떤 단어
가 특정 문서 내에서 얼마나 중요한 것인지를 나타내는 통계적 수치이다.
신문 기사나 문서에서 이슈 키워드 추출, 검색 엔진에서 검색 순위 결정 또
는 문서의 분류에 적용할 수 있다. 빅데이터, 정보의 홍수에서 데이터를 선
별하여 가치 있고 중요한 정보를 추출하고 데이터를 분류하는 데 활용되는
가중치이다.

1.2 TF-IDF의 용어

1.2.1 TF Term Frequency

TF는 특정 단어가 문서 내에서 얼마나 자주 등장하는지를 나타내는 값이다. 예를 들어 문서1이 아래와 같은 문장으로 구성되어 있다고 할 때 TF를 구해보면 다음과 같다.

- 문서1: 산은 산이요, 물은 물이로다.

단어	TF
산	2
물	2

1.2.2 DF Document Frequency

DF는 특정 단어가 문서에 등장한 횟수이다. 즉, 특정 단어가 등장한 문서의 개수이다. 예를 들어 문서2과 문서3, 문서4가 아래와 같은 문장으로 구성되어 있다고 할 때 DF를 구해보면 다음과 같다.

- 문서2: 저는 삼성SDS에 다니고 있습니다.

    삼성SDS는 잠실역에 있습니다.
- 문서3: 잠실역에는 롯데월드가 있습니다.
- 문서4: 이번에 내리실 역은 잠실역입니다.

단어	DF
삼성SDS	1
잠실역	3
롯데월드	1

1.2.3 IDF Inverse Document Frequency

IDF는 문서 빈도수DF에 역수를 취한 값이다. 위 문서2, 문서3, 문서4에서 IDF를 구하면 다음과 같다.

단어	IDF
삼성SDS	1
잠실역	1/3
롯데월드	1

2 TF-IDF의 상세 설명

TF 값을 정규화하기 위한 세 가지 방법이 존재한다.

2.1 불린 빈도

문서에 해당 단어가 존재하면 1, 없으면 0으로 표기한다. TF 값이 무한대로 발산하는 문제는 해결했지만 어떠한 단어가 문서 내에 1번 나타나든 1000번 나타나든 동일한 가중치를 가진다는 단점이 존재한다.

2.2 로그 스케일 빈도

TF 값이 커지는 것을 방지하기 위해 로그를 적용하는 방법이다. 단어의 빈도수가 크게 증가해도 TF 값이 차이가 비례하여 커지지 않도록 해준다.

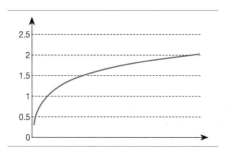

2.2 증가 빈도

증가 빈도는 문서의 길이에 따라 단어의 상대적 빈도 값을 조정해주는 방법이다. 최댓값이 1로 고정되는 효과가 있다. 단어의 빈도를 문서 내 단어의 빈도 중 최댓값으로 나눠주는 방법이다. 예를 들어 삼성SDS가 10번, 잠실역이 5번, 롯데월드가 3번 등장했다면 빈도의 최댓값인 10으로 나누는 것이다.

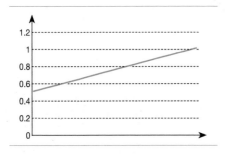

3 TF-IDF의 사례

아래와 같이 문서 4개에 기술사, 기사, 기능사라는 단어가 있을 때 TF-IDF
를 산출하면 다음과 같다.

단어	문서1	문서2	문서3	문서4	TF	IDF	TF-IDF
기술사	4	0	0	0	4	1	4
기사	2	1	1	2	6	1/4	3/2
기능사	2	4	1	2	9	1/4	9/4

TF-IDF값은 특정 문서 내에서 단어 빈도가 높을수록, 전체 문서 중에서
특정 단어를 포함한 문서가 적을수록 높아지게 된다. 위 사례에서는 기술사
의 TF-IDF값이 가장 높아서 가장 중요한 단어라고 할 수 있다.

참고자료
http://www.wikipedia.org

C

클라우드 컴퓨팅 서비스

—

C-1

클라우드 컴퓨팅의 이해

클라우드 컴퓨팅은 기존의 그리드 컴퓨팅, 유틸리티 컴퓨팅, 서버 기반 컴퓨팅, 네트워크 컴퓨팅 등 다양한 기술의 발전으로 탄생한 컴퓨팅 환경을 지칭한다.

1 클라우드 컴퓨팅의 개요

1.1 클라우드 컴퓨팅의 정의

클라우드 컴퓨팅Cloud Computing은 하드웨어, 네트워크, 소프트웨어, 애플리케이션 등 일체의 IT 자원을 인터넷을 통해 서비스 형태로 제공받을 수 있는 신규 IT 기술로서, 메인 프레임을 시작으로 클라이언트/서버, 웹 서비스를 거쳐 클라우드 컴퓨팅까지 발전해왔다.

1.2 컴퓨팅 패러다임의 변화

클라우드 컴퓨팅은 그리드 컴퓨팅Grid Computing, 유틸리티 컴퓨팅Utility Computing, 서버 기반 컴퓨팅SBC: Server Based Computing, 네트워크 컴퓨팅 등 다양한 기술이 발전되어 확대되고 있다.

구분	설명	기술
그리드 컴퓨팅	- 다양한 자원을 가상화해 자원을 활용할 수 있는 컴퓨팅 환경	자원 가상화, RAID 등
유틸리티 컴퓨팅	- 수집된 자원에 비즈니스 모델을 접목해 사용한 만큼 비용을 지불하는 컴퓨팅 환경	SaaS, 인증, 권한, 보안
서버 기반 컴퓨팅	- 사용자 PC 환경을 씬클라이언트(Thin Client) 기반하에 사용하는 컴퓨팅 환경 - 자원을 서버에 저장·관리해 클라이언트를 경량, 소형화하는 개념	가상 페이지, 스트리밍, 인증, 권한, 암호화
네트워크 컴퓨팅	- 씬클라이언트 환경에 OS까지 경량화해 브라우저 등을 통해 컴퓨팅을 할 수 있는 컴퓨팅 환경 - 기기의 소형화 및 OS, 애플리케이션 경량화 가능	NOS, 스트리밍, 가상 머신
클라우드 컴퓨팅	- 시스템의 기능성, 신뢰성, 사용성, 이식성 등으로 기능을 제공 - 자원에 대해 비즈니스 모델을 적용하고 편리한 컴퓨팅 환경 지원	가상화, 블레이드 서버, XaaS

1.3 클라우드 컴퓨팅과 유사 컴퓨팅 비교

타 컴퓨팅과의 유사점과 차이점을 살펴보면 다음과 같다.

구분	유사점	차이점
그리드 컴퓨팅	분산 컴퓨팅 구조를 사용하고 가상화된 컴퓨팅 자원을 제공한다는 점에서 유사	그리드는 인터넷상의 모든 컴퓨팅 자원을 사용하지만 클라우드는 사업자 사유 클러스터 사용
유틸리티 컴퓨팅	과금 방식 동일	기술적인 문제 연관 없음
서버 기반 컴퓨팅	데이터 및 응용을 아웃소싱 형태로 운용한다는 측면에서 동일	SBC는 클라이언트에서 입출력만 처리, 클라우드는 데이터 자체를 제공할 경우, 클라이언트 자원 활용 가능
네트워크 컴퓨팅	SBC와 유사	네트워크 컴퓨팅은 이용자의 컴퓨팅 자원을 사용

2 클라우드 컴퓨팅 기술 요소

2.1 클라우드 컴퓨팅 기술 구성도

클라우드 컴퓨팅은 개념적으로 세 가지 계층의 기술로 구성된다.

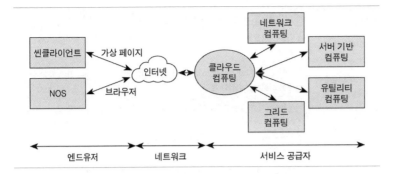

2.2 클라우드 컴퓨팅 요소 기술

- 가상화 기술: 서버 가상화, 네트워크 가상화, 스토리지 가상화 등
- 비즈니스 반영: SaaS 등과 같이 비즈니스에 활용할 수 있는 기술
- 씬클라이언트Thin Client 기술: 클라이언트 사이드Client Side 의 최소화된 기기를 이용하는 기술
- 운영체제OS의 경량화 기술: 네트워크 운영체제NOS: Network Operating System 기술과 같이 최소의 소프트웨어를 이용해 애플리케이션 구동

3 클라우드 컴퓨팅 현황 및 전망

3.1 클라우드 컴퓨팅 현황

주요 몇몇 시장 이슈들을 살펴보면 다음과 같다.

- 클라우드 서비스 다양화: 기존 Iaas 중심에서 PassS, SaaS 등으로 서비스 확대
- 글로벌 벤더 국내 시장 진출 확대: 글로벌 시장에서 경쟁력이 입증된 클라우드 서비스 출시
- 데스크톱 가상화 도입 확대: 정보 유출 방지를 위한 데스크톱 가상화에 대한 관심 고조
- 클라우드 관련 법 제정 본격화: 전산 설비 구비 의무 완화, 서비스 장애/정보 유출 등으로 말미암은 이용자 보호 등의 내용이 포함된 관련

법 제정 추진

3.2 클라우드 컴퓨팅 전망

클라우드 컴퓨팅은 기존의 다양한 기술의 발전으로 탄생한 컴퓨팅 환경을
지칭한다. 그리드 컴퓨팅 기술의 발전으로 자원에 대한 가상화가 더욱 체계
화됨에 따라 유틸리티 컴퓨팅 활용에 대한 기업과 개인의 니즈에 능동적으
로 대응할 수 있다. 또한 클라이언트 환경의 경량화를 통해 PC의 씬클라이
언트뿐만 아니라, 점차 소형화가 가능한 서버 기반 컴퓨팅 환경의 조성이
더욱 가속될 것이다. 모바일 기기의 운영체제를 포함해 소프트웨어, 애플리
케이션마저도 네트워크 컴퓨팅 환경으로 전환해 네트워크 운영체제NOS를
이용한 컴퓨팅 환경 마련으로 디바이스뿐만 아니라 소프트웨어, 운영체제
까지도 경량화할 수 있다.

참고자료

강원영. 2012. 「최근 클라우드 컴퓨팅 서비스 동향」. ≪인터넷 & 시큐리티 이
슈≫, 3월호, 19~24쪽.
오경. 2009. 「클라우드 서비스와 가상화 기술」. ≪TTA 저널≫, 통권 제125호,
58~63쪽.
최우석. 2010. 「클라우드 컴퓨팅 서비스 전개와 시사점」. ≪SERI 경영 노트≫, 제
67호.

기출문제

99회 정보관리 클라우드 컴퓨팅(Cloud Computing)의 개념과 제공 서비스의 종
류에 대하여 설명하시오. (25점)

96회 조직응용 컴퓨터 아키텍처 관점에서 클라이언트 / 서버, 분산 컴퓨팅, 클라
우드 컴퓨팅의 개념과 활용을 비교하여 설명하시오. (10점)

C-2

클라우드 컴퓨팅 서비스

소프트웨어의 패러다임이 변화해 SaaS부터 IT 인프라 영역까지 서비스화가 확대되고 있고, 이는 클라우드 컴퓨팅의 환경으로 자리 잡을 수 있었으며, 기업의 효율적 인프라 가용을 통한 IT 비용 절감 등을 이유로 XaaS 모델이 부각되었다.

1 클라우드 컴퓨팅 서비스 개요

클라우드 컴퓨팅은 서버, 스토리지, 소프트웨어 등의 ICT 자원 필요 시 인터넷을 통해 서비스 형태로 이용하는 방식이다. 클라우드 컴퓨팅의 정의는 다양하나, 이용자가 필요로 하는 IT 자원을 필요한 만큼 빌려 쓰는 개념으로 인터넷을 통해 가상화된 형태로 제공받을 수 있는 것을 의미한다.

클라우드 활성화에 따른 시장 규모 및 서비스 전망과 함께 클라우드 컴퓨팅은 가상화 분산 처리 기술을 기반으로 인터넷을 통해 대규모 IT 자원을 임대하고 사용한 만큼의 요금을 지불하는 컴퓨팅 환경이며, 클라우드 서비스는 사용자 중심으로 클라우드 컴퓨팅 환경을 제공하는 주문형 IT 서비스이다.

클라우드 서비스는 모바일화, 개인화, 개방화 등 IT 산업 트렌드에 맞춰 다양한 신규 서비스들이 등장해 활성화되고 있다. LTE 및 무선 랜 등 고속 무선 인프라의 보급, 그리고 스마트폰과 태블릿Tablet의 확산으로 모바일 인터넷 환경이 급속히 확대 중이고, 언제 어디서나 개인이 원하는 방식으로 자유롭게 콘텐츠를 즐기게 되었으며, 플랫폼은 점차 다양한 서비스가 외부 연계될 수 있도록 개방형 기술로 전개되고 있다.

2 클라우드 컴퓨팅 서비스 유형

IT 자원의 서비스 종류에 따른 구분으로서 서비스 모델 유형에 따라 서버, 스토리지 등 하드웨어 자원만을 임대 제공하는 IaaS, 소프트웨어 개발에 필요한 플랫폼을 임대·제공하는 PaaS, 이용자가 원하는 소프트웨어를 임대·제공하는 SaaS 형태로 구분되며, 서비스 운용 모델 형태에 따라 퍼블릭 Public, 프라이빗 Private, 하이브리드 Hybird로 구분된다.

- 클라우드 컴퓨팅 서비스 모델(IT 자원의 서비스 종류에 따른 구분)

유형	설명
SaaS (Software as a Service)	- 응용 소프트웨어를 임대·제공하는 서비스 - 응용 프로그램, 솔루션 제공(오피스웨어, 웹 메일 등)
PaaS (Platform as a Service)	- 소프트웨어 개발에 필요한 플랫폼을 임대·제공하는 서비스 - 개발 환경, 데이터 연산 및 인프라 서비스 제공
IaaS (Infrastructure as a Service)	- 서버, 스토리지 등의 하드웨어 인프라를 임대·제공하는 서비스 - 서버, 스토리지, 네트워크 등의 IT 자원 제공

- 클라우드 컴퓨팅 서비스 운용 형태

유형	설명
Public cloud	- 인터넷상에서 여러 사용자에 의해 공유되는 IT 환경
Private cloud	- 한 기업 및 기관 내부에 클라우드 서비스 환경을 구성해 내부자에게 제한적으로 서비스를 제공하는 형태
Hybrid cloud	- 퍼블릭 클라우드와 프라이빗 클라우드가 결합한 형태 - 공유를 원하지 않는 일부 데이터 및 서비스에 대해 프라이빗 정책을 설정해 서비스를 제공

- 클라우드 컴퓨팅 서비스 사용 형태

유형	설명
Personal cloud	- 개인 이용자를 대상으로 하는 서비스로 대부분이 개인 파일 저장 공간 제공 등의 형태로 제공
Mobile cloud	- 스마트폰 등과 같은 모바일 단말기를 통해 클라우드 서비스를 이용하는 개념 - 이용자 PC 중심의 기존 방식과 달리 모바일 기기까지 다양화됨에 따라 정보 접근성을 높일 수 있는 형태

3 클라우드 컴퓨팅 서비스 모델

IT의 비용 효율화를 요구하는 경영 요소와 클라우드 컴퓨팅을 통한 가용성 확보 방안 등 스토리지 영역부터 네트워크 영역까지 확대되어 다양한 인프라 영역을 서비스화하려는 요구가 발생했다. XaaS Xas a Service 는 애플리케이션 측면에서 SaaS Software as a Service 개념이 등장하면서 IT 인프라 측면에서도 전반적인 플랫폼, 하드웨어, 소프트웨어, 데이터베이스 및 커뮤니케이션에 이르기까지 모든 부분에 대한 IT 인프라 서비스 Everything as a Service 를 제공하는 개념을 말한다.

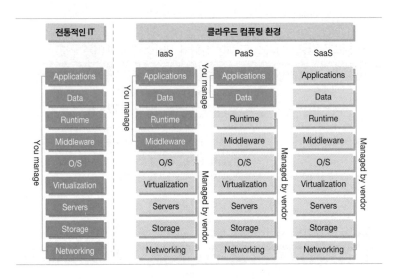

XaaS 서비스의 경우 커스터마이징이 자유로운 패키지 솔루션과 달리 한 가지 버전으로 여러 회사가 사용해야 하는 만큼 다양한 요구 사항에 대한 다양성과 표준화 사이의 절충점을 찾아야 하며, 고객의 요구 사항을 수렴해 반영하는 방식으로 미리 최적의 요구 조건 및 기능을 선별해 서비스를 제공해야 한다.

3.1 응용 소프트웨어 서비스 SaaS

애플리케이션을 서비스 대상으로 하며, 클라우드 컴퓨팅 서비스 사업자가 인터넷을 통해 소프트웨어를 제공하고 사용자가 원격 접속해 인터넷상에서 해당 소프트웨어를 활용하는 모델이다. 클라우드 컴퓨팅의 최상위 계층에 해당하는 것으로 다양한 애플리케이션을 임대 방식을 통해 온디맨드OnDemand 서비스 형태로 제공한다.

고객에게 제공되는 소프트웨어의 유지 보수, 기술 운영, 지원 등을 네트워크를 통해 제공하는 모델인 소프트웨어 딜리버리Software Delivery 모델로서, SOAService Oriented Architecture를 통해 구축된 애플리케이션 기능을 온라인을 이용해 어느 장소에서나 모든 사용자에게 제공할 수 있도록 하는 서비스다.

소프트웨어 공급 업체가 하나의 플랫폼으로 다수의 고객에게 소프트웨어 서비스를 제공하고, 고객은 사용한 만큼만 요금을 지불하는 형태이며, 소비자는 단지 응용 소프트웨어(애플리케이션)만을 사용하고 그것을 실행시키는 운영체제, 하드웨어, 네트워크는 제어하지 않는다.

Salesforce.com의 CRM SFA, Net Suite의 ERP CRM e커머스 등이 해당한다.

3.2 플랫폼 서비스 PaaS

사용자가 소프트웨어를 개발할 수 있는 토대를 제공해주는 서비스다. 클라우드 컴퓨팅 서비스 사업자는 애플리케이션을 개발하는 데 필요한 개발 환경, 프레임워크 등의 개발 플랫폼을 제공한다. 응용 서비스 개발자들은 플랫폼 서비스 사업자가 제공하는 플랫폼상에서 IT 자원을 활용해 새로운 애플리케이션을 만들어 사용할 수 있다.

애플리케이션을 호스팅하는 플랫폼 기능을 인터넷을 경유해 이용할 수 있는 서비스이기도 하다. 클라우드 서비스 사업자는 PaaS를 통해 서비스 구성 컴포넌트, 호환성 제공 서비스를 지원한다. 기술 요건은 개발 기술을 모듈화하고 표준화하는 능력, 최적화해 설치하는 기술력과 지원력이 필요하다.

소비자는 애플리케이션을 위해 제공되는 호스팅 환경을 사용하고 애플리케이션을 제어할 수 있지만 애플리케이션이 실행하는 운영체제, 하드웨어 또는 네트워크 인프라는 제어하지 않는다.

구글 앱 엔진App Engine, 윈도우 애저Azure, 페이스북 F8 등이 해당한다.

3.3 인프라 서비스 IaaS

대규모 연산 능력이 필요한 경우에 확장성이 풍부하며 가상화된 전산 자원(CPU, 메모리 등)을 제공하거나 이미지, 동영상 등의 자료를 저장할 수 있는 스토리지 자원을 제공하는 서비스다. 클라우드 서비스 모델 중에 가장 많은 업체에서 제공하는 서비스로서 서버, 스토리지, CPU, 메모리 등 컴퓨팅 자원을 사용량에 따라 과금하는 형태다.

컴퓨팅 자원의 경우, 업체마다 CPU, 메모리, 디스크 사양에 따라 다양한 요금 체계를 갖추고 있다. IaaS 서비스 중에는 컴퓨팅 자원 외에도 스토리지(저장)나 백업 등의 서비스가 있으며 네트워크의 경우 콘텐츠 딜리버리 네트워크CDN: Contents Delivery Network 서비스가 대표적이다.

애플리케이션을 호스팅하는 인프라(자원)를 인터넷을 경유해 이용할 수 있는 서비스이기도 하다. 사용자에게 하드웨어 자체의 판매가 아닌 하드웨어의 '컴퓨터 능력'만을 서비스한다. 기술 요건은 대규모 데이터 센터 서버 구축력 및 운용 능력, 자본력, 넓은 대지, 풍부한 전력 환경이다.

아마존Amazon 의 EC2 Elastic Compute Cloud, S3 Simple Storage Service 등이 해당한다.

4 클라우드 서비스 운영 모델

4.1 프라이빗 클라우드Private Cloud

클라우드 서비스 사용 대상을 제한하는 방식으로, 사용자(기업)가 데이터의 소유권을 확보하고 보안 및 프라이버시를 보장받고자 할 때 구축한다. 이는 로컬 클라우드 또는 엔터프라이즈 클라우드로 불리기도 한다.

특정 업무 중심의 애플리케이션 구성과 서비스 수준 관리가 가능하고 보안 및 신뢰성이 높은 반면에 IT 자원의 활용은 특정 사용자(기업)만이 하게 된다.

프라이빗 클라우드의 도입 대상으로는 높은 보안성과 신뢰성이 요구되는 환경, 외부 노출을 꺼리는 신규 개발 환경, 허용된 내부 사용자만 사용하는 환경, 시스템 환경의 자원 배분에 문제(일반 사용과 피크 사용의 차이가 심한 경우)가 되는 환경 등이다.

4.2 퍼블릭 클라우드Public Cloud

퍼블릭 클라우드는 클라우드 서비스 사용 대상을 제한하지 않는다. 일반 사용자에게 공개되어 대규모로 이루어지는 클라우드 서비스다. 사용량에 따라 사용료를 지불하며 규모의 경제를 통해 경쟁력 있는 서비스 단가를 제공하는 것이 장점이다.

이슈가 되었던 미국 국가안보국NSA이 구글 데이터 센터를 도감청했다는 사실과 클라우드 서비스업체의 파산 등으로 말미암아 기업들은 핵심 업무에서 퍼블릭 클라우드보다 프라이빗 클라우드 서비스를 선호한다.

4.3 하이브리드 클라우드Hybrid Cloud

하이브리드 클라우드는 프라이빗 클라우드와 퍼블릭 클라우드를 조합한 개념이다. 비즈니스에 중요하지 않은 정보와 처리는 퍼블릭 클라우드 서비스를 이용해 외부에 위탁하고 중요한 서비스와 데이터는 해당 기업에서 직접 운영하는 형태다.

5 클라우드 서비스의 진화 방향

5.1 클라우드 빅데이터 서비스

하둡을 중심으로 한 빅데이터와 클라우드 컴퓨팅 서비스의 결합이 본격화되고 있다. 빅데이터 인프라를 직접 구축하지 않고 클라우드 서비스 방식으로 사용하는 흐름이 커지는 상황이다. 특히 아마존이나 구글 등과 같이 세계적으로 시장을 주도하고 있는 퍼블릭 클라우드 선진 업체들도 빅데이터 시장 확대에 본격적으로 참여하고 있다. 아마존 웹 서비스AWS: Amazon Web Service 의 경우 빅데이터 분석 서비스를 제공하는 아마존 엘라스틱 맵리듀스Amazon EMR: Amazon Elastic MapReduce 플랫폼을 클라우드 서비스 형태로 제공한다.

5.2 클라우드 N-스크린 서비스

과거에는 외장 디스크나 메모리, 웹하드 등을 이용해 자료나 정보를 저장하고 윈도우 PC 등과 같이 특정 단말기에서만 접근할 수 있었으나, 대용량 클라우드 스토리지 및 서비스의 등장으로 작업 파일이나 문서를 직접 클라우드 서버에 저장하고 노트북, 넷북, 패드 및 스마트폰 등에서 동시에 접근해 이용할 수 있게 되었다. 즉, 클라우드 서비스와 단말기(N-스크린)를 통해 효과적인 작업이 이루어지며, 사용자가 원할 때 언제 어디서나 작업할 수 있는 환경을 제공한다.

5.3 오픈 소스 클라우드 플랫폼: 오픈스택

오픈 소스 기반의 클라우드 플랫폼이자 소프트웨어인 오픈스택OpenStack은 2010년 랙스페이스Rackspace와 미국 항공우주국NASA의 오픈 소스 프로젝트를 시작으로 현재 전 세계 클라우드 업계에서 가장 발 빠르게 세력을 팽창하고 있다. 이를 지원하기 위한 오픈스택 재단은 2012년 9월에 설립되었다.

오픈스택에는 현재 각 분야의 IT 업체가 참여해 엔터프라이즈 기능을 점차 늘려나가고 있을 뿐만 아니라, 프라이빗 클라우드 구축에 오픈스택을 활용하는 사례가 늘어나고 있다.

오픈스택은 클라우드 컴퓨팅 구축에 필요한 거의 모든 영역을 관장하고 있고, 가상 서버와 네트워크, 스토리지, 과금, 모니터링, 보안, 관리 등에 대한 프로젝트를 진행 중이며, 2013년에는 여덟 번째 버전인 하바나를 새롭게 발표했다. 현재까지 발표된 개별 프로젝트로는 노바compute, 스위프트Object storage, 사인더Block storage, 뉴트론Networking, 실로미터Metering 등이 있다.

아마존 웹 서비스와 같은 퍼블릭 클라우드 서비스업체에 대응하기 위해 주요 IT 업체들이 대거 참여하고 있는 오픈스택 프로젝트는 그동안 컴퓨팅이나 네트워크, 스토리지 등 기본적인 기능만을 구현하는 데 머물렀으나, 대시보드나 과금, 오케스트레이션 등의 기능을 추가하면서 기술적인 변곡

점을 맞이하는 상황이다.

5.4 클라우드 서비스의 흐름

지속적인 컴퓨팅과 스토리지 비용 하락, 컴퓨팅 자원(하드웨어, 소프트웨어 등)을 소유하지 않고 즉각적으로 서비스에 사용할 수 있는 수요의 증가, 다양한 스마트 기기의 확산에 따라 클라우드 서비스에 즉시 접근할 수 있는 환경의 필요 등으로 클라우드 서비스는 지속될 것이다.

　특히나 클라우드 서비스의 도입은 일정 기간이나 특정 시간대에만 사용이 점차 높아졌다가 어느 시점 이후에는 전혀 또는 거의 안 쓰인 시스템, 스타트 업이나 벤처 업체들의 서비스처럼 지속적인 성장 과정에서 앞으로 사용량이 얼마나 늘지 알 수 없는 시스템, 연말이나 명절 특수를 맞은 쇼핑몰처럼 주기적으로 특정 시점을 전후해 폭발적인 사용량이 요구되는 시스템 등에 적용이 점차 늘어나고 있다.

참고자료

강원영. 2012. 「최근 클라우드 컴퓨팅 서비스 동향」. ≪인터넷 & 시큐리티 이슈≫, 3월호, 19~24쪽.

오경. 2009. 「클라우드 서비스와 가상화 기술」. ≪TTA 저널≫, 통권 제125호, 58~63쪽.

최우석. 2010. 「클라우드 컴퓨팅 서비스 전개와 시사점」. ≪SERI 경영 노트≫, 제67호.

기출문제

101회 정보관리 클라우드 컴퓨팅 서비스인 XaaS별 SLA(Service Level Agreement) 요구 사항, 서비스 카탈로그(Catalogue) 및 품질지표를 제시하시오. (25점)

99회 정보관리 클라우드 컴퓨팅(Cloud Computing)의 개념과 제공 서비스의 종류에 대하여 설명하시오. (25점)

99회 정보관리 기업에서 폐쇄형 눈(Social Network Service)의 인프라 구축 시 자체 서버를 활용하는 경우와 외부 클라우드 서비스를 이용하는 경우의 장단점에 대하여 비교 설명하시오. (25점)

99회 조직응용 클라우드 컴퓨팅 서비스를 제공하는 사업자는 이용자에게 신뢰성 있고 일관된 품질을 제공하기 위해 클라우드 컴퓨팅 SLA(Service Level Agreement) 적용이 필수적이다. 클라우드 컴퓨팅 서비스 유형별(인프라형, 플랫폼형, 소프트웨어형)로 서비스 품질요소(성능, 가용성, 보안, 서비스 제공성)에 대하여 설명하시오. (25점)

96회 조직응용 컴퓨터 아키텍처 관점에서 클라이언트/서버, 분산 컴퓨팅, 클라우드 컴퓨팅의 개념과 활용을 비교하여 설명하시오. (10점)

95회 조직응용 클라우드 컴퓨팅에서 Private Cloud와 Public Cloud를 비교 설명하시오. (10점)

C-3

가상화 Virtualization

가상화는 컴퓨터 자원의 추상화를 일컫는 광의의 용어로서 사용자에게 논리적 자원을 제공하며, 이를 통해 다양한 기술적·관리적 이점들을 제공하는 기술이다.

1 가상화의 개요

1.1 가상화의 등장

가상화는 한 대의 컴퓨터 시스템 내에서 여러 개(종류)의 운영체계를 함께 운용할 수 있게 지원하는 기술에서부터 시작했다고 볼 수 있다. 이러한 가상화 기술은 서버 부분의 확산에 힘입어 인프라 자원인 스토리지, 네트워크, 데스크톱에서 데이터, 애플리케이션 등의 소프트웨어 분야까지 확장 적용되는 개념이다.

가상화는 1960년대부터 등장했으며, 단일 하드웨어에서 복수의 시스템을 동작시키는 가상화 기술과 인터넷과 스마트 단말을 통한 클라우드 컴퓨팅이 확산되면서 경제적으로나 기술적으로 그 중요성이 더욱 커지고 있다. 데이터 센터 내의 IT 자원(서버, 스토리지 등)부터 시작해 전송을 위한 네트워킹 자원(스위치, 라우터, 방화벽, 각종 네트워크 보안 장비 등), 사용자 단말기(PC, PDA, 스마트폰 등)에 걸쳐 광범위하게 적용되고 있다.

1.2 가상화의 이해

가상화는 컴퓨터 리소스의 추상화를 일컫는 광의의 용어로서 물리적인 컴퓨터 자원을 다른 시스템, 응용 프로그램, 최종 사용자들이 직접 상호작용하는 방식으로부터 분리시키는(감추는) 기술이다.

서버, 스토리지, 네트워크 장비 등 물리적 자원은 존재하지만, 그러한 물리적 자원은 보이지 않고 논리적으로 분할되거나 통합된 가상 자원만이 눈에 보일 뿐이다. 실제 자원과 사용자들에게 나타나는 자원들의 표시 자체를 분리하고 자원들을 공유Sharing, 풀링Pooling한 후 사용자들에게 가상화된 자원 형태로 할당하는 것이다.

예를 들어 가상화를 설명하자면, 기존에는 시스템 한 개에 운영체제 한 개만을 설치하고 실행되는 형태로서 특정 사용 시점 외에 시스템 자원의 사용률이 낮아져서 낭비가 심해지는 경우가 많았다. 특히 서버 등의 중대형 장비의 경우 낭비가 심해지는 경우가 다수 발생했다. 이를 가상화 기술을 이용해 한 대의 시스템에서 여러 운영체제를 동시에 설치하고 실행함으로써 시스템의 효율성을 극대화한 것이다.

2 가상화의 유형

가상화 유형은 바라보는 관점에 따라 몇 가지 유형으로 분류할 수 있으며, 단순화한 분류로는 데스크톱 가상화, 서버 가상화, 스토리지 가상화, 네트

유형	내용 및 효과	사례
데스크톱 가상화	- 서버에 클라이언트 운영체제를 설치해 사용자는 원격 PC에서 접속해서 사용	VDI
서버 가상화	- 시스템의 하드웨어를 가상화해 하나의 하드웨어상에서 다수의 운영체제를 설치·운영할 수 있도록 하는 기술 - 서버에 복수의 서버 운영체제를 설치하여 복수의 물리적 서버를 사용하는 것처럼 구현한 기술	Hypervisor, Varemetal, HostedOS, Monolic kernel, Micro Kernel
스토리지 가상화	- 서버와 SAN 간 추상화 계층을 생성해 서버들이 물리적 스토리지 영역을 공통 풀(Pool)로 처리할 수 있게 하는 기술	서버 기반, 네트워크 기반, 스토리지 기반
네트워크 가상화	- 네트워크 링크와 노드를 포함한 네트워크 내 모든 자원을 가상화해 하나의 인프라상에서 요구 사항이 다른 응용/서비스/이용자별로 가상 네트워크들이 공존할 수 있게 하는 기술	VLAN, MPLS3VPN, 호스트 가상화, 라우터 가상화, 스위치 가상화

워크 가상화로 구분할 수 있다.

3 가상화의 기능

가상화의 주요 기능으로는 자원의 공유, 풀링, 에뮬레이션, 캡슐화가 있으며, 활용 목적에 따라 이들을 조합해 사용한다.

기능	내용 및 효과	사례
공유 (Sharing)	- 다수의 많은 가상 자원이 하나의 동일한 물리적 자원과 연결 - 물리적 자원의 일부를 가상화된 자원마다 할당하거나 물리적 자원에 대해 시분할 기법을 활용하는 공유 방식 사용	논리적 파티셔닝, 가상 머신, 가상 디스크, 가상 랜
풀링 (Pooling)	- 공유와 반대되는 개념으로 여러 개의 물리적 자원을 통합해 관리 및 활용을 단순화	가상 디스크, 스토리지 가상화
에뮬레이션 (Emulation)	- 가상 자원에서 물리적 자원에는 없는 어떤 기능이나 특성을 처음부터 존재했던 것처럼 구현해, 투자 보호, 상호 운영성, 유연성, 호환성을 제공	iSCSI, 가상 테이프 스토리지
캡슐화 (Encapsulation)	- 가상 자원과 물리적 자원 사이의 상호 매핑 - 가상 자원 혹은 사용자에게 영향을 미치지 않으면서 물리적 자원을 교체	RAID 스토리지 컨트롤러

공유Sharing는 많은 가상 자원이 하나의 동일한 물리적 자원과 연결하는 것을 의미한다. 물리적 자원의 일부를 가상화된 자원마다 할당하거나 또는 물리적 자원에 대해 시분할Time Sharing 기법을 활용해 다수 가상 자원을 생성·활용하는 것이다. 논리적 파티셔닝LPARs, 가상 머신VM, 가상 디스크VD, 가상 랜VLAN or Virtual Lan 등이 가상화의 공유 기능을 통해 생성·활용된다.

풀링Pooling은 공유와 반대되는 개념으로서 여러 개의 물리적 자원으로 하나의 가상 자원을 만들고, 이를 통해 가상 자원의 전체 용량을 증가시키는 기능이다. 즉, 여러 개의 물리적 자원을 통합해 관리 및 활용을 단순화하는 것이다. 예를 들어 여러 개의 물리적 디스크를 하나로 단일화하는 가상 디스크 및 스토리지 가상화, 클러스터 등이 있다.

에뮬레이션Emulation은 가상 자원에서 물리적 자원에는 없는 어떤 기능이나 특성을 처음부터 존재했던 것처럼 구현하는 것이다. 에뮬레이션은 투자 보호, 상호 운영성, 유연성, 호환성을 제공한다. 대표적인 예로 에뮬레이터, iSCSI, 가상 테이프 스토리지 등이 있다.

캡슐화Encapsulation는 가상 자원과 물리적 자원 사이의 상호 매핑을 통해 가상 자원 혹은 사용자에게 영향을 미치지 않으면서 물리적 자원을 교체하는 기능이다. 캡슐화 기능은 기업의 ICT 시스템에서 장애 방지Failover, 고가용성, 유연성, 투자 보호 효과를 제공한다. CPU 보호 옵션, 핫 스패어Hot Spare CPU, RAID 스토리지 컨트롤러 등이 해당한다.

4 가상화 기대 효과

가상화를 통해 ICT 자원의 활용률을 높이고, 자원, 인력, 시간 등의 관리 비용과 운영 비용을 절감하며, IT에 대한 새로운 수요가 있을 때 좀 더 빠르게 대응할 수 있게 한다. 필요한 만큼의 성능과 용량을 구매해 서버 자원 활용률을 증가시키고 스토리지 비용을 절감한다. 하드웨어 및 가상화 솔루션에서 제공하는 고가용성, 내고장성Fault Tolerance, 데이터 보호 기능을 사용해 물리적인 장비 구성 없이 인프라를 최적화한다. 가상화 인프라 전반에 대한 모니터링, 관리, 분석 및 문제 해결을 단일 포인트 차원에서 통합 관리한다. 유지 보수를 위한 시스템 다운타임Downtime 확보 없이 가상환경에서 전체 시스템 환경에 대한 패치 및 업그레이드를 수행한다.

참고자료
오경. 2009. 「클라우드 서비스와 가상화 기술」. ≪TTA 저널≫, 통권 제125호, 58~63쪽.

기출문제
92회 조직운영 가상화의 유형 및 발전방향에 대하여 설명하시오. (25점)

C-4

데스크톱 가상화

데스크톱 가상화란 데스크톱, 모바일 등 다양한 단말기로 네트워크에 접속해 업무를 처리할 수 있는 가상 PC 환경 서비스이다.

1 데스크톱 가상화의 개요

1.1 데스크톱 가상화의 이해

데스크톱 가상화란 데스크톱, 모바일 등 다양한 단말기로 네트워크에 접속해 업무를 처리할 수 있는 가상 PC 환경 서비스다. 시간과 장소의 제약 없이 회사와 동일한 업무 환경을 제공함으로써 스마트 오피스Smart Office가 구현되며, 기존 PC 업무 환경 대비 효율적이고 강력한 보안 환경을 제공한다.

이는 VDI Virtaul Desktop Infrastructure, 데스크톱 클라우드 등으로 불리며, 기존의 데스크톱 환경을 변화시켜 강력한 보안, 높은 성능, 스마트 워크 구현과 같은 다양한 활용성을 제공하고 있다.

1.2 데스크톱 가상화의 유형

데스크톱 가상화는 크게 두 가지 방식으로 구분해볼 수 있으며, 서버 가상화 솔루션에 서버 운영체제를 올리면 '서버/호스팅 기반의 데스크톱 가상화'가 되며 일반 데스크톱용 운영체제(윈도우 7, 맥 등)를 올리면 '로컬 PC 기반의 데스크톱 가상화' 환경이 구현된다.

서버 호스트 기반의 데스크톱 가상화는 고성능의 서버 컴퓨터를 자신의 PC처럼 이용하는 기술로서 데이터 센터에 있는 서버나 PC 블레이드상의 가상 머신에 데스크톱 운영체제와 애플리케이션을 설치하고 실행함으로써 네트워크 접속을 통해 데스크톱 이미지에 액세스하는 방식이다.

로컬 클라이언트 PC 기반의 데스크톱 가상화는 로컬 사용자 PC상에서 데스크톱 가상환경을 구동하는 것으로서, 애플 맥 컴퓨터상에서 패러럴즈 Parallels나 VM웨어 퓨전Fusion을 이용해 윈도우 애플리케이션을 구동하는 방식이다. 대표적으로는 마이크로소프트 버추얼 PC, VM웨어 퓨전이나 패러럴즈 같은 데스크톱 가상화 솔루션이 있다.

2 서버 기반 데스크톱 가상화의 종류

서버 기반의 데스크톱 가상화 종류는 다음과 같이 구분해볼 수 있다.

구분	설명
서버 기반 컴퓨팅 (SBC:Server Based Computing)	– 단일 서버 / 앱(App)에 다수 사용자가 연결 – 서버 운영체제에서 제공하던 터미널 서비스와 유사하며, 서버에서 작업이 이루어지고 작업 결과를 클라이언트에서 보여준다.
가상 데스크톱 인프라 (VDI: Virtual Desktop Infrastructure)	– 공유된 가상 서버에 다수 사용자가 접속해 가상 데스크톱을 사용 – 서버 가상화 기술로 복수의 운영체제를 설치해 일반 PC에 설치된 전용 클라이언트 및 프로토콜을 사용해 제공한다.
제로 PC (Zero PC)	– 가상화와 클라우드 컴퓨팅을 활용해서 일반 웹 브라우저를 통해 일반 PC와 같은 환경을 사용할 수 있도록 한다.

데스크톱 가상화는 광의의 의미로 데이터와 애플리케이션을 서버에 저장하고 필요 시 클라이언트(PC, 기타 단말)가 서버에 접속해 작업하는 기술이며, 애플리케이션이나 IT 정보 자원의 배포, 관리, 지원 및 실행에 이르기까

지 모든 운영이 서버에서 이루어진다.

2.1 서버 기반 컴퓨팅 SBC: Server Based Computing

서버 기반 컴퓨팅은 PC에서 이루어지는 컴퓨팅 작업을 서버의 자원을 이용해 수행하는 것으로서 고사양의 PC 하드웨어가 요구되지 않으므로 씬클라이언트라고도 불리며, 모든 작업은 서버에서 처리되고 그 화면만 PC에 보이는 일종의 프리젠테이션 가상화다.

2.2 가상 데스크톱 인프라 VDI: Virtual Desktop Infrastructure

가상 데스크톱 인프라란 서버에 클라이언트 운영체제 환경 자체를 모두 올려놓고 이를 원격의 단말을 통해 접근해 활용하는 것이다. 광의의 의미로 서버 기반 컴퓨팅이라고 볼 수 있으며, 서버 가상화처럼 서버를 가상화해 여러 개의 가상 머신을 만드는데, 이 가상 머신에 서버 운영체제들을 설치하는 것이 아니라 클라이언트 운영체제, 즉 윈도우 7, 리눅스 등을 설치해 사용자는 원격의 PC에서 사용한다.

사용자가 접속하는 단말(PC 등)은 고사양, 저사양을 가리지 않기에 프리젠테이션 가상화와도 유사하지만, 최종 사용자 입장에서 볼 때 VID는 마치 개인 PC를 사용하듯 모든 데스크톱 환경을 활용한다.

클라우드 기반의 가상 데스크톱 인프라 서비스로 DaaS Desktop as a Service가 각광받고 있으며, 전용 클라이언트와 디스플레이 Display 기술을 사용해 향상된 성능을 제공한다. 다수 벤더의 상용 및 오픈 소스 솔루션이 존재하며, 벤더 간 고유 플랫폼과 프로토콜이 상이하기 때문에 호환성이 제한적이다.

2.3 제로 PC Zero PC

제로 PC란 VDI와는 달리 전용 클라이언트 없이 HTTPS와 웹 브라우저를 사용해 일반 PC와 같은 환경으로 사용할 수 있도록 제공하는 데스크톱 가상화 방식이다.

제로 PC의 특징으로는, 어떠한 PC나 기기에서도 웹이 연결되는 환경이라면 서버에서 공급되는 동일한 데스크톱 환경과 사용자 환경으로, 이질감 없이 동기화된 서비스와 데이터를 사용할 수 있는, 매끄러운Seamless N-스크린을 지원하는 점, 웹 브라우저 기반의 데스크톱 서비스로서 언제Any Time, 어디서나Any Where, 어느 기기Any Device, 어느 브라우저Any Browser 에서도 이용할 수 있다는 점을 들 수 있다.

제로 PC의 서비스 사례로는 한컴 싱크플리, iCloud.com 등 웹 브라우저 기반의 가상 데스크톱 환경을 제공하는 서비스가 있으며, 최근에는 태블릿 PC, 스마트폰 등의 모바일 단말기에서 네이티브 앱Native App까지 서비스를 확대하는 추세다.

제로 PC의 이슈 사항으로는 전반적인 웹 데스크톱의 반응 속도가 개인 PC에서 사용하는 것보다 느리기 때문에 고성능을 요하는 작업에 적합하지 않으며, 클라우드 기반이기 때문에 보안, 가용성, 서비스 이전, 표준화 등에 대한 이슈가 존재한다.

제로 PC의 활용 분야로는 단순 운영 업무 또는 외근 등으로 이동이 잦은 분야나 상대적으로 저렴한 비용에 가상 데스크톱 인프라를 구축하고자 하는 경우 적용할 수 있다.

제로 PC의 경우 PC보다는 모바일 장비에서의 활용도가 뛰어나며, 장비 API 발전 여부가 사용성에 큰 영향을 미친다.

3 데스크톱 가상화의 기대 효과

데스크톱 가상화를 찾는 이유는 기존 PC가 갖고 있던 한계들을 극복하면서 자원 효율성, 보안 강화, 관리 편의성 등을 제공하기 때문이다.

자원의 효율성 측면에서 CPU와 메모리 등의 컴퓨팅 자원을 효율적으로 사용해 유휴 자원을 최소화하고 지속적인 서비스를 제공할 수 있을 뿐만 아니라, 모든 OS와 애플리케이션은 서버 팜에서 구동되는 만큼 어떤 디바이스에서도 화면과 마우스/키보드 등의 입출력만을 전송할 수 있는 원격 연결 클라이언트만 있다면 가상 데스크톱을 사용할 수 있다.

보안 강화 측면에서 각 PC에 분산되어 있는 수많은 데이터를 가상화를 통해 일원화된 채널로 만듦으로써 정보 안정성과 정확도를 높일 수 있다.

또한 각종 바이러스에 대비해 개인 PC를 관리하는 대신에 서버만 관리하면 되므로, 가상 데스크톱 인프라 환경에서 모든 사용자는 서버상의 가상 데스크톱에서 작업하기 때문에 사용자의 장치에는 아무 데이터도 남지 않게 한다.

관리 편의성 측면에서는 중앙에서 통합 관리함으로써 소프트웨어 업데이트나 운영체제 패치 등도 일괄 업데이트가 가능해 유지 보수와 관리가 크게 단순화되었으며 필요에 따라 중앙에서 가상 데스크톱을 손쉽게 배포할 수 있다.

반면에 몇 가지 문제점도 있다. 높은 사양의 서버와 스토리지, 라이선스 비용 등의 문제로 비교적 구축상의 비용이 절감되지 않으며 오히려 데스크톱 구축보다 높은 비용이 필요하기도 하다.

참고자료

김성운·김선욱·김학영. 2013. 「클라우드 데스크톱 가상화 기술 동향」. ≪한국통신학회논문지≫, 30(4), 29~37쪽.

기출문제

92회 정보관리 가상화 기술을 구분하고, 데스크탑(Desktop) 가상화를 설명하시오. (25점)

C-5

서버 가상화

하나의 물리 서버는 여러 개의 가상 머신으로 전환될 수 있으며, 각각의 가상 서버는 마치
독립적인 물리 서버처럼 동작하게 하는 것이 서버 가상화이다.

1 서버 가상화의 개요

1.1 서버 가상화의 이해

서버 가상화는 실제로 존재하는 물리적 서버를 최대한 효율적으로 활용하
기 위해 단일 서버를 논리적으로 구분해 복수의 서버인 것처럼 이용하는 기
술을 의미한다.

　기존의 물리 서버 환경은 하나의 애플리케이션 또는 태스크에 하나의 전
용 서버를 할당해 사용했으나, 서버의 CPU, 메모리 등의 자원을 제대로 활
용하지 못할 뿐만 아니라, 서버가 점유하는 물리적 공간은 급증하고 동시에
이러한 서버랙들로 꽉 찬 데이터 센터는 엄청난 전력을 소비함과 동시에 열
을 발생시켰다.

　이러한 점들을 해결하기 위해 하나의 물리 서버는 여러 개의 가상 머신으
로 전환될 수 있으며, 각각의 가상 서버는 마치 독립적인 물리 서버처럼 동
작하게 하는 것이 서버 가상화다.

1.2 서버 가상화의 유형

서버 가상화는 하드웨어에 설치된 호스트Host 운영체제상에서 VM을 구동하는 호스트 기반 가상화와 VMM Virtual Machine Monitor을 거쳐 직접 구동하는 하이퍼바이저Hypervisor 기반 가상화 방식으로 나뉜다.

호스트 기반 가상화는 하나의 운영체제 환경을 복수의 운영체제 환경으로 분할할 수 있으나 호스트와 게스트Guest 운영체제 종류가 모두 같아야 한다. 하이퍼바이저 방식보다 상대적으로 성능이 좋다.

하이퍼바이저 기반 가상화는 다중 운영체제 환경을 하나의 하드웨어에서 운영할 수 있도록 별도의 가상화 계층이 있다. 물리적인 하드웨어의 직접 제어 여부에 따라 완전 가상화Full Virtualization와 반가상화Paravirtualization로 구분된다.

2 하이퍼바이저 서버 가상화의 종류

2.1 완전 가상화

하드웨어를 완전히 가상화하는 것으로 게스트 운영체제를 수정할 필요가 없으며, 게스트 운영체제와 하드웨어 사이에 VMM인 하이퍼바이저가 배치되어 중재하는 구조다. 게스트 운영체제 측면에서 별도의 수정 없이 가상 머신인 하이퍼바이저를 통해 물리적인 하드웨어 자원의 접근 및 이용이 가능하다. 장점은 운영체제를 수정하지 않고 실행할 수 있다는 점에서 많은 종류의 게스트 운영체제를 지원하고 싶을 때 유용하다는 것이다. 단점은 하드웨어 전체를 가상화해야 하므로 오버헤드로 말미암은 성능 저하가 발생할 수 있다.

2.2 반가상화

완전 가상화와 유사한 방식이지만, 하드웨어에 대한 완전한 가상화 없이 하이퍼바이저가 제공하는 API를 통해 호스트 운영체제를 제어하는 것으로 완전 가상화보다 높은 성능을 유지할 수 있다. 게스트 운영체제들이 하이퍼바이저에 맞게 수정되어야 하며, 게스트 운영체제가 직접적으로 물리적 하드웨어에 접근하는 것을 일부 허용한다.

3 서버 가상화의 기대 효과

서버 가상화는 물리적인 공간을 절약해주고 애플리케이션 서비스의 연속성을 제공하며 비용 절감의 효과를 기대할 수 있다.

첫째, 장비의 통합으로 물리적인 공간을 줄일 수 있다. 하나의 서버는 하나의 애플리케이션을 구동하는 형태가 일반적인데, 상당수의 애플리케이션은 상대적으로 컴퓨팅 자원을 일부만 사용한다. 하나의 서버로 통합해 다수의 가상환경을 구동함으로써 물리 서버 및 공간을 절감할 수 있다. 수백 또는 수천 대의 서버를 운영하는 기업에서는 가상화의 적용을 통해 물리적 공간을 현저히 줄일 수 있다.

둘째, 애플리케이션 서비스의 연속성을 제공한다. 서버 하드웨어가 노후화되어 신규 서버로 전환할 경우 신규 서버에 가상 서버를 생성해 서비스를 제공함으로써 애플리케이션 운영 측면에서는 바뀐 것이 없으면서도 서버 하드웨어에 대한 의존성은 최소화할 수 있다.

셋째, 총 소유 비용, 관리 비용 및 전력 비용이 절감된다. 감소된 서버 자원으로 데이터 센터 내 전력 사용량, 냉각기 시스템의 절감 등의 절전 효과 및 사용 요구에 맞게 즉각적으로 컴퓨팅 자원 배분 비용과 관리 비용이 절감된다.

참고자료

이효. 2008. 「서버 가상화 개요 및 활용방안」. ≪정보과학회지≫, 제26권 제10호, 5~13쪽.

한국IBM 전략컴퓨팅 사업본부. 2006. 「가상화 기술 백서: IBM Systems Agenda와 가상화 엔진을 중심으로」.

기출문제

99회 정보관리 서버 가상화(Server Virtualization) 기술의 개요와 사용상의 장단점에 대하여 설명하시오. (25점)

스토리지 가상화

스토리지 가상화는 다른 이기종 네트워크 스토리지 기기들의 물리적인 스토리지를 묶어 스토리지 풀을 만들고, 물리적인 디스크 공간에 가상으로 원하는 크기의 용량을 할당해 업무 서버에서 필요한 스토리지를 사용하는 것이다.

1 스토리지 가상화의 개요

1.1 스토리지 가상화의 이해

스토리지 가상화는 다른 이기종 네트워크 스토리지 기기들의 물리적인 스토리지를 묶어 스토리지 풀pool을 만들고, 물리적인 디스크 공간에 가상으로 원하는 크기의 용량을 할당해 업무 서버에서 필요한 스토리지를 사용할 수 있도록 용량을 할당하는 것을 일컫는다.

　스토리지는 애플리케이션 시스템에 종속되어 구현되어왔으나, SNA, NAS와 같은 통합 공유 스토리지로 발전했고, 스토리지 가상화를 통해 중요 데이터는 고성능 스토리지로 이동함으로써 유연하고 중단 없는 데이터 운영 및 확장성을 구현한다.

1.2 스토리지 가상화의 유형

스토리지 가상화의 네 가지 유형으로는 디스크 컨트롤러 가상화, SAN상의 스토리지 블록 가상화, 파일 가상화, 테이프 가상화로 나눌 수 있다.

- 디스크 컨트롤러 가상화Disk Controller Virtualiztion : 컨트롤러를 파티션으로 나누어 마치 여러 개의 스토리지 컨트롤러가 있는 것처럼 보이게 해준다. 디스크 컨트롤러 한 개가 세 개의 가상 스토리지 컨트롤러로 파티션되어 어떤 가상 디스크 컨트롤러의 성능이 다른 어떤 가상 컨트롤러가 수행하는 작업으로부터 영향을 받지 않게 해준다.

- 네트워크 기반 스토리지 블록 가상화: 대부분의 경우 네트워크 스토리지 가상화를 언급할 때, 주로 SNA상의 스토리지 블록 가상화를 일컫는다. 물리적으로 다른 스토리지 컨트롤러에 들어 있는 유휴 디스크 조각을 모아서 가상 디스크를 생성할 수 있게 해준다. 예를 들어 디스크 컨트롤러 A로부터 700GB 유휴 디스크를, B로부터 200GB를, C로부터 100GB를 모아서 1TB의 가상 디스크를 생성할 수 있다. 따라서 제각기 다른 스토리지 컨트롤러로부터 작은 용량의 유휴 디스크 공간을 모아 하나의 큰 디스크 풀을 만들어서 어떤 서버도 사용할 수 있게 만들고, 디스크 스토리지 활용률을 향상시킨다.

- 파일 가상화: 이기종 서버 간에 파일을 공유할 수 있게 한다. 파일 가상화 기술을 이용해 기업 내의 어떤 컴퓨터 또는 어떤 서버라도 동일한 파일 이름을 사용해 공통된 파일 그룹에 접근할 수 있다.

- 테이프 가상화: 디스크를 이용해 테이프 드라이브 자원인 것처럼 에뮬레이션함으로써, 서버 입장에서는 테이프 드라이브로 데이터를 백업받는다고 간주하지만 실제로는 디스크로 데이터를 백업받게 되는 것이다. 또한 데이터의 일부분이 테이프보다 좀 더 빠른 하드 디스크 스토리지 캐시에 저장되기만 해도 전체 데이터가 테이프 카트리지에 전부 저장된 것처럼 보이게 해주는 방식을 통해 데이터를 고속으로 백업받을 수 있게 해준다.

2 네트워크 기반 스토리지 가상화의 종류

스토리지 가상화는 가상화 엔진이 구동되는 플랫폼에 따라 호스트 기반 가상화, 네트워크 기반 가상화 등으로 구분할 수 있다.

　호스트 기반 스토리지 가상화의 대표적인 기술인 LVM Logical Volume Manage은 다양한 스토리지 장비로부터 제공되는 논리적 볼륨을 관리하기 위한 소프트웨어 유틸리티다. 이 방식은 소수 서버상에서 관리될 경우 문제가 없지만 다수의 서버가 접속하는 SAN Storage Area Network 기반 엔터프라이즈 스토리지 환경에서는 사실상 불가능하고 성능과 호환성 측면에서 한계가 있다.

　네트워크 기반 스토리지 가상화는 서버와 서브 시스템 사이에 가상화 기능을 두고 중앙 집중화하는 방식으로 인 밴드 In-Band 방식과 아웃 오브 밴드 Out-of-Band 방식으로 구분할 수 있다.

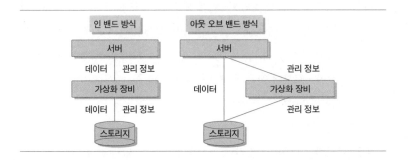

　인 밴드 방식은 서버와 스토리지 사이에 가상화 장비를 통해 스토리지 컨트롤러처럼 작동하는 기술로서 다수의 다양한 장비를 하나의 장비에 연결해 하나의 중앙 포인트 역할을 수행하게 하는 단순함이 장점이나, 네트워크 경로에 추가적인 경유지로 작용하면서 모든 I/O가 인 밴드 장비를 경유함으로 말미암아 네트워크 대역폭이나 프로세싱 파워 측면에서 병목을 초래하는 단점이 있다.

　아웃 오브 밴드 방식은 관리 정보와 데이터 경로를 분리한 방식으로, 독립된 하드웨어가 가상화된 스토리지에 대한 논리적·물리적 정보를 수록하고 각 서버에 I/O 요청 정보를 전달할 때 데이터 통신은 데이터 트래픽이 사용하는 네트워크와 분리된 별도의 네트워크를 통해 이루어진다. 서버가 가상화 스토리지에 직접 요청을 보내기 때문에 I/O가 지연되거나 대역폭

병목 현상을 방지할 수 있어 고성능 애플리케이션에 더욱 적합한 접근 방법이라 할 수 있다.

3 스토리지 가상화의 기대 효과

스토리지 가상화를 통해 스토리지 비용을 줄이고 다른 기종과의 통합적 관리, 원활한 백업 및 복구를 지원하고 있으며, 그에 따른 이점은 세 가지 정도로 볼 수 있다.

- 간편한 스토리지 제공: 물리적인 스토리지 제공이 아주 순식간에 처리되므로, 특정 호스트에 대한 디스크를 아주 신속하게 생성, 크기, 고정, 할당할 수 있다.
- 비파괴적인 데이터 이전: 스토리지 가상화의 가장 큰 이점은 아마도 시스템을 오프라인으로 만들지 않거나 애플리케이션과 사용자를 방해하지 않고 구형 장비에서 신형 장비 또는 하나의 스토리지 계층에서 다른 스토리지 계층으로 데이터를 이전하는 기능일 것이다.
- 더 간단해진 스토리지 관리: 가상화는 이기종 스토리지 기기들에 대한 중앙 관리 포인트와 표준 서비스를 제공하며, 미러링Mirroring 이나 복제 Replication 같은 작업을 간단하게 해준다.

참고자료
정현준. 2013. 「가상화 기술의 동향 및 주요 이슈(Ⅰ)」. ≪정보통신정책연구≫ 제25권 3호.
한국IBM 전략컴퓨팅 사업본부. 2006. 「가상화 기술 백서: IBM Systems Agenda 와 가상화 엔진을 중심으로」.

기출문제
90회 조직응용 스토리지 가상화 개념 및 구성 요소와 구현 방식에 대해 설명하시오. (25점)

네트워크 가상화

네트워크 가상화는 서버 가상화처럼 다수의 물리적 자원을 하나의 논리적 장치로 사용하거나 하나의 물리적 자원을 복수의 서로 다른 용도로 분할하는 것으로서 라우터, 방화벽, 스위치와 같은 물리적 네트워크 자원들을 마치 하나의 자원처럼 사용하는 것이다.

1 네트워크 가상화의 개요

1.1 네트워크 가상화의 이해

네트워크 가상화는 서버 가상화처럼 다수의 물리적 자원을 하나의 논리적 장치로 사용하거나 하나의 물리적 자원을 복수의 서로 다른 용도로 분할하는 것으로서 라우터, 방화벽, 스위치와 같은 물리적 네트워크 자원들을 마치 하나의 자원처럼 사용하는 것이다.

즉, 하나의 물리적 네트워크가 마치 여러 개의 다른 기종 프로토콜이 운영되는 논리적 오버레이 네트워크처럼 운영되는 것을 가리키며, 초기 가상 근거리 통신망에서 최근의 SDN Software-Defined Networks에 이르기까지 사람들마다 제각기 다른 의미를 내포하기 때문에 복잡하다. 가상화된 스위칭, 동적 리소스 할당 및 패브릭 기반 네트워킹 등도 모두 네트워크 가상화 영역에 속한다.

최근에는 네트워크 가상화와 관련해 SDN이 주목받고 있다. 서버와 스토리지는 가상화를 통해 효율성을 확보하지만, 하드웨어가 중심이 되었던 네트워크는 이를 따라가지 못했다. SDN은 제어 영역Control Plane과 스위치, 라우터 위에 소프트웨어 계층을 얹어 네트워킹 부문을 가상화한다. 이를 통해 데이터 센터 전반, 나아가 데이터 센터 간의 가상화까지 원활히 지원한다.

2 네트워크 가상화의 기술 유형 및 한계

2.1 네트워크 가상화의 기술 유형

- 네트워크 자원의 공유, 풀링, 관리를 위한 가상화 기술들이 존재한다. 네트워크 자원의 공유를 위한 가상화 기술로는 VLAN, MPLS, IPsec, SSL 등이 있다.
- VLANVirtual Lan: 사용자 A의 데이터가 공유 네트워크상에서 사용자 B의 데이터와 서로 섞이지 않도록 보장하기 위해 가상화의 절연 기능을 이용한다.
- MPLSMulti-protocol Label Switching: 단절 기능을 제공해주는 터널링 기술이다. 주로 성능 개선의 목적으로 사용되는데 전용망에서 VPN을 구성하는 것을 말한다. 어떠한 경우에도 네트워크가 동작되게 한다는 풀 메시Full Mesh와 같은 효과를 갖는다. 레이블Level이라는 식별자를 부가하여 이를 통해 스위칭하는 프로토콜이다. 처음 한 번만 헤더를 검사하고 라우팅하는 방법으로 전용선 위에 VPN, QoS, 재해 복구 등을 구현할 수 있다. 네트워크 분산과 트래픽 제어도 가능하다.
- IPsec: 물리적으로 하나인 IP 네트워크를 단절되고 독립된 네트워크처럼 보이게 함으로써 IP 네트워크를 좀 더 효율적이고 안전하게 공유하기 위한 기술이다. IPSec은 네트워크의 논리적 끝단 사이에서 암호화된 데이터의 일치성을 보장해준다.
- 네트워크 자원의 풀링을 위한 기술로 IP 워크로드 밸런싱 기술과 네트워크 어댑터 가상화 기술 등이 있다.
- IP 워크로드 밸런싱 기술: 여러 대의 애플리케이션 서버를 마치 하나의 단일 애플리케이션 서버 또는 인스턴스처럼 보이게 해준다. 워크로드 밸

런싱은 내부적으로 다수의 애플리케이션 서버 풀에서 각 서버의 용량과 가용성 정도에 대한 정보를 실시간으로 수집하면서 애플리케이션 인스턴스들에 걸쳐서 워크로드를 밸런싱하면서도 외부적으로는 하나의 단일화된 애플리케이션 개체Entity를 네트워크에 보여준다.
- 네트워크 어댑터 가상화 기술: 서버에 붙은 물리적 네트워크 어댑터가 여러 개인 것처럼 보이게 해서 네트워크의 연결을 단순화함으로써 서버 간 연결의 효율성을 향상시킨다.

2.2 네트워크 가상화의 한계

현재 사용되고 있는 통신 환경의 한계들이 대두되는 상황으로 말미암아 인터넷 기술 환경 개발이 새롭게 제시되고 있다.
- 트래픽 패턴의 변화: 과거의 한정적인 클라이언트와 서버 간에서 일어나던 통신 환경이 구현되고 다양한 액세스 과정이 발생하고 있는 추세다.
- 가상화 기술의 전개: 네트워크에 연결된 서버의 수를 급증시켰고 호스트의 물리적 위치에 대한 가정을 근본적으로 흔들어놓는 문제가 발생하고 있다.
- 정체를 일으키는 복합 네트워크 구조: 기존의 인터넷 설계는 장기간 측정한 트래픽 패턴과 동시 접속자 수를 고려한 링크 추가 가입 방식을 사용하는데, 트래픽 패턴이 동적으로 변함에 따라 네트워크 규모 예측이 어려워지고 있다.
- 네트워크 관리의 문제: 새로운 기능과 서비스를 제공하려고 하지만 네트워크 벤더의 허용 한계로 말미암아 새로운 서비스 개발을 주저하는 상황이 진행되고 있다.

3 네트워크 가상화 진화, SDN과 오픈플로

3.1 네트워크 가상화를 위한 SDN

SDN이란 'Software Defined Network'의 약자로서 미래 인터넷 통신 환경

의 새로운 환경을 제시하는 통신 기법이다. SDN은 하드웨어 기반 데이터 전달 기능과 소프트웨어 제어 기능이 밀접하게 결합된 기존의 스위치/라우터에서 제어 기능을 분리해 네트워크 트래픽 전달 동작을 소프트웨어적으로 제어·관리하기 위한 기술이다.

이처럼 스위칭 하드웨어와 제어 소프트웨어를 분리함으로써 네트워크 소유 운영자 및 사용자는 네트워크의 세부 구성 정보에 얽매이지 않고 자신의 요구 사항에 따라 통신망을 소프트웨어 기반으로 손쉽게 제어·관리할 수 있다.

SDN은 장비 벤더가 주도하는 변화가 아니라 네트워크 오퍼레이터 등 장비 사용자가 필요에 의해 직접 나서서 이끄는 변화이며, 미래 인터넷을 놓고 전통적인 장비 업체와 서버 기업, CP, ISP 등 사용자 그룹이 참여하고 있다.

3.2 SDN 기술을 위한 오픈플로

오픈플로Openflow는 SDN 기술 중 하나로, 네트워크를 통해 데이터 패킷을 어떻게 전달할 것인지 제어하기 위한 기능Control Plane을 물리적 네트워크와 분리해 데이터 전달 기능Data Plane과 상호작용하기 위한 프로토콜이다. 네트워크에서 사용자 데이터 트래픽에 영향을 주지 않고 가장 알맞은 전송 경로를 정의하여 주는 것을 말한다. 컨트롤러와 물리적 네트워크인 스위치 간 통신을 담당하는 표준 인터페이스 오픈플로는 토폴로지 변화와 패킷 필터링과 같은 특징들을 제어하기 위해 관리 추상화와 기본 기능을 제공한다. 인터넷 스위치, 라우터 등의 제어 평면Control Panel에 탑재되고 소프트웨어 정의 네트워크SDN: Software Defined Networking에 사용된다.

오픈플로 프로토콜은 다양한 비호환 라우터와 스위치로 구성된 네트워크를 제어·통합할 수 있는 네트워크를 위한 하이퍼바이저 역할을 한다. 오픈플로 규격을 지원하는 L2/L3 스위칭 장비, 컨트롤러, 스마트 응용 등에 대해 SDN을 도입한 새로운 제품과 벤처들이 속속 소개되는 등 네트워크 산업 활성화가 기대되며, 오픈플로 신생 기업들이 생겨나면서 네트워크 시장의 경쟁력이 하드웨어에서 소프트웨어로 이동할 가능성이 증대되고 있다.

4 네트워크 가상화의 향후 전망

네트워크 가상화/SDN의 핵심 동력은 모빌리티의 증가, 네트워크 트래픽의 증가와 서버 가상화 보급, 클라우드 컴퓨팅으로의 이동이었다. 네트워크 가상화의 경우 실행 비용이 많이 소용되고 SDN 도입 이전의 솔루션 복잡성으로 말미암아 확산에 지장이 있었다.

　네트워크 가상화를 통해 장비를 좀 더 효율적으로 활용함으로써 낮은 전력 소비로 에너지 절감 효과를 제공할 뿐 아니라 저렴한 장비를 통해 비용 절감 효과까지 전달할 수 있을 것이다.

참고자료

연승준. 2013. 「네트워크 가상화 동향분석」. ≪전자통신동향분석≫, 제28권 제3호, 115~124쪽.

최낙중. 2013. 「SDN 기술 동향」. 경북대학교 통신프로토콜연구실.

가상 머신 vs 컨테이너

가상화(Virtualization)란 물리적 자원을 동시에 다수의 논리적인 자원으로 사용하는 것을 말한다. 가상화 방법에 가상 머신(VM: Virtual Machine)과 컨테이너가 있으며, VM은 컴퓨터 환경을 말 그대로 외부 환경을 완전하게 가상화하는 목적으로 OS 전체, 실행할 응용 프로그램과 모든 라이브러리를 가상화하여 소프트웨어로 구현한 것이다. 아래 그림에서도 볼 수 있듯이 VM은 서버, 호스트 OS, 하이퍼바이저(Hypervisor) 위에 올라가게 되고, 각 VM은 OS, 드라이버, 메모리 등 컴퓨터 환경이 구성되기 위해 필요한 요소들을 갖추게 된다. VM을 사용하면 서버 한 대 안에서도 여러 개의 OS 환경을 구성할 수 있는 장점이 있고, 그만큼 서버의 공간을 효율적으로 사용할 수 있게 된다.

1 가상 머신과 컨테이너 특장점

1.1 가상 머신

가상 머신을 간단히 네 가지 관점에서 특장점을 이해할 수 있다.

- **호환성**: 일반적인 컴퓨터처럼 그대로 구동화된다. 그래서 기존에 PC 또는 서버에서 돌리던 것을 그대로 돌릴 수 있으며, 다른 종류의 하드웨어에 돌리더라도 그냥 돌아간다는 점이다. 그렇기 때문에 가상 머신은 다양한 환경에서 사용된다.
- **격리성**: 하나의 컴퓨터에서 여러 가상 머신이 구동되더라도 격리되어 있기 때문에 하나의 가상 머신에 바이러스 등이 오염되더라도 다른 가상 머신에 문제가 생기지 않는다. 필요 시, 문제가 생긴 가상 머신만 걷어내면 된다.
- **호환성**: 한번 구성된 가상 머신은 복제되어 여러 컴퓨터에, 또는 하나의 컴퓨터에서도 여러 개로 복제되어 쓸 수 있으며, 각 컴퓨터 운영체제를

다시 설치할 필요성을 줄여준다.

- 보안: 하나의 VM이 공격당해도 아키텍처적으로 다른 VM이나 호스트와 공유되는 것이 없으므로, 다른 VM이나 호스트가 안전하게 보호된다.

가상 머신의 장점

- 호환성: 다양한 HW, 컴퓨터에서 구동 가능
- 격리성: 단일 HW에서 구동중인 다수 가상 머신 중 특정 가상 머신에서 문제가 생기더라도, 다른 가상 머신에 영향을 주지 않는 독립적인 구조
- 캡슐화: 구성된 가상 머신은 여러 개로 복제되어, 활용 가능
- 보안성: 공유 없는 독립적인 아키텍처로, 특정 가상 머신이 공격당해도 안전함

가상 머신의 단점

- 중복성: 가상 머신 서버마다 필요한 SW 설치 필요
- 관리: 셸 스크립터(Shell Script)를 통한 설치 및 설정 자동화도 어렵고 안정성에 영향을 줄 수 있음

가상머신의 단점을 해결하고자 등장한 프로젝트가 "이뮤터블 인프라스트럭처Immutable Infrastructure"이며 도커Docker도 "이뮤터블 인프라스트럭처 프로젝트" 중 하나이다.

- 이뮤터블 인프라스트럭처 프로젝트의 특징

  • OS 커널과 서비스 환경을 분리해 커널 수정 없이 환경 교체 가능

  • 서비스가 수정되면, 이전 서비스 환경을 새로운 서비스 환경으로 쉽고 빠르게 교체 가능

  • 장점

    (1) 편리한 관리: 서비스 운영 환경을 이미지화해 중앙에서 관리

    (2) 확장성: 이미지 하나로 다수의 서버 생성 가능

    (3) 테스트: 이미지를 이용해 같은 서비스 환경 구성 가능

    (4) 경량화: OS와 서비스 환경이 분리되어 가볍고, 어디서나 실행 가능

1.2 컨테이너

VM에 비교했을 때 컨테이너는 응용 프로그램의 이식성과 독립성에 목적을 두고 한층 더 애플리케이션 중심으로 설계되었다. 그림 '가상 머신과 컨테이너'에서 볼 수 있듯이 컨테이너는 별도의 OS나 드라이버 없이 호스트 OS를 공유하는 형태로 실행된다. VM이 서버를 여러 대로 사용할 수 있게 해

주었다면, 컨테이너는 개별 애플리케이션을 위한 가상 공간을 할당해준다. 컨테이너는 VM보다 작은 단위이고 내부에서 처리하는 일도 더 적기 때문에 좀 더 간단하고, 빠르고, 효율적으로 애플리케이션을 실행시킬 수 있다. 하지만 컨테이너를 사용하기 위해서는 하나의 OS만 사용해야 하기 때문에 여러 가지의 OS를 사용할 수 있게 해주는 VM보다는 용도가 제한될 수 있다. 즉, 호스트 OS상에서 논리적으로 구역(컨테이너)을 나눠 애플리케이션 동작을 위한 라이브러리와 애플리케이션 등을 컨테이너 안에 넣고, 개별 서버처럼 사용하는 가상화 기술이다.

가상 머신과 컨테이너

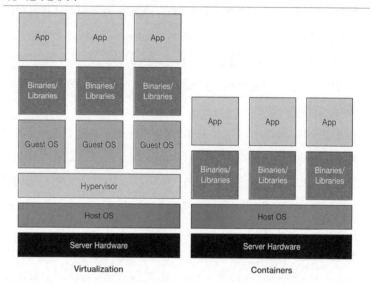

Virtualization   Containers

- 가상 머신: 하이퍼바이저를 통한 컴퓨팅 가상화로 여러 게스트 OS를 동작시킴(예를 들면 KVM, Xen)
- 컨테이너: OS를 가상화해 여러 개의 리눅스 시스템을 동작시킴(예를 들면 LXC, Docker)

컨테이너 장점

- 개발에서 운영까지의 과정이 단축됨: 휴대성이 좋아 개발/테스트 환경을 그대로 운영 환경에 적용 가능
- 빠른 시작과 종료: OS 입장에서는 단순한 프로세스 실행과 종료
- 오버헤드가 낮음: 가상화를 위한 하이퍼바이저가 필요하지 않음
- 자원을 효율적으로 사용 가능: 애플리케이션 동작에 필요한 자원으로만 구성

컨테이너 단점

- 호스트 OS에 종속적: 단일 하드웨어에 다양한 OS의 사용이 필요할 경우, VM을 사용해야 함
- 각각의 커널에 독립적인 커널 구성 불가: 커널 자원을 공유하므로, 컨테이너가 사용하는 커널 환경은 동일

1.3 가상 머신과 컨테이너 비교

컨테이너의 다양한 장점 때문에 VM 활용성에 대한 회의적인 시각도 있으나, 현실적으로 VM은 현재 엔터프라이즈 IT 환경에서 아주 중요한 부분이며 가까운 시일 내에 다른 기술이 VM을 대체하거나 없애는 일은 없을 것이라고 전문가들은 말한다. 컨테이너가 모든 상황에 적합한 것은 아니기 때문에 VM과 컨테이너의 장단점을 고려하여 상황에 맞게 얼마나 잘 사용하느냐가 관건이 될 것으로 보인다. 시작 소요 시간, 오버헤드, 성능 차원에서 VM과 컨테이너를 간단히 비교해본다.

- 시작 소요 시간: 하드웨어 가상화는 CPU, 메모리, 하드 디스크 등의 하드웨어를 가상화하고 있기 때문에 하드웨어나 OS를 부팅해야 하므로 부팅에 분 단위 시작 시간이 소요되는 반면, 컨테이너는 부팅 시 OS는 이미 시작된 상태이고, 애플리케이션 프로세스의 시작만 필요하므로 수 초 이내에 시작될 수 있다.
- 오버헤드Overhead: OS에서 응용 프로그램을 작동하는 경우, 하드웨어 가상화에서는 가상화된 하드웨어 및 하이퍼바이저를 통해 처리하기 때문에 물리적 시스템보다 처리에 부가적인 시간(오버헤드)이 필요하나, 컨테이너는 커널을 공유하고, 개별 프로세스가 작업을 하는 것과 같은 정도의 시간밖에 걸리지 않으므로 오버헤드가 없다.
- 성능: '시스벤치sysbench'라는 벤치마크 도구를 사용하여 성능 측정한 결과, 물리적 시스템과 컨테이너형 가상화 성능은 모든 항목에서 거의 같은 결과이고 하드웨어 가상화는 메모리, 파일 IO는 약 2배, CPU는 약 5배의 시간이 소요되었다. 결론적으로 물리 머신과 비교해도 성능 저하가 거의 없는 것으로 나타났다.

구분	가상 머신(Virtual Machine)	컨테이너(Container)
기본 이미지 사이즈	수 분 이내	수 초 이내
시작 소요 시간	컨테이너보다는 보안에 강함	커널 취약점 공유
기반	Hypervisor	Host kernel
호스트 OS	일반적인 Linux, Windows	CoreOS, Nano Server, Atomic(Redhat), Ubuntu Photon(VMWare), 일반적인 Linux
종류	KVM, VMWare, Hyper-Virtual Box	Docker, LXC, rtk

구분	가상 머신(Virtual Machine)	컨테이너(Container)
오버헤드	높음	낮음
성능	하이퍼바이저로 인한 성능 저하 발생	우위
구동 애플리케이션 수	낮음	높음

1.4 도커 Docker

컨테이너와 함께 크게 화두가 되고 있는 도커는 컨테이너를 위한 운영체제로서, 애플리케이션을 신속하게 구축, 테스트 및 배포할 수 있는 소프트웨어 플랫폼이다. 도커는 소프트웨어를 컨테이너라는 표준화된 유닛으로 패키징하며, 이 컨테이너에는 라이브러리, 시스템 도구, 코드, 런타임 등 소프트웨어를 실행하는 데 필요한 모든 것이 포함되어 있다. 도커는 코드를 실행하는 표준 방식을 제공하며 컨테이너는 가상 머신이 서버 하드웨어를 가상화하는 방식과 비슷하게(직접 관리해야 하는 필요성 제거) 서버 운영 체제를 가상화한다. 따라서 가상 머신과 컨테이너를 학습할 때, 반드시 도커 기반 컨테이너화도 고려해야 한다.

도커 엔진과 상세 내부 구성(예)

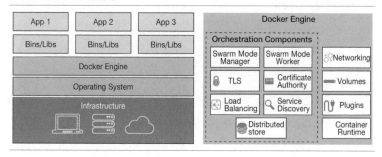

 참고자료
https://www.redhat.com/ko/topics/containers
https://www.joinc.co.kr/w/man/12/docker/InfrastructureForDocker
http://cyberx.tistory.com/71
http://curvc.com/curvc/static/docs/devops/07.pdf
조대협. 2016. 「Microservice, Docker & Kubernetes」

C-9

도커 Docker

리눅스 컨테이너가 등장한 지 약 10년이 훌쩍 지났고 도커가 처음 등장한지 도 5년 정도가 되었다. 컨테이너를 사용하는 상용 서비스가 점차 늘어나고 인기도 지속되고 있는 가운데, 구글이 발표한 자료에 따르면 수십억 개의 컨테이너가 구동되고 있고 구글이 운영하는 모든 서비스는 컨테이너 기반으로 돌아간다고 한다. 컨테이너를 생성 및 관리하는 가장 보편적인 소프트웨어로서 각광받고 있는 컨테이너 엔진이 도커이다.

1 도커의 이해

1.1 도커의 등장

도커Docker는 2013년에 솔로몬 하이어스Solomon Hyers가 논문 「리눅스 컨테이너의 미래The future of Linux Containers」를 발표하면서 등장했다. 리눅스 컨테이너 기술은 오래 되었으나, 개발과 활용이 복잡하고 까다로워서 널리 보급되지 못했는데, 매우 편리한 인터페이스와 명령어를 가지고 있는 도커를 이용해서 컨테이너를 쉽게 띄우게 되었다.

1.2 도커의 정의

도커는 리눅스 컨테이너 가상화 환경에서 애플리케이션의 배포를 자동화하는 오픈 소스 프로그램이다. 리눅스 위에서 동작하며, Go 언어로 만들어졌다. 2013년부터 도커Docker사에서 개발하기 시작했으며, 온-프레미스

On-Premise 및 클라우드 환경에서도 동작한다.

1.2.1 도커를 사용하는 이유

서비스를 개발해서 손쉽게 구동하기 위해 메이븐Maven, 그래들Gradle, FTP 등의 다양한 패키지와 배포 도구를 사용했으며, 서버 환경에 맞춰 배포해야 하고 더욱이 초기 상태에서 시작한다면 JVM 설치부터 web/was 서버 등의 설치 및 환경 설정까지 모두 해줘야 했는데, 이를 손쉽게 해결해주는 컨테이너 개념이 등장했다.

컨테이너에 이미지를 담아 구동시키는 방식으로 손쉽게 배포할 수 있는데, 이러한 컨테이너를 어떻게 만들고 활용할지에 대해서는 미리 도커에서 정의해놓은 방식으로 손쉽게 처리 가능하다는 것이다.

1.2.2 가상 머신과 컨테이너 비교

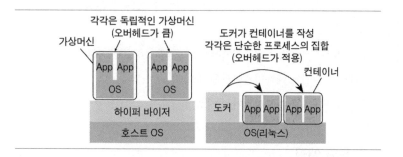

가상 머신은 소프트웨어로 구현된 하드웨어로서 일종의 하드웨어 가상화이며, 가상화 기능을 위해 호스트 OS 위에 게스트 OS를 만들어서 올리는데, 완전히 별개로 존재할 수 있다는 점에서 서로 의존적이지 않으나 게스트 OS가 별도의 운용체제이므로 용량이 어느 정도 되고 I/O가 호스트 OS를 거치므로 속도가 느리다는 단점이 있다. 가상화된 애플리케이션에는 애플리케이션 자체와 필요한 바이너리/라이브러리뿐만 아니라 운영체제 전체가 포함된다.

컨테이너는 OS에서 지원하는 기능을 사용하는 격리된 환경에서 실행되는 프로세스로서 도커 엔진 위에서 동작하며, 별도의 게스트 OS가 불필요하고 용량도 줄고 성능도 개선되었는데 기존 운영체제와 도커의 컨테이너에 의존성이 존재한다. 도커 엔진 컨테이너는 애플리케이션과 꼭 필요한 바이너리/라이브러리만 갖추고 있고 운영체제상의 사용자 공간에 격리된 프로세스로 구동되기 때문에 가상 머신의 이점을 누리면서도 이동성이 훨씬 뛰어나다.

2 도커 플랫폼 및 아키텍처

2.1 도커 플랫폼

도커는 컨테이너라 불리는 독립된 환경으로 응용 애플리케이션을 패키징하고 실행할 수 있는 기능을 제공한다. 컨테이너는 부가적인 하이퍼바이저 등이 불필요하기 때문에 가볍고 호스트 OS상에서 직접 실행시킬 수 있다. 도커는 컨테이너의 생명주기lifecycle를 관리할 수 있는 플랫폼과 도구를 제공한다.
- 컨테이너를 사용해서 애플리케이션 개발 및 컴포넌트 지원
- 컨테이너 단위로 애플리케이션을 테스트
- 컨테이너 형태로 애플리케이션 배포

2.2 도커 엔진

도커 엔진은 아래의 주요 컴포넌트를 갖는 클라이언트-서버 애플리케이션이다.
- 도커 커맨드에서 실행하는 데몬daemon 프로세스로 구동되는 서버
- 데몬과 통신하는 프로그램 인터페이스인 레스트 API REST API
- CLI Command line interface(커맨드라인 인터페이스) 클라이언트

　CLI 클라이어트가 도커 데몬과 통신하기 위해 도커 레스트 API를 사용하며, 도커 애플리케이션들은 API와 CLI를 사용한다. 데몬이 이미지, 컨테이너, 네트워크, 볼륨 등의 도커 객체를 관리한다.

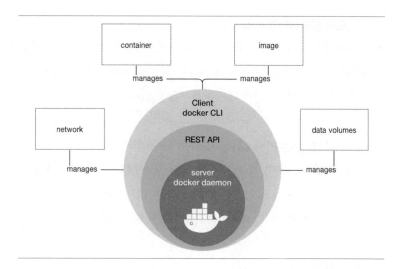

2.3 도커 아키텍처

도커는 클라이언트-서버 아키텍처이며, 도커 컨테이너를 만들고 실행하고
배포하기 위해 도커 클라이언트는 도커 데몬과 연결한다. 도커 클라이언트
와 데몬은 같은 시스템상에서 실행과 원격 연결 모두 가능하며, 레스트 API
를 사용해서 통신한다.

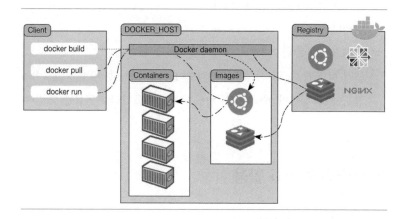

2.3.1 도커 데몬Docker daemon
도커 API 요청을 처리하며, 이미지, 컨테이너, 네트워크, 볼륨 같은 도커 객
체를 관리한다. 데몬은 도커 서비스를 관리하는 다른 데몬과도 통신할 수
있다.

2.3.2 도커 클라이언트 Docker client

도커 사용자가 도커를 사용하는 주된 접근 경로이고 'docker run'과 같은 명령어를 치면, 클라이언트는 수행 완료했다는 'dockered'로 응답한다. 도커 클라이언트는 하나 이상의 데몬과 통신할 수 있다.

2.3.3 도커 레지스트리 Docker registries

도커 이미지를 저장하며, 도커 허브와 도커 클라우드는 누구나 사용할 수 있는 레지스트리이다. 도커는 기본적으로 도커 허브에서 이미지를 찾도록 설정되어 있으나, 프라이빗 레지스트리를 운영할 수도 있다.

2.3.4 도커 객체 Docker objects

도커 활용 시 사용하는 이미지, 컨테이너, 네트워크, 볼륨, 플러그인 등의 객체 중 일부를 소개한다.

- 이미지 Images
  - 도커 컨테이너를 생성하기 위한 템플릿
  - 애플리케이션 실행에 필요한 프로그램, 라이브러리, 미들웨어와 OS, 네트워크 설정 등을 하나로 모아 이미지 파일로서 애플리케이션 실행에 필요한 파일이 담긴 디렉토리이다.
- 컨테이너 Containers
  - 이미지의 실행 인스터스
  - 도커 AI 또는 CLI를 사용해서 컨테이너를 생성, 시작, 정지, 이동, 삭제할 수 있고 컨테이너를 복수의 네트워크 및 스토리지와 연결할 수 있다.

3 도커의 확산과 활용

3.1 도커의 확산과 개선점

비즈니스 민첩성, 자원 효율성, 사용량 변화 대응 용이 등의 장점을 기반으로 급속히 확산 중에 있다.

- 비즈니스 민첩성: 쉽고 빠른 개발/운영 적용으로 기업 환경 요구에 민첩

한 대응이 가능하고 실행 환경과 라이브러리를 미리 탑재해서 OS 종속성 Dependency이 없다.

- **자원 효율성 향상**: 하나의 서버에 많은 컨테이너를 배치 및 실행할 수 있으며, 가상 머신 대비 6~8배 더 많은 컨테이너를 실행하여 효율을 향상 (30~70%)시킨다.
- **사용량 변화 대응 용이**: 사용량workload에 따른 애플리케이션의 추가 실행 scale-out 또는 고성능의 운영 환경으로의 이전 실행 Scale-up이 간편하다.

컨테이너를 사용하면서 서버 자원을 효율적으로 사용하게 되는데, 컨테이너가 너무 많아지면 관리와 운영이 어려워지고 효율성이 떨어지게 됩니다. 즉, 컨테이너 수가 대규모로 커지면서 컨테이너의 구동 스케줄링 scheduling, 작업량workload, 스케일링scaling의 관리 자동화가 중요해지고 있다.

- 컨테이너 환경 구성 및 서비스 구동
- 다수의 컨테이너 동시 구동
- 컨테이너 정상 동작 확인 및 재구동
- 컨테이너 간 연계
- 컨테이너 클러스터 외부 서비스와의 연계
- 컨테이너 스케일링 아웃/다운Scaling out/down

이와 같이 다수의 컨테이너를 효율적으로 관리하기 위한 기술과 이를 지원하기 위한 오케스트레이션orchestration 기술이 사용되고 있다.

3.2 도커의 활용

컨테이너 기술과 관련해서는 도커 컨테이너 이외에 로켓Rocket 컨테이너, 윈도우 서버 컨테이너, 자바 컨테이너, LXD 컨테이너 등이 있으며, 시장을 주도하고 있는 기술은 도커이다.

컨테이너 기술의 사용과 관심이 급증함에 따라, 다수의 컨테이너를 효율적으로 관리하기 위한 오케스트레이션 기술을 제공하는 대표적인 오픈 소스는 구글에서 제공하는 쿠버네티스Kubernetes와 Docker.Inc에서 제공하는 스웜Swarm이 있다.

참고자료

아사 시호(Asa Shiho), 『완벽한 IT인프라 구축을 위한 Docker』, 신은화 옮김, 정보문화사.

http://blog.skhynix.com/1317

https://www.contino.io/insights/beyond-docker-other-types-of-containers

https://www.docker.com

C-10

마이크로서비스 아키텍처

MSA: MicroService Architecture

마이크로서비스 아키텍처(MSA: MicroService Architecture)는 시스템을 여러 개의 독립된 서비스로 나눠, 각 서비스들을 조합함으로써 요구되는 기능을 제공하는 아키텍처 디자인 패턴을 말하는 것으로 SOA의 경량화 버전이라고도 말한다. 서비스에는 세 가지 의미가 있다. 단일한 기능 묶음으로 개발된 서비스 컴포넌트이면서, 레스트풀(Restful) API 등을 통해 기능을 제공하고, 데이터를 공유하지 않고 독립적으로 가공하고 저장할 수 있다는 의미를 갖고 있다.

1 마이크로서비스 아키텍처 개념

1.1 마이크로서비스 아키텍처 등장 배경

기존 모노리틱 아키텍처와는 다르게, 마이크로서비스 아키텍처를 활용하면, 하나의 기능을 구현하는데, 여러 개의 서비스를 조합하여 기능을 제공하게 된다. 즉, 작은 서비스의 집합인 서버 응용 프로그램을 빌드하는 방법이다. 각 서비스는 자체 프로세스에서 실행되며 HTTP/HTTPS, 웹소켓 WebSockets 또는 AMQP와 같은 프로토콜을 사용하여 다른 프로세스와 통신한다. 각 마이크로서비스는 특정 컨텍스트 경계 내에서 특정 종단 간 도메인이나 비즈니스 기능을 구현하고 자율적으로 개발되며 독립적으로 배포될 수 있어야 한다. 마지막으로 각 마이크로서비스는 다양한 데이터 저장소 기술(SQL, NoSQL) 및 프로그래밍 언어에 따라 관련 도메인 데이터 모델과 도메인 논리(주권 및 분산 데이터 관리)를 소유해야 한다.

기존 모노리틱 아키텍처와 차이점

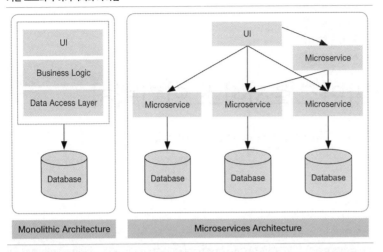

구분	모노리틱(Monolithic)	마이크로서비스(Microservice)
장점	- 단순한 형태의 작은 코드베이스 용이 - 개발 속도 신속 - 테스트 용이	- 대규모 응용 프로그램/서비스에 적합 - 장기적으로 개발 속도 향상 - 서비스 단위 학습 용이 - 서비스 단위 빠른 개발/배포 용이 - 서비스 단위 고효율/저비용 스케일 아웃 가능 - 확장성 및 오류 제어를 위한 격리
단점	- 코드가 많아질수록 추가·변경 부담 - 시간이 경과될수록 느려짐 - 코드 학습·적응에 시간 소요 - 확장성 미흡	- 더 많이 변화하는 부분 발생 - 복잡한 인프라 요구 사항 발생 가능 - 일관성 및 가용성 확보 어려움 - 분산 시스템 환경에서 트랜잭션 보장 - 테스트, 배포 등 관리 복잡

기존 모노리틱 기반과 마이크로서비스 기반의 개발-빌드-테스트-릴리즈 비교

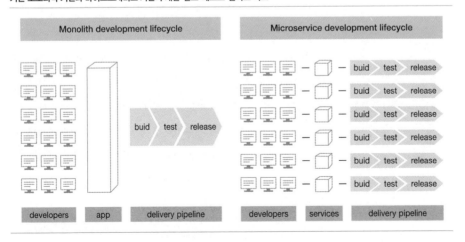

C · 클라우드 컴퓨팅 서비스

마이크로서비스의 크기는 얼마여야 할까? 마이크로서비스를 개발하는 경우 크기는 중요하지 않으며, 그 대신 중요한 점은 각 서비스에 대해 개발, 배포 및 크기 조정의 자율성을 갖도록 느슨하게 결합된 서비스를 만드는 것이 중요하다. 물론 마이크로서비스를 식별하고 디자인하는 경우 다른 마이크로서비스에서 과도한 직접 종속성이 없다면 가능한 작게 만들어야 한다. 마이크로서비스의 크기보다 중요한 점은 내부 응집력 및 다른 서비스로부터의 독립성이다.

1.2 마이크로서비스 아키텍처 필요성

최근 IT 서비스의 대형화, 복잡한 연계성을 고려할 때, 다양한 이유가 있겠으나 크게 세 가지로 요약한다면 다음과 같다.

- 독립성: 마이크로서비스를 사용하면 세부적이고 자율적인 수명 주기를 포함하는, 많은 독립적으로 배포 가능한 서비스에 기반한 응용 프로그램을 만들 수 있어서 복잡한 대규모의 확장성이 뛰어난 시스템에서 유지 관리 기능을 향상시킬 수 있다.
- 확장성: 전체 서비스 단위로 확장해야 하는 단일 모놀리식 응용 프로그램과는 달리 특정 마이크로서비스를 확장할 수 있다. 이런 방식으로 확장해야 하는 응용 프로그램의 다른 영역을 확장하지 않고 추가 처리 기능이 필요한 기능 영역 또는 요청을 지원하는 네트워크 대역폭을 확장할 수 있다. 즉, 하드웨어를 적게 사용하기 때문에 비용이 절감되기 때문이다. 마이크로서비스 접근 방식을 사용하면 복잡하고 대규모로 확장 가능한 응용 프로그램의 작은 특정 영역을 변경할 수 있기 때문에 각 마이크로서비스를 신속하게 변경하고 반복할 수 있다.
- 개발 생산성: 세분화된 마이크로서비스 기반 응용 프로그램을 구축하는 작업은 연속 통합 및 지속적인 업데이트 사례를 사용한다. 또한 응용 프로그램이 새 기능을 사용하도록 가속화한다. 응용 프로그램의 세분화된 컴포지션Composition을 사용하면 격리된 마이크로서비스를 실행하고 테스트하며, 해당 서비스 간에 지우기 계약을 유지하면서 자율적으로 변경할 수도 있다. 인터페이스 또는 계약을 변경하지 않으면 다른 마이크로서비스를 중단하지 않고 마이크로서비스의 내부 구현을 변경하거나 새 기능

을 추가할 수 있다.

1.3 마이크로서비스 제약 사항

마이크로서비스는 근본적인 제약요소가 있어, 모노리틱 아키텍처로부터 마
이크로서비스로 전환 시 고려해야 할 사항들이 있다.

마이크로서비스 제약 사항

- 장애 진단
- 테스팅
- 표준 관리
- 팀의 역량에 따른 일정 및 품질 문제
- 트랜잭션 관리
- 서비스 간 코디네이션(Chief Architect, Program manger의 역할 필요)
- 서비스 간 일정 관리

마이크로서비스 아키텍처로 전환을 위한 참조 사항

- 안정적인 아키텍처일 것
- 서비스는 연계가 강한 기능들의 집합일 것
- 동일한 이유로 변경되는 것들은 하나의 서비스일 것
- 서비스끼리는 느슨한 결합일 것
- 각각의 서비스는 테스트 가능할 것
- 각 서비스는 2 피자 팀이 개발- 관리가 가능할 정도의 규모일 것

2 피자 팀
피자 조각 두 개를 나누어 먹을 수
있는 정도의 팀 사이즈를 예시로
표기

2 마이크로서비스 아키텍처 지원 도구

2.1 대표적인 오픈 소스 활용 사례

마이크로서비스를 지원하기 위해 많은 곳에서 솔루션과 오픈 소스 S/W를
내놓고 있다, 그중에서도 넷플릭스Netflix에서 개발하고 오픈한 오픈 소스
S/W가 제일 활용도가 높으며 넷플릭스는 마이크로서비스라는 용어가 있기
전부터도 유사한 형태의 아키텍처를 고민해왔다. 마이크로서비스 아키텍처
에서는 기존과는 달리 매우 많은 개수의 서비스가 수시로 업데이트되고 운
영되기 때문에 기존의 모니터링이나 자동화 툴로는 해결되기 어려운 부분
이 많았고 넷플릭스에서는 이를 해결하고자 자체 개발한 많은 툴을 오픈 소

스로 내놓았다.

다른 기업에서 마이크로서비스 아키텍처를 도입할 때 많이 활용되고 있는 넷플릭스의 주요 오픈 소스 S/W는 아스가르드Asgard(애플리케이션 배포 자동화 및 클라우드 관리 툴), 히스트릭스Hystrix(서비스 가동성·오류 모니터링 및 관리), 유레카Eureka(서비스 등록 및 검색), 리본Ribbon(클라이언트 사이드Client Side 로드밸런싱) 등이 있다. 스프링 프레임워크Spring Framework로 유명한 스프링 Spring 재단에서는 마이크로서비스 아키텍처 도입을 고민하는 기업들을 위해 스프링 프레임워크에서 넷플릭스를 쉽게 활용할 수 있도록 하는 스프링 클라우드 넷플릭스 프로젝트를 운영하고 있습니다. 이를 활용하면 한 줄의 코드 추가로 넷플릭스 오픈 소스 S/W를 스프링 프레임워크에 적용할 수 있습니다. 이 외에도 길트Gilt나 캐피탈원Capital One 등에서 오픈 소스 툴을 내놓고 있다.

2.2 마이크로서비스의 서비스 크기 식별

마이크로서비스 크기는 코드의 줄 수Line of Code, 팀 크기 등을 통해 정량적으로 정의할 수 있는 것이 아니기 때문에, 에릭 에반스Eric Evans가 주장한 도메인 주도 설계Domain-Driven Design 사상을 기반으로 마이크로서비스 단위를 결정하는 것이 효율적일 수 있다.

따라서 마이크로서비스를 나눌 때 독립적으로 서비스되어도 문제없는 업무 범위Bounded Context 안에서 분할되어야 한다.

서비스 식별 프로세스

마이크로서비스를 식별하기 위한 프로세스와 방안을 살펴보면 먼저 비교적 작은 크기의 배치Bounded Context 기반으로 업무를 분할하여 마이크로서비스 후보 단위를 결정합니다. 후보 분할 단위는 업무에 대한 유지 보수, 배포 적절성과 CSR 등을 통해 시스템 변경이 잦은 단위로 후보를 결정하게 된다.

마이크로서비스 단위가 너무 크면 빠른 개발, 배포, 정교한 서비스 확장에 대한 효과가 미비하고, 너무 작으면 성능, 트랜잭션에 대한 관리의 어려움이 있습니다. 따라서 보통 2~4주 안에 개발할 수 있는 비교적 작은 크기의 배치를 권장한다.

후보 단위의 마이크로서비스에 대해 업무 간 종속성 분석을 하여 시스템 호출 관계도 분석과 CRUD 매트릭스Matrix 분석을 통한 DB 연관도 분석을 통해 독립된 마이크로서비스로 분리가 가능한지 검토합니다. 호출-피호출 관계에 따라 분산 또는 결합 여부를 결정할 수 있다.

비교적 작은 크기의 배치와 업무 간 종속성을 분석하여 최종 마이크로서비스 단위를 도출합니다. 처음 도입 시에는 큰 단위로 도출하고 업무 니즈 (비즈니스 성장률, 복잡도, 확장성)를 고려하여 점점 작은 크기로 서비스를 도출하는 것이 효율적이다.

마이크로서비스 단위가 결정되면 운영을 통해 원하는 시점에 독립된 배포 지원 여부, 배포까지 리드타임Lead Time 등을 측정하여 마이크로서비스 적용에 대한 효과를 판단하고 만약 효과가 크지 않을 경우 마이크로서비스 단위 재조정을 통해 비즈니스에 맞는 서비스 크기로 재조정할 수 있다.

2.3 마이크로서비스의 적용 분야

마이크로서비스 아키텍처 적용 사례가 아직은 아주 많다고는 할 수 없다. 물론 넷플릭스, 아마존, 길트와 같은 곳은 시스템 규모와 복잡도의 증가로 인한 개발 생산성 및 품질 저하를 해결하기 위해 수년 전부터 마이크로서비스 아키텍처를 도입했지만 아직은 생소한 개념 수준이다. 그럼에도 기술을 중요시하는 기업을 중심으로 도입이 진행 중이며, 금융산업에서도 몇몇 선도 기업들이 도입 중이며 공공 분야의 경우 영국 전자정부에서 도입했다. 특히 커머스 산업이나 O2O 기업들이 많이 도입하고 있고 이 외에도 부동산, 제조, 엔터테인먼트, 인터넷 서비스 등에서도 조금씩 도입하고 있는 것을 볼 수 있다.

마이크로서비스 아키텍처 적용 기업

분야	기업
금융	CapitalOne, Citibank, Nasdaq, Wells Fargo, Goldman Sachs, Lending Club
커머스	Gilt, eBay, Amazon, Walmart, Groupon, Autoscout24, 쿠팡, GS홈쇼핑
인터넷 서비스	Twitter, Soundcloud, Karma, Dropbox, SK플래닛
미디어/엔터테인먼트	Netflix, Disney, Guardian
O2O	Uber, Hailo, Instacart, Airbnb
기타	UK Government Digital Service(공공), Nike(제조), Realestate.com.au(부동산)

참고자료

윤석찬. 2017. 「마이크로서비스 기반 클라우드 아키텍처 구성 모범 사례 」. 삼성 SDS.

http://www.opengroup.org/soa/source-book/msawp/p3.htm

https://microservices.io/patterns/microservices.html

https://www.slideshare.net/awskorea/microservices-architecuture-on-aws

서버리스 아키텍처 Serverless Architecture

'클라우드 기술에 대한 패러다임 변화'에서 서비스 운용을 위한 확장성 및 가용성에 대한 수고와 비용을 없애는 방향으로 바뀌고 있는 가운데, 서버리스 컴퓨팅을 간단한 키워드로 설명한다면 "신속한 반복 작업을 도와주고 운영 및 관리의 부담을 제거하여, 전체 개발 속도를 높여준다"는 개념이다. 'Serverless', 즉 서버가 없다는 표현은 그냥 표현일 뿐, 사실 작업을 처리하는 서버는 존재한다. 다만, '서버의 존재'에 대해 신경 쓰지 않아도 된다는 의미이며, 서버가 어떤 사양으로 돌아가고 있는지, 서버의 개수를 늘려야 할지, 네트워크는 어떤 걸 사용할지, 이런 걸 고민하거나 설정할 필요가 없다는 뜻이다. 아마존 웹서비스(AWS)의 '람다(Lambda)'를 시작으로 마이크로소프트는 '애저 펑션(Azure Functions)', 구글은 '클라우드 펑션'이라는 이름으로 서버리스 기술을 내놓았다.

1 서버리스의 이해

1.1 서버리스의 정의

서버리스는 서버는 존재하지만, 고객이 스스로 관리해야 하는 서버가 0으로 수렴한다는 의미이다. 즉, '운영체제, 미들웨어, 가상화 등은 신경 쓰지 말고 기능만 구현하라. 나머지는 클라우드 기업이 다 알아서 해주겠다'라는 뜻이다. 서버단 로직을 주로 개발자가 코딩하는 전통적인 방법과는 다르게 서버리스는 서버에 상태를 저장하지 않고 돌리는 애플리케이션을 의미하기도 한다. 이는 BaaS와 FaaS, 이렇게 두 가지로 나뉠 수 있으며 이런 방식을 적용하기 위해 FaaS Functions as a Service가 있고 그중 AWS 람다Lamda가 FaaS계의 가장 인기 있는 구현체이다.

서버리스의 가장 큰 특징은 인프라 설치, 확장성 고려, 복잡한 배포 및 모니터링 등 많은 업무를 줄이는 것이다. 즉, 민첩하게 만들고 배포하려는 단체에 적합하다. 서버리스를 사용하게 되면 데이터 유효성 검사와 같은 계산 용량을 많이 필요로 하는 작업에 유리하다. 또한 모바일·웹·기업용 IoT 애 플리케이션에서 레스트 기반 호출 서비스를 위한 API를 개발자가 손쉽게 생성, 게시, 유지 관리, 모니터링을 할 수 있다. 예를 들면, AWS Lambda는 가장 선두에 있는 서비스로, 코드가 실행될 때마다 5분 안에 실행되면서 100ms 단위로 과금되며, 다른 AWS 서비스의 이벤트를 처리하거나, 아 마존 API 게이트웨이API Gateway(쉽게 말하자면 '라우터'의 개념)로 들어오는 HTTP 요청에 대해서도 실행할 수 있다.

즉, 아마존 API 게이트웨이와 AWS 람다를 조합하고, 여기에 아마존 기 존 서비스를 연계해서 새로운 아키텍처를 구성할 수 있는데, 이것을 소위 '서버리스 아키텍처'라고 부른다(마치 다양한 요리를 할 때 필요한 재료가 필요 한 것처럼, AWS는 최소 단위primitives라고 부르는 다양한 서비스로 만들고, 개발자 들이 이를 자유롭게 조합하여, 새로운 아키텍처를 설계 구성한다).

기존 아키텍처와 서버리스 아키텍처

기존 아키텍처

서버리스 아키텍처
(using client-side logic and third-party services)

서버리스 장점

- 함수가 서비스의 기본 배포 및 확장 단위이다.
- 데이터 저장 공간은 어딘가 무제한으로 있다고 가정하라.
- 사용자가 아닌 요청에 대해서만 확장하라.
- 함수의 실행은 어디서나 가능하므로, 장애 복원력을 가지도록 만들어라.
- 요청이 없는데 돈을 낼 필요가 없다.

- 실행 기간: AWS 람다의 경우 5분 이상 걸리는 함수는 실행에 실패하게 되어 있고, 그 이상이 걸릴 경우 자동으로 폐기된다. 즉, 오랜 시간을 요구하는 작업은 적합하지 않다.
- 초기 실행 지연: JVM으로 구현 시, JVM이 구동되기 위한 시간이 필요하므로, 지연 시간이 적은 트레이딩 애플리케이션을 개발한다면 문제가 되지 않을 사항이다.

1.2 서버리스 아키텍처 기본

서버리스에 대한 개념과 목적을 명확하게 하는 것이 중요하다.

- 함수Function가 서비스의 기본 배포 및 확장 단위이다.
- 프로그래밍 모델에서 물리 서버, 가상 서버, 콘테이너에 대한 의존성을 제거한다.
- 데이터 스토리지는 어딘가 무제한으로 있다고(사용한다고) 가정한다.
- 사용자가 아닌 오로지 요청Request에 대해서만 확장한다.
- 요청이 없는데 돈을 낼 필요가 없다.
- 함수의 실행은 어디서나 가능하므로, 장애 복원력을 가지도록 만든다.
- BYOCBring your own code: 나만의 서비스를 책임지고 만들 수 있어야 한다.
- 통계 수집 및 로그 취득은 보편적인 필수 사항이다.

1.3 서버리스 아키텍처의 BaaS와 FaaS

서버리스는 BaaS, FaaS의 합집합이라고 할 수 있으며, 특정 시기나 조건에서 함수나 이벤트를 실행할 때면 더 효율적으로 관리할 수 있어 함수를 이용할 때만 인프라를 이용하면 비용도 절감된다. 서버리스 기술은 주로 함수 단위로 관리한다. 그래서 FaaS Function as a Service라고 부른다. 사실 인프라 뒷단 관리는 원래 엔지니어나 시스템 관리자의 영역이었다. 만약 클라우드 기업이 이 부분을 대체한다면 어떨까. 기존의 직업은 사라지고, 개발 프로세스도 달라진다.

1.3.1 BaaS Backend as a Service
BaaS의 가장 큰 장점은 개발 시간의 단축(인건비 포함), 서버 확장 작업의 불필요함이다. 백엔드에 대해 지식이 별로 없더라도, 빠른 속도로 개발이 가능하며 특히, 파이어베이스Firebase에서는 실시간 데이터베이스를 사용하여 데이터가 새로 생성되거나, 수정되었을 때 소켓을 사용하여 클라이언트에게 바로 반영시켜주는 기능이 있다. 이러한 기능은 직접 개발하게 된다면 구조 설정에 꽤 많은 시간이 필요할 수도 있는데 이를 단지 코드 몇 줄만으로 구현할 수 있게 해주는 멋진 기능을 지니고 있다. 추가적으로, 일정 사용량만큼 무료로 사용 할 수 있기 때문에 토이 프로젝트, 소규모 프로젝트의 경우 백엔드로서 매우 유용하게 사용할 수도 있다.

BaaS 장점

- 개발 공수가 적다.
- 자원 설정이 필요 없다.
- 대표적으로 데이터베이스, 소셜 서비스 연동, 파일 시스템, 오스(Auth) 등을 제공할 수 있다.

BaaS 단점

- 클라이언 위주의 코드: 백엔드 로직들이 클라이언트 쪽에 구현됨
- 비용: 앱의 규모가 커지면, 서비스 구현/운영 비용(Cost)이 크게 증가됨
- 복잡한 쿼리가 불가능: RDBMS의 테이블, 관계 같은 개념이 존재하지 않아 구현의 한계

1.3.2 FaaS Function as a Service

FaaS는 프로젝트를 여러 개의 함수로 쪼개서(혹은 한 개의 함수로 만들어), 매우 거대하고 분산된 컴퓨팅 자원에 여러분이 준비해둔 함수를 등록하고, 이 함수들이 실행되는 횟수(그리고 실행된 시간)만큼 비용을 내는 방식을 말한다. 서버 시스템에 대해 신경 쓰지 않아도 된다는 점이 PaaS와 유사하나, 가장 중요한 차이점은, PaaS의 경우엔, 전체 애플리케이션을 배포하며, 일단 어떠한 서버에서 당신의 애플리케이션이 24시간 동안 계속 돌아가고 있다는 점이다. 반면 FaaS는, 애플리케이션이 아닌 함수를 배포하고, 계속 실행되고 있는 것이 아닌, 특정 이벤트가 발생했을 때 실행되며, 실행이 되었다가 작업을 마치면(혹은 최대 타임아웃 시간이 지나면) 종료됩니다.

FaaS 장점

- 비용: 필요할 때만 함수를 호출하여 처리하고, 함수가 호출된 만큼만 비용을 지불한다.
- 인프라 관리: 네트워크, 장비 이런 것들에 대한 구성 작업을 신경 쓸 필요가 없다.
- 인프라 보안: 리눅스 업데이트, 최근 발생한 인텔 멜트다운(Meltdown) 취약점 보안 패치, 이런 것들 또한 신경 쓸 필요가 없다.
- 확장성: 일반적으로, FaaS를 사용하지 않는다면, 다양한 트래픽 증가에 대비해, 자동 스케일링(Scaling) 같

은 기술을 사용해야 하고, 이를 위해 CPU 사용량, 네트워크 처리량에 따라 서버의 개수를 늘리는 방식으로 처리를 분산시켜야 하는 반면, FaaS를 사용하게 되면 특정 조건에 따라 자동으로 확장되는 것이 아니라, 함수가 1초에 1개가 호출되면 1개가 호출되는 것이고, 1억 개가 호출되면 1억 개가 호출되도록 자연스럽게 확장하는 것이다.

FaaS 단점

- 제한: 모든 코드를 함수로 쪼개서 작업하다 보니, 함수에서 사용할 수 있는 자원에 제한이 있다.
- FaaS 제공사에 강한 의존: AWS, 애저(Azure), 구글 등의 FaaS 제공사에 강한 의존을 하게 된다.
- 로컬 데이터 사용 불가능: 함수들은 무상태적(stateless)로, 데이터를 로컬 스토리지에서 읽고 쓸 수 없다. 그 대신 AWS S3, 애저 스토리지를 이용해야 한다.
- 비교적 신기술: 아직까지는, 해외 사례는 일부 있으나, 국내에서는 찾아보기가 힘들다.

BaaS와 FaaS 관점의 서버리스 주요 활용 사례

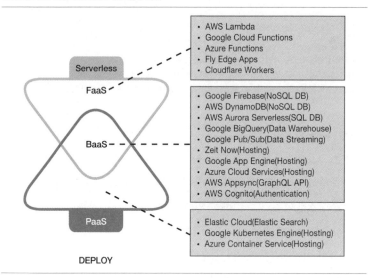

1.4 클라우드 서비스 벤더별 FaaS 활용 체계

AWS 람다는 가장 선두에 있는 서비스로서 Node.js, Java, 파이썬Python 코드를 올리기만 하면, 코드가 실행될 때마다 5분 안에 실행하면서 100ms 단위로 과금한다. 다른 AWS 서비스의 이벤트를 처리(예를 들면, 아마존 S3에 이미지가 올라오면 썸네일을 만드는 기능을 동작)하거나, 아마존 API 게이트웨이로 들어오는 HTTP 요청에 대해서도 실행할 수 있다. 올라온 코드에 대한 버전 기능, 배치 작업을 위한 크론Cron 기능 등을 제공하고, 매월 100만ms

구분	아마존	마이크로소프트	구글
서비스명	Lambda	Azure Functions	CloudFunctions
시작 연도	2014	2016	2016
상태	상용	Beta	Beta
지원 언어	NodeJS, Java, Python, Net C#, Linux 등	JS, PHP, C#, F#, Python, bash, Powershell	Node.JS
기타	-	Bundle functions One Drive & Bot Service Integration	Deploy from github or BitBucket, CLI

에 대해 무료로 제공하기에 테스트 개발에도 적합하다.

1.5 서버리스 아키텍처의 필요성과 한계점

개발자가 클라우드나 온-프레미스On-Premise 환경의 서버 또는 런타임 관리
와 운영에 대해 걱정하기보다는 핵심 제품에 집중할 수 있다. 이렇게 오버
헤드가 줄어들면 개발자가 시간과 에너지를 확장 가능하고 안정적인 훌륭
한 제품을 개발하는 데 사용할 수 있다. 따라서 최근에는 스타트업이든 대
기업이든 적절하게 서버리스 기술을 배치할 수 있다. 적용할 수 있는 산업
분야도 무궁무진하다. 현행 애플리케이션이 충분히 안정화되고 굳이 혁신
적인 기술을 도입할 필요가 없다면, 기존 기술을 활용하는 게 타당하나, 앞
으로 기능을 계속 추가하거나 규모가 확장되는 기술이라면 서버리스 아키
텍처를 도입하는 것이 현명할 수 있다.

　반면 한계점도 있다. 일관성 있는 구조를 구축하는 게 어려울 수 있다.
즉, 관리하는 함수가 10개, 100개가 아닌 수천 개로 늘어날 수 있기 때문이
다. 또 어떤 이벤트가 실행될 때 어디서 왜 문제가 발생하는지 파악하는 데
도 힘들 수 있다. 따라서 모니터링하거나 전체 과정을 관리하는 기술이 좀
더 성장해야 한다. 서버리스 기술이 보안에 취약한 것이 아니냐는 지적도
있다. 기업이 코드만 신경 쓰면 하드웨어에 대한 통제권을 잃고, 인프라와
연계된 보안을 소홀히 대할 수 있기 때문이다.

1.6 서버리스 애플리케이션 개발 패턴

모노리틱, 마이크로서비스, 함수Functions 등 애플리케이션의 특성에 따라 선별하여 적용 가능하나, 모노리틱 아키텍처 적용 시, 확장성의 어려움, 장기적 관점의 개발 생산성이 낮고 제공 서비스의 기능 신규·수정 시 어려움이 있어 구현 아키텍처로는 지양하고 있다.

반면 마이크로서비스 아키텍처는 아마존닷컴Amazon.com의 사례를 통해서도 알 수 있듯이 애플리케이션이 활발히 개발되고 서비스되고 있다.
- 수천 개의 자율적인 데브옵스DevOps 팀 운영
- 지속적인 개발/배포CI/CD 가능
- 다양한 개발 환경을 지원

참고자료
https://martinfowler.com/articles/serverless.html
http://www.zdnet.co.kr/column/column_view.asp?artice_id=20160614172904
http://mangastorytelling.tistory.com/m/6923
https://blog.aliencube.org/ko/2016/06/23/serverless-architectures/

D

인텔리전스 & 모빌리티 서비스

—

D-1

BYOD Bring Your Own Device

BYOD란 개인이 소유한 노트북, 스마트폰, 태블릿 PC 등의 스마트 기기를 통해 언제 어디서나 업무 처리하는 것을 의미하는 용어로, BYOT(Bring Your Own Technology)라고도 한다.

1 BYOD의 개요

1.1 BYOD의 정의

BYOD는 개인이 소유한 모바일 장비(노트북, 스마트폰, 태블릿 PC 등)를 직장에서 업무용으로 사용하는 경향을 일컫는 말이다. 콘텐츠(일)가 중심이던 협업 환경을 사람과 콘텐츠가 자연스럽게 연결되는 환경으로 전환해 기업과 조직 내 생산성을 높이는 개념이라고 할 수 있다.

1.2 BYOD의 등장 배경

- 모바일 기기의 대중화와 빠른 무선 네트워크 환경: 스마트폰, 태블릿 등 모바일 기기가 PC 출하량을 넘어설 만큼 모바일 기기는 대중화되었다. 또한 3G, LTE망 등 빠른 무선 네트워크망의 보급으로 이동 중이나 원격으로도 사무실에서처럼 빠른 인터넷을 이용해 업무를 처리할 수 있는 환

경이 조성되었다.

- 소셜 네트워크 서비스의 확산: SNS의 확산은 일상뿐만 아니라 업무에도 깊은 영향을 미치고 있다. 상당수의 직장인이 SNS에서 자신의 친구와 즉각적인 대화를 나누는 것처럼, 업무를 할 때도 신속한 의사결정과 커뮤니케이션 등으로 활용하는 등 SNS가 경영 환경에 미치는 영향력이 계속 증가하고 있다.

- 스마트 워크의 확대: 스마트 워크가 확대됨에 따라 원격 근무, 재택근무를 도입하는 기업들이 점차 늘어나고 있다. 직원들이 점점 더 사무실 밖에서 일하는 시간이 많아짐에 따라 직원들이 사용하는 기기나 애플리케이션을 활용하는 방안을 모색하고 있다.

2 BYOD의 구축 전략 및 도입 시 고려 사항

2.1 BYOD의 구축 전략

- 웹 표준 기반 업무 시스템: 기존 업무 시스템에서는 서드 파티 플러그인 적용으로 인터넷 익스플로러Internet Explorer에서만 사용 가능했다. 그러나 다양한 모바일 디바이스를 지원하기 위해서는 웹 표준을 통한 멀티 운영체제Multi-OS, 멀티 브라우저Multi-Browser를 지원해야 한다.

- 모바일 앱Mobile App을 모바일 웹Mobile Web으로 전환: 기존 모바일 앱은 모바일 운영체제별로 개발하기 때문에 모든 디바이스 적용이 어려우며 유지 보수 비용과 시간이 상대적으로 클 수밖에 없다. 동일한 웹 서비스로 모든 모바일 운영체제에서 사용할 수 있는 모바일 웹으로의 전환이 필요하다.

- 문서 도구를 클라우드 기반 웹 오피스로 전환: 기존의 오피스Office 같은 설치형 문서 도구는 협업 시 효율이 떨어지고 문서의 로컬 저장이 필수적이기 때문에 BYOD 환경에는 부적합하다. 그러므로 클라우드 기반 웹 오피스를 통해 문서를 클라우드 환경에 저장하고 문서의 수정 및 피드백 등 BYOD 환경을 지원해야 한다.

- 선별적 VDI 환경 제공: 디자이너, R&D 등 설치형 소프트웨어가 필수적인

조직에 가상 데스크톱 인프라VDI: Virtual Desktop Infrastructure를 선별적으로 적용해 인프라 최적화를 통한 비용 절감을 지원해야 한다.

2.2 BYOD 도입 시 고려 사항

BYOD 도입 시 네트워크Network, 보안Security, 관리Management에 대한 부분을 종합적으로 기획하고 준비해야 한다.

BYOD 도입 시 고려 사항

구분	고려 사항
네트워크	- 유·무선에서 접속 방법과 관계없는 통합(Unified) 접속 구현 - 통합 액세스(Access) 네트워크 구현 - 안정성 높은 무선 인프라 구축 방안 - 네트워크 트래픽 증가에 따른 수용 방안 수립
보안	- 접속 시 안전한 접속 및 보안 위협에 대한 대응 방안 수립 - 상황 인식 기반의 통합 인증 및 접근 제어 정책 수립 - 원격 접속 보안 정책 적용
관리	- 유·무선, 정책, 기기 관리에 대한 통합 관리 제어 - 비관리 기기에 대한 관리 방안 수립

3 BYOD의 도입 사례

- 인텔의 BYOD 도입: 인텔Intel에서는 2012년 말 기준 2만 3500대의 모바일 기기를 직원들이 사용할 수 있도록 지원하고 있다. 인텔 직원들은 회사가 제공한 40여 개 모바일 앱을 통해 언제 어디서든 회사 서비스와 정보에 접근할 수 있다. 이를 통해 직원 한 명당 하루에 57분, 연간 무려 500만 시간의 업무 생산성 향상의 효과를 얻었다. 개인 기기와 결합된 앱을 통해 업무 관련 의사소통 시간을 줄이고 내부 정보에 액세스하거나 구매 요청을 신속하게 승인하는 등의 기능 구현을 통해 의사결정이 빨라지면서 전반적인 업무 처리 과정이 효율화되어 생산성이 향상되었다.
- VM웨어의 BYOD 도입: VM웨어VMWare에서는 BYOD 도입을 통해 IT 관련 비용 지원을 줄이고 비용을 IT 예산이 아닌 해당 부서 예산으로 사용하는 등 지출 계획을 조정해 200만 달러를 절감, 절감된 예산으로 보안과 인프라 프로그램 구축에 사용했다.

- 마스카드 월드와이드의 BYOD 도입: 마스터카드 월드와이드Mastercard Worldwide 에서는 전 세계 직원 6700여 명 중 약 2000여 명이 BYOD 사용 승인을 받았으며 계속 증가하고 있다. 마스터카드는 직원들에게 개인 소유의 기기를 통해 회사 시스템에 접속하는 것을 허용하는 대신, 직원의 기기를 통해 사용되거나 저장되는 모든 데이터를 암호화해서 처리한다.

4 BYOD의 도입 시 위협 요소와 대응 방안

4.1 BYOD의 도입 시 위협 요소

개인 기기는 네트워크에 DoS Denial of Service 나 악성 코드를 확산시키는 경로가 될 수 있다. 또한 새 기기 구입 시 기존 기기의 데이터를 삭제하지 않았을 때 정보가 유출될 수도 있다. 경제적인 측면에서는 기업이 모든 모바일 기기에 대해 업무용 앱을 제공하고 지원해야 하는 부담이 있다. 또한 태블릿이나 노트북이 고장 나면 직원들이 생산적으로 업무를 볼 수 없으므로 경제적 손실을 야기할 수 있다.

4.2 BYOD의 위협 요소에 대한 대응 방안

- 디바이스 측면: 지원 단말기의 범위를 지정해 관리 대상을 제한한 후 허용된 단말기만 내부 자산에 접근을 허용해야 한다. 또한 내부 보안 문서 또는 시설에 대한 촬영과 같이 단말기 부정 사용을 통한 기업 정보 유출도 통제해야 한다. 이를 위해 MDM Mobile Device Management 을 통해 원격에서 관리하는 방안을 모색할 수도 있다.
- 네트워크 측면: 네트워크에서 단말기의 인증 및 VPN 통신을 통해 네트워크를 보안해야 하고, 단말기와 소유자 정보를 연결하는 인증 수단을 제공해야 한다. 또 VPN 통신을 이용해 내부 자산에 안전하게 접근해야 한다.
- 애플리케이션 측면: 업무용으로 사용하는 애플리케이션에 대한 화이트리스트를 만들어 허용하고, 블랙리스트는 차단해야 한다. 이를 위해 MAD Mobile Application Management 를 활용하는 방안을 모색할 수도 있다.

참고자료

김찬우. 2012. 「진정한 BYOD를 위한 IT 고려사항」. Enterprise Mobility World 2012 발표문.
류한석. 2012. 「IT의 소비재화 및 BYOD'가 가져올 혜택과 이슈」.
《데일리그리드》. 2012.12.24. "BYOD 시대의 보안 전략".
《ITWorld》. 2013. 「'거스를 수 없는 대세' BYOD와 컨슈머라이제이션의 이해」. IDG Tech Report.

기출문제

89회 관리 메타버스(Metaverse)의 네 가지 범주인 증강현실(Augmented Reality), 가상 세계(Virtual Worlds), 라이프로깅(Lifelogging), 미러 월드(Mirror Worlds)에 대해 설명하시오. (25점)
83회 응용 Metaverse에 대해 설명하시오. (10점)

CYOD Choose Your Own Device

CYOD는 회사가 기기의 제한된 범위의 모바일 장비(노트북, 스마트폰, 태블릿 등)를 지원하며 임직원들이 그 안에서 선택할 수 있다는 것을 의미한다.

1 CYOD의 개요

1.1 CYOD의 정의

CYOD는 회사가 기기의 제한된 범위의 모바일 장비(노트북, 스마트폰, 태블릿 등)를 지원하며 임직원들이 그 안에서 선택할 수 있는 것을 의미한다. CYOD는 기업의 IT 부서가 애플리케이션의 패치나 업데이트 등을 관리할 수 있고, 내부 보안 표준 및 정책을 준수하는 복수의 단말기를 미리 선정하며, 직원은 그 목록 안에서 자신이 소유할 기종을 선택하는 방식이다.

1.2 CYOD의 등장 배경

BYOD가 개인의 모바일화를 주도했지만, 기업 관점에서는 보안이나 관리, 지원 등에 들어가는 비용과 비교할 때 이점이 적을 수 있다. BYOD는 장치의 관리 및 트래픽 모니터링이 어렵고 기업에서 사용하는 플러그인을 개인의 단말기가 지원하지 않는 경우가 있다. 또한 장치별 응용 프로그램이 서로 달라 한 단말에서 수행한 작업을 다른 단말로 옮기지 못하는 경우도 발생한다. 그뿐만 아니라 VPN 소프트웨어 미탑재, 펌웨어 및 운영체제 업데이트 등의 문제로 보안상 중대한 위험 요소가 될 수 있다. 따라서 BYOD의 장점을 살리면서 위험을 줄일 수 있는 방법으로 CYOD가 부상하고 있다.

2 CYOD와 BYOD의 비교

2.1 CYOD와 BYOD의 수준별 비교

CYOD와 BYOD의 수준별 구분

구분	내용
CYOD	회사가 구입해 제공된 단말기 리스트 중에서 선택하도록 요구하고, 개인 용도로 사용할 수 있게 허용해주는 방식
Hybrid BYOD	사용자가 구입한 단말기를 회사 용도로 사용할 수 있도록 허용해주지만, 운영체제와 애플리케이션 사용에 제한을 두는 방식
Limited BYOD	제한된 그룹(경영진, 특정 영업팀)만 BYOD를 이용하게 제한하는 방식
Formal BYOD	회사 내에서 공식적으로 BYOD를 도입하고 통제·관리를 위한 기술적·관리적 정책을 적용하는 방식
Informal BYOD	회사 내에서 공식적인 BYOD에 대한 통제·관리 정책이 없는 경우

2.2 CYOD와 BYOD의 세부 사항 비교

CYOD와 BYOD의 비교

구분	CYOD	Hybrid BYOD	Limited BYOD	Formal BYOD	Informal BYOD
단말기 선택 여부	제공된 리스트	Yes	Yes	Yes	Yes
운영체제 선택 여부	No	No	Yes	Yes	Yes
단말 보조금 여부	Yes	Sometimes	Sometimes	No	No
통신비 보조금 유무	-	Yes	Sometimes	No	No
업무용 이용 요금 부담 유무	Yes	Sometimes	Sometimes	No	No
중앙 통제 여부	Yes	Yes	Yes	Yes	No
전 사원 이용 여부	Sometimes	Sometimes	No	Yes	Sometimes

3 CYOD 도입에 따른 주요 이슈 및 대응 방안

3.1 CYOD 도입에 따른 보안 이슈

- 사용자 단말 보안 이슈: 모바일 기기의 분실이나 도난 시 저장되어 있는 개인 또는 기업 주요 정보가 유출될 가능성이 있다. 또한 주변인이 모바일 기기를 무단으로 사용해서 정보가 유출되거나 변조될 가능성이 있으며 기기 판매 시 저장된 기밀 데이터의 보호가 어려울 수 있다.
- 무선 네트워크 보안 이슈: 와이파이Wi-Fi를 이용한 내부 정보 시스템 접속 시 통신 정보에 대한 도청과 감청, 위조와 변조 등의 보안 위협이 있을 수 있으며 악의적으로 설치된 피싱 AP 접속 시에 보안 위협이 있다.

3.2 CYOD 도입에 따른 보안 이슈에 대한 대응 방안

구분	내용
이용자 단말 보안	악성 코드 감염 방지, 분실, 도난 대응, 정보 유출 통제
네트워크 보안	암호화 통신, 정보 시스템 운영, 유·무선 네트워크 보안
업무 서비스 보안	인증 보안, 서비스 보안, 정보 자산 보안, 이용자 행위 기록, 암호 및 키 관리
인프라 보안	정보 처리 시스템 보안, 시설 보안, 가용성 확보
관리 보안	정보 보호 정책 수립, 조직 구성, 교육, 훈련, 보안성 검증, 사고 대응

참고자료

강홍렬 외. 2012. 「모바일 브로드밴드와 모바일 비즈모델」.

정보통신산업진흥원. 2013. 「BYOD에서 CYOD로, 보안성과 편의성의 공존」. ≪주간기술동향≫, 1588호.

≪ITWorld≫. 2013.11.28. "인터뷰 | 'BYOD는 지고 CYOD가 뜬다' IDC APAC 찰스 앤더슨 부사장".

기출문제

101회 응용 BYOD와 CYOD(Choose Your Own Device)의 차이점과 무선랜을 지원하는 NAC(Network Access Control)의 주요 특징을 설명하시오. (25점)

D-3

N-스크린

N-스크린이란 하나의 콘텐츠를 다양한 사용자 단말기 간에 공유할 수 있게 함으로써, 장소와 시간에 따라 사용자가 원하는 편리한 단말을 통해 콘텐츠를 향유할 수 있게 하는 기술을 의미한다.

1 N-스크린의 개요

N-스크린의 개념도

N-스크린이란 하나의 콘텐츠를 여러 단말기를 통해 원하는 장소와 시간에
향유하는 것을 의미한다. 최초에 미국의 통신 사업자인 AT&T에 의해 TV,
PC, 휴대전화 등 단말기 3개에서 콘텐츠를 동기화해 이용한 3-스크린의 개
념으로 시작되었다. N-스크린의 대상이 되는 콘텐츠는 영화, 음악 등 엔터
테인먼트 콘텐츠뿐만 아니라 책, 신문, 잡지, 문서, 주소록 등 일상생활의
모든 정보를 포함하며, 기기 간 스트리밍, 공통 운영 플랫폼, 서드 파티 콘
텐츠 연계 등 다양한 기술 요소의 결합으로 서비스를 실현한다.

2 N-스크린의 주요 기술 및 서비스 제공 유형

2.1 N-스크린의 주요 기술

주요 기술	주요 내용
Sync Framework	- 애플리케이션, 서비스, 디바이스에서 오프라인 액세스가 가능하도록 만든 프레임워크 - 데이터 타입, 저장소, 전송 프로토콜에 관계없이 작동 - 여러 디바이스가 오프라인에서도 같은 콘텐츠 공유
Open Protocol	- 데이터를 공유하기 위한 프로토콜로서, 여러 가지 형태의 디바이스에서 사용할 수 있도록 지원함
DLNA(Digital Living Network Association)	- 무선으로 집 안의 네트워킹이 가능한 전자 기기들을 연결하는 기술 - 별도의 어댑터나 HDMI와 같은 단자 및 복잡한 선 불필요
Cloud 관련 기술	- 다수의 고객에게 높은 수준의 확장성을 가진 IT 자원들을 서비스로 제공하는 기술
스트리밍	- 콘텐츠 이용 시 다운로드 절차 없이 서버에서 직접 콘텐츠를 단말에 전송해주는 기술
Mash-up	- 각종 콘텐츠와 서비스를 융합해 새로운 응용 서비스를 만들어내는 기술

2.2 N-스크린의 서비스 제공 유형

구분	서비스 유형	설명
콘텐츠 출처	다운로드 방식	- 인터넷에 연결된 저장 매체에 콘텐츠를 저장하는 방식
	실시간 방식	- 콘텐츠를 저장하지 않고 실시간 재전송하는 방식
콘텐츠 전송 방식	복제 전송 방식	- 저장된 콘텐츠를 디지털 기기로 복제하는 방식
	스트리밍 방식	- 저장된 콘텐츠를 실시간으로 전송하는 방식
	단일 플랫폼형	- 하나의 N-스크린 서비스 플랫폼을 통해 TV, PC, 모바

구분	서비스 유형	설명
사업자 특성		일 기기에 동일한 콘텐츠로 서비스를 제공하는 모델
	디바이스 간 공유 방식	- 서비스나 플랫폼과 무관하게 획득한 콘텐츠를 디바이스 간 공유를 통해 N-스크린을 구현
	독립형 서비스 / 플랫폼	- 하나의 사업자가 독립적인 서비스 플랫폼과 각각의 콘텐츠를 TV, PC, 모바일 기기에 제공하는 형태 - 바라이즌(VERIZON)의 FiOS가 대표적
	하이브리드 서비스 / 플랫폼	- 플랫폼 통합 및 기기 간 통신을 통해 다양한 방식으로 N-스크린을 지원하는 모델

3 N-스크린의 활용 사례

3.1 N-스크린의 해외 활용 사례

- AT&T의 'U-Verse' 콘텐츠 통합 플랫폼: 2007년 마스터스 골프 대회를 TV, PC, 모바일이라는 3개의 단말기를 통해 중계함으로써 3-스크린 개념을 도입했다. 최근에는 'U-Verse'라는 브랜드를 통해 네트워크, VoIP 등 번들 상품 출시와 리모컨, TV 편성표 등의 기능을 제공하는 앱을 출시했다.

- 구글의 안드로이드 OS & 스마트 TV 플랫폼 확장: 클라우드 기반의 다양한 웹 콘텐츠를 다양한 단말기에서 사용하는 환경을 제공한다는 전략으로 구글 TV 출시뿐만 아니라 지메일Gmail, 구글 맵Google Map, 구글독스 Google Docs 등을 통합하기 위한 플랫폼을 확대 추진하고 있다.

- Apple의 'iTunes' 플랫폼 확장: '아이튠스iTues'라는 대표적인 콘텐츠 플랫폼을 기반으로 단말기 제조, 운영체제까지 직접 공급해 사업을 확장하는 전략인 최근 아이클라우드iCloud 서비스를 통해 애플의 모든 기기에서 아이튠스의 콘텐츠를 사용하는 환경을 제공한다.

- Xfinity의 온라인 콘텐츠 확장 전략: 미국 최대 케이블 사업자로서, 'TV Everywhere'라는 슬로건하에 SNS 기능을 추가한 'Xfinity'를 발표하고 TV 외에 모바일, PC, 스마트패드 등 다양한 단말기를 대상으로 서비스를 확장하고 있다.

3.2 N-스크린의 국내 활용 사례

- SKT의 기기 간 동기화 서비스: 와이파이 네트워크에서 스마트폰과 PC 사이에 원격 동기화 기능을 제공하고 최근에는 티스토어T store와 연계한 호핀Hoppin 서비스를 통해 N-스크린 서비스 플랫폼 경쟁력을 강화하고 있다.
- KT의 'U-Cloud' 스토리지 서비스: 클라우드 환경에 사용자의 파일을 저장하고 어느 기기에서나 사용할 수 있는 U-Cloud 스토리지 서비스를 제공한다. 최근에는 영화, 애니메이션, 음악 등 다양한 콘텐츠 공급자와 제휴해 미디어 파일 스트리밍 서비스를 제공하고 있다.
- LG U+의 '유플러스 박스' 스토리지 서비스: 음악, 동영상 등 미디어 파일을 쉽게 올리고 언제 어디서나 다양한 단말기에 최적화된 자동 포맷 전환으로 손쉽게 공유할 수 있는 서비스를 제공한다.

참고자료
김윤화. 2013. 「N 스크린 이용행태 및 추이분석」. KISDISTAT Report.
이장환. 2011. 「N-Screen 이해/비즈니스 동향」. 삼성SDS.

기출문제
95회 관리 N스크린 기술에 대하여 다음 질문에 답하시오. (25점)
　(1) N스크린 서비스의 개념 및 제공 서비스
　(2) N스크린 관련 개발 기술의 종류 및 내용
　(3) N스크린 시장 관련 사용자 및 정책 관점의 이슈

D-4

소셜 미디어

소셜 미디어는 쌍방향 테크놀로지를 통해 전달하고 싶은 생각이나 경험 등을 포함한 텍스트, 이미지, 오디오, 비디오 등 다양한 멀티미디어의 구성 요소와 사회적 상호작용을 통합하는 용어로 정의할 수 있다.

1 소셜 미디어의 개요

웹 2.0을 바탕으로 하는 인터넷 기반 애플리케이션의 총체이며 사용자에 의해 콘텐츠UGC: User-Generated Content 를 만들고 이를 교환할 수 있도록 하거나, 소비자에 의해 만들어진 미디어CGM: Consumer-Generated Media 를 말한다. 일반적으로는 쌍방향 테크놀로지를 통해 전달하고 싶은 생각이나 경험 등을 포함한 텍스트, 이미지, 오디오, 비디오 등 다양한 멀티미디어의 구성 요소와 사회적 상호작용을 통합하는 용어로 정의한다.

2 소셜 미디어의 종류와 특징

2.1 소셜 미디어의 종류

- 블로그Blog: 웹Web과 로그Log의 합성어로서 네티즌이 웹에 기록하는 일

기나 일지를 의미하며, 가장 최근의 업데이트 목록이 맨 위에 올라오게 되는 일종의 온라인 저널이다. 일부 블로그의 경우 정보의 전문성이나 분석의 신뢰도 측면에서 상당한 공신력을 확보해 전문 미디어로서의 역할을 수행한다. 단점은 이동성과 정보의 실시간 제공 능력이 떨어진다는 점이다.

- **콘텐츠 커뮤니티**Content Community : 특정한 종류의 콘텐츠를 만들고 공유하는 커뮤니티다. 과거에 전문 정보 작성자나 특정 기업에 의해 주도되던 콘텐츠 제작 역할이 일반인에게 넘어간 형태로 사용자들의 주관적 해석과 창의성이 가장 극명하게 드러나는 소통 채널이다. 사진 콘텐츠를 중심으로 하는 플리커Flickr, 북마크 링크 중심의 딜리셔스Delicious, 동영상을 중심으로 한 유튜브YouTube 등이 있다.

- **위키**Wiki : 콘텐츠를 추가하거나 정보를 웹 페이지상에서 편집할 수 있으며 일종의 공동 데이터베이스 역할을 수행하는 개념으로 단순히 정보를 모아 게재하는 수준이 아니라 정보 형성 과정에 다수의 사용자가 참여해 콘텐츠의 질적·양적 향상을 이루어나간다. 가장 유명한 서비스는 온라인 백과사전인 '위키피디아'로 특정한 편집인이 있는 것이 아니라 다수의 사용자가 조금씩 내용을 보태거나 고쳐나가는 협업Collaboration에 의해 창조된 지식을 역동적으로 반영한다.

- **SNS**Social Network Service : 이용자들이 자신의 개인 웹 페이지를 구축한 뒤 친구들과 연결하거나 콘텐츠를 공유하고 상호작용할 수 있도록 하는 서비스로, 다뤄지는 콘텐츠는 심각한 주제에 대한 논평보다는 개인 프로필과 신변잡기적 내용이 주를 이룬다. 대표적으로 페이스북Facebook, 마이스페이스MySpace, 트위터Twitter 등이 여기에 속한다.

- **마이크로블로그**Microblog : 휴대전화 등을 이용해 간단한 콘텐츠를 배포하는 소셜 네트워크 서비스의 일종으로 트위터가 대표적인 서비스다. 트위터는 유선 웹 기반 서비스를 무선통신 환경에서 구현할 수 있도록 영문 140자 이내의 짧은 글만 올리도록 해, PC나 인터넷 없이도 언제 어디서나 휴대전화를 이용해 다량의 문자 메시지를 주고받을 수 있으나 정보의 신뢰성 측면에서는 취약하다.

- **팟캐스트**Podcast : 방송Broadcast과 아이팟iPod의 합성어로 아이튠스와 같은 서비스를 통해 오디오와 비디오 파일들을 구독할 수 있는 서비스다.

- 포럼Forum : 특정한 주제나 관심사를 두고 온라인 토론이 이루어지는 장소로 소셜 미디어라는 용어의 등장 이전에 이미 활성화되었고 온라인 커뮤니티를 구성하는 보편적인 요소로서 국내에서는 다음Daum 의 아고라가 대표적인 서비스다.

2.2 소셜 미디어의 특징 비교

구분	사용 목적	대상	콘텐츠		대표 사례
			주요 내용	신뢰성	
블로그	정보 공유	1:N	- 특정 주제에 주관적 논평 - 신변잡기 정보	- 주관적 해석 - 악의적 왜곡 가능성 낮음	개인 블로그
UCC	엔터테인먼트	1:N	- 특정 주제에 대한 동영상	- 주관적 해석에 의한 콘텐츠 왜곡 가능성 존재	유튜브
위키	정보 공유, 협업 / 지식 창조	N:N	- 협업에 의해 창조된 지식 - 지속적 / 역동적 업데이트	- 주관적 해석 - 악의적 왜곡 가능성 낮음(IP 추적 가능)	위키피디아
SNS	관계 형성 엔터테인먼트	1:1, N:N	- 신변잡기 정보	- 악의적 왜곡 가능성 낮음(실명 기반 네트워킹)	페이스북, 마이스페이스
마이크로 블로그	관계 형성 정보 공유	1:1, N:N	- 현재 상태, 개인적 감정(문자 수 제한)	- 정보 왜곡 위험성 존재(콘텐츠 생성 주체의 익명성)	트위터

3 소셜 미디어의 활용 분야 및 유관 기술

3.1 소셜 미디어의 활용 분야

대부분의 기업이 고객을 대상으로 한 광고 또는 판촉, 고객 취향 확보를 위해 경영 전반에 소셜 미디어를 활용하고 있다.

외부 커뮤니케이션		내부 커뮤니케이션
[광고 / 판촉] - 잇앤파크: 슈퍼볼 등 대형 이벤트 시 테이크아웃 메뉴 20% 할인 프로모션 실시간 공지 - 델: 재고 상황 및 지역 / 시간 특성에 따라 게릴라성 프로모션 시행		**[수평적 커뮤니케이션]** - IBM: SNS를 활용한 사내 인트라넷을 통해 동료의 프로필 북마크, 블로그, 업무, 소속 그룹 등을 공유함으로써 동료들 간의 관계 및 업무 효율성 증대
[R&D] - P&G: 폐쇄적인 연구 개발 방식에서 벗어나 기업 외부에서 제품 기획·제조에 이르는 핵심적 지식을 습득, 연구 개발에 드는 시간과 비용 절감		
[CRM] - 컴캐스트: 고객들이 사적으로 느끼는 불만을 트위터를 통해 발견, 공식화되기 전에 선제적으로 대응함 - 뱅크 오브 아메리카(BOA): 메이저 금융기관 최초로 트위터를 고객 관리 채널로 활용해 고객 만족도와 충성도를 높임		**[수직적 커뮤니케이션]** - 델컴퓨터, 썬 마이크로 시스템스: CEO 메시지를 주기적으로 제공해 임직원 동기 부여, 내부 결속력 강화, 직원 이탈 방지, 경영 이념 공유에 활용
[IR/PR/CR] - 자포스: 아마존에 인수될 때 소셜 미디어를 통해 직원들과 사실을 공유하고, CEO가 트위터로 일반에 미리 공개 - KT / SKT: 경영 방침, 사회 공헌 등을 알려 고객과의 정서적 친밀도 향상		
[채용] - 사우스웨스트 항공: 트위터로 인력 채용 공고 및 진행		

3.2 유관 기술

- 소셜 컴퓨팅Social Computing : 사회적 행위와 컴퓨팅 시스템Computing System 의 교차 영역에 대한 컴퓨터 사이언스의 영역으로 광의적 개념으로는 소프트웨어 기술을 이용한 사회적 모임 및 정황의 재창조를 의미하고 협의적 의미로는 컴퓨팅을 통한 사회적 행위 지원을 의미한다.
- 소셜 소프트웨어Social Software : 컴퓨터를 매개로 커뮤니케이션을 통해 사람들이 만나고 연결되며 협력하는 기술 및 협력형 소프트웨어다. 기존 개인 및 기업과의 의사소통을 하기 위해 이메일Email 등과 같은 폐쇄형 정보 공유에서 웹Web 2.0 기반의 위키, 소셜 네트워크, 소셜 소프트웨어를 이용한 소통으로 변경해 지원하며 정체성Identity, 존재Presence, 관계Relationship, 대화Conversation, 그룹Group, 명성Reputation, 공유Share로 구성된다.

4 소셜 미디어의 효과적 활용을 위한 접근 방법

4.1 모니터링 Monitoring

초기에는 가능한 많은 소셜 미디어를 모니터링해야 한다. 잠재적으로 기업 활동에 악영향을 미칠 수 있는 요소들을 찾아내고, 성급한 초기 투자로 비롯된 손실을 최소화하기 위한 단계다.

4.2 포지셔닝 Positioning

미디어의 특징, 미디어 내 고객들의 활동, 자사와의 전략적 정합성, 해당 미디어의 확산 정도 등을 종합적으로 고려해 자사가 집중해야 할 미디어 및 미디어 내의 고객을 선정하는 단계다. 선정된 고객을 대상으로 어떤 활동을 전개할 것인지 선정한다.

4.3 소통 Interaction

선정된 미디어 내의 타깃 고객에 대해서는 이용자가 원하는 콘텐츠를 제공하는 것은 기본이고, 정서적으로 유대가 가능할 정도로 활발한 활동을 전개해야 한다.

4.4 통합 Integration

활용 미디어가 다양해짐에 따라 각각의 미디어가 전달하는 메시지를 일관성 있게 제어하는 것이 중요하다.

4.5 주도 Leading

수동적인 고객 응대나 정보의 수집 단계에서 벗어나 효율적인 서비스와 콘텐츠 기획으로 소셜 미디어 내의 여론을 주도해야 한다.

4.6 관리 Management

각각의 미디어가 본래의 목적과 생애 주기에 맞게 유기적으로 활용될 수 있도록 지속적으로 관여할 필요가 있다. 이 단계에 이르러 기업에서는 소셜 미디어에서 비롯된 긍정적 영향을 극대화하고, 비용 효율성을 확보할 수 있다.

참고자료

삼성 SDS 기술사회. 2010. 『핵심 정보통신기술 총서』, 1~7. 한울.
한국정보화진흥원. 2011. 「미디어 패러다임 변화에 따른 정부의 소셜미디어 커뮤니이션 방향」. ≪IT & Future Strategy≫, 제13호.

기출문제

93회 관리 SNS(Social Network Service)가 갖추어야 할 특성과 비즈니스모델, 그리고 사회에 미친 긍정적, 부정적 영향을 기술한 후, SNS의 응용 예로서 나타난 소셜 커머스(Social Commerce)에 대해 설명하시오. (25점)
93회 조직 소셜 네트워크 서비스에 대해 설명하시오. (10점)

LBS Location Based Service

위치 기반 서비스(LBS)란 이용자의 현재 위치를 중심으로 이용자가 필요로 하는 정보들을 제공해주는 서비스이며 이동통신 사업자, 위치 정보 사업자, 위치 기반 서비스 사업자를 중심으로 사용자에게 서비스가 제공된다.

1 LBS의 개요

1.1 LBS의 정의

위치 기반 서비스LBS는 위치 정보의 수집, 이용, 제공과 관련한 모든 유형의 서비스를 지칭하며 통신망이나 GPS를 통해 얻은 위치 정보를 바탕으로 사용자에게 유용한 기능을 제공하는 서비스에 사용되는 기술을 통칭한다. 넓은 의미에는 LBS 시스템을 기반으로 위치를 찾고, 이 위치를 활용해 제공할 수 있는 모든 서비스가 포함된다.

1.2 LBS 산업의 분류

대분류	중분류	소분류
시스템	- 서버 및 기지국 구축 - 기타 측위 관련 시스템 등	- 서버 네트워크, 기지국 측위 관련 시스템
단말기 등 관련 기기	- GPS 단말기	- 내비게이션, 스마트폰, 랩톱(Laptop), 태블릿 PC, GPS 위치 추적기, 각종 GPS 수신기
	- LBS 지원 주요 부품	- GPS 안테나 및 센서, 기타 단말 부품
서비스 및 콘텐츠 (S/W 솔루션 포함)	- 통신 사업자	- 통신 서비스업체
	- 위치 기반 서비스 제공 업체	- LBS 기반 서비스 제공 업체
	- 콘텐츠, 솔루션 개발 업체 (CP, SP)	- 주변 정보 및 위치 확인, 교통 합법, 물류 추적 및 보안, 광고, 위치 기반 게임, SNS, AR 등

LBS 산업은 단말기 제조 업자, 솔루션/플랫폼/콘텐츠 공급자, 위치 정보 사업자, 위치 기반 서비스 사업자, 사용자 등으로 구성된 생태계를 보유하고 있으며 다양한 산업과 융·복합된 가치 사슬을 형성하고 있다. 카메라, GPS, 내장 센서 등을 탑재한 스마트폰과 데이터 통신망의 비약적 발전과 스마트폰 사용자 중심 서비스로의 패러다임 변화는 기존 단순 통신 서비스를 탈피한 복합적 멀티미디어와 모바일 응용 서비스 환경으로 발전하고 있다.

2 LBS의 요소 기술 및 주요 위치 측위 방식

2.1 LBS의 요소 기술

시장조사와 컨설팅을 전문으로 하는 애틀러스리서치앤컨설팅은 위치 기반 서비스를 위한 인프라 요소 기술을 정보Information, 식별Identity, 위치Position, 단말Terminal로 분류하며, 이러한 기술은 이동통신사, 단말 제조업체, 위치 기반 서비스업체 등에 의해 제공된다.

요소 기술	주요 내용
정보(Information)	- GIS, Enhanced GIS, Web Data Mashup, Personal Information
식별(Identity)	- Device Identity, Network Identity, Service Identity
위치(Position)	- 네트워크 기반, 위성 신호 기반, 와이파이 기반, 혼합 측위 기반
단말(Terminal)	- Dedicated Terminal, 스마트폰

2.2 LBS의 주요 위치 측위 방식

LBS는 측위를 위한 구성 방식에 따라 네트워크 기반, 위성 신호 기반, 와이파이 신호 기반, 혼합 측위 기반으로 분류할 수 있다. 네트워크 기반 측위 방식은 이동통신사의 기지국의 위치 값인 Cell-ID를 통해 기지국과 단말기 간의 거리를 측정해 위치를 계산하는 방식이다. 위성 신호 기반 측위 방식은 GPS, 인마르샛Inmarsat 등 위성에서 송신하는 신호를 바탕으로 위치를 계산한다. 와이파이 신호 기반 측위 방식은 APAccess Point의 위치를 조회해 단말기의 위치 값을 측정한다. 그 밖에 네트워크 기반, 위성 신호 기반, 와이파이 기반 등 다양한 측위 기술을 조합해 위치 값을 계산하는 혼합 측위 방식이 있다.

위치 측위 방식	주요 내용
네트워크 기반	- 이동통신사 기지국의 위치 값(Cell-ID), 기지국과 단말기 간의 거리 등을 측정해 위치를 계산
위성 신호 기반	- 위성에서 송신하는 신호를 바탕으로 위치를 계산
와이파이 신호 기반	- AP(Access Point)의 위치를 조회해 단말기의 위치 값을 측정
혼합 측위 기반	- 네트워크 기반, 위성 신호 기반, 와이파이 신호 기반 등의 위치를 조합해 단말기의 위치 값을 측정 - XPS(Hybrid Positioning System)라고도 함

3 LBS 주요 적용 분야 및 발전 과제

3.1 LBS의 주요 적용 분야

- 위치 기반 사회 관계망 서비스: 스마트 디바이스 기반의 위치 기반 컨버전스 서비스인 LBSNSLocation Based Social Network Service가 페이스북, 트위터

와 같은 전통적인 SNS에도 적용되어 위치 정보의 결합과 응용이 빠른 속도로 확대되고 있다.

- 위치 기반 광고 및 마케팅 서비스: 모바일 광고에서 위치 정보를 결합함으로써 타깃 광고가 가능해짐에 따라 위치 기반 모바일 광고 시장이 폭발적인 성장을 보일 것으로 예상되고 있다. 국내 위치 기반 광고 서비스는 다음, 네이버 등 검색 서비스 사업자들이 단순한 키워드 검색에 위치 정보를 결합한 형태의 서비스로 진화해, 위치 기반 사회관계망 서비스에 지역 사업자 및 프랜차이즈와의 제휴 등을 통한 쿠폰 발행 등 다양한 형태를 보인다.

- 실내 위치 기반 서비스IPS: 구글은 쇼핑몰, 공항, 백화점 등을 중심으로 미국, 일본 등 10여 개국 약 1만 개소의 실내 지도 서비스를 제공하고 마이크로소프트는 빙Bing 지도에 실내 지도 서비스를 추가해 제공한다. 국내에서도 네이버 지도 서비스에 실내 지도 서비스가 추가되어 모바일 환경에서 편리하게 사용할 수 있는 다양한 서비스를 제공하고 있다.

IPS Indoor Positioning System는 와이파이, 블루투스, 비콘Beacon, 자기장 등을 이용하여 건물 내부 사용자의 위치를 파악하는데, 크게 체크 포인트Check Point, 존Zone, 실시간 위치Track 방식이 있다.

- 체크포인트 방식: 비콘 1대의 신호를 받아 위치를 통과한 경우, 그 위치를 통과한 정보를 기록하는 것으로 RFID 태그가 RFID 리더를 통과했을 때 위치 정보를 확인하는 방식이 예가 된다.

- 존 방식: 비콘 1대 혹은 여러 대가 신호 범위별로 거리를 두고 배치되어 있고 대상이 특정 비콘 주변에 놓여 있을 때, 비콘 위치 주변에 있다는 정보를 기록하는 것이다.

- 실시간 위치 방식: 여러 비콘이 실내에 신호 범위별로 배치되어 있고, 대상이 3대 이상의 비콘에서 ID 신호와 신호 세기를 수신해 위치를 측위 알고리즘으로 계산해서 위치를 파악하는 방식이다. 측위 알고리즘에는 AOA, ROA, 핑거 프린트Finger Print, TDOA, TOA 등의 기술이 있으며, GPS도 3개 이상의 위성으로부터 오는 신호를 삼각측량 방식으로 계산한다.

- 위치 정보를 활용한 사회 안전망: 소방방재청과 경찰청을 중심으로 GPS 측위, 와이파이 측위 등 고정밀 측위 기술을 활용해 긴급 구조에 확대 적

용하고 있다.

3.2 LBS의 발전 과제

국내 LBS 산업은 초기에 위치 찾기에서부터 사람 찾기 서비스, LBS 기반 모바일 게임, 구글 맵 등을 통한 위치 정보를 거쳐, 스마트폰이 등장하면서 LBS 기반 애플리케이션을 통한 지역 정보, 게임, 광고, SNS 등으로 발전해 스마트 LBS 서비스 단계로 발전하고 있다. 향후 LBS 산업은 삶의 질 관련 산업과 함께 위치 정보 보호를 위한 법률적·기술적 뒷받침 속에서 국가의 중심적인 핵심 인프라 산업으로 성장을 계속할 것으로 전망된다.

이에 따라 LBS 기술력의 고도화와 선진화를 위해 실내 측위 등 측위 기술 고도화 및 융합 기술로의 활용도 증가를 위한 표준 활동 및 정책 개발이 지속되어야 한다. 또한 LBS 산업 발전과 시장에서의 자생적 생태계 지원을 위해 공신력 있는 LBS 산업 관련 동향 조사 추진이 필요하다.

참고자료
김동기 외. 2013. 「위치기반 서비스 기술 동향 및 이슈」. ≪방송통신 PM ISSUE REPORT≫, 제2권 이슈 2.
김정근 외. 2011 「국내외 LBS산업 현황 및 동향조사」. 한국인터넷진흥원 보고서.

기출문제
101회 응용 LBS(Location Based Service)와 POI(Point of Interest)에 대하여 설명하시오. (10점)
98회 응용 위치기반서비스(LBS: Location Based Service)를 정의하고, 이를 구현하는 여러 가지 방법과 응용 분야에 대하여 설명하시오. (25점)
92회 관리 RTLS(Real-Time Locating Service)와 LBS(Location Based Service)의 목적 및 사용기술의 차이점을 설명하시오. (10점)

RTLS Real Time Locating System

실시간 위치 추적 서비스 혹은 시스템(RTLS)은 IPS(Indoor Positioning Service, 실내 위치 기반 서비스)라고도 불린다. 이동통신망 기반의 위치 기반 서비스(LBS)와 동일하게 사람 혹은 사물의 위치를 확인하거나 추적하는 것이지만, 주로 근거리 및 실내와 같은 제한된 공간에서의 위치 확인 및 위치 추적 서비스를 지칭하는 데 사용된다. LBS에서 사용되는 위치 추적 기법인 Cell-ID, 삼각법, 핑거프린팅(Fingerprinting) 기법을 동일하게 이용한다. 차이가 있다면 LBS에서는 CDMA나 GSM 등과 같은 이동통신 기술을 이용하지만 RTLS에서는 와이파이, Zigbee, UWB, 블루투스(Bluetooth), RFID 등과 같은 근거리 통신 기술을 이용한다.

1 RTLS의 개념

건물 내부나 공원, 운동장 등 범위가 제한된 영역에서 특정 사람 또는 사물 등 이동체의 위치 및 상태 정보를 실시간으로 파악하는 무선통신 시스템으로 WLAN, 블루투스, UWB, Zigbee, RFID, 초음파 등 근거리 무선통신 기술과 유비쿼터스 컴퓨팅 개념을 구현하기 위한 다양한 기반 기술을 이용해 구현된다.

RTLS는 관리하고자 하는 이동체에 태그를 부착해 사물의 정보를 확인하고 위치를 실시간으로 파악해야 하므로 X, Y 좌표 및 데이터 원격 측정법을 이용한 네트워크화 기술을 이용하고 직접 순열 확장 스펙트럼DSSS: Direct Sequence Spread Spectrum의 무선 주파수를 사용하며 사물의 위치 및 RTLS 디바이스의 위치를 지속적으로 갱신해줌으로써 위치를 파악한다.

2 RTLS의 구성 및 위치 계산 방법

2.1 RTLS의 구성

RTLS는 태그Tag, AP Access Point 등 위치/상태 정보를 수집하는 RTLS 하드웨어와 이를 중앙 서버 혹은 위치 파악 엔진Positioning Engine에 전송하기 위한 미들웨어, 위치 파악과 이동 구역의 맵 정보를 담당하는 위치 파악 엔진과 구역 맵, 그리고 이를 사용자에게 다양한 서비스로 제공하는 애플리케이션으로 구성된다. 각 구성 요소의 기능은 RTLS 구성 방식에 따라 인프라 기반 방식과 애드혹Ad-Hoc WAN 기반 방식으로 분류될 수 있으며, 각 동작 방식에 따라 각각의 특징이 있다.

RTLS의 구성도

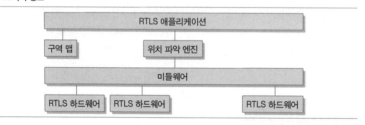

- 인프라 기반 방식의 구성: AP들이 비콘Beacon 신호를 주기적으로 보내 주면 이를 태그가 수집해 RTLS 서버와 약속된 프로토콜 형식으로 변환해 전송하는 방식이다. 태그의 주위에 있는 AP 장치들은 이 신호를 수신해 위치 정보를 추출한 후 중앙의 위치 계산 엔진에 보내게 되며, 그 결과로 위치 값 계산이 이루어진다. 이 방식에서 태그는 일정한 시간 간격으로

인프라 기반 방식

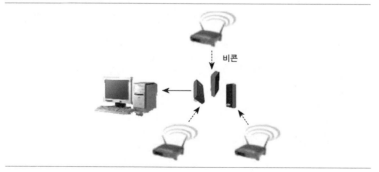

비콘 신호를 전송하는 기능만 수행하게 되므로 구성이 간단하며, 모든 AP에 대해 단 한 번만 비콘 신호를 전송하면 되므로 전력 소모를 줄일 수 있고, 비콘 신호 전송 주기를 최소화할 수 있다는 장점이 있다.

- 애드혹Ad-Hoc WAN 방식: 태그가 직접 비콘 신호를 쏘면 이를 AP가 수집해 RTLS 서버로 전송하는 방식이다. 인프라 기반 방식보다 전력 소모 측면에서 유리하며 비콘 주기도 많이 단축할 수 있다. 하지만 전용 AP 및 전용 리더Reader를 설치해야 하므로 별도의 인프라 구축 및 비용이 추가로 필요하며 TDOA 및 TOA 방식을 이용할 경우, 각각의 위도 및 AP 간에 동기를 필요로 한다.

애드혹 WAN 방식

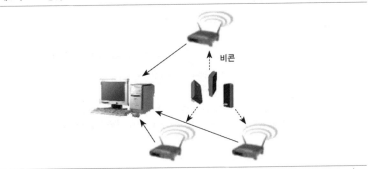

2.2 RTLS의 위치 계산 방법

위치 계산 엔진에서 수행되는 위치 값 계산은 태그 혹은 AP들이 수집한 위치 정보를 이용해서 수행되며, 위치 추적 시스템의 구성 방식에 관계없이 삼각법Triangulation, 핑거프린팅Fingerprinting, Cell-ID 방식을 이용하거나 이들을 결합한 방식에 의해 구현된다.

위치 추적 과정은 위치 정보 수집Measuring, 위치 정보 변환Converting, 필터링Filtering, 위치 값 계산Determination, 스무딩Smoothing 의 다섯 단계를 통해 이루어진다. 이 중에서 위치 정보 수집, 위치 정보 변환, 위치 값 계산 과정은 반드시 포함되어야 하지만 필터링 과정과 스무딩 과정은 포함되지 않을 수 있다.

위치 정보 수집 ➡ 위치 정보 변환 ➡ 필터링 ➡ 위치 값 계산 ➡ 스무딩

3 RTLS의 활용 사례

RTLS는 건설/토목, 병원, 국방, 물류, 제조업 등 다양한 산업군에서 다양한 서비스로 활용되고 있다.

활용 분야	활용 사례
건설 / 토목	‐ 고가 자재들에 태그를 붙여 재고, 반입, 반출 관리 및 위치 관리 ‐ 현장 인력에 근태 관리 및 위치 파악, 이동 상황 파악 ‐ 공사 차량에 차량 태그를 부착해 자동으로 출입 상황 및 이동 위치 파악
병원	‐ 실시간 의료 장비, 의료진 위치 파악 ‐ 특별 관리 대상 환자 위치 파악
국방	‐ 무기, 장비에 대한 반출·반입 관리, 실시간 재고 상황 및 위치 이동 관리
물류 / 창고	‐ 컨테이너, 차량에 대한 반입·반출 관리 ‐ 보관 물품에 대한 위치 추적
박물관	‐ 소장품에 대한 위치 확인 및 무단 반출 상황에 대한 실시간 경보 ‐ 온도, 습도 센서를 갖는 태그를 소장품에 부착해 화재나 침수에 의한 훼손 가능성 사전 파악
공장	‐ 고가 자재의 반입·반출 / 재고 관리 ‐ 공장 출입 차량에 대한 출입 상황 및 위치 이동 상황 관리
연구소	‐ 중요 자산(시험 장비, 문서, 시료 등)에 대한 출입 관리

참고자료

김학용. 2006. 「무선랜 기반 실시간 위치 추적 시스템을 위한 속도 적응형 위치 추정 방법」. ≪Telecommunications review≫, 제16권 제4호.
최창수. 2009. 「RTLS(Real Time Location System)기술 동향과 발전」. ≪대한토목학회지≫, 제57권 제5호, 25~34쪽.
http://blog.naver.com/PostView.nhn?blogId=yichi718&logNo=1101129805
58

기출문제

92회 관리 RTLS(Real-Time Locating Service)와 LBS(Location Based Service)의 목적 및 사용기술의 차이점을 설명하시오. (10점)
87회 응용 RTLS(Real-Time Locating System)에 대해 설명하시오. (10점)

D-7

WPS Wi-Fi Positioning System

―――

와이파이를 통해 자신의 위치 정보를 확인하는 시스템으로, 주변에 있는 무선 AP의 정보를 이용해 자신의 위치를 제공한다.

1 WPS의 개요

1.1 WPS의 개념

무선 AP Access Point 에서 방사된 RF 신호의 파라미터(MAC 주소, 신호 세기 등)를 단말기에서 수신하고 단말과 시스템 간 위치 측위 결정 기술을 사용해 이용자의 위치를 계산한 뒤 제공해주는 기술이다.

1.2 기존 측위 기술의 한계와 WPS의 등장 배경

- 새로운 트렌드 변화를 수용하기 어려운 기존 측위 기술: GPS의 경우 위성 신호 수신이 어려운 실내나 빌딩이 빽빽하게 들어선 도심에서는 제대로 작동하지 않으며 오차가 최대 수십 미터에 달해 보행자 내비게이션 같은 새로운 트렌드의 요구 사항을 충족하기에는 한계가 있다. RFID, 블루투스, UWB 등 근거리 통신망의 경우 오차가 수 센티미터에 지나지 않지

만 높은 정확도에 비해 전파 송수신 거리가 짧고 별도의 기지국을 설치해야 하기 때문에 막대한 투자비가 필요하다.

- 도시의 음영 지역을 커버하는 무선 랜 활용 방안 모색: GPS의 대표적인 음영 지역인 도심 지역을 중심으로 무선 랜이 집중 설치되어 있으며 전파 도달 거리가 상대적으로 길고 전파가 장애물을 투과하는 성질을 갖고 있어 최근 측위 기술 방안으로 각광받고 있다.

2 WPS의 구성도 및 요소 기술

2.1 WPS의 구성도

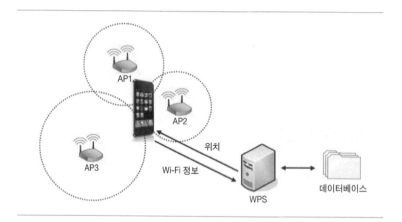

WPS는 크게 무선 AP를 수집·분석해 데이터를 얻어내는 기술, 얻어낸 데이터를 통해 데이터베이스를 구축하는 기술, 사용자의 모바일 디바이스에서 필요한 정보를 얻어내는 기술, 얻어낸 무선 AP 정보와 구축된 데이터베이스 내의 정보를 비교해 위치를 얻어내는 기술로 구성되어 있다.

2.2 WPS의 요소 기술

- 무선 AP 정보를 수집하는 기술: 무선 AP를 설치한 시설 정보를 이용하거나 측위하고자 하는 지역을 중심으로 AP 정보를 직접 스캐닝 Scanning 해 위치 값과 함께 수집한다.

- 얻어낸 데이터를 최적화해 데이터베이스를 구축하는 기술: 수집된 무선 AP 정보(SSID, MAC Address, Channel, Signal Strength, Noise Strength)와 높이(고도) 정보Tagging Height 값 등의 정보를 데이터베이스에 적재한다.
- 사용자의 모바일 디바이스에서 필요한 정보를 얻어내는 기술: 플랫폼에 따라 필요한 정보를 무선 AP로부터 얻어낼 수 없을 경우 WPS를 지원하는 스마트폰 플랫폼을 통해 필요한 정보를 얻어낸다.
- 위치 정보를 계산하는 알고리즘: 얻어낸 무선 AP 정보와 구축된 데이터베이스 내의 정보를 비교해 현재 위치를 추정한다.

3 WPS의 활용 사례 및 동향

3.1 WPS의 활용 사례

WPS를 이용해 제공 가능한 서비스는 개인의 위치 정보를 기반으로 날씨, 생활 정보, 지도 등에 정보를 제공하는 서비스, 휴대폰이나 차량 부착 장치를 이용해 차량의 위치 정보를 기반으로 하는 텔레매틱스Telematics 서비스, 본인 또는 타인의 위치 정보를 기반으로 인적 네트워크를 형성할 수 있도록 제공해주는 SNSSocial Network Service, 가입자의 안전 및 보안을 지켜주는 보안·관제 서비스, 개인의 위치 정보와 상품 및 광고 등의 서비스와 연계해 제공 가능한 전자 상거래 서비스, 긴급 출동 요원이나 차량의 위치를 추적하는 서비스, 기존에는 실내 측위 오차 문제로 말미암아 제공하기 어려웠던 대형 복합 쇼핑몰과 박물관 및 전시관 서비스 등 다양한 분야의 서비스를 제공할 수 있다.

3.2 WPS의 시장 동향

국내 시장에는 WPS를 포함한 위치 정보를 이용해 개인 위치 정보를 직접 수집하고 서비스할 수 있는 위치 정보 사업자가 100여 개 등록되어 있으며, 위치 정보 사업자는 개인정보 수집 시 동의를 받아야 하고, 동의받은 목적으로 서비스를 제공한다. 국내 통신사를 중심으로 AP 인프라 시설 정보를 확대해나가고 있으며, AP 데이터베이스 수집을 통해 WPS 시스템을 구축 중이다. 또한 한국정보통신진흥협회KAIT에서는 이동통신 3사의 전국 수집 중인 데이터베이스에 한해서 공동출자 형식으로 공통 데이터베이스 구축을 추진 중에 있다. 해외시장에서는 셀타워, 위성항법 장치, 와이파이 정보를 이용해 위치 결정 기술을 사용하고 있으며 와이파이 AP를 전 세계적으로 보유하고 있다.

참고자료

정승혁·신현식. 2011. WPS(WiFi Positioning System & Service) 동향, ≪한국전자통신학회 논문지≫, 제6권 제3호, 433~438쪽.
≪디지털타임스≫. 2009.8.14. "[알아봅시다] GPS없는 내비게이션 기술, WPS", 14면.
http://www.mobizen.pe.kr/724

기출문제

95회 조직응용 WPS(Wi-Fi Positioning System)에 대해 설명하시오. (10점)

측위 기술

LDT: Location Determination Technology

측위 기술은 LBS의 종류와 품질에 큰 영향을 끼치는 핵심 기술로, 이동통신 기지국을 이용하는 Cell ID 방식과 위성항법 장치를 활용한 GPS 방식이 대표적이다.

1 측위 기술의 개요

측위 기술은 사용자의 위치 파악을 위한 목적으로 사용되는 기술로서 신호의 통신 특성이나 참조 포인트의 종류에 따라 다양하게 구분할 수 있다. 크게 측위 기술의 계산 원리, 위치 신호 수신 주체, 참조 포인트 종류 등을 기준으로 분류할 수 있다. 측위 기술의 계산 원리는 근접 방법, 삼각측량, 장면 분석 등과 같은 측위 시 적용되는 알고리즘에 따른 분류이며, 위치 신호 수신 주체는 실제 신호 측정값을 수신하는 주체에 따라 단말 기반, 네트워크 기반, 혼합형 등으로 구별될 수 있다. 또한 신호 송출의 주체인 참조 포인트의 종류에 따라 위성 신호 기반, 네트워크 기반, 유비쿼터스 네트워크 기반 등으로 크게 분류될 수 있다.

2 측위 기술의 분류

2.1 측위 기술의 계산 원리에 따른 분류

- 근접성Proximity 을 이용한 방법: 이미 위치가 알려진 장치에 근접해 있는 물체의 위치를 감지하는 방법을 말하며, 한정된 범위에서 가능하고, 무선랜, 블루투스, RFID 등의 근거리 망과 Cell-ID와 같은 이동통신망을 이용한 방법 등에 다양하게 적용될 수 있다.

- 삼각측량Triangulation 을 이용한 방법: 세 지점에 대한 위치 정보를 기반으로 거리 측정 또는 각도를 이용해 이동 물체의 2차원 또는 3차원 좌표를 인식하는 방법으로 비교적 정확하게 위치를 측정할 수 있다. 삼각측량을 이용해 2차원 좌표를 알기 위해서는 3개 지점에 대한 정보가 있어야 하며, 3차원 좌표를 인식하기 위해서는 네 개 지점에 대한 정보가 있어야 한다. 삼각측량은 거리 측정 방식과 각도 측정 방식으로 구분할 수 있다.

삼각측량을 이용한 방법의 세부 분류

구분	주요 내용
거리 측정 방식 (Triangulation / Distance)	신호 또는 전파의 비행시간 또는 감쇄(attenuation)를 이용해 셋 이상의 기준점으로부터의 거리를 측정해 위치를 계산하는 방법
각도 측정 방식 (Trianglation / Angle)	거리 측정 방식과 유사하나 물체의 위치를 계산하는 데 거리 대신 각도를 이용하는 방법으로 세 지점의 각도를 알거나 두 개의 각도와 기준점 간 거리를 이용하는 방법임

- 장면 분석을 이용한 방법Scene Analysis: 특정 지점에서 관측된 전자기적 또는 물리적 신호의 특성을 데이터베이스화해놓은 후, 이동 장치에서 취득된 신호의 특성과 비교해 위치를 파악하는 방법이다. 장면 분석법에 의한 위치 검출 방법은 위치를 파악하기 위한 곳의 환경적 특징을 미리 알고 있어야 한다는 전제 조건하에 이루어지는 방법이기 때문에 관측된 장면은 표현되기 쉽고 비교하기 쉬운 특징으로 단순화해야 한다.

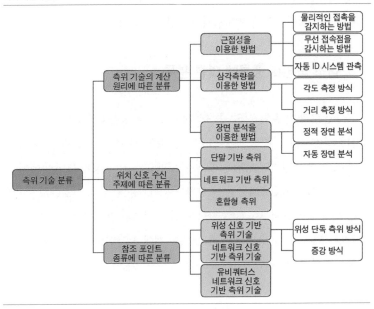

2.2 위치 신호 수신 주체에 따른 분류

- 단말 기반 측위MS-based Positioning : 단말기MS: Mobile Station 에 수신되는 위치 네트워크 인프라의 기지국 또는 접속점의 네트워크 신호를 이용해 사용자 장치의 위치를 계산하는 방식이다. 대표적인 방식으로는 GPS, TDOA Time Different of Arrival 및 E-OTDEnhanced Observed Time Difference 방식이 있다.

- 네트워크 기반 측위Network-based Positioning : 이동국에서 기지국으로 보내는 네트워크 신호의 세기나 시간 차, 각도 등의 정보를 이용해 사용자 장치의 위치를 계산하는 방식이다. 이 방식은 이동통신 측위의 경우 기존 이동통신 단말기의 변경 없이 이동통신망의 기지국에 측위 장치를 확장함으로써 측위를 가능하게 하는 장점이 있다. 물건에 부착된 RFID를 특정 장소에 설치된 RFID 리더 네트워크를 통해 위치를 인식하는 방식도 네트워크 기반 측위에 해당한다.

- 혼합형 측위Hybrid Positioning : 단말 기반 측위 방식과 네트워크 기반 측위 방식을 함께 사용해 측위하는 방식을 의미한다. MS의 측위 신호 이동국에

서 기지국으로 보내지는 네트워크 신호의 세기나 시간 차, 각도 등의 정보를 이용해 사용자 장치의 위치를 계산하는 방식이다.

2.3 참조 포인트 종류에 따른 분류

- 위성 신호 기반 측위 기술: 순수하게 위성에서 송신되는 신호를 바탕으로 신호 수신 기능을 갖는 최종 사용자 장치를 이용해 위치를 계산하는 방식이다. 가장 일반적인 방법은 GPS, 갈릴레오Galileo, 글로나스GLONASS와 같이 일반 이용자의 휴대용 수신 장치를 통해 수신된 위성 신호만을 이용하는 위성 단독satellite only 측위 방법과 위성 신호를 항공/측량 등의 사용을 위해 정밀도를 높일 수 있도록 별도의 제어 세그먼트나 장치 또는 추가 위성을 함께 이용하는 증강Augmented 방식이 있다.

- 네트워크 신호 기반 측위 기술: 이동통신에서 기지국의 위치는 고정되어 있기 때문에 기지국에서 이동국까지의 거리를 정확히 알면, 이동국의 위치를 얻을 수 있다. 이러한 원리를 이용해 동시에 세 개 이상의 기지국에서의 거리를 계산하면 삼각측량법에 의해 이동국의 2차원 위치를 결정하게 된다.

- 유비쿼터스 네트워크 신호 기반 측위 기술: 유비쿼터스 컴퓨팅에서 사용되는 다양한 유·무선 네트워크로부터 송수신되는 신호를 이용한 측위를 의미한다. 태그Tag 또는 단말에서 AP Access Point 또는 리더기까지의 거리를 측정할 수 있는 경우에는 거리를 이용한 삼각측량 기법을 사용해 측위할 수 있고, 신호 세기 정보만을 측정할 수 있는 경우에는 신호 세기에 의한 삼각측량 기법 또는 데이터베이스 구축에 의한 핑거프린팅Fingerprinting 기법을 이용해 측위할 수도 있다.

참고자료
김정근 외. 2011 「국내외 LBS산업 현황 및 동향조사」. 한국인터넷진흥원 보고
서.

 기출문제
101회 응용 LBS(Location Based Service)와 POI(Point of Interest)에 대하여 설
명하시오. (25점)
77회 응용 유비쿼터스 환경에서의 위치 인식을 위한 삼각측량 방식을 네 가지 이
상 들고 설명하시오. (25점)

커넥티드 카 Connected Car

글라스로 보는 미래에 대한 유튜브의 동영상 속에서 아이들이 자동차에서 아빠에게 사랑한다는 메시지를 남기고 운전석에 앉은 아빠는 승차와 동시에 자동차에 연결된 꼭 필요한 정보들로부터 운전을 시작한다. 꽤 오래된 동영상이었지만 차량이 사람을 목적지까지 알아서 안전하게 데려다 주고, 사람은 차량 내에서의 시간을 좀 더 다양하고 가치 있는 일을 하며 보내게 된다는 미래는 이제 점차 가시화되었다. 자율주행(Self-driving car)은 차량이 자체적으로 자율주행 능력을 갖는 것으로도 실현될 수 있지만, 자율주행이 가능하도록 하는 인프라의 구축으로도 실현될 수 있다. 커넥티드 카(Connected Car)는 자율주행을 실현할 수 있는 또 다른 방법이기도 하며, 스마트 카(Smart Car)의 콘셉트에 좀 더 다가간 형태이다.

1 커넥티드 카

1.1 커넥티드 카의 개요

자동차에 인터넷과 모바일 기기 등 IT 기술이 융합된 형태로, 자동차가 주변과 실시간으로 통신하면서 다양한 서비스를 제공하는 '연결성을 강조한 자동차'를 의미한다. 사물인터넷IoT의 발전과 더불어 커넥티드 카는 텔레매틱스Telematics의 고도화된 개념으로 발전했다. 기존의 자동차는 외부와의 연결성이 없었던 반면, 커넥티드 카는 항상 네트워크에 연결되어 있으면서 양방향으로 통신이 가능하다. 커넥티드 카는 자동차의 연결성을 통해 차량의 내부 요소 및 외부 인프라나 사물 등과 실시간으로 정보를 교환하고, 차량 제어, 교통상황 파악, 교통사고 예방 및 실시간 대응 등 사용자에게 맞춤형 서비스와 다양한 콘텐츠를 제공할 수 있다. 이를 통해 운전자를 포함한 탑승자의 편의와 안전성에 기여할 수 있기 때문에, '달리는 컴퓨터', '달리는 스마트폰' 등으로 표현되기도 한다.

자동차 산업은 과거로부터 꾸준히 IT산업과 융합·발전되어왔다. 이제는 생필품 단계까지 이르며 4차 산업혁명의 대표적인 사례로서, 다양한 혁신 기술의 등장 및 분야 간 협업이 더욱 가속화되고 있다. 그에 따라 관련된 개념들은 다소 유사성을 띠며 산재해 있는데, 자율주행 자동차와 커넥티드 카를 비교하면 다음과 같다.

구분	자율주행차(Self-driving Car)	커넥티드 카(Connected Car)
개념	운전자 없이 자동차 스스로 주행 환경을 인식하고 목적지까지 운행	V2X(Vehicle to Everything) 통신을 통해 주변 사물과 소통하고, 네트워크로 연결
특징	- 차량에 탑재된 센서들로부터 주변 사물과 교통상황을 인식 - 수집된 정보를 기반으로 차량을 제어 - ADAS를 비롯한 다양한 자율주행 기술	- 텔레매틱스 고도화 - 차량 및 인프라와의 통신을 통해 교통흐름 파악 및 사고 상황 등을 파악 - 스마트폰과 연동한 인포테인먼트 제공 - 자율주행 기술과 연동하여 차량을 제어하거나 다른 차량 또는 중앙 통제 시스템 등에 정보를 제공

자율주행차는 차량 스스로 주행환경을 인식하여 운전자의 운전을 보조해주거나 완전한 자율주행 단계를 목표로 하는 개념이다. 이를 위한 기반 기술들로는 센서를 비롯한 사물인터넷, 이들로부터 수집한 빅데이터, 이를 효율적으로 분석하고 판단하기 위한 인공지능 알고리즘이 있으며, 이 요소 기술들 간의 결합으로 자율주행을 실현한다.

커넥티드 카는 오래전 1996년 미국 제너럴 모터스(GM)가 최초 상용화를 하면서 성장하기 시작한 텔레매틱스의 개념에서 시작되었다. 처음 커넥티드 카는 차량을 국지적인 네트워크상으로 연결하거나, 좀 더 발전해 인터넷으로 연결하여 다양한 서비스를 제공해주는 것이 목적이었다. 커넥티드 카는 네트워크 연결을 통한 다양한 서비스 제공을 넘어서서 최근 IoT의 발전과 맞물리면서 인프라 차원에서 지원하는 자율주행 기술로 발전했다.

1.2 커넥티드 카 기술 요소

커넥티드 카 주요 구성 기술을 형태로 보면, 임베디드 방식과 미러링 방식으로 구분한다. 임베디드는 스마트폰을 통해 통신망(4G, LTE 등)으로 차량 안에 탑재된 모뎀을 연결하는 방식이다. 이 방식은 원격조종이 가능하다는 장점이 있으나 통신을 항상 유지해야 하므로 통신비용이 발생한다. 미러링 방식은 스마트폰과 와이파이로 차량 안 모니터인 AVN(오디오, 비디오, 내비게이션) 시스템을 연결시키는 것이며 스마트폰에 있는 음악이나 영상, 내비게이션 등을 작동할 수 있지만 별도의 애플리케이션이 필요한 형태이다.

커넥티드 카 관련 핵심 기술은 세 가지로 함축된다. ① 텔레매틱스 기술, ② 사물지능통신M2M 및 플랫폼, ③ 지능형 교통 시스템ITS이 그것이다. 커넥티드 카는 도시 인프라 차원의 지능형 교통 시스템ITS: Intelligence Transport System 과 융합하며, 협력 지능형 교통 시스템C-ITS: Cooperative-ITS으로 확장되고 있다. 현존하는 자율주행 기술들을 정밀지도DGPS 정보들과 네트워크를 통해 연결하게 되면 좀 더 치밀하고 조직적인 주행환경이 가능해진다. 커넥티드 카와 ITS의 기술은 자율주행 자동차의 센서(LiDAR, RADAR, 카메라, 초음파 등) 인식 결함을 보완하여, 주행 시 좀 더 신뢰성 있는 환경을 제공한다. 그뿐 아니라, 중앙 교통통제가 용이해지고, 교통상황에 대한 실시간 대응, 재해·재난에 대한 대응도 신속해진다. 도로상에서 흔히 겪는 유령체증 현상이나 반응시간 지체도 사라질 것이다.

지능형 교통 시스템 서비스

- 첨단 교통관리 시스템(ATMS: advanced traffic management system)
- 첨단 교통정보 시스템(ATIS: advanced traveler information system)
- 첨단 대중교통 시스템(APTS: advanced public transportation system)
- 첨단 화물운송 시스템(CVO: commercial vehicle operation)
- 첨단 차량 및 도로 시스템(AVHS: advanced vehicle and highway system)

V2X Vehicle to Everything(무선차량통신) 기술로는 차량 내 네트워크IVN: In-Vehicle Networking system, 차량 간 통신 네트워크V2V: Vehicle to Vehicle communication network, 차량과 도로 인프라 간 통신 V2I Vehicle to Infrastructure 영역으로 기술들을 구분할 수 있다. 또한 최첨단 운전자 보조 시스템ADAS: Advanncec Driver Assistance Systems이 자동차 제조회사를 중심으로 적용되고 있다.

ADAS(Advanncec Driver Assistance Systems) 기술

- 차선이탈 경고 및 제어 장치(LDWS & LKAS)
- 전방추돌 경보 시스템(FCWS: Forward Collision Warning System)
- 긴급 자동제동 시스템(AEB:Autonomous Emergency Braking)
- 주차조향 보조 시스템(SPAS:Smart Parking Assist System)
- 어드밴스드 스마트 크루즈 컨트롤 & 스마트 크루즈 컨트롤(ASCC & SCC)

- 교통신호 인식(TSR: Traffic Sign Recognition) 시스템
- 야간 시각(Night Vision: NV)
- 적응형 상향등 제어(AHBC: Adaptive High Beam Control)
- 보행자 감지(PD: Pedestrian Detection)
- 운전자 졸음 경고(Driver Drowsiness Alert)
- 고속도로 주행 지원(HDA: Highway Driving Assist) 시스템
- 경사로 밀림 방지 장치(HAC: Hill Start Assist Control)
- 차체자세 제어 장치(VDC) & 샤시통합 제어 시스템(VSM)
- 스마트 후측방 경보 시스템(BSD: Blind Spot Detection)

스마트 하이웨이Smart Highway 기술로는 돌발상황 검지 시스템SMART-I, 스마트 톨링과 WAVEWireless in Vechicular Environment 망을 이용한 차량 고속통신 기술이 있다.

1.3 이동통신과 커넥티드 카의 발전

집에서 AI 스피커로 자동차 주요 기능을 원격제어하는 기술이 적용되고 있다. ICT 기업이 5G 이동통신 시대를 준비하는 내용으로 차량 밖에서 차량의 기능을 원격 제어하는 '홈투카Home to Car' 서비스를 통해 다양한 명령을 내릴 수 있다.

번호판으로 카드처럼 결재하는 기능도 출시되고 있다. '카투홈Car to Home' 서비스를 통해 집 안 '디지털 조종기Digital Cockpit'로 연결하여 차 안에서 집 안의 기기도 제어가 가능하도록 적용되고 있다. 구글의 '안드로이드 오토'의 경우 내비게이션에서 스마트폰의 다양한 기능을 사용하게 되고, 전화 및 문자 데이터 송수신, 음악 재생 등을 편리하게 할 수 있다. AI 기반 음성인식 기술이 미래 차량의 인포테인먼트 서비스를 강화하고 있다.

Home to Car 주요 서비스

- 자동차 시동 걸기 기능
- 시동 걸려 있는 상태에서 공조 설정
- 도어 열고 닫음
- 비상등 켜기
- 경적 울리기
- 전기 충전 시작 & 종료

참고자료
소프트웨어정책연구소. 2017. 「커넥티드 카의 실현과 지능형 교통 시스템」.
≪매일경제≫, 2018.7. "미래차 시장."

ADAS Advanced Driver Assistance System

___

ADAS는 'Advanced Driver Assistance System'의 줄임말로 첨단 운전자 보조 시스템이라고 말한다. 운전하면서 생길 수 있는 사고를 예방할 수 있는 보조적 기능의 성격을 가진 시스템이다. ADAS 기술은 완전 자율주행 시스템 구현을 위한 필수 단계이다. 완성차 업체, IT 업체 등 서로 선진화된 ADAS 기술을 만들기 위한 경쟁을 펼치고 있다. 더 스마트하고 더 안전한 주행 환경을 ADAS 개발이 가속화하고 있다.

1 ADAS

1.1 ADAS의 개요

2단계 수준의 반자율주행이 가능한 첨단운전자보조 시스템 ADAS: Advanced Driver Assistance System 탑재 차량들이 이제는 흔해졌다. 한때 대형 고급 럭셔리 차량의 전유물로 여겨졌지만, 최근 준대형, 중형, 소형 등 다양한 차급에 적용되기 시작했다.

2단계 반자율주행 기술은 미국 자동차공학회 SAE가 정한 기준으로, 평균 30초 내외 시간 동안 운전자가 가속브레이크 페달이나 스티어링 Steering Wheel 휠 조작을 하지 않아도 된다. 차량 스스로 운전자가 스티어링 휠 조작을 하지 않는 것을 감지한다면, '핸들을 잡으세요' 같은 경고 메시지와 경고음을 띄운다. 완전 자율주행보다는 운전자의 주행 피로도를 줄일 수 있는 보조적인 수단인 것이다. 하지만 자동차 산업의 스마트카 개발 흐름이 빨라지면서 2단계 수준을 넘어 3단계에 거의 근접한 반자율주행 기술이 등장하기 시작했다. 업체마다 3단계 반자율주행 기술을 기반으로 한 연구도 한창이다.

3단계는 운전자가 전방 시선을 유지하면서, 시간제한 없이 특정 도로에서 반자율주행을 즐길 수 있는 단계다. 업계에서는 3단계 반자율주행 기술이 일반 도로보다 고속도로에서 큰 효과를 발휘할 것으로 전망하고 있다. 국내 출시 차량에 탑재된 반자율주행 기술 중 3단계에 근접한 차량은 현대기아차 고속도로주행보조 시스템HDA과 테슬라 오토파일럿 등으로 나눠진다. 해외 에서는 GM이 캐딜락 CT6에 최초 적용한 '슈퍼크루즈'가 3단계 수준의 반자 율주행 기술로 평가받고 있다.

1.2 ADAS 요소 기술

라이다
LIght Detection And Ranging을 약자로 풀이하기도 하지만 'Light' 와 'radar(radio detection and ranging)'를 혼합하여 만든 합성어 로, 레이저 펄스를 보내어 주위 물 체에서 반사되어 돌아오는 것을 받 아 3차원 영상 스캔을 정밀하게 그 려내는 장치이다.

ADAS를 구성하는 핵심 기술 요소는 카메라, 레이더, 센서, 라이다(3차원 영 상 스캔), 초음파 기술 등이다.

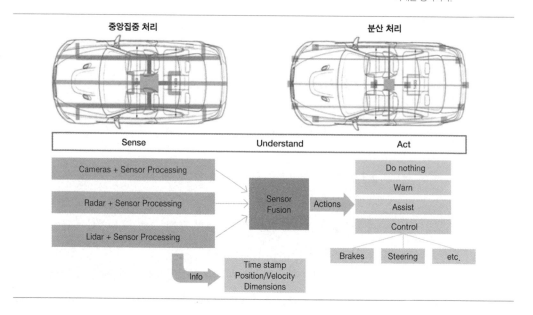

D · 인텔리전스 & 모빌리티 서비스

카메라

- 프로세싱을 사용하지 않는 카메라 모듈
- 운전자 모니터링 시스템
- 전방 카메라
- 미러 대체 / CMS
- 후방 카메라
- 서라운드 뷰 시스템 ECU

레이더

- 운전자 생명 징후 모니터링
- 전방 장거리 레이더
- 중장거리 레이더
- 초단거리 레이더

센서 퓨전

- ADAS 도메인 컨트롤러
- 전방 센서 컨트롤러
- 머신 비전 ECU

라이다

- 라이다 스캔
- 3차원 영상

초음파

- 초음파 주차 보조

1.3 ADAS 적용 사례

ADAS(첨단 운전자 지원 시스템)는 복잡한 차량 제어 프로세스에서 운전자를 돕고 보완하고 궁극적으로 대체하도록 개발된 시스템이다. ADAS가 제공하는 기능에는 적응형 크루즈 컨트롤, 사각 지대 모니터링, 차선이탈 경고, 나이트 비전, 차선 유지 보조 및 충돌 경고 시스템과 자동 조향 및 브레이크 조작 등이 있다.

1.3.1 LBA Low Beam Assist

하향등 제어 보조 시스템은 야간 및 저조도 환경에서 전방 가시거리를 최대한 확보하기 위해 차량의 추가 램프 작동 여부를 결정하고 로우빔Low Beam의 방향을 제어해주는 것이다.

1.3.2 FCW Forward Collision Warning

전방추돌 경보 기술은 주행하고 있는 차선 내의 앞 차량을 인식하여 상대속도와 거리를 계산, TTCTime To Collision(충돌까지 남은 시간)를 예측하여 경보해주는 것이다.

1.3.3 FCA Forward Collision-Avoidance Assist

전방충돌 방지 보조 시스템은 FCW의 기능이 확장된 것으로 전방의 차량, 장애물과의 충돌 위험을 경고하는 것은 물론 차량의 제동 및 조향까지 제어하는 것이다. 좀 더 적극적으로 개입하는 셈이고, 긴급 제동 보조 시스템AEB과 동일한 개념이다.

1.3.4 LDW Lane Departure Warning

차선이탈 경보는 컬러 차선 인식 알고리즘 개발로 차선 인식률을 높였으며, 직선뿐만 아니라 곡선 인식 기술력이 필요하다. 가상차선 기술을 통해 날씨, 조도, 노면 상태 등으로 인해 차선 인식이 어려운 경우 이전에 인식된 차선 정보를 이용하여 가상의 차선을 생성하여 차선이탈 경보 기능을 제공할 수 있다. 차선이탈 경보 기능은 졸음운전이나 스마트폰 사용 등 부주의한 운전을 할 때 유용하며, 특히 졸음운전이 많은 장거리 운전자, 야간 운전자에게 유용하다.

1.3.5 LKA Lane Keeping Assist

차로 이탈 방지 보조 시스템은 LDW의 기능이 확장된 시스템으로 차로 이탈로 인한 위험을 감지했을 때 경고뿐만 아니라 조향까지 제어해주는 것이다.

1.3.6 FCDA Front Car Departure Alert

앞차 출발 알림은 정차 시에 앞차가 멈추어 있다가 출발하면 알람으로 운전자의 주위를 즉각 환기시켜 주는 것이다.

1.3.7 HBA High Beam Assist

하이빔High Beam 제어는 어두운 밤 가로등이 없는 곳에서 상향등을 켜고 운전하고 있을 때, 대형차 또는 선행차가 가까워지면 자동으로 하향 등으로 바꾸었다가 시야에서 멀어지면 다시 상향등으로 바꿔주는 것을 말한다.

1.3.8 TSR Traffic Sign Recognition

교통 표지판 인식은 도로상의 표지판, 특히 제한속도 표지판을 인식하여 운전자에게 알려주는 것이다. 내비게이션과 연동하여 표시해주면 효과가 극대화되며, 가변 속도 표지판 등을 인식하면 내비게이션 DB로 알 수 없는 실시간 표지판 내용까지 알려준다.

1.3.9 TLR Traffic Light Recognition

교통 신호등 인식은 도로상의 신호등을 인식하여 현재 도로에서 주행해야 하는지, 멈춰야 하는지를 알려주는 것이다. 영상블랙박스 연동, 자율주행 장치와 연동하면 더 좋은 효과를 볼 수 있다.

1.3.10 PD Pedestrain Detection

보행자 인식은 도로상의 움직이는 보행자를 인식하는 기술이다. 근거리에서 나타나는 보행자를 인식하여, 시내 주행 시 부주의한 상황에서 불의의 사고를 미리 막아줄 수 있다.

1.3.11 LKA Lane Keeping Assistant

차선 유지 제어는 차선 인식을 통해 운전자가 차선을 무의식적으로 넘고 있다고 판단이 되면 핸들을 조정하여 차로를 벗어나지 않도록 제어하는 기술이다. 카메라는 센서로서 작용하며, 핸들 제어를 위해 차선의 곡률을 인식하는 것이 중요하다. 미리 예측된 차로를 따라갈 수 있도록 차로 예측 신호를 자동차에 보낸다.

1.3.12 SCC Smart Cruise Control

스마트 크루즈 컨트롤 시스템은 주행 중 운전자의 피로를 낮추기 위해 운전자가 설정한 속도 및 전방 차량과의 안전거리를 유지하며 주행할 수 있도록 가·감속을 제어하는 것이다.

1.3.13 BCW Blind-Spot Collision Warning

후측방 충돌 경고 시스템은 차로 변경 시 후측방 차량과의 충돌 위험이 발생할 때 운전자에게 경고해주는 것이다. 사각지대에 있어 보이지 않는 경우 경고음 또는 사이드 미러에 경고를 표시한다.

1.3.14 **HDA** Highway Driving Assist

고속도로 주행 보조 시스템은 장시간 달려야 하는 고속도로 및 자동차 전용도로 주행 중 운전자의 피로를 낮춰주기 위한 주행편의 시스템이다. 고속도로 또는 자동차 전용도로에서 자동차가 올바르게 운행되고 있다고 판단되면, 주행 속도를 운전자가 설정한 속도 또는 도로의 제한속도에 맞춰 스스로 운행하는 기술이다. 전방 카메라 및 레이더 등으로 인식한 차선 정보, 전방 차량과의 상대 위치, 상대속도 등을 고려해 조향 및 가·감속을 제어한다.

1.3.15 **RVM w/e-Mirror** Rear View Monitor with e-Mirror

전자 미러 기능을 포함한 후방 모니터 시스템은 후진 시에는 후방 장애물과의 충돌을 방지하기 위해 운전자에게 후방 상황을 보여주고, 주행 중에는 룸미러보다 더 많은 후방 영역을 보여주어 사각 영역을 줄여주는 주차안전/주행안전 시스템이다.

위에서 언급한 기술 외에도 ADAS 영역에는 운전자의 안전과 편의를 위한 많은 기술이 개발되고 자동차에 적용되고 있다. 능동적인 ADAS는 자동차 움직임을 부분적으로 제어함으로써 사고를 방지하도록 설계된다. 이러한 자동 안전 시스템은 미래의 완전 자율주행 자동차를 위한 기반이 될 것이다.

고객과 차량에 대한 맞춤형 서비스를 목적으로 차량의 센서에서 감지된 모든 정보를 자동차 제조회사의 가상화된 서버 환경으로 정보를 수집하고 운전자의 운행 습관을 빅데이터 형태로 가공하여 예지 Predictive Analysis 활동을 서비스하는 형태도 준비하고 있다.

참고자료
Texas Inst. 2018. "Paving the way to self-driving cars with ADAS."
≪현대기아차 HMG Journal≫. 2018.
≪지디넷 코리아≫. 2018.

라이다 LiDAR: Light Detection And Ranging

1930년대 개발되어 대기 분석, 기상 관측, 항공, 위성, 우주 분야에서 사용되던 라이다는 최근 3차원 공간 스캐닝 기술이 대두되면서 로봇 및 자율주행 자동차의 핵심 부품으로 그 중요성이 점차 증가하고 있다.

1 라이다의 개요

1.1 라이다의 정의

라이다LiDAR: Light Detection And Ranging는 펄스 레이저를 목표물에 방출하고 빛이 돌아오기까지 걸리는 시간 및 강도를 측정하여 거리, 방향, 속도, 온도, 물질 분포 및 농도 특성을 감지하는 기술이다. 최근 자율주행 자동차의 핵심 센서 기술로 부각되어 완전 자율주행을 가능하게 하기 위한 기술로 각광받고 있다. 최근 라이다 기술 기반의 3차원 공간 스캐닝 기술이 대두되고 있으며, 자율주행 자동차, 거리 측정기, 3D 이미지 시스템 등과 같이 레이저를 이용한 애플리케이션이 사용되고 있다.

1.2 라이다의 연혁

1.2.1 초기(대기/기상)

1930년대 상공에서의 공기 밀도 분석 등을 위한 목적으로 탐조등 빛의 산란 세기를 통해 처음 개발이 이루어짐.

1.2.2 중기(항공/우주)

1960년대 레이저가 발명된 이후 본격적인 개발이 진행되어 위성, 항공기 등에 적용되었고 다양한 산업으로 확산되었다.

1980년대 처음으로 레이저 고도계 시스템이 개발되었고, 미국 NASA에서는 이를 이용한 대기 해양 라이다AOL: Almospheric and Oceanographic LiDAR와 공수 지형 매퍼ATM: Airborne Topographic Mapper 등을 개발했다.

1990년대 거리 측정용 레이저 시스템의 상용화가 본격적으로 시작되었고 항공기, 위성 등에 탑재되면서 정밀한 대기 분석 및 지구 환경 관측을 위한 중요한 관측 기술로 활용되었다.

1.2.3 현재(자율주행 자동차/로봇)

3D 리버스 엔지니어링Reverse Engineering, 로봇, 자율주행 및 무인자동차를 위한 레이저 스캐너 및 3D 영상 카메라의 핵심 기술로 활용되면서 그 활용성과 중요성이 점차 증가하고 있다.

2 라이다의 측정 원리 및 기술 유형

2.1 라이다의 측정 원리

2.1.1 ToF Time of Flight

ToF Time of Flight는 레이저 펄스 신호를 방출하여 측정 범위 내에 있는 물체들로부터 반사 펄스 신호들이 수신기에 도착하는 시간을 측정하여 거리를 측정하는 방식이다.

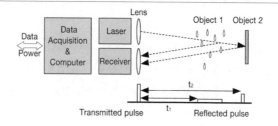

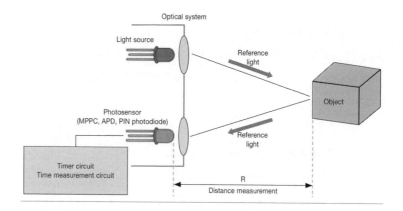

2.1.2 PS Phase Shift

PS Phase Shift 는 특정 주파수를 가지고 연속적으로 변조되는 레이저 빔을 방출하고 측정 범위 내에 있는 물체로부터 반사되어 돌아오는 신호의 위상 변화를 측정하여 시간 및 거리를 계산하는 방식이다.

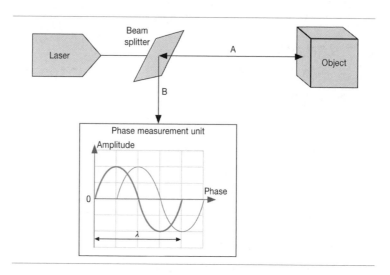

2.2 라이다의 기술 유형

2.2.1 엘라스틱-백스케터 라이다 Elastic-backscatter LiDAR
레이저 파장의 변화 없이 입자들의 운동량에 따라 후방 산란되는 빛의 스펙트럼 퍼짐 특성을 이용하여 대기 중의 에어졸 및 구름의 특성 측정 등에 활용되는 기술이다.

2.2.2 라만 라이다 Raman LiDAR
분자 에너지 상태에 따라 분산되는 레이저 빛의 주파수 변화 및 라만 밴드 내의 세기 분포 분석을 통해 대기 중의 수증기 및 온도 분포 등의 측정에 활용되는 기술이다.

2.2.3 차등 흡수 라이다 Differential-absorption LiDAR
각기 다른 레이저 파장을 가지는 레이저 빔들에 대해 측정 대상 물질의 흡수 차이를 이용하여 대기오염 물질 농도 분포를 측정할 수 있는 기술이다.

2.2.4 공명 형광 라이다 Resonance fluorescence LiDAR
원자, 이온 또는 분자의 에너지 천이와 동일한 에너지를 가지는 레이저 빛에 대해 동일 파장의 빛 또는 긴 파장의 빛을 방출하는 특성을 이용하여 중간권역 대기 중의 원자 및 이온 농도를 측정하는 기술이다.

2.2.5 도플러 라이다 Doppler LiDAR
도플러Doppler 효과에 의한 레이저 빔의 미세한 주파수 변화를 측정하여 바람 등의 속도를 측정하는 기술이다.

2.2.6 레이저 거리 측정기 Laser rangefinder
물체로부터 반사되는 레이저 빔의 수신 시간을 측정하여 거리를 측정하는 가장 간단한 형태의 라이다 기술이다.

2.2.7 이미징 라이다 Imageing LiDAR
레이저 빔의 진행 방향에 대한 거리 정보를 포함하여 공간에 대한 영상 모델링이 가능한 기술로서 레이저 거리 측정기 기술을 기반으로 포인트 스캐닝을 통해 포인트 클라우드 정보를 수집하거나 광각의 플래시 레이저에 대해 반사되는 레이저 빛을 다중 배열 수신 소자를 통해 수집함으로써 3차원 영상 구현이 가능한 기술이다.

3 라이다의 국내외 동향

3.1 라이다의 해외 동향

3.1.1 벨로다인Velodyne
- 제품 채널수에 따라 레이저 및 수신 소자를 각각 포함하고, 360도 회전 스캐닝 기반 3D 영상 수집이 가능한 구조
- 현재 전 세계 라이다 시스템 중 성능 면에서 가장 뛰어난 제품으로 평가
- 구글의 자율주행 자동차에 탑재된 제품으로 64, 32, 16채널의 라이다 제품 판매

3.1.2 쿼너지Quanergy
- 각각 8개의 레이저 및 수신소자를 포함하고, 360도 회전 스캐닝 및 일정 시야각을 확보하면서 3D 영상 수집이 가능한 구조
- 현재 전 세계 저가형 라이다 상용 제품 중 가격 대비 성능 측면에서 가장 우수한 제품으로 평가
- 다임러 그룹과 현대기아자동차에서 개발 중인 자율주행 자동차에 장착 예정

3.1.3 이베오 IBEO

- 4채널에 일정 수평 시야각만을 제공하는 제품으로 회전 거울을 이용하여
  발광하는 구조
- 차량 부품업체 발레오Valeo 사와 협업을 통해 자율주행 시스템에 적용하기
  위해 개발한 제품
- 사양은 타 제품에 비해 가장 낮지만, 대량생산 목표로 개발 진행

3.1.4 식 SICK

- 8개의 채널로 일정 시야각만을 제공하는 제품으로 회전 거울을 이용하여
  발광하는 구조
- 차량의 전방 또는 후방에 장착되는 특정 방향만 관측하기 위해 제공

IBEO	SICK

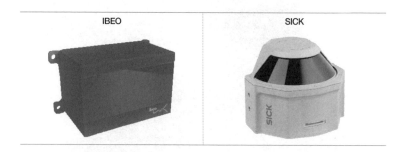

3.2 라이다의 국내 동향

3.2.1 정상 라이다

- 송수신 일체형 라이다 개발
- 해상도 QVGA급(320×240) 구현
- 인식 거리 200~300m

3.2.2 엠씨넥스
- 차량과 보행자를 식별하는 라이다

3.2.3 카네비컴
- 거울 회전형 라이다 센서 기술 이전
- 8채널 차량용 라이다 센서 개발 진행 중
- 기술 개발 및 상용화 진행 중

3.3 라이다의 산업 동향

산업	적용 분야
자동차	- 자율주행 자동차 - 무인 자동차 - 3D 지형 정보 수집 - 차량 주변 환경 감지 및 정보 수집
우주 / 위성	- 우주선 도킹 시스템 - 행성 탐사선 - 지구 지형 관측 - 환경 관측
항공기	- 지구환경 관측 - 산림 관리 및 계획 - 도시 모델링, 해안선 관리 - 교통 및 셀룰러 네트워크 계획
지상	- 3D 레이저 스캐너 - 영상 관측 카메라 - 로봇 - 3차원 모델링

라이다는 우주 탐사, 지구 지형 및 환경 관측을 위한 우주, 위성 및 항공 산업과 더불어 최근 자율주행 및 무인자동차 산업에서 수요가 늘어남에 따라 완성차 및 자동차 부품 산업 분야에서도 빠르게 성장하고 있다.

현재, 라이다는 고가이지만 자율주행차의 상용화를 위해 대량 생산이 가능한 저가의 라이다 제품 상용화가 시작되고 있다. 이에 따라 자율주행 자동차 및 로봇의 개발 속도가 더욱 증가할 것으로 예상된다.

참고자료

이규택·이건재·문연국. 2016. 「라이다(LiDAR) 기술동향과 산업 전망」. 한국산업기술평가관리원.

D-12

C-ITS Cooperative-Intelligent Transport Systems

교통사고 발생을 줄이고 완전한 자율주행을 가능하게 하기 위해서는 C-ITS이 필요하다. 기존의 ITS 기술이 차량이 특정 구간을 지날 때에만 정보 획득이 가능한 단방향 서비스였다면, C-ITS는 차량과 도로 등의 사물이 서로 실시간으로 통신하는 양방향 서비스를 제공하여 더 안전하고 효율적인 교통체계이다.

1 C-ITS의 개요

1.1 C-ITS의 정의

C-ITS Cooperative-Intelligent Transport Systems는 도로상의 차량이 차량 간 통신, 차량과 도로 시설물과의 통신, 차량과 보행자 간의 통신, 그리고 차량과 네트워크상의 응용 프로그램과의 통신을 통해 내 차량의 상태뿐 아니라 도로상의 다른 차량의 운행 상태, 도로의 차량 운행 흐름 및 보행자 상태, 신호 상태 등을 종합적으로 활용하여 차량 운행의 안전성과 도로의 효율을 극대화하는 시스템이다.

1.2 C-ITS와 ITS의 차이점

C-ITS는 도로 시스템의 효율을 향상하고 차량 운행의 안전성을 획기적으로 향상하는 기술이다.

구분	ITS	C-ITS
정보수집 및 제공	- 단방향 수집/제공 - 차량과 차량, 차량과 도로 간 정보 수집 및 제공이 분리	- 양방향 수집/제공 - 주행 중 주변 차량 및 도로와 끊김 없이 상호 통신하며 교통정보 교환, 공유
특징	- 고정식 검지 및 단방향 통신 - 교통관리 중심 - 사후관리 중심	- 차량 위치 기반의 이동형 검지 및 양방향 통신 - 교통안전 중심 - 사전 대피/회피 또는 사후 대응 중심
요소 기술	- 영상, 전자기파 이용 검지	- V2V, V2I
도입 시기	- 1993년	- 2012년 이후

2 C-ITS의 주요 설비 및 통신 기술

2.1 C-ITS의 주요 설비

2.1.1 차량단말기 OBU

차량에 설치되어 WAVE 통신 방식을 통해 차량의 위치, 상태, 운행 정보를 노변 기지국 또는 주변 차량에 송수신한다.

2.1.2 노변기지국 RSU

도로를 운행하는 차량에 설치된 단말기와 WAVE 무선통신을 수행하여 차량 단말기에서 전송하는 각종 정보를 수집·저장하여 센터로 전송하는 기능을 수행한다.

2.1.3 스마트 톨링 시스템

WAVE Wireless Access for Vehicle Environment 를 통한 무정차 다차로 요금 징수를 위한 지원 시스템이다.

2.1.4 돌발 상황 검지기

도로상에서 발생하는 돌발 상황(낙하물, 정지 차량 등)을 검지하여 센터와 노변 기지국에 전송하는 지원 시스템이다.

2.1.5 보행자 검지기

횡단보도나 그 주변의 보행자, 자전거 이동 상태를 검지하여 센터와 노변기지국에 전송하는 지원 시스템이다.

2.1.6 도로 기상정보 시스템

국지적 기상 변화 및 기상 상황을 실시간으로 검지하여 센터와 노변 기지국에 전송하는 지원 시스템이다.

2.1.7 센터 시스템

센터는 노변 기지국RSU 및 지원 시스템(돌발 상황 검지기, 보행자 검지기, 통행료 징수 시스템, 도로 기상정보 장치 등)을 통해 획득한 데이터를 이용하여 정보를 가공하여 운전자에게 필요한 정보를 제공한다.

2.2 C-ITS의 통신 기술

2.2.1 DSRC

DSRC Dedicated Short Range Communication 는 단거리 전용 통신 방식으로 노변 기지국RSU과 차량탑재단말OBU 간의 근거리 무선통신(5.8GHz 주파수 대역 이용)을 통해 각종 정보를 주고받는 기술이다.

2.2.2 WAVE

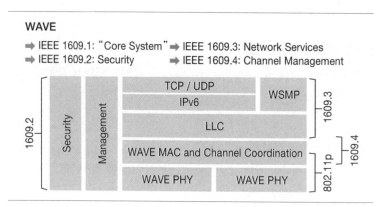

WAVE Wireless Access in Vehicular Environment 는 IEEE 802.11a/g 무선랜 기술을 차량 환경에 맞도록 개량한 통신 기술이다. 기존 DSRC를 대체하여 스마트카 환경에서 도로 교통상황을 실시간으로 인지하여 교통사고를 미연에 방지하고 교통 흐름을 원활하게 조정하기 위해 개발되었다. 고속 이동성(최대 200Km/h)과 통신 교환시간이 짧은 차량망에서 사용되며 V2X 통신이 가능해 교통사고의 발생을 미연에 방지할 수 있다.

2.2.3 V2X
V2X는 V2V, V2I, V2N, V2P 개념을 포함한다. LTE 기반의 V2X에서 5G 기반의 V2X로 발전 중이다.

3 C-ITS의 현황과 발전 방향

3.1 C-ITS의 국가별 현황

3.1.1 유럽
유럽은 2008년 차량 안전을 위한 전용 주파수 5.9GHz를 확보하고 C-ITS 관련 연구 개발을 EC의 프레임워크 프로그램 6 기반에서 처음 추진했으며, 연구 개발의 혁신을 도모하기 위해 2011년 11월 제시된 호라이즌 Horizon 2020에 따라 FP7에 이어 2014년부터 2020년까지 진행될 예정이다.

3.1.2 일본
일본은 아이티에스-세이프티 2010 ITS-Safety 2010 등의 연구개발, 아이티에스 스폿 ITS SPOT 등의 상용화를 체계적으로 추진해오고 있다. 아이티에스-세이프티 2010은 2010년까지 V2I, V2V를 사용하는 협력 안전 지원 시스템을 실현하기 위해 공공-민간 부문에 의해 시작된 국가 프로젝트이다. 일본 정부의 추진 내용은 경찰청의 DSSS, 국토교통성의 도로국은 스마트웨이 SmartWay, 교통국은 ASV 프로젝트를 진행했다.

3.1.3 미국

미국은 1998년 DSRC 주파수 5.9GHz 대역을 확보하고 미연방 도로국의 주
도로 실시간 교통정보가 교통혼잡 해결 및 교통운영 관리에 대한 신뢰성 확
보의 핵심이라 판단하여 교통의 안전성과 이동성 확보에 핵심이 되는 실시
간 정보를 수집 및 제공하기 위해 V2V, V2I 통신 환경 구축을 위한 VII 프
로그램을 추진했다.

3.1.4 한국

우리나라는 국토교통부, 미래부, 산업부 등 정부 주도로 C-ITS 관련 연구 개
발이 진행되었다. 국토교통부의 유-트랜스포테이션u-Transportation 기술 개발
과 스마트 하이웨이 사업이 대표적인 연구개발 사업이다.

3.2 C-ITS의 발전 방향

현재 활발히 개발되고 있는 자율주행 시스템의 안전주행 및 자율주행 기술
은 차량 자체의 센서 기술로는 한계가 존재한다. 또한 통신기술인 WAVE
및 LTE V2X 기술로는 자율주행 시스템의 네트워크 측면의 요구 사항을 충
족시킬 수 없다. 센서부터 발생하는 대용량, 실시간 데이터의 전송 및 처리,
초고속 실시간 콘텐츠 전송을 위해 5G 기반의 V2X 기술이 요구되고 있다.

5G의 초고속, 초저지연, 초연결 서비스를 이용하여 실시간 도로 상황 인
지 및 대용량 센서 데이터를 전송하여 신뢰성 있고 안전한 자율주행을 실현
하고 교통사고 발생을 획기적으로 줄일 수 있을 것으로 예상한다.

 참고자료
박동주. 2017. 「Cellular C-ITS 기술현황: LTE-V2X와 5G」.

D-13

V2X

C-ITS를 실현하기 위해서는 V2X가 필수적이다. 차량과 차량, 차량과 도로 인프라, 차량과 통신 장비, 차량과 보행자 간의 통신을 통해 안전한 교통체계를 구축할 수 있다. V2X는 와이파이 기반에서 LTE 기반으로 발전하고 있다.

1 V2X의 개요

1.1 V2X의 개념

V2X는 'Vehicle to Everything'의 약자로, 차량이 유·무선망을 통해 다른 차량, 모바일 기기, 도로 등의 사물과 정보를 교환하는 것 또는 기술을 말한다. C-ITS 구현을 위한 통신 기술로 부각되고 있다.

1.2 V2X의 필요성

자율주행 자동차에서 해당 차량에 내장되어 있는 인공지능 알고리즘 및 다수의 센서만으로는 완전 주행이 불가능한 상황이 있을 수 있다. 예를 들어 눈이나 비가 오는 어두운 밤중 산속의 비포장도로를 주행하는 경우와 같은 상황에서는 차량 단독 기술로는 안전한 주행이 불가능하다. 이런 경우 주변 기지국 및 주변 차량과의 통신을 통해 완전 자율주행 기술을 구현할 수 있다.

2 V2X의 유형

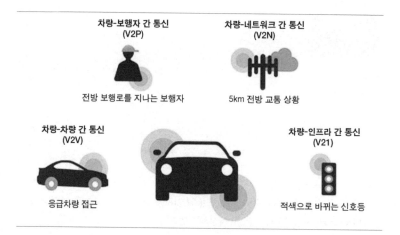

V2X의 유형으로는 V2V, V2I, V2N, V2P 기술이 존재한다.

2.1 V2V

V2V는 고속으로 이동하는 차량과 차량 간의 통신을 위한 기술이다. 주변 차량과 간격 및 속도를 제어할 수 있다. 전방 교통정보, 차량 접근 알림, 추돌경고 등이 가능하다. 이동 중이거나 정차 중인 차량들 간의 신호 또는 데이터를 송수신하는 무선통신 기술로 일정 범위 내에 있는 자동차들이 무선통신을 통해 각자의 위치·속도 정보와 주변 교통상황 정보 등을 주고받으며 사고를 예방할 수 있는 기술이다.

2.2 V2I

V2I는 차량과 기지국 또는 차량과 도로, 차량과 노변 장치 간의 통신을 위한 기술이다. 교통 현황, 사고 상황 등을 실시간으로 제공받을 수 있어 교통 정체나 교통사고를 미연에 방지 가능하다. 차량 내에 설치된 통신 단말기와 정보를 서로 교환할 수 있는 일종의 기지국을 도로 곳곳에 설치하여 차량으로부터 주행 정보를 수집하고 이를 중앙 서버에서 분석하여 교통상황 및 사고 정보 등을 차량에 제공하는 기술이다.

2.3 V2N

V2N은 차량과 이동통신기기(휴대폰, 태블릿 등)와의 통신을 위한 기술이다. 이동통신 기지국 및 디바이스를 통해 차량에 교통정보를 제공한다.

2.4 V2P

V2P는 차량과 보행자 간의 통신을 위한 기술이다. 차량과 보행자가 가까워지면 차량과 보행자 모바일 기기 모두에게 경고음으로 알려 사고를 방지할 수 있다.

3 V2X의 통신 기술

3.1 WAVE

WAVE는 근거리 통신 표준에서 가장 활용도가 높은 IEEE 802.11p 와이파이 기술을 자동차에 맞도록 개선하여 2012년에 완료한 표준이다. 차량이 시속 200Km로 주행하면서 1Km 정도의 도로 구간 내에서 54Mbps로 초당 10회 이상 통신지연 시간이 거의 없이(0.1초 이하) 정보를 주고받을 수 있다.

3.2 LTE-V2X

LTE V2X는 LTE 기지국을 이용하며 LTE를 차량 통신에 적합하도록 개선하여 통신을 수행하는 기술이다. DSRC 통신 기술 대비 넓은 커버리지(2배), 반응 속도는 3배 더 빠르다. 비가시 영역 영상 전송, 교차로 주행 보조 등의 응용 서비스를 적용할 수 있다.

3.3 V2X와 LTE-V2X 비교

구분	V2X	LTE V2X
개요	- 무선랜 기술을 차량 통신에 적합하도록 커버리지 및 접속시간 개선	- LTE를 차량 통신에 적합하도록 직접 통신 및 자원할당 방식 개선
표준화	- 2012년 완료	- V2V 완료, V2I 진행 중
필드 시험	- 2012년부터 유럽·미국·일본 주도	- 2015년부터 화웨이, 노키아 등 통신장비 업체 주도
대역폭	- 최대 27Mbps	- 최대 75Mbps
무선 지연	- 10ms 내외	- 20~30ms
커버리지	- 별도 기지국 1Km	- LTE 기지국 1~5Km
에코 시스템	- 교통 인프라, 무선랜 제조사	- 기존 LTE 통신장비, 단말 제조사, 이통사

5G 상용화에 따라 관련 인프라가 확충되어 자율주행 자동차 완성에 실질적인 도움을 줄 것으로 예상된다.

참고자료
임태호. 2016. 「자율주행과 V2X 통신 기술 동향」.

D-14

드론 Drone (무인기)

유원지에서 소형 드론 소리를 흔하게 듣는 세상이 되었다. 소형 드론이 카메라 영상 전송 기술을 이용해 스마트폰과 통신하면서 원격 조정을 통해 호수 멀리까지 정교하게 움직이는 재미에 많은 사람이 취미 생활로 드론을 즐기고 있다. 2~3만 원부터 400만~500만 원에 이르기까지 다양한 가격과 성능, 기능이 드론 시장에 포지셔닝하고 있는데, DJI, SYMA 브랜드를 포함한 중국의 드론 제품들이 소형 드론 시장을 압도적으로 점유하고 있다. 취미 활동에 사용되는 드론은 휴대성과 안정성이 좋고, 오래 띄울 수 있어야 하며, 촬영이 편리하고 환경 제약이 적고, 카메라를 장착하는 견인력이 좋은 것이 선호된다.

1 드론

1.1 드론의 개요

사람이 타는 유인기의 반대말로, 넓은 의미로 보자면 말 그대로 사람이 타지 않고 운용할 수 있는 탑승 병기류 일체를 지칭한다. 좁은 의미로 따지자면 원래 사람이 탑승하여 운용하던 탑승물을 무인화했을 시에만 무인기라고 한다. 처음부터 사람이 타지 않으며 원격 조작을 통해 날아가게끔 설계된 미사일, 로켓 등은 무인기라고 분류할 수 없다. 이는 비행체로 분류된다.

우주, 하늘, 지상, 해상, 바닷속 모두 무인기가 있다. 병기와 전자 장비가 발전하면서 '사람만이 할 수 있었던 일'이 '사람이 없어도 할 수 있는 일'이 되어갔으며, 기존의 병기에서도 사람이 필요했던 보직을 무인 장비로 하나둘 대체해가는 경향이 두드러졌다. 기술의 발달로 인해 상당 부분 무인화가 진행된 것을 예시로 들 수 있다.

무인화로 얻는 이득은 여러 가지가 있다. 사람이 탑승한다는 것은 그 사람의 부피만큼, 혹은 그 사람이 필요로 하는 만큼의 추가 공간이 필요하다는 것인데, 사람을 제외할 수 있다면 사람 n인분만큼의 남은 공간에 더 많은 탄약과 강력한 무기를 탑재하거나, 전체 부피를 줄여 피탄 면적을 최소화해 생존성을 높일 수 있다.

탑승하는 승무원을 육성하는 데 엄청난 비용과 시간이 들지만, 원격으로 조작되는 무인기의 경우는 기체가 파괴되더라도 안전한 기지에서 조종하는 조종사는 멀쩡하며, 곧바로 다른 기체를 부여해 임무에 투입할 수 있다. AI로 움직이는 완전 무인기라면 조종사를 배치할 필요조차 사라진다. 무인기라는 것 자체만으로 이런 장점들이 있다. 결정적으로, 이러한 이점은 그 무엇보다도 가치가 있는 사람(전투원)의 목숨을 걸지 않고서도 전투를 지속할 수 있다는 점으로 귀결된다.

무인기는 드론이라 부르기도 한다. 무인기를 드론이라 부르게 된 계기는 명확하지는 않다. 다만 추정컨대 영국에서 1935년에 사람이 타는 훈련용 복엽기인 '타이거 모스Tiger moth'를 원격조종 무인 비행기로 개조하면서 여왕벌Queen Bee이라는 별명을 붙였는데, 이것에서 수벌을 뜻하는 드론이란 단어가 무인기를 지칭하는 말로 나온 게 아닌가라는 추정이 있다. 1936년경 미국에서 나온 원격조종 비행기에 대한 연구 자료에는 드론이란 명칭이 등장한다. 드론은 최신 IT 용어가 아니라 오래된 명칭이다.

무인기는 십중팔구 군용으로만 쓰였으나 최근에는 민간용으로도 점차 사용 영역이 넓어지는 추세다. 물론 취미용 R/C 비행기 시장은 예전부터 있었지만 보통 이런 것은 무인기로 쳐주지 않았고, 최소한 기본적인 자동비행 시스템 정도는 들어가야 무인기로 쳐줬다. 그런데 전자 제어기의 저가화/소형화와 자세 감지센서류의 저가화에 힘입어 민간용 무인기가 항공 촬영, 농업, 등 다양한 분야에서 각광받게 되었는데, 구글은 이를 택배 수송용으로 쓸 생각까지 하고 있다. 다만 우리나라는 대부분의 지역이 군사적인 이유로 비행금지 구역으로 묶여 있기 때문에 일정 크기 이상의 무인기를 날리려면 국방부에 신청을 하고 며칠을 기다려야 하는 등 활용에 제약이 많다.

미군을 중심으로 전반적인 명칭은 UAS Unmanned Aircraft systems, UGV Unmanned Ground Vehicles, UMS Unmanned Maritime Systems로 사용되고 있다.

1.2 액추에이터 Actuator

액추에이터는 모터나 스위치, 스피커, 램프처럼 전기적인 신호의 변화를 이용하여 물리적인 상태를 바꿔주는 장치를 말한다. 침대와 램프가 서로 연결되어 사람이 잠들면 램프가 자동으로 꺼지는 상황을 생각해보자. 침대에 설치되어 있는 센서가 사람의 움직임을 측정하고 분석하여 잠을 자기 시작했다고 판단을 하면, 램프에 신호를 보내어 램프를 꺼지도록 만든다. 이러한 경우처럼, 어떤 신호에 반응하여 자신의 상태나 주변의 상태를 변화시키는 장치를 액추에이터라고 한다.

사실, 액추에이터는 전통적으로는 전기적인 신호를 물리적인 운동(회전운동 혹은 직선운동)으로 바꿔주는 장치를 가리키는데 제한적으로 사용되던 용어였다. 그러나 사물인터넷에서는 이러한 개념을 좀 더 일반화시켜 전기적인 신호에 반응하는 모든 장치를 액추에이터라고 한다. 예를 들면, 알람시계에 맞춰 동작하는 커피포트나 토스터기도 액추에이터이며, 현관으로 들어오는 사람을 인식하고 문을 열어주는 자동문도 액추에이터에 해당한다.

사물인터넷 시대에는 모터와 같은 물리적인 움직임의 변화뿐만 아니라, 소리의 변화, 빛의 변화, 온도의 변화, 농도의 변화 등 바뀌는 상태의 유형에 따라 액추에이터를 구분하기도 한다. 예를 들어, 스피커나 도어벨 doorbell 같은 것은 소리의 변화와 관련된 액추에이터이며, 스마트 LED 램프나 LED 전광판 등은 빛의 변화와 관련된 액추에이터이다. 스마트폰을 이용해 원격으로 제어할 수 있는 에어컨이나 가스보일러도 액추에이터라 할 수 있다.

사물인터넷 시대의 대표적인 액추에이터 제품은 누가 뭐래도 드론 Drone이라 할 수 있을 것이다. 드론은 프로펠러의 개수에 따라 바이콥터(2개), 쿼드콥터(4개), 헥사콥터(6개), 옥토콥터(8개) 등으로 구분한다. 프로펠러 개수가 3개인 드론도 있으나 이는 바이콥터와 유사한 방식으로 공중에 뜬다. 드론에 부착되는 프로펠러가 짝수인 것은 뉴턴의 제3법칙인 '작용 반작용의 법칙'을 활용하기 때문이다. 프로펠러가 4개 달려 있는 쿼트콥터를 기준으로, 마주보는 프로펠러 한 쌍은 시계 방향으로 돌고 다른 한 쌍은 반시계 방향으로 회전해 작용 반작용의 원리에 의해 일정 고도를 유지하며 떠 있는 호버링 hovering을 할 수 있게 된다.

앞쪽 프로펠러보다 뒤쪽 프로펠러를 빠른 속도로 회전시키면 드론은 앞으로 나아갈 수 있다. 프로펠러가 느리게 도는 쪽의 양력, 즉 들어 올리는 힘이 작아지고 빠르게 도는 쪽의 양력이 커지면서 드론이 앞쪽으로 기울어지게 되고, 이때 양력이 뒤쪽을 향하면서 전진하게 되는 원리이다. 왼쪽 프로펠러 2개보다 오른쪽 프로펠러 2개를 더 빠른 속도로 회전시키면 오른쪽 양력이 더 커지면서 드론이 왼쪽으로 이동하게 된다. 반대로 왼쪽 프로펠러를 더 빠르게 회전시켜 양력을 오른쪽보다 크게 만들면 오른쪽으로 이동하게 된다.

스마트펫SmartPet은 드론과는 달리 주변의 상태나 사용자의 동작 등을 감지하여 반응하는 액추에이터 제품이다. 다리나 꼬리를 움직이기도 하고, 스마트폰 화면을 이용하여 자신의 감정을 표현하기도 한다.

1.3 드론의 장단점

1.3.1 장점

드론의 가장 큰 장점은 위험한 임무에서 소중한 조종사의 위험을 감수하지 않아도 된다는 점이다. 둘째, 인간 파일럿을 위한 공간을 없애 공간과 무게, 에너지 소비가 줄어든다는 장점이 있다. 셋째, 무인기는 사람이 타지 않는 100% 기계이기 때문에 UAV의 경우 인체의 한계와는 상관없이 기체 자체가 버텨주는 한 한계까지의 기동이 가능하다는 것이다.

1.3.2 단점

드론의 가장 큰 단점은 상황 인식 능력과 판단력의 부재이다. 실제 비행기에 탑승해 사람이 조종하는 것과 완벽하게 동일하지 않기 때문에 나타나는 차이로, 무인 자동차 상용화처럼 인공지능의 발달로 이 부분은 가까운 시일 내에 해결될 전망이다. 또 다른 한 가지는 해킹에 취약한 것이다. 전자 방해 ECM에 의해 컨트롤을 상실할 가능성이 있다는 점도 약점이라고 할 수 있다. 무인기의 컨트롤이 해킹당해 작전 정보가 노출되거나, 최악의 경우에는 무인기가 아군을 공격하는 사태가 생길 수 있다. 해킹의 대응 방식 중 하나는 유선 접속을 통한 전용 기기가 아니면 외부 입력을 전혀 받지 않는 ROM 방식의 통제 모듈 안에 대응 프로토콜을 입력하고 무인기에 장착하는 방식이 있고, 조종권을 탈취당해도 GPS상 기체가 일정 지역 밖으로 벗어나면 추락시키거나 무장을 전부 잠그고 귀환 명령을 실행하게 하는 식으로 대응할 수 있다. 또 하나의 무인기의 단점으로 민간인에 대한 오폭 시 윤리적 측면에서 비난을 받고 있다.

1.4 드론 분류

1.4.1 UAV Unmanned Aerial Vehicle (하늘)
무인 항공기. 말 그대로 사람이 탑승하지 않고 원격 조작 내지는 인공지능으로 운용하는 비행기를 의미한다. 과거에는 RPV Remote Piloted Vehicle 라고 불렀다.

아직까지는 무인정찰기가 많기에 이런 명칭을 사용하는데, 전투용으로 쓰이는 경우는 무기Combat가 추가되어 UCAV라고 칭한다. UAV라는 용어는 좀 더 세부적인 용어로 사용하고, 전반적인 명칭은 UAS Unmanned Aircraft Systems로 쓰일 예정이다. 무인 우주 탐사선도 포함한다.

1.4.2 UGV Unmanned Ground Vehicle (땅)
UGV는 무인지상 차량을 지칭한다. 주로 지상에서의 정찰 수단이나 법 집행 기관에서 실내를 정찰할 때, 매복이 의심되거나 폭탄 해체 등의 위험이 매우 클 때 쓰는 것들이 대표적이다. 또 인간이 지고 다니기엔 무거운 군장을 무인지상 기체가 이동하게 하는 개념도 존재한다. 윌E 견마형 로봇, EOD 로봇, 차량MULE 등의 장비가 속한다. 아직은 프로토타입이나 페이퍼 플랜 수준이지만, 무인 장갑차나 전차 역시 각국에서 구상 중에 있다.

1.4.3 USV Unmanned Surface Vehicle (수상)
미 해군 시 헌터Sea Hunter 같은 무인 수상함도 존재한다.

1.4.4 UUV Unmanned Surface Vehicle (바닷속)
연구용이나 소해 작업용으로 투입하는 원격조종 잠수정 등을 일컫는다. 초기에는 ROV라는 분류만 존재했으나, 통제 없는 자율행동이 가능한 무인기가 등장하면서 UUV라는 대분류하에 원격조종식의 경우 ROV Remotely Operated underwater Vehicle, 자율행동식은 AUV Autonomous underwater vehicle라는 식별

명이 붙었다.

1.5 드론 발전

드론 산업이 한국에 제대로 정착되어 진행된 것은 방송 촬영과 방재 등에 이용되기 시작하면서 특히 유명 연예인의 취미생활에 드론이 부각되면서부터다. 일명 '4차 산업혁명'의 대명사로 시작되었다. 사실상 3차 정보산업에 IoT가 결합된 형태이고, 산업계에서 '드론을 어디에 사용하면 좋을까'라는 접근에서 시작하여 현재의 IoT 기술과 더불어 로봇 기술과 함께 위험한 상황에서 사람을 배제하는 용도로 활발하게 활용되고 있다.

진짜 재미는 개인용 드론을 손에 넣는 순간 시작된다. 드론 소유 비용은 지난 몇 년 사이 크게 줄었고 앞으로도 저비용화될 것이다. 군사용 드론을 제작하는 기업이 민간 판매를 위해 성능을 낮춘 개인용 드론을 제작해 이 최첨단 기술을 적용하고 있다. 2016년에 15~20억 달러 규모였던 미국의 개인용 드론 시장은 2017년에 20~25억 달러 이상의 규모로 성장했다. 미 연방 항공국에서는 2016년 190만 대이던 개인용 드론 판매량이 2020년이면 430만 대로 증가할 것으로 전망했다. IT 전문 매체 ≪리코드Recode≫는 "개인용 드론은 전체 드론 판매량의 94%를 차지하지만 매출액 점유율은 40%에 불과하다"고 밝혔다.

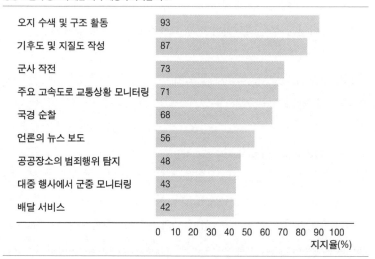

항공 드론의 용도에 대한 미국 대중의 지지율 자료

드론은 수많은 용도로 쓰일 수 있다. 먼저 의료와 응급 상황을 생각해볼 수 있다. 특히 인도적 지원이 필요한 오지나 허리케인 등 재난으로 피해를 본 지역에 긴급 물자와 의료용품을 보내는 것처럼 급박한 상황에 요긴하게 사용될 수 있다. 이미 르완다 등지에서 오지에 긴급 약품을 배송하는 등 의료 활동에 이용된 바 있다. 하늘을 나는 날개 없는 드론이 나타날 것이다. 질병이나 장애가 있는 사람에게는 가까이에서 드론이 건강 도우미가 되어준다. 발작이나 고혈압을 감지하는 것은 물론이고, 지금 반려동물이나 간병인이 하는 것처럼 당뇨 환자의 혈당 변화까지 확인할 수 있다. 미국 자동차협회에서는 사고 예방을 위해 수년 전부터 드론으로 도로 상태를 점검해왔다. 최신형 드론은 안개를 비롯해 어떤 악천후에도 비행이 가능하고 충돌 방지, 3D 지도 작성, 실시간 정보 전송 기능이 탑재되어 있으며 지나온 항로를 '기억'할 수 있다.

드론은 물론 위험성도 지니고 있다. 워싱턴 DC의 드론 조종사들로서는 유감이겠지만 백악관은 반경 15km가 '드론 비행 금지구역'으로 지정되어 있다. 초소형 드론이라면 항공기에는 영향을 미치지 않겠지만 사생활에는 위협 요소가 될 것이다. 대형 드론이 부지런한 일꾼과 무기가 될 수 있다면, 소형 드론은 발 빠른 염탐꾼이 될 수 있다. 인공지능을 이용한 지속적인 감시 행위가 아무런 규제를 받지 않을 때 생길 수 있는 위험을 고려하면 드론을 통제하는 정책이 마련되어야 할 것이다. 안티드론Anti-Drone 기술 또한 진보하고 있다. 주파수 교란하기, 그물로 낚아채기, 레이저로 태워버리기, 레이터 감시, 바이러스를 이용한 해킹 등이 있다.

드론과 드론 경제는 아직 마이크로 트렌드에 머물고 있다. 하지만 그 안에 잠재된 창조력과 파괴력을 고려하면, 지난 10년간 발전한 기술 중에서 가장 유용한 한편 가장 해로운 기술이 될 수 있다고 본다. 어느 쪽이든 간에 드론 산업은 앞으로 10년간 급속적으로 성장할 것이다.

 참고자료
나무위키(검색일: 2018.7).
국립중앙과학관. 2018. 「사물인터넷-액추에이터 기술」.
네바다대학교 라스베이거스 캠퍼스 전국 조사. 2014.

I C T

Convergence

Technology

E

스마트 디바이스

—

증강현실 Augmented Reality

━━━

증강현실은 3차원 가상 물체를 겹쳐 보여주는 기술이자 현실에 기반을 두고 실세계 환경
과 그래픽 형태의 가상현실을 실시간으로 합성해 실세계에 대한 이해를 높여주는 기술로
서, 건축 설계와 스포츠 중계 등에 활용되고 있다.

1 증강현실의 개요

1.1 증강현실의 개념

증강현실 기술이란 사용자가 현실 공간상에서 컴퓨터가 재현해내는 가상의
실세계을 함께 체험할 수 있게 하는 기술로서, 컴퓨터 그래픽스, 인간-컴퓨
터 상호작용, 영상 및 상황 인식, 위치 기반 서비스LBS: Location Based Service 등
의 기술과 깊은 관련성이 있다. 가상현실Virtual Reality 기술이 사용자를 현실
세계의 감각으로부터 완전히 차단하고, 컴퓨터가 만들어낸 가상의 공간에
완전히 몰입해 체험하는, 즉 현실 세계를 완전히 대체하는 형태의 미디어라
한다면, 증강현실은 사용자가 현실 세계를 그대로 경험하는 가운데, 컴퓨터
가 재현해내는 가상의 정보공간을 현실 상황에 맞추어 부가적으로 보고 체
험할 수 있다는 점에서 다르다.

1.2 증강현실의 특징

특징	설명
Synthetic world	기본 정보를 이용해 가상 객체를 현실 세계에 보완해 증강함
Seamless	객체와 실제 환경을 잘 조화시켜 사용자가 실제와 가상환경이 분리된 것을 인지하지 못함
Realtime Interacting	사용자와 가상 객체 간의 실시간 상호작용

2 증강현실의 구현 방법과 주요 기술

2.1 증강현실의 구현 방법

- Optical See-Through AR: 실제 환경을 눈으로 보고 가상 정보만 디스플레이 화면에 나타내는 방식이다.

Optical See-Through AR 개념도

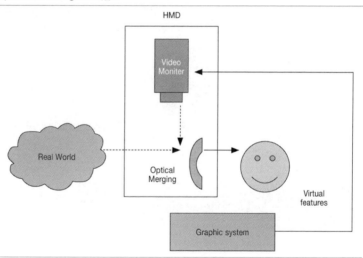

- Video See-Through AR: 카메라로 실제 환경을 촬영한 정보를 가상 정보와 혼합해 디스플레이에 보여주는 방식이다.
- Projector-based AR: 실제 오브젝트에 가상 정보를 보여줌으로써 증강현실을 구현하며 주로 의료용으로 쓰인다. 수술 시 환자의 장기와 같은 가상 정보를 보여주어 정확한 수술 부위를 찾는 데 사용된다.

Video See-Through AR 개념도

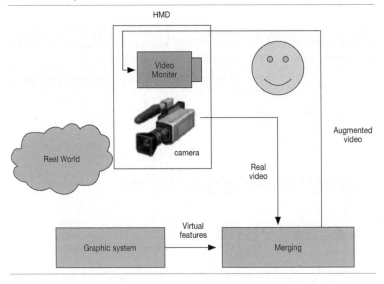

Projector-based AR 개념도

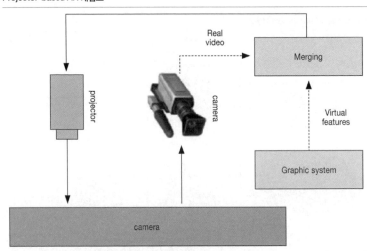

- Monitor-based AR: 스마트폰으로 말미암아 빠르게 확산되고 있는 방식
  으로, 카메라를 통해 들어온 실제 환경 정보를 가상 정보와 혼합해 컴퓨
  터 디스플레이에 보여주는 방식이다.

E · 스마트 디바이스

Monitor-based AR 개념도

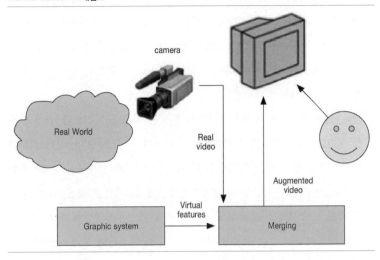

2.2 증강현실의 주요 기술

주요 기술	내용	세부 기술
상호작용 기술	특정 목적에 적합하고 사용 및 작동이 용이한 증강현실 인터페이스 설계	인터페이스 기술, 모달 기술
카메라 보정 기술	특정 실세계 제품에 대응한 카메라 좌표계의 위치 및 카메라 렌즈의 광학적 특성을 구하는 기수	대칭 보정, 자동 보정
위치 추적 기술	객체의 움직임에 대한 위치 및 회전 정보를 계산하고 획득하는 기술	관성 추적, 자기 추적, 음향 추적, GPS
영상 보정 기술	원하는 위치에 가상의 물체를 적절하게 증강하는 기술	마커 기반, 가상 영상
상호작용 기술	사용자에게 증강현실을 디스플레이, 액션 처리	2D, 3D 인터페이스
3D 처리 기술	3차원 객체 모델링, 3차원 가상현실 구현, 처리	VRML, 3D 엔진

3 증강현실을 활용한 부가가치 창출 사례

3.1 편의성 제고(모바일, 방송/광고)

- 모바일 분야: 증강현실에 필요한 하드웨어와 소프트웨어, 무선통신 기능 등 관련 인프라가 구축되어 있어 최근 증강현실의 접목이 활발한 분야다. 이동 중에 '눈에 보이는' 대상에 대한 정보를 현장에서 실시간으로 원하는

소비자들의 요구가 점점 더 확대되는 추세이며 내장 카메라에 비친 현실 정보에 다양한 부가 정보가 결합되는 형태의 모바일 증강현실 애플리케이션이 다수 등장하고 있다. 또한 실제 보이는 영상에 텍스트나 영상 등의 관련 정보를 삽입할 때 관련 정보와의 매치 정확도를 높이는 기술을 활용하기도 한다.

- 방송/광고 분야: 시청자나 소비자가 원하는 정보를 이전보다 쉽게 취득할 수 있어 상업적 확대가 기대되는 분야이다. 스포츠 중계, 일기예보 등에서 증강현실 기술을 빠르게 도입하는 중(질주하는 선수들이 나오는 장면에 1위 선수의 기록이 중첩되어 보임으로써 시청자의 긴장과 몰입도가 배가)이며 스포츠 중계에서 광고 화면을 시청자가 보는 TV 영상에 삽입하는 기술도 상용화되어 중간 광고가 허용되는 미국, 이스라엘 등에서는 이미 수익을 창출하고 있다.

3.2 체험 공간 확대(게임, 교육)

- 게임 분야: 온라인 또는 컴퓨터 내 가상공간만으로는 현실감이 부족하기 때문에 현실감 향상을 위해 증강현실이 가장 많이 응용되는 분야다. 증강현실 기술을 적용해 카메라에 비친 현실 공간을 게임 공간으로 활용한다.
- 교육 분야: 실제 환경에서 가상의 객체를 이용해 관찰 대상과 연계한 학습 경험을 제공하는 데 효과가 크며, 응용 프로그램들을 실험적으로 적용하고 있다. 증강현실 이러닝e-learning 기술은 유럽연합EU: European Union 의 타임 투 런Time2Learn(EU에서 유럽의 고등교육 이러닝을 위해 개발한 로드맵) 등에서 미래형 서비스로 제시해 활용하고 있다.

3.3 안전 효율성 제고(의료, 제조/조립)

- 의료 분야: 증강현실 기술을 활용해 효과적인 수술 및 의료 교육을 위한 연구가 진행 중이다. 미국 노스캐롤라이나 대학교 연구팀은 복강경 수술 등에 이용할 수 있는 증강현실 시스템을 시험 개발했으며, 미국 애리조나 대학교 연구팀은 헤드 마운트 디스플레이를 쓴 의사에게 환자의 복부 위에 놓인 기기를 통해 내부의 3차원 이미지를 보여줌으로써 진단 및 수술

의 정교함을 높이는 시스템을 사용하고 있다.

- 제조/조립 분야: 기계 조립이나 가공 공정을 실시간으로 보여줄 수 있는 제조/조립 분야에서는 작업자의 실수 방지 및 효율 제고를 목적으로 활발한 연구가 진행 중이다. 미국 보잉 사는 항공기 제작 과정에 증강현실 기술을 이용하고 있으며, 미 해병대는 장비의 유지 및 보수를 위해 증강현실을 이용한다.

참고자료

삼성 SDS 기술사회. 2010. 『핵심 정보통신기술 총서』, 1~7. 한울.
이건. 2011. 「증강현실 기술의 현재와 미래」. ≪TTA 저널≫, 통권 133호, 88~93쪽.
전황수. 2010. 「모바일 증강현실」. ≪주간기술동향≫, 1447호, 25~37쪽.
정동영. 2011. 「'증강현실'이 가져올 미래변화」. ≪SERI 경영 노트≫, 제46호.
한국저작권위원회 기술연구소. 2010. 「증강 현실 구현 기술 현황」. ≪저작권기술동향 Biweekly≫, 7월 4주.

기출문제

98회 관리 ARC(Augmented Reality Continuum)에 대해 설명하시오. (10점)

93회 관리 모바일 증강현실(Mobile Augmented Reality System) 설명하고 이 기술을 활용한 응용 내용을 설명하시오. (25점)

92회 관리 증강현실(Augmented Reality)의 요소기술과 실 응용 사례를 설명하시오. (25점)

89회 관리 메타버스의 네 가지 범주인 증강현실, 가상세계, 라이프로깅, 미러월드에 대해 설명하시오. (25점)

89회 응용 AR(Augmented Reality)에 대해 설명하시오. (10점)

멀티모달 인터페이스 Multimodal Interface

인간과 컴퓨터, 또는 단말 기기 사이의 인터페이스에 음성뿐만 아니라 키보드, 펜, 그래픽 등 다양한 수단을 활용하는 것으로 사용자가 음성, 키보드, 펜 등으로 정보를 입력하고 음성, 그래픽, 음악 및 멀티미디어나 3차원 영상을 통해 출력을 받게 하는 인터페이스이다.

1 멀티모달 인터페이스의 개요

1.1 멀티모달 인터페이스의 정의

멀티모달 인터페이스란 인간과 컴퓨터, 또는 단말 기기 사이의 인터페이스에 음성뿐만 아니라 키보드, 펜, 그래픽 등 다양한 수단을 활용하는 기술로서 사용자가 음성, 키보드, 펜 등으로 정보를 입력하고 음성, 그래픽, 음악 및 멀티미디어나 3차원 영상 등을 통해 출력을 받게 하는 인터페이스이다. W3C의 멀티모달 인터랙션 워킹 그룹에서 멀티모달 인터랙션 프레임워크 Multimodal Interaction Framework, EMMA Extensible Multimodal Annotation 및 잉크 마크업 언어 Ink Markup Language 등의 표준화를 진행하고 있다.

1.2 멀티모달 인터페이스의 센서 유형

감각기관	센서 종류	센서 소자
시각(빛)	광센서	광전도 소자, 이미지 센서, 포토 다이오드, 내장 카메라
청각(소리)	음향 센서	마이크로 폰, 압전 소자, 진동자
촉각(압력 / 온도)	진동 / 온도 / 압력	반도체 압력 센서, 서미스터, 적외선, 신체 측정 센서
미각(맛)	맛 센서	백금, 산화물, 반도체, 입자 센서
후각(향기)	화학 센서	가스 센서

2 멀티모달 인터페이스의 요소 기술 및 기술적 특징

2.1 멀티모달 인터페이스의 요소 기술

구분	주요 내용
센싱 기술	시각, 청각, 촉각의 감각 디바이스 및 이를 통해 각 감각을 센싱하고 인식하는 기술
전송 / 재현 / 표현 기술	시각, 청각, 후각, 미각의 각 감각 디바이스를 통해 인지된 감각 정보를 편재된 통신망을 통해 전달하고 재현하고 표현하는 기술
융합 / 표현 기술	시각, 청각, 촉각, 후각, 미각의 오감 정보가 복수로 인지되어 상호작용하는 현상을 표현하는 기술
감각 정보 변환 기술	한 개 이상의 감각을 입력받아 다른 형태의 감각 정보로 변환하는 기능

2.2 멀티모달 인터페이스의 프로세싱별 기술적 특징

멀티모달 인터페이스는 오감 정보를 통해 센싱된 센싱 정보를 부호화 처리해 인터넷, 문자, 동영상, 음성 등 다양한 정보 전달 방식을 통해 재현 디바이스로 전달한다. 부호화된 정보를 전달받은 디바이스는 재현 방식에 따라 정보를 재편해 정보를 표현한다.

멀티모달 인터페이스는 센싱 유형에 따라 기술적 특징이 나뉜다. 시각적 인식을 통해 인터페이스를 수행하거나 시각 전달 및 표현 기술을 활용하는 시각 프로세싱은 고정밀 디스플레이, 3D, HMD, 홀로그래프 등의 기술을 통해 프로세싱을 수행한다. 파형을 중심으로 소리 미디어 정보를 신호로 변환하는 청각(오디오) 프로세싱은 MPEG, 음원 식별 확률, 통계적 패턴 식별 기술 등에 사용된다. 이 밖에도 촉각 디스플레이, 촉각 모델링 및 렌더링,

촉각 정보 부호화 기술을 통한 촉각 프로세싱과 신경 자극을 전기신호로 변환해 뇌에 전달하는 미각 프로세싱, 향기, 냄새 등을 발생시켜 현장감을 극대화하는 후각 프로세싱 등이 있다.

멀티 모달 정보처리 프로세스

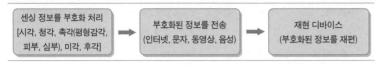

3 멀티모달 인터페이스의 기술 현황 및 전망

3.1 멀티모달 인터페이스의 기술 현황

멀티모달 인터페이스를 통한 음성인식 기술은 여전히 잦은 오류와 느리고 어색한 사용 톤으로 보편화되지 못하고 있지만, 자동차 내부처럼 폐쇄된 개인적 공간 등에서 주행 중 구사하는 제한적인 명령어에 한해서는 상대적으로 전망이 밝다고 할 수 있다. 동작 인식 기술은 기기 자체의 움직임을 감지해 다음 단계에 필요한 작업을 수행하는 기본적인 인터페이스부터 마이크로소프트의 키넥트 게임 애플리케이션처럼 사용자의 손이나 신체의 움직임을 인지해 의도된 명령을 수행하는 고도화된 인터페이스 기술 등으로 활용되고 있다.

3.2 멀티모달 인터페이스의 전망

2013년 구글 글라스로 말미암아 웨어러블 기기의 인터페이스에 대한 관심이 높아지고 있다. 컴퓨팅, 커뮤니케이션, 엔터테인먼트 기기 전반에 걸쳐 하나의 기기에 복수의 인터페이스를 적용하려는 움직임이 활발하다. 터치스크린과 마우스를 동시에 사용할 수 있는 노트북이나 음성·동작·리모콘 인식이 모두 가능한 스마트 TV는 주변에서 어렵지 않게 볼 수 있다. 터치스크린이라도 촉각을 자극하는 햅틱 기능을 통합한 인터페이스는 사용자에게 더욱 풍부하고 색다른 경험을 제공하려는 목적이 있다. 터치 버튼을 누르면 진동하는 단순한 기능은 이미 보편적으로 적용되고 있지만 앞으로는 햅틱 기술로 스크린 표면을 통해 사물의 질감을 표현하는 단계로 발전할 것으로 업계는 예상한다. 단순 하드웨어적 차별성·신뢰성 대신 사용자에게 특별한 경험을 제공하는 가치 중심으로 변하고 있다. 궁극적으로는 컴퓨터의 두뇌에 감각을 더해줌으로써 사용자를 제대로 인지하고, 컴퓨터와의 상호작용을 더욱 직관적으로 만들어주는 뇌-컴퓨터 인터페이스BCI: Brain-Computer Interface로 발전해 나아갈 것이다.

참고자료

삼성 SDS. 2013. 「SDS 사내 정보처리기술사 양성 과정(DC) 자료」.
한수연. 2013.10.16. "인터페이스의 대세는 멀티모달, 궁극의 목표는 '생각 읽기'", ≪LG Business Insight ≫, Weekly 포커스, 22~29쪽.

기출문제

99회 응용 멀티모달(Multimodal)에 대해 설명하시오. (10점)
84회 관리 멀티모달(Multimodal)에 대해 설명하시오. (10점)

오감 센서

첨단 센서 기술의 발달과 IT 기술의 융합은 인간의 오감을 모방할 수 있는, 가치 있는 다양한 새로운 서비스를 등장할 수 있게 하고 있다. 이러한 기술과 서비스들은 인간의 오감을 대체함으로써 일상생활의 편리함을 제공할 뿐만 아니라, 산업계에서 활용하는 것을 통해 다양한 혁신 사례들을 창출하고 있다.

1 오감 센서의 개요

1.1 오감 센서의 개념

오감 센서란 감성 촉각·시각·청각·미각·후각 등 인간의 감각을 모방해 측정 대상물의 특징, 상태 등의 정보를 전기적인 신호로 변환해주는 소자 또는 센서를 가리킨다. 기존의 센서에 제어·판단·저장·통신 등 다양한 기능이 결합되면서 기존 산업과 IT 산업을 융합하는 기반 기술이자 차세대 유망 기술로 부상하고 있다.

1.2 감성 정보 서비스의 등장 배경

- 센서 기술이 IT 융합의 기반 기술로 부각: 센서에 제어, 판단, 저장, 통신 등의 기능이 결합되어 IT 산업과 기존 산업의 융합에 핵심 역할을 담당한다.
- 네트워크상 컴퓨팅 자원을 활용하면서 성능 및 활용 분야 확대: 센서의

성능 향상과 함께 실시간 센서 데이터를 저장·분석해 의미 있는 정보를 찾아내는 빅데이터 분야와 네트워크와 연결되는 모바일 기기뿐만 아니라 자동차, 헬스케어 등 분야에서도 센서의 활용이 확대되고 있다.

2 오감 센서의 주요 기술 및 유형

2.1 오감 센서의 주요 기술

- **시각**: 시각을 통해 인식한 정보를 인터페이스화하고 표현하는 기술이다. 주요 기술로는 센싱 부호화, 고정밀 디스플레이, 3D, HMD, 홀로그래프 등이 있다.
- **청각**: 파형 중심의 소리 미디어 정보 서비스로 진공 상태의 한계성이 있다. 음향-신경 신호 변환이나 MPEG, 음원 식별 확률, 통계적 패턴 식별 기술에 주로 사용된다.
- **촉각**: 진동이나 온도, 압력 등을 검출하는 기술로 촉각 센싱 저장, 촉각 디스플레이, 촉각 모델링 및 렌더링, 촉각 안정화, 촉각 정보 부호화 등의 기술이 있다.
- **미각 및 후각**: 신경 자극을 전기 신호로 변환해 뇌에 전달함으로써 미각 및 후각을 표현해 현장감을 극대화한다. 바이오 공학, 분자생물학 등에서 활용되고 있다.

2.2 오감 센서의 유형

오감	센서의 종류	원리	센서 소자
시각	광센서	- 광기전력 효과(광 → 전기)	광전도 소자, 이미지 센서, 포토 다이오드, 내장 카메라
청각	음향, 음파	- 압전 효과(음파 → 전기)	마이크로폰, 압전 소자, 진동자
촉각	진동 / 온도 / 압력	- 압전 효과(압력 → 전기) - 제베크 효과(온도 → 전기)	변형 게이지, 반도체 압력 센서, 서미스터, 적외선, 신체 측정 센서
미각	맛 센서	- 이온 투과 현상(이온 → 전기) - 전기화학적 효과	백금, 산화물, 반도체, 입자 센서
후각	화학 센서	- 흡착 효과(가스 → 전기)	가스 센서

3 오감 센서의 기술 동향 및 사례

3.1 오감 센서의 기술 동향

- 시각 인식: 사람의 얼굴을 인식하는 단계에서 얼굴 표정을 통해 사람의 기분 상태를 인식하는 단계로 진전하고 있다. 사람의 시선이 향하는 곳을 감지하게 되면서 기기의 간단한 조작에서부터 소비자 행동 분석, 졸음운전에 대한 경고, 학습이나 훈련, 미래의 행동 예측까지 다방면에서 활용이 가능하다.
- 청각 인식: 주로 음성을 인식하는 데 사용하는 청각 인식은 사람과 기기의 상호작용에 주로 관여한다. 음성인식 기술은 단순한 기기 제어를 위한 도구에 그치지 않고 인공지능을 통해 사람과의 소통을 강화하는 데 활용하고 있다.
- 촉각 인식: 근육의 움직임으로부터 손동작이나 움직임을 인식하는 촉각 센서가 개발되고 있다. 실제 사람의 손을 모방하는 촉각 센서는 아직 연구 개발 단계로서 로봇이나 실제 사람에게 이식하기 위한 연구가 진행 중이다.
- 후각 및 미각 인식: 사람처럼 냄새를 맡거나 맛을 느끼는 센서에 대한 연구가 진행 중이다. 최근에는 인간이나 동물의 후각 또는 미각 수용체를 이용하는 바이오 센서에 대한 연구가 진행 중이다.

3.2 오감 센서의 사례

오감 센서	사례	설명
시각 인식	도요타	얼굴 표정을 인식해 슬프거나 화가 난 상태에서는 미리 경고하는 시스템을 개발 중
	노트북용 시선 인식기 (Tobii Technology, 스웨덴)	사용자가 눈으로 커서를 움직일 수 있도록 하는 노트북용 시선 인식기를 개발
	시선, 행동 분석 통한 미래 예측 안경 (한국전자통신연구원)	시선 인식과 뇌파 신호의 과거 데이터를 분석해 상황에 맞게 사용자가 원하는 미래 정보를 제공하는 시스템을 개발 중
청각 인식	말하는 컨시어지 서비스 (NTT 도코모)	음성을 인식하고 그 의미를 해석해 사용자와 대화하는 서비스
촉각 인식	MYO (Thalmic Labs, 미국)	사용자의 팔목에 착용하는 암 밴드로 착용자의 손동작이나 움직임으로 컴퓨터나 휴대전화 등을 조작
후각 및 미각 인식	후각 및 미각 센서 개발 (Alpha MOS, 프랑스)	센서가 특정 맛이나 냄새를 인식하고 이를 이미 구축해놓은 데이터베이스와 비교해 판별
	바이오 인공 후각, 미각 센서 개발 (서울대 박태현 교수팀)	탄소 나노 튜브에 인간의 후각과 미각 수용체 단백질을 결합한 바이오 인공 후각, 미각 센서를 개발

참고자료

이치호. 「오감(五感) 인식 기술이 불러오는 혁신」. ≪SERI 경영 노트≫, 제67호.

기출문제

101회 관리 오감별 센서 종류와 정보 전송 방법을 설명하시오. (25점)

99회 응용 감성정보서비스란 무엇이며 국내외 기술동향과 시장전망을 설명하시오. (25점)

E-4

HTML5

HTML5는 기존 텍스트와 하이퍼링크만 표시하던 HTML(Hyper Text Markup Language)이 비디오, 오디오 등 멀티미디어를 포함한 다양한 애플리케이션까지 표현할 수 있도록 진화된 웹 프로그래밍 언어이다. HTML 언어와 스타일 집단인 CSS, 움직임을 가능하게 하는 자바스크립트(JavaScript)를 합해 능동적이면서 유기적인 웹사이트를 제작하는 전반적인 플랫폼을 지칭한다.

1 HTML5 개요

1.1 등장 배경

웹에서 문서를 표현하고 문서 간 연결(하이퍼링크)을 주목적으로 삼아 탄생한 HTML은 웹 환경이 보편화되고 발전함에 따라, 표준적인 방식으로 구현되는 웹 응용 프로그램 수준의 기능과 성능을 요구하는 시대적 흐름에 의해 등장했다. 또한 방대하게 퍼져 있는 웹 문서를 의미 있게 구조화하고 효과적으로 탐색·해석할 수 있는 시맨틱Semantic 웹 실현이 필요하여 등장한 표준이기도 하다.

HTML5는 HTML의 차기 주요 제안 버전으로 월드 와이드 웹의 핵심 마크업 언어이다. 2004년 6월에 'WHATWG Web Hypertext Application Technology Working Group'에서 웹 애플리케이션 1.0이라는 이름으로 세부 명세 작업을 시작했으며, 2014년 중 최종 표준화 작업이 완료될 예정이다. 이 차세대 표준안은 플래시나 실버라이트와 같은 별도의 플러그인 없이 웹에서 표준적인 방식으로 멀티미디어를 재생하고 로컬 자원을 이용하는 등의 응용 프로그램 수준의 웹을 개발하기 위한 기술의 총칭이다

현재 W3C를 주축으로 한 애플, 모질라, 구글, 오페라, 마이크로소프트 등모든 웹 브라우저 벤더가 참여하고 있는 산업 표준이다.

1.2 HTML 표준화 경과

HTML은 1990년 초부터 웹의 창시와 함께 지속적으로 표준화 작업이 진행되었으며, HTML5는 2014년 12월 최종 권고안이 제정될 예정이다.

주요 사건	추진 내용
HTML 제안	- 1990년 웹 창시자인 팀 버너스리에 의해 설계 및 개발 시작
HTML 1.0	- 1993년 6월 IETF에 의해 1.0 표준 채택
HTML 2.0	- 1995년 11월 2.0 표준화
HTML 3.2	- 1997년 1월 W3C 3.2 권고
HTML 4.0	- 1997년 12월 W3C 4.0 권고
XHTML	- 2000년 1월 W3C 시맨틱 웹을 위한 XHTML 개발 - 2009년 7월 XHTML2 표준화 중지 선언
Web Application 1.0	- 2004년 6월 WHATWG 결성 및 Web Application 1.0 제안
HTML5	- 2007년 W3C와 WHATWG 공동으로 표준화 작업 시작 - 2008년 1월 W3C 초안 공개 - 2014년 12월 최종 권고안 제정 예정

2 HTML5 주요 기술

HTML5를 대략적으로 분류하면 웹 문서의 구조를 정의하는 'HTML5 마크업Markup' 영역과 문서의 디자인과 스타일을 표현하기 위한 'CSS3' 영역, 그리고 다양한 동적 상호작용 기능을 제공하기 위한 '자바스크립트 API 확장' 영역으로 구성되어 있다. HTML5에 포함된 개선된 마크업은 전체 문서의 구조와 의미Semantics를 명확히 해서 디자인과 기능 영역의 독립성을 확보할수 있다. 또한 CSS3에서 새롭게 제공하는 다양한 특징들은 서로 다른 브라우저상에서도 일관된 표현이 가능하며, 효과적이고 편리하게 표현 방식을 변경할 수 있도록 한다. 특히 자바스크립트 API 확장을 정의해 과거 외부

플러그인 확장들을 통해서만 제공이 가능하던 오디오, 비디오 처리 등의 기능을 제약 없이 웹 브라우저가 표준화된 방식으로 제공할 수 있다. HTML5에 포함·연관된 대표적 확장 기능으로는 캔버스Canvas, 드래그 앤 드롭Drag & Drop, 크로스 도큐먼트 메시징Cross-Document messaging, 지오로케이션Geolocation, 웹 스토리지Web Storage, 웹 워커Web Worker 등 다양한 세부 기술이 있으며, 이를 크게 기능별로 구분한 HTML5의 주요 기술의 특징은 다음 표와 같다.

기능	주요 특징	시사점
Semantics	좀 더 구조화되고 다양한 기능의 HTML 태그를 제공	좀 더 지능화되고 다양한 형태의 풍부한 웹 문서 표현 가능
Multimedia	비디오, 오디오 지원 기능의 자체 지원을 통한 강력한 멀티미디어 기능 제공	ActiveX, Flash와 같은 별도 외부 플러그인 등 설치 불필요
Offline & Storage	네트워크가 지원되지 않는 환경에서도 웹 이용을 가능하게 하는 오프라인 처리 기능과 로컬 스토리지, 데이터베이스, 파일 접근 처리 기능	웹의 한계로 여겨졌던 네트워크 단절 시 처리 방법과 데이터 저장 기능 문제 해결
3D, Graphics & Effects	SVG, Canvas, WebGL 등을 통한 다양한 2차원 / 3차원 그래픽 기능의 제공	외부 플러그인 기능 없이 다양한 2D / 3D 그래픽 처리 가능
Device Access	GPS, 카메라, 동작 센서 등 디바이스의 하드웨어 기능을 웹에서 직접 제어할 수 있게 하는 기능	웹 기반 디바이스 제어 기능을 통해 본격적인 웹 애플리케이션 개발 가능
Performance & Integration	비동기 통신, 다중 스레드 기능 등을 통한 웹에서의 처리 성능을 향상	웹의 가장 큰 문제 중 하나였던 성능 문제를 대폭 개선
Connectivity	클라이언트와 서버 간의 효율적인 통신 기능 제공을 통한 웹 기반 커뮤니케이션 효율 대폭 강화	웹에서의 다양한 통신 기능(메시징, 응용 간 통신 등) 제공을 통한 응용 개발 범위 확대
CSS3 Style Effect	기존 웹 문서의 변경과 성능 저하 없이 웹 애플리케이션의 UI(스타일과 효과 등) 기능을 대폭 강화	UI 측면에서 N-스크린 서비스 제공 가능

3 HTML5의 영향

3.1 표준 웹 환경의 확산

멀티미디어를 비롯한 확장 기능들을 지원하기 위해 적용된 다양한 비표준 인터넷 웹 환경이 HTML5의 기술로 표준화되고 대체될 수 있다. 현재는 웹 표준에 없는 비디오, 오디오, 그래픽 등을 표현하기 위해서는 별도의 프로그램을 설치하고(예: ActiveX, Flash, Silverlight 등), 브라우저에서 지원해야 하는 기술들이 필요하다. 하지만 HTML5로 말미암아 표준 자체에 다양한 기능들이 지원되어 별도의 프로그램 설치가 불필요하며, 어느 브라우저에서나 사용할 수 있다.

3.2 개방형 생태계로의 표준 웹 환경의 확산

개방된 웹에서 다양한 애플리케이션을 구현하고, 누구나 브라우저만으로 이에 접근할 수 있으므로, 애플의 iOS, 구글의 안드로이드Android 등 운영체제 플랫폼에 대한 의존성이 감소된다. 즉, 이전에는 개별 운영체제 플랫폼에 따라 별도의 앱 개발이 필요했으나, 하나의 모바일 웹을 개발하면 어느 플랫폼에서나 사용할 수 있다.

3.3 사용자 선택권의 강화

사용자의 경우, 인터넷에만 접속하면 스마트폰, 태블릿, PC 등 다양한 기기는 물론 애플이나 구글, 마이크로소프트 등 벤더에 관계없이 소프트웨어, 콘텐츠 등을 이용할 수 있다. 즉, 현재 애플 앱 스토어에서 구입한 앱은 구글 안드로이드 폰이나 태블릿에서 사용할 수 없으나, HTML5 기반의 애플리케이션으로 제작 시 사용자 선택상의 제약이 없어진다.

4 적용을 위한 고려 사항

HTML5는 IT의 새로운 생태계를 만들어갈 핵심 기술로서, 이미 다양한 디바이스에 활용되고 있다. 하지만 이러한 긍정적인 측면 외에, 고려해야 할 기술적인 이슈들과 생산성, 품질 관점들이 있다.

- **성능 및 보안**Performance & Security: 기술적 특성상 클라이언트 사이드Client Side 에 소스와 스크립트들이 공개되며, 최적화되지 않은 스크립트 및 악성/저품질 코드에 대한 대응이 필요하다. 이를 개선하기 위해서는 전체 애플리케이션 구현 단위에서의 표준화와 최적화에 대한 설계가 필요하다.
- **호환성**Compatibility: 브라우저 간, 디바이스 간의 상호 호환성을 보장하기 위

한 반응형 웹Responsive Web 등에 대한 충분한 기획이 필요하며, 실체가 있는 OSMUOne Sourse Multi Use를 위해서는 파편화된 환경에 대한 고려가 필요하다.

- **생산성**Productivity: 브라우저에 종속된 웹 개발은 경험적인 시행착오가 발생한다. 특정 기능에 대한 지원 라이브러리나 모듈, IDE 등 개발 도구를 통해 유사한 코드의 반복/재개발 등의 비효율을 제거하고 개발 생산성을 강화할 필요가 있다.

- **복잡성**Complexity: HTML5의 최종 기술 규격이 확정되지 않아 자주 변경되는 사례가 있으며, 웹 기술의 특성상 기술 구조가 복잡하고 코드 가독성이 낮은 경향이 많다. 이러한 기술 복잡성에 대응하기 위해 잘 정의된 템플릿이나, 표준 아키텍처를 도입할 필요가 있다.

참고자료

한국방송통신전파진흥원. 2013. 「HTML5의 주요기술 및 서비스동향」. ≪방송통신기술 이슈 & 전망≫, 제32호.

http://www.whatwg.org/html5/

E-5

반응형 웹 디자인 Responsive Web Design

반응형 웹 디자인은 웹 디자인의 접근 방법 중 하나로, 데스크톱 모니터부터 모바일폰까지 많은 종류의 기기에서 최적의 사용 환경, 즉 최소한의 리사이징, 패닝, 스크롤링으로도 읽기 쉽고 접근하기 쉬운 환경을 제공하는 사이트를 만드는 것을 말한다.

1 개요

반응형 웹 디자인 기법은 최근 다양한 IT 디스플레이 디바이스의 등장과 이를 통해 웹사이트에 접속하는 비중이 많아지면서 등장했다. 즉, PC의 데스크톱 화면에서는 적절한 비율로 웹 페이지가 표시되나, 모바일과 태블릿의 경우 화면이 부적절하게 보이거나, 이미지가 끊어져 보이는 경우가 발생한 것이다. 이런 문제를 해결하기 위해 반응형 웹 디자인이 등장하게 되었다.

'반응형 웹 디자인'이라는 단어는 에단 마콧Ethan Marcotte이 ≪어 리스트 어 파트A List Apart≫에서 처음 사용했다. 마콧은 이 잡지에서 CSS3 미디어 쿼리를 이용해, 페이지의 레이아웃, 이미지와 타이틀의 크기 등을 해당 스크린 (크기)에 적절하게 바꾸고 유동형 이미지를 이용하는 것을 설명했다.

요약하면 반응형 웹은 오직 하나의 HTML 소스만으로 어떠한 환경에서도 그에 맞게 사이즈가 변형되어 사용자가 보기 편리하게 만든 웹을 말한다. 데스크톱의 경우 화면에 보이는 영역이 뷰 포트이지만 모바일에서의 뷰 포트는 문서의 크기가 된다. 모바일에 뷰 포트를 설정하지 않으면 문서가 자동으로 풀브라우징되며, 뷰 포트를 설정하면 뷰 포트의 물리적 해상도를 기준으로 확대/축소가 가능해진다.

2 반응형 웹의 주요 기법

- CSS3 미디어 쿼리Media Query: CSS3 이전에는 'print', 'screen' 등 미디어 타입 등을 사용하던 것을, CSS3에서는 스크린 폭이나 높이 등(예: min-width: 320px) 디바이스 관련 여러 정보를 이용해 스타일을 바꿀 수 있게 되었다. 사실상 반응형 웹이 가능하게 된 큰 이유이기도 하다. 다음 표는 화면의 너비, 단말기의 너비 등을 사용해 CSS 분기를 가능하게 하는 미디어 쿼리의 속성들이다.

Attribute	Description
width	화면의 너비
height	화면의 높이
device-width	단말기의 너비
device-height	단말기의 높이
orientation	화면의 가로 / 세로 모드
aspect-ratio	화면 비율
device-aspect-ratio	단말기 화면 비율
color	색상 비트 수
Color-index	색상 테이블 엔트리 수
monochrome	모노크롬 프레임 버퍼의 픽셀당 비트 수
resolution	화면 해상도
scan	TV의 스캔 방식
grid	그리드 / 비트맵 방식 여부

- 유동형 그리드Fluid Grids: 반응형 웹 이전부터 사용되어온 그리드 시스템과 달리, 에단 마콧 등이 제안하는 유동형 그리드는 고정된 px가 아닌 em이나 %를 사용하는 것과 관련된 기술이다. 또한 반응형 유동형 그리드라고 제안되는 경우, CSS3 미디어 쿼리를 이용해 특정 스크린에 따라 그리드 시스템을 바꿀 수 있다.

- 유동형 이미지Fluid / Flexible Images: 유동형 그리드와 마찬가지로, 고정된 px
가 아닌 em과 %를 이용하는 접근 방법으로, 특히 이 경우 max-width를
사용하고, 이를 처리하지 못하는 웹 브라우저인 인터넷 익스플로러 7의
경우 적절한 자바스크립트를 사용하는 것을 의미한다.

- 반응형 레이아웃Responsive Layouts: 아직 일반화된 용어는 아니지만, 결국
반응형 웹을 완성하기 위해서는 반응형 레이아웃을 구현해야 한다. 그렇
지 않다면 스크린별 레이아웃을 수많은 'if-and-else'로 나누어서 브라우
저에 보내줘야 하는 일이 발생한다. 모바일 퍼스트로 유명한 루크 로블레
스키Luke Wroblewski는 반응형 레이아웃을 다음과 같이 다섯 가지 패턴으로
정리하기도 했다.

  • 유동형Mostly Fluid

    : 화면의 가로 최소 크기가 되기 전까지는 일정 크기의 레이아웃을 유동
    적으로 유지하는 형태. 가로 크기가 최소가 되었을 때는 오른쪽 레이아
    웃이 왼쪽 레이아웃의 아래쪽에 순서대로 이동하는 패턴

  • 세로 떨어뜨리기Column Drop

    데스크탑에서 가로로 배치된 내용이 태블릿이나 모바일로 가로 크기가
    작아지게 되면 맨 오른쪽부터 하나씩 세로 컬럼Column 방향으로 배치가
    떨어뜨려지듯 끌어놓는 형태로 바뀌는 패턴

  • 레이아웃 밀기Layout Shifter

    기본은 가로로 배치된 콘텐츠 내용이 태블릿이나 모바일로 가로 크기
    가 작아지게 되면 오른쪽에 배치된 내용들이 한꺼번에 세로 컬럼 방향
    으로 콘텐츠의 자리 이동 배치가 모두 바뀌는 패턴

  • 미세 조정Tiny Tweaks

    단일 레이아웃 안에 속한 데이터들이 가로 크기가 줄어듦에 따라 오른
    쪽부터 세로 방향으로 하나씩 배치되도록 하는 패턴

  • 오프 캔버스Off Canvas

    화면 캔버스가 적정 크기보다 작아지게 되면 중요도에 따라 레이아웃
    을 아예 화면에 보여주지 않거나 클릭했을 때만 보여주는 패턴

- 반응형 내비게이션/메뉴: 모바일에서 메뉴를 어떻게 (줄여서) 보여줄 것
인지도 고민해야 한다. 많은 경우, 내림 버튼 등을 이용해서 필요할 때만
보이게 한다.

3 반응형 웹 디자인의 단계

- 1단계: 데스크톱 웹사이트가 모바일 환경에서도 별 문제없이 나오도록 구현(일종의 우아한 퇴화): 이미 만들어져 있는 데스크톱용 웹사이트를 모바일에서도 잘 나오도록 하는 것(반응형 웹 1단계)이 대부분의 반응형으로 인식되고 있다. 예를 들어 좌·우측 사이드를 모바일에서는 안 보이게 하거나 선형화하는 일이나 상단 메뉴를 모바일에서 버튼을 이용해서 보이게 만드는 방식 등이다. 주로 레이아웃, 스타일 등의 변화에 초점을 맞추게 된다.
- 2단계: 모바일 퍼스트를 원칙으로 불필요한 내용을 정리하는 과정을 거친 구현(일종의 점진적 향상): 2단계는 레이아웃이나 스타일보다는, 웹사이트의 콘텐츠와 기능에 대해 모바일 퍼스트의 관점으로 재구성하는 것이다. 모바일 퍼스트를 전략적으로 적용했던 몇몇 웹사이트의 경우, 모바일의 제약들이 해당 웹사이트가 제공해야 할 콘텐츠와 기능에 대해 다시 한 번 생각하고 사용자가 꼭 필요한 기능을 중심으로 우선순위와 선별적 제공을 하는 디자인을 하게 되는 것이다.
- 3단계: 내용을 중심으로 디바이스별로 특화된 콘텐츠/기능/레이아웃/스타일을 제공하도록 구현: 3단계는, 조금은 미래 지향적이고 서버측 기술 RESS: Responsive Design + Server Side Components 이 필요할 수 있어서 순수한 반응형 웹이라고 하기는 어렵지만, 반응형 웹의 최종 목표인, 모든 디바이스에서 사용자가 원하는 콘텐츠를 보기 좋게 제공하는 것이기에, 반응형 웹의 완성 단계다.

4 반응형 웹의 고려 사항

일부 전문가는 반응형 웹 디자인 기법들의 문제점으로, 여러 기기에 특화되어 표현되어야 할 웹을 '너무 일반화함으로써 발생하는 문제점'들을 제기한다.

대표적으로 『Head First Mobile Web』의 저자인 제이슨 그릭스비 Jason Grigsby는 레이아웃 Layout과 콘텐츠 Content를 한 축으로 하고, 기능 Capability과

목적User Intent을 다른 축으로 했을 때, 유동형 디자인/미디어 쿼리나 반응형 이미지 등, 현재의 반응형 웹 기법들이 기능적으로는 가능하지만, 실제로 사용자들에게 중요한 '목적'인 레이아웃의 순서, 레이아웃이나 선택적 콘텐츠 등은 현재로서는 불가능하다는 것을 지적한다. 이러한 비판은 기능적인 반응형 웹 디자인을 뛰어넘어, 콘텐츠 퍼스트 등 새로운 접근 방법을 생각하게 한다.

제임스 피어스James Pearce는 이러한 '단순한 레이아웃 조정이나 크기 조정'이 정말 모바일 웹을 위한 것인지 지적한다. 구체적으로 다음과 같다.

- CSS 미디어 쿼리는 모든 html 내용과 이미지를 다운로드한 뒤에 적용되기에, 네트워크의 속도나 가격이 중요한 모바일 웹을 실제로 고려하고 있지는 않다.
- 데스크톱 사이트와 모바일 사이트는, 그 사용 용도가 다르기에 전혀 다른 내용을 제공해야 할 때가 있다고 그 한계를 지적했다. 첫 번째에 대해서는, 유동형 이미지나 RESS 등 기술적으로 해결하기 위한 노력들이 있으나, 두 번째는 좀 더 근본적인 전환을 요구한다.

모바일 퍼스트의 주창자이기도 한 로블레스키는, 그럼에도 특정 기기에 '최적화'된 사이트를 제공하는 것과 하나의 '반응형' 사이트를 제공하는 것의 장단점에 대해 논의하고 있다. 정리하면 다음과 같다.

- **최적화**: 대상 기기/브라우저를 정확히 안다면 당연히 대상에 특화되고 최적화된 내용을 보내주어야 한다. 그렇기에 RESS가 중요하다.
- **적응형**: 하지만 많은 경우 대상 기기/브라우저가 정해져 있지 않고, 또한 미래에 나올 기기에 대해서는 알 수 없기에, 우리가 할 수 있는 최선을 다해서 적응해야 한다.
- **결론**: 둘 다 맞다.

로블레스키는 더 나아가서 왜 모바일 사이트와 데스크톱 사이트를 별도로 만들어야 하는지에 대해서도 글을 남겼는데, 이 부분은 반응형 웹과는 조금 다른 자세를 취한다. 이와 같은 두 대립 관계는 '적응형Adaptation 대 반응형Responsive'으로 정리된다.

참고자료
"http://alistapart.com/article/responsive-web-design
http://static.lukew.com/MobileFirst_LukeW.pdf
http://johnpolacek.github.io/scrolldeck.js/decks/responsive/#what4

E-6

가상현실과 증강현실

가상·증강현실은 최근 스마트폰의 보급 확대, 디바이스의 진화 등 ICT 기술의 발전과 페이스북, 구글, MS, 애플 등 세계적인 IT 기업의 투자 붐을 배경으로 급성장했다. 또한 스마트폰 시장의 성장이 정체됨에 따라 새로운 수익 창출원에 대한 기대도 수요를 촉발시켰다.

1 가상현실과 증강현실의 부각 배경

첫째, 가상현실을 이용할 수 있는 스마트폰의 보급 확대, 가상현실 디바이스 진화 등의 ICT 기술의 발전이다. 가상현실을 구현하기 위한 고화질 디스플레이의 등장과 영상의 안정적 재생을 위한 고성능 CPU와 그래픽 기술의 발전이 산업 발전을 촉진시켰다.

둘째, 페이스북, 구글, 애플 등 글로벌 IT 기업의 투자 붐이다. 2016년 MWC에서 다양한 분야의 업체들이 가상현실 체험을 제공하면서 ICT 산업의 핵심 화두로 부상했다.

2 가상현실과 증강현실의 이해

2.1 가상현실과 증강현실의 개념

가상현실VR은 가상의 환경을 구축해 사용자가 실제인 것처럼 느끼게 하는 기술로 주로 HMDHead Mounted Display 형태의 기기로 구현한다. 증강현실AR은 사용자의 실제 주변 환경 위에 가상의 정보를 투영하는 기술로 주로 고글 형태의 기기를 사용한다. 가상현실과 증강현실은 현실감 있는 이미지 정보 제공을 위한 기술로 시각, 청각 등 감각을 이용해 사용자가 그 속에 실존하는 것처럼 느끼게 하는 것이 특징이다.

HMD
Head Mounted Display

실제 환경	증강현실	가상현실

자료: 산업은행.

2.2 가상현실과 증강현실의 특징

가상현실과 증강현실 모두 컴퓨터와 인간이 상호작용이 가능한 점에서 공통점이 있으나 VR은 인간과 현실세계 간 상호작용이 불가능하나 증강현실은 인간과 현실세계 간의 상호작용이 가능하다.

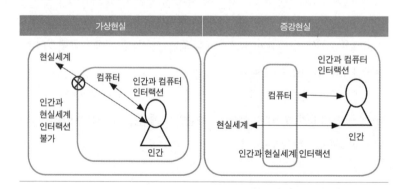

가상현실 가정에서 게임 및 동영상을 통해 주로 활용되며, 증강현실은 자동차, 비행기 등 교통수단의 창문이나 투명한 계기판을 통해 정보를 제공하는 HUDHead Up Display로 많이 활용되고 있다.

특징	가상현실	증강현실
정보 전달 방식	- 효과가 큰 시각에 초점을 맞춰 산업 발전 중 - 시각뿐만 아닌 오감 자극 효과 필요	- 시각 자극을 통해 현실세계에 가상 오브젝트 삽입을 통한 서비스 제공
구현 기술	- 부작용인 멀미 현상의 해결을 위한 고시야각, 고재생률, 고해상도 기술 필요	- 사용자의 이동과 주변 환경 변화에 대응하여 실시간 정보나 콘텐츠를 제공할 수 있는 기술 필요
적용 디바이스	- 오감 센싱을 위한 HMD 주로 사용	- 웨어러블 디바이스, 모바일 디바이스 활용
제공 콘텐츠	- 현실세계에서 직접 실행하기 어려운 사례를 가상세계에서 시현 - VR 범죄 예방 교육 콘텐츠	- 현실세계에 모의로 실행할 수 있는 사례를 증강현실로 구현 - 자동차의 전방 표시 장치(Head Up Display)

2.3 가상현실과 증강현실의 적용 분야

가상현실, 증강현실은 향후 IT 산업에서 모바일 기기를 대체할만한 새로운 인간과 기기 간 상호작용-HMI: Human Machine Interface로 주목받고 있다. 초기의 게임, 영화 위주에서 향후 좀 더 현실감 나는 영상을 요구하는 모든 분야로 확대될 높은 잠재력을 가지고 있다. 특히 이 기술이 소비자 분야뿐만 아니라 제조 공정 등 산업 분야에 적용될 경우 막대한 수요 기반과 시너지 창출이 기대된다.

가상현실은 주변과 차단된 완전한 가상의 공간에서 높은 몰입감을 제공하므로 게임, 방송 등 영산 관련 분야에서 발전이 예상된다. 증강현실은 현실을 기반으로 가상의 정보를 합성해 부가 콘텐츠를 제공하므로 산업 분야나 정보 제공 콘텐츠로 발전이 예상된다.

3 가상현실과 증강현실의 발전 방향

가상현실과 증강현실의 경계가 허물어진 가상현실의 몰입감과 증강현실의 현실 소통의 특징을 융합한 혼합현실MR로 발전이 예상된다. 혼합현실은 현실 배경 위에 현실과 가상의 정보를 혼합해 기존보다 더욱 진화된 가상세계를 구현하는 기술을 의미한다. 또한 오감 기술로의 발전이 예상된다. 시각 중심의 기술에서 소리와 촉각 등 인간의 오감을 통해 경험하는 다중감각 기술이 적용될 것이다.

E-7

스마트 스피커 Smart Speaker

스마트 스피커는 대화하듯 음성으로 명령을 전달하면 내장된 인공지능을 이용하여 요청 사항을 수행하고 사람과 상호작용을 하는 스피커이다. 추후 스마트홈의 IT기기 허브 역할을 할 것으로 기대된다.

1 스마트 스피커의 개요

1.1 스마트 스피커의 정의

스마트 스피커Smart Speaker는 인공지능 스피커, AI 스피커라고도 불리며 음성 인식을 통해 하나 이상의 인상적인 단어의 도움을 받아 상호작용 동작과 핸즈프리 활성화를 제공하는 가상 비서가 내장된 맞춤형 스마트 서비스가 가능한 음성 명령 기기이다. 아마존이 2014년 에코라는 스마트 스피커를 출시한 후 시장 규모가 지속적으로 증가하여 생태계를 형성했다. 2018년 3월 기준 미국 내 전체 가구 중 약 20%가 스마트 스피커를 보유하고 있다.

1.2 스마트 스피커의 부각 배경

아마존 에코의 등장으로 스마트 스피커의 시장의 촉발되었으며 구글, MS의 시장 진출로 경쟁이 치열해지는 가운데 아마존은 ASK Amazon Skill Kit 을 공개하여 스마트 스피커 생태계 구축을 위해 노력하고 있다. 스마트 스피커는 추후 스마트홈의 허브 역할을 할 수 있기 때문에 각 제조사들은 사활을 걸고 제품을 개발 중이다.

2 스마트 스피커의 구성 및 요소 기술

2.1 스마트 스피커의 구성

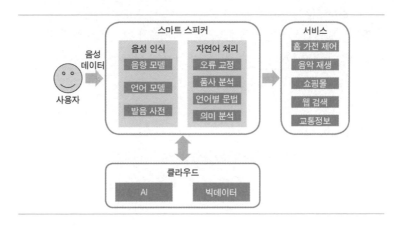

2.2 스마트 스피커의 요소 기술

2.2.1 인공지능
딥러닝 기반의 인공지능 기술을 이용하여 화자의 의도와 문맥을 파악하고 자연스럽게 대화를 연결해나가며 요구 사항에 대해 고객맞춤 서비스를 할 수 있다.

2.2.2 음성인식
사람이 음성으로 요청하는 대화식의 명령어를 인식하여 요구 사항 또는 의미를 파악하여 처리한다. 터치 및 텍스트 기반의 입력 방식보다 입력 속도가 빠르다(150단어/분).

2.2.3 자연어 처리

인간이 일상적으로 사람과 대화하듯 스마트 스피커에게 말하면 스마트 스피커는 이를 해석하여 처리한다.

2.2.4 IoT

스마트 스피커와 가전제품, 조명 기기와 연결하여 스마트 홈의 허브로서 기능을 수행할 수 있다.

2.2.5 클라우드

음성으로 입력된 명령에 대해 로컬 기기 자체에서 처리·분석하지 않고 인터넷으로 연결된 클라우드로 전송하여 처리 후 결과를 디바이스에 전송한다.

2.2.6 와이파이

와이파이 기술을 이용하여 유선망과 연결하여 클라우드 서비스를 받을 수 있도록 한다.

2.2.7 블루투스

주로 스마트폰과 연결하여 기기 세팅 및 컨트롤을 수행하는 기술이다.

2.2.8 LTE

실외에서 스마트 스피커 사용 시 LTE 기반의 통신을 통한 클라우드 연결을 한다.

2.2.9 마이크/스피커

스마트 스피커의 입력과 출력을 담당하며 내장된 마이크의 개수가 많을수록 작은 소리에 민감하게 반응하며 스피커의 개수와 사양은 음질에 영향을 준다.

3 스마트 스피커의 개인정보 보호의 문제점과 동향

3.1 스마트 스피커의 개인정보 보호의 문제점

스마트 스피커는 항상 연결된Always On 상태에서 동작하는 기기의 특성으로 인해 프라이버시 문제가 대두될 수 있다. 호출 단어인 '알렉사'나 '오케이 구글' 이후에 들리는 음성을 인식하여 처리하기 때문에 상시 듣기 모드로 있어야 한다. 스마트 스피커가 수집한 음성 데이터는 클라우드에 저장되며 법률적인 증거로 사용될 수 있다. 음성 데이터는 삭제가 가능하지만 삭제하기 용이하지 않고 제조사에서 자동으로 삭제하는 방법을 제공하지 않아 개인정보 이슈가 존재한다.

3.2 스마트 스피커의 개인정보 보호 관련 대응 동향

3.2.1 애플
2018년 2월 출시된 애플의 스마트 스피커 홈팟HomePod은 이용자의 음성 데이터 샘플을 최장 6개월 동안만 보존하고, 이 샘플 데이터를 이용해 인공지능 비서 시리Siri의 음성인식 기능을 훈련시키는 동안 데이터는 계속 익명으로 유지하는 정책을 표준으로 설정했다.

3.2.2 구글
구글의 스마트 스피커인 '홈 미니' 제품은 구글의 음성 기반 인공지능 비서 서비스인 구글 어시스턴트를 자동으로 활성화하고 주변의 모든 소리를 녹음하여 해당 데이터를 구글 서버로 발송하여 문제가 되었다.

3.2.3 네이버
네이버의 스마트 스피커인 '프렌즈', '웨이브'를 통해 수집된 음성명령 정보는 비식별 조치하여 24개월 동안 보관한다. 이 기간 중 서비스를 탈퇴해도 관련 정보가 파기되지 않는다.

3.2.4 카카오

카카오의 스마트 스피커 '카카오 미니'를 통해 수집된 음성명령 정보는 비식별 조치를 하지 않고 서비스 이용 기간에만 보관하며 서비스 탈퇴 시 삭제 처리한다. 개인정보를 더 많이 공개하고 제공할수록 고객 맞춤 서비스가 가능하지만 개인정보 보호 문제가 발생할 수 있다. 반면에 개인정보 보호 기능이 강화될수록 음성인식과 인공지능 기반의 서비스 품질이 저하될 수 있다. 따라서 제조사의 안전한 데이터 암호화 처리 또는 비식별화 처리가 필요하며 과도하게 장기간 보관하여 데이터가 노출되는 문제가 발생하지 않도록 적절한 조치가 필요하다.

4 스마트 스피커의 시장 전망과 시사점

4.1 스마트 스피커의 시장 전망

스마트 스피커는 매년 50% 성장세를 유지할 것으로 전망한다. 특정 언어 기반의 인공지능 특성으로 인해 언어별·지역별로 서로 다른 업체들이 선점하여 성장 중이나 인공지능의 발전으로 언어 장벽을 넘는 순간 시장이 급속히 통합될 수 있을 것으로 예상된다.

4.2 스마트 스피커의 시사점

스마트 스피커는 스마트 홈의 IT기기 허브로서 역할을 수행하는 비중이 점점 커질 것으로 기대한다. 각 제조사의 API 개방으로 인해 생태계가 형성되고 있으며 이 생태계를 장악한 제조사가 스마트 홈의 최강자로 군림할 것으로 예상된다. 국내 스마트 스피커 시장은 인공지능 기술 부족 문제로 상품 경쟁력이 해외 제조사에 비해 떨어지며 생태계를 구축하기 어려운 상황이다.

참고자료

KB 지식 비타민. 2017. 「스마트 스피커 출시 현황과 주요 업체들의 전략」.
KISA. 2018. 「스마트 스피커(AI 스피커) 출시 주요 해외 기업들의 개인정보보호 대응 동향」.

F
융합 사업

—

스마트 헬스와 커넥티드 헬스
Smart Health & Connected Health

───

고령화로 비롯된 의료비 급증, 치료에서 예방 중심으로의 의료 서비스 패러다임의 변화, 삶의 질에 대한 관심 증가로 의료 서비스를 넘어 스포츠 활동, 개인 식생활 등으로 서비스가 확대되어 사물인터넷(Internet of Things), 자가 측정 등이 접목되어 지속 성장할 전망이다.

1 스마트 헬스와 커넥티드 헬스 개요

1.1 스마트 헬스와 커넥티드 헬스 등장

인류의 건강 회복과 유지 및 증진을 위해 언제 어디서나 이용할 수 있도록 정보 통신 기술을 토대로 제공되는 보건 의료 서비스Healthcare(이하 헬스케어)라 정의할 수 있다. 정보 통신 기술을 기반으로 시간적·공간적 제약을 완화한 서비스로서 u-헬스Ubiquitous health라 지칭했으며, 스마트 기기의 등장으로 m-헬스mobile health가 부상하고 있다. 또한 특성별 필요 정보와 서비스를 지능적으로 측정하고 분석해 서비스하는 스마트 헬스Smart Health로 진화 중이며, 헬스 분야는 고령화에 따른 의료비 급등, 치료에서 예방 중심으로의 의료 서비스 패러다임의 변화, 건강 수명 연장을 통한 삶의 질 개선 등의 이유로 글로벌 핵심 비즈니스로 성장하고 있다.

구분	e-헬스	u-헬스	스마트 & 커넥티드 헬스
서비스	디지털 병원, 의료 정보화	e-헬스 + 원격진료, 만성질환 관리	u-헬스 + 운동, 식사량 등 건강 생활 관리
이용자	의료인	의료인, 환자	의료인, 환자, 일반인
Player	병원	병원, ICT 기업	병원, ICT 기업, 보험사, 스포츠 기업 등
통신 기술	초고속 인터넷 기술	무선 인터넷 기술	스마트 기기, 앱 스토어

1.2 스마트 헬스와 커넥티드 헬스 이해

의료와 ICT 융합은 e-헬스, u-헬스 등의 서비스로 병원과 진료 환경을 ICT 기술을 통해 개선해 언제 어디서나 의료 서비스를 제공받을 수 있는 형태로 진화해왔다. 최근 부각되고 있는 스마트 & 커넥티드 헬스는 이에 더해 의료와 복지, 안전 등이 복합화되고 지능화되며 스마트 기기의 보급 확산으로 개인이 스스로 자신의 운동량이나 식사한 칼로리, 스포츠 활동 기록 등을 관리할 수 있는 환경이 되면서 서비스와 제공자, 이용자의 범위도 확대되고 있다.

2 스마트 헬스와 커넥티드 헬스 서비스 및 기술

2.1 스마트 헬스와 커넥티드 헬스 서비스

일반 헬스케어 및 피트니스 지원, 의료 정보 제공, 헬스케어 관리 서비스, 원격 진료 제공 등으로 구분된다.

구분	활용 분야
일반 헬스케어 및 피트니스 지원	- 건강 정보 제공, 건강 상태 관리 - 체중 감량, 식단 조절 등의 영양 및 피트니스
의료 정보 제공	- 의료 정보 제공 - 의학 교육 프로그램 제공
헬스케어 관리 서비스	- 환자 데이터, 연락 정보 등 관리 - 전자 처방전 지원
원격진료	- 의료 지원/전문가와 원격 상담 - 지속적인 건강 상태 모니터링

2.2 스마트 헬스케어 기술

스마트 헬스케어는 정보를 모으는 센싱 및 측정하는 기술, 취득된 정보를
전달해주는 취합·전송 기술, 모은 정보를 해석하는 진단·분석·피드백하는
기술로 구성된다.

- 센싱 및 측정 기술
  - 생체 정보를 집, 직장, 거리 등에서 측정하는 기기: 혈당, 혈압, 체중, 심
    전도, 콜레스테롤
  - 인체에서 발생하는 물리적·화학적 현상의 변화 감지: 가정용 의료 기
    계, 심전도 등을 통한 원격진료 부문
- 취합 및 전송 기술
  - 측정된 생체 정보를 가공해 생체 정보를 데이터베이스에 전송하는 기
    기: 의료용 PC, 스마트폰, 건강 정보 취합기
  - 사용자와 주치의 또는 건강관리사 간의 커뮤니케이션 지원
- 분석 및 피드백
  - 전송된 정보의 패턴 분석 및 비정상 신호에 대해 주치의 통보
  - 장시간에 걸쳐 측정된 데이터로부터 건강 상태, 생활 패턴 등을 나타내
    는 새로운 건강 지표 발굴

3 스마트 헬스와 커넥티드 헬스 동향 및 사례

3.1 스마트 헬스와 커넥티드 헬스 동향

스마트 헬스와 커넥티드 헬스는 (1) 자가 측정Quantified Self 트렌드 확산과 예
방 중심의 의료 서비스 패러다임 변화, (2) 착용형 건강 기기Wearable Health
Device 진화, (3) 고령화와 만성질환자 증가로 비롯된 사회적 니즈 증가와 맞
물려 성장 분야로 대두되고 있다.

- 자가 측정 트렌드 확산: 정량적 수치에 기초한 자가 건강관리 트렌드 확
  산과 예방 중심의 의료 서비스 패러다임 변화로 스마트 기기와 센서 기술
  을 통해 일상에서 손쉽게 자신의 식사량이나 혈압, 운동량 등 건강 상태

기록과 관리가 가능해지면서 정량적 수치를 통해 자신의 건강을 관리하려고 하는 자가 측정 트렌드가 확산되고 있다. 질병이 발생하면 치료를 받는 치료/병원 중심에서 스스로 건강을 관리하는 예방/소비자 중심으로 변화하고 있다.

- 착용형 스마트 디바이스Wearable Smart Device 진화: 착용형 디바이스는 우리 몸에 착용해서 지속적으로 생체 정보를 파악할 수 있는 기기로서, 나이키+퓨얼밴드Nike + FuelBand, 조본 업Jawbone UP, 핏비트 포스Fitbit Force 등의 팔찌 형태의 디바이스가 대표적인 사례이다.

- 고령화와 만성질환자 증가로 비롯된 사회적 니즈 증가: 인구 고령화와 만성질환자의 증가로 비롯된 의료 서비스의 수요 증가, 의료 비용의 급증이 전문 헬스케어 인력 부족을 심화시키고 있다.

3.2 스마트 헬스와 커넥티드 헬스 사례

해외시장은 글로벌 대기업들의 주도하에 확장되고 있으며, IT 분야(Intel, CISCO), 통신 분야(NTT, 퀄컴), 장비와 의료 기기 분야(GE, 필립스), 인터넷 분야(MS, 구글)에서 여러 업체가 기존 사업과 융합하면서 u-헬스 영역으로 첨단 제품 개발과 차별화된 서비스를 확대 추진 중이다.

구분	업체	설명
IT 분야	인텔	헬스 가이드(Health Guide) 출시, 원격 건강관리
	시스코	고화질 영상 시스템 등의 원격진료 서비스
통신 분야	NTT	건강 정보, 비만 관리 등 개인 헬스케어 서비스
	퀄컴	체력, 고혈압, 심부전증 등의 건강 체크
의료 기기	GE	휴대하기 간편한 첨단 인공호흡기 기술
	필립스	노인 환자용 맞춤형 건강관리 서비스
인터넷 분야	MS	웹 기반 건강 플랫폼 헬스볼트(HealthValut) 제공
	구글	병원 간 정보 공유 시스템 구글 헬스(Google Health) 운용
스포츠 용품	나이키	운동화에 센서(Sensor) 삽입, 운동 정보 관리
	아디다스	심박 수/속도 모니터링

참고자료

임용업. 2013. 「모바일 헬스가 열어갈 스마트 헬스케어 시대」. ≪TTA 저널≫, 통권 제148호, 33~36쪽.

조인호·김도향. 2013. 「스마트 헬스케어 시장의 성장과 기회」. ≪디지털데일리≫. '클라우드 섹션'(http://ddaily.co.kr/cloud).

F-2

자가 측정 Quantified Self

자가 측정은 일상의 건강 상태 및 활동을 센서 디바이스와 스마트폰 앱으로 측정 및 기록해 정량적 수치에 의해 자가 건강관리를 하는 개념이다.

1 자가 측정의 개요

1.1 자가 측정의 등장

모바일 기기와 헬스케어를 접목하려는 시도는 오래전부터 있어왔으나, 최근 들어 스마트폰의 보급과 센서 기기의 소형화 등으로 말미암아 스마트 모바일 헬스케어 시장이 성장하고 있다. 심장 질환이나 고혈압, 당뇨를 앓는 사람을 위한 개인 장치부터 병원 내에서 전문적으로 활용하는 기기까지 이동성을 보장할 수 있는 헬스케어 시스템은 계속해서 상용화되고 있다.

특히 스마트폰, 태블릿 보급 확산에 따라 이를 활용한 건강지표 트래킹 서비스 이용도 증가할 뿐만 아니라, 점차 다양한 기기에서 수집된 개인 데이터를 취합해 사용자에게 유의미한 헬스케어 및 라이프 스타일 데이터를 제공하는 자가 측정 서비스가 부상하고 있다. 이러한 서비스는 빅데이터 트렌드와도 맞닿아 있다.

1.2 자가 측정의 이해

자가측정이란 착용형 건강 기기Wearable Health Device 의 각종 센서를 통해 개인
의 일상생활에서 발생하는 다양한 자신의 헬스케어 관련 데이터(혈당, 혈압,
걸음 수 등)를 수집하고 이를 분석해 활용하는 서비스다.

- Lifelogging(자기 기록): 자신의 건강과 습관에 대한 일상의 모든 데이터를
  모으는 것
- Wearable device(착용형 기기): 센싱/연산/통신이 가능한 모듈 및 기능
  을 옷, 안경, 의류, 팔찌 등에 포함한 기기

자가 측정
= Wearable device + Lifelogging

Lifelogging(자기 기록)
= Lifestreaming

2 자가 측정 기기 및 구성 요소

2.1 자가 측정 구성 요소

- 센서: 중력계, 가속계, 자이로 등
  - GPS Global Positioning System : 움직인 거리와 속도 측정
  - 가속도 센서Accelerometer : 움직임을 측정하는 만보기
  - 온도/습도 센서Thermal Sensor : 온도와 습도를 측정
  - 카메라: 섭취 음식물의 칼로리 분석, 심장박동 수 측정
- 수집 데이터
  - 각종 센서를 통해 획득한 자신의 행동, 상태 데이터
  - 혈당 수치, 심장박동 수, 체지방률, 수면 패턴, 발걸음 수, 섭취 열량, 달
    리기 속도
- 통신 기술
  - 데이터 수집의 편의성 향상을 위한 유·무선 연결 기술
  - LTE, 와이파이, NFC, 블루투스 등

2.2 자가 측정 기기 유형

자신의 수면 상태를 기록하고 기상할 때나 잠자기 전에 심장박동 수, 혈압,

혈당치, 손가락으로 반응 능력을 테스트하며 활동할 때는 헬스 밴드Health Band를 착용한 채 생활하면서 하루 종일의 심박 수, 체온, 스트레스 레벨, 걸음 수 등을 측정한다. 이를 위한 다양한 기기가 빠르게 출현하고 있다.

- activity sensors: Fitbit, Nike+fuelband
- pollution sensors: EcoSense by Sensaris
- sacles connected to the Internet: Withings, Aria by Fitbit
- sleep recorders: Zeo, Omron Healthcare
- pressure sensors: Wii balance board
- connected toothbrushes: Beam toothbrush

3 자가 측정 기기

몸에 착용하는 의복, 신발, 벨트, 반지, 귀걸이, 목걸이 등 다양한 형태의 생체 정보 측정 디바이스가 일상생활에서 인식하지 못하는 자연스러운 상태에서 생체 정보를 수집할 수 있는 방향으로 발전하고 있다.

- Nike + FuelBand(손목형 밴드): 기존 모바일 헬스케어 제품에 활동 동기 유발을 위한 게임적 요소(재미와 경쟁)를 가미한 Nike + FuelBand라는 제품을 출시했다. 소셜적인 요소를 추가해, 지인이나 친구들과 함께하는 것이 가능하며, 단순 반복의 재미없는 헬스케어라는 이미지를 대폭 개선했다. 포인트를 운영해 운동을 장려하고 지인 및 친구들과의 경쟁 요소로 활용하고 있다.

- Jawbone UP(손목형 밴드): 블루투스 기기 전문 업체였던 조본Jawbone에서는 2011년 초에 CES를 통해 손목 밴드형 모바일 헬스케어 제품인 업UP을 처음으로 선보였다. 모션XMotionX 사와의 기술 제휴를 통해 손목 밴드형으로 기기를 만들어 활동량 측정 서비스를 제공했는데, 나이키+퓨얼밴드Nike + FuelBand에는 없는 수면 측정 기능과 진동 알람 기능, 식품의 칼로리 등을 보여주는 식사 관리 등의 기능을 추가해 선보인 제품이다. 이어폰 단자를 통해 데이터를 전송하며, 전용 충전기를 통해 충전이 가능하다.

- Fitbit Flex(손목형 밴드): 2008년 만보기 기능을 제공하면서 칼로리 소모

와 수면 추적 등의 기능을 제공하는 핏비트 클래식Fitbit Classic으로 많이 알려졌다. 그 이후 핏비트 트래커Fitbit Tracker, 핏비트 원Fitbit One, 핏비트 집 Fitbit Zip 등의 모바일 기기 형태의 제품을 출시했다. 2013년에는 핏비트 플렉스Fibit Flex를 선보였다. 일반적인 활동 측정 기능 외에 수면 패턴 측정 기능이 포함된 손목시계처럼 조절 가능한 밴드 타입이지만 디스플레이가 없고 LED로만 상태를 표시해준다. 밴드와 클립이 별도 제공되며, USB 형태의 동글이 핵심인 제품으로 나이키+퓨얼밴드와 조본 업과는 약간 다른 개념의 제품이다.

- Sony Core(소형 센서): 손목에 착용하는 센서로, 사용자의 보행과 수면을 추적해 기록하며, 센서 기능과 관계없는 스마트폰 알림 진동이나 점등 기능도 제공한다. 착용형 기기라기보다는 작고 탈착이 가능해 센서 형태이기에 다른 기업들에서 이를 이용한 피트니스 밴드, 스마트폰 케이스, 목걸이, 신발 클립 등 여러 가지 디바이스를 만들 수 있다.

- Withings SmartBody Analyzer(인터넷 연결 체중계): 체지방과 체중을 시간, 사람 기준으로 기록해 휴대전화로 공유하고 행동 데이터베이스까지 만들며 체중의 변화를 다양한 분석 그래프를 통해 제공한다. 와이파이 또는 블루투스 등으로 스마트폰에 전달해 앱으로 정보를 제공해주는 인터넷 체중계이며, 혈압 측정 기기도 있다.

- HAPILABS의 HAPIfork(스마트 포크): 1분간 떠먹은 횟수, 떠먹는 시간 간격 등을 계산해 너무 빨리 먹으면 포크가 진동으로 경고하는 포크로, 사용자가 얼마나 빨리 먹는지를 알려주고, 빨리 먹으면 포크가 진동해 천천히 먹을 수 있도록 관리해주는 제품이다. 내부에 장착된 센서를 통해 사용자의 식사 기간, 분당 포크 사용량 등 데이터를 수집하고 수집한 데이터를 스마트폰 애플리케이션으로 전송해 사용자의 식사 습관을 점검해줌으로써, 과식을 억제하고 체중 감소를 하는 데 도움을 줄 수 있을 것으로 기대된다.

- Beddit Film Sensor(수면 추적 제품): 필름 형태의 얇은 띠 모양의 장치로 간단하게 침대에 걸쳐 설치할 수 있으며, 수면 상태 추적은 물론 심박 수, 호흡수까지 측정이 가능한 제품으로 블루투스를 통해 스마트폰으로 데이터를 전송해 전용 앱을 통해 모니터링할 수 있다.

3.1 자가 측정 기기 관련 연구 개발

앞으로 더 발전할 센서 기술, 소형화 기술, 스마트폰, 앱 성능 향상을 고려하면 개인행동에 대한 자세한 기록은 물론 심신의 일상적인 변화를 기록하는 것도 가능해질 것이다.

- 미국 Vivometrics의 스마트 셔츠(Lifeshirt): 광섬유와 전기전도성 섬유를 이용해 심전도, 체온 등을 측정해 외부에 전송
- MyHeart 프로젝트: 필립스 등 다국적 기업과 연구 기관들이 공동으로 참여해 만드는 의복형 생체 신호 측정 시스템
- 한국 ETRI: 심전도, 호흡, 운동량 등 생체 신호를 실시간 모니터링할 수 있는 바이오 셔츠와 바이오 패치 개발

4 자가 측정의 발전 전망

4.1 자가 측정의 장점과 한계

개인이 직접 자신의 건강 데이터를 지속적으로 모니터링하고 관리함으로써 개인의 건강을 관리하는 데 자극과 유인을 준다. 장점은 더욱 정확한 데이터 축적 및 패턴 분석이 가능하고 암이나 당뇨병 같은 심각한 질병의 추적 관리가 용이해지며 예방까지도 할 수 있다. 또한 세밀한 건강 요인을 측정해 좀 더 최적의 운동 처방이나 질병의 원인까지도 파악할 수 있다. 반면에 네트워크로 연결된 세선들은 새로운 '빅 브라더' 논란이나 개인정보 해킹 문제 등의 위험도 갖고 있다.

4.2 자가 측정의 발전 전망

개인이 소유한 커넥티드 디바이스를 통해 발생되는 다양한 데이터 분석으로 건강은 물론 라이프 스타일 패턴을 분석하고 개선점을 제시하는 자가 측정 서비스에 퍼스널 데이터 분석 기술이 활용될 전망이다.

최근까지는 특정 서비스의 제공(예: 수면 패턴 트래킹, 혈당 수치 트래킹 등)

이 자가 측정 서비스의 주류를 이루었으나, 향후에는 영국산 서비스 틱트랙 Tic-Trac, 퀄컴Qualcomm의 2net 플랫폼과 같이 다양한 기기와 앱으로부터 수집 된 데이터를 애그리게이션aggregation 해 사용자에게 유의미한 데이터로 가 공·제공하는 통합 자가 측정 서비스가 부상할 전망이다.

참고자료
http://www.wikipedia.org
http://Quantifedself.com

EMS BEMS, FEMS, HEMS

전력 시스템은 전 세계적으로 사용되는 가장 거대한 시스템이며, 전기는 우리 삶에 없어서는 안 될 필수 시스템이다. EMS(Energy Management System) 기술은 전기 등 에너지 사용에 대한 모니터링, 제어 및 최적화를 구현하는 시스템 기술로서 적용 범위에 따라 빌딩 에너지 관리(BEMS), 공장 에너지 관리(FEMS), 가정 에너지 관리(HEMS)로 나뉜다.

1 EMS

1.1 EMS의 정의 및 기능

EMS Energy Management System (에너지 관리 시스템)란 급전용 종합 자동화 시스템으로서 자동 발전 제어AGC 및 경제 급전 기능Economic Load Dispatch, 전력 계통의 원격 감시 및 제어 기능SCADA, 자료의 기록 및 저장 기능, 전력 계통 해석 기능, 급전원 모의 훈련 기능 등을 수행한다.

1.2 스마트 그리드를 위한 분산형 EMS

EMS 기술은 MDMS 기능의 데이터 수집 시스템 및 데이터베이스를 구축해 원격 검침 시스템에 적용된다. 즉, 전력 계통을 운영하는 시스템이지만 현재의 전력망에서는 중앙 집중형으로 운영되고 자동차의 운전자와 컴퓨터의 CPU처럼 두뇌 기능을 한다. 스마트 그리드 시스템에서는 마이크로그리드 및 스마트 기기가 확산되려면 지역 단위의 정보를 관할하고 유지할 수 있는 분산형 EMS가 필요하고, 전력거래소에서 EMS를 운영하고 개발해야 한다. 그리고 중앙 EMS는 지역 EMS의 정보를 얻어 종합적인 운영을 수행하게 된다. 전력 절감과 실시간 에너지 소비 검침 서비스 등의 정보는 지원되지 않는 등 DR과 관련된 EMS는 선진국과의 기술 격차가 존재한다.

1.3 EMS의 종류

EMS는 적용 범위에 따라 빌딩 에너지 관리 BEMS: Building Energy Management System, 공장 에너지 관리 FEMS: Factory Energy Management System, 가정 에너지 관리 HEMS: Home Energy Management System 로 나뉜다.

2 BEMS

2.1 BEMS의 필요성

우리나라 전체 에너지 사용 현황을 살펴보면 20% 이상이 건물에서 소비되고, 일반적인 사무소 건물의 에너지 소비량을 살펴보면 열원 기기를 포함한 공조 설비가 47% 정도를 차지하며, 선진국으로 갈수록 상업용 빌딩 에너지 사용 비율이 높다. 즉, 주요 대도시의 빌딩 에너지 사용량을 줄이고 효율적으로 운영할 수 있는 방안이 에너지 절약 및 고효율에 직결된다고 볼 수 있다. 따라서 거주자의 쾌적성을 향상하면서 건물 에너지 소비량을 최소화하려면 건물 열원 설비가 최적의 조건에서 운전될 수 있도록 지원해주는 빌딩 에너지 관리 시스템 BEMS: Building Energy Management System 의 도입이 요구된다.

2.2 BEMS의 정의

BEMS는 여러 가지 센서 및 IT 기술을 활용해 건물 에너지의 사용량을 파악하고 각종 설비의 운전 추이를 종합적으로 분석해 최적의 운전 상태를 유지할 수 있도록 지원하는 에너지 관리 시스템이다. 이를 통해 건물 내 에너지 사용 현황과 설비 기기의 운전 상황을 파악하고 사용량 예측을 근거로 최적의 운전 계획을 신속하게 수립하고 실행한다. 무엇보다도 건물 에너지의 절약을 위해서는 관리자 또는 거주자의 능동적인 관심과 의지가 중요하고 이를 바탕으로 절약을 실천에 옮길 수 있는 강력한 수단과 방법이 필요하다. 이처럼 BEMS는 여러 가지 필요한 기능을 제공하기 위해 건물의 관리와 운영에 관한 지식에 IT를 접목한 첨단 기술의 결정체라고 할 수 있다.

2.3 BEMS의 구성 및 활용

BEMS는 운영 소프트웨어와 하드웨어 장비, 시스템 유지 및 건물 관리자 등으로 구성되어 있으며, 에너지 계통별·용도별로 특정 기기나 대표 플로어의 계측을 실시해 에너지 사용량을 계량하고 계측한다. 또한 그래프에 의한 관리 및 시각적 데이터를 제공하고, 웹에 의한 정보 공유를 통해 목표치 달성 현황을 분석하여 이 결과를 건물주부터 현장 담당자에 이르기까지 건물에 근무하는 사람들이 필요할 때마다 현장에서 볼 수 있게 하여 관리가 가능하도록 한다. 이것을 통해 구성원 전원이 효과적인 절감 활동에 참가할 수 있다. 그리고 건물 에너지 소비량 상황을 전체적으로 파악하고 이용 상황에 맞는 수요를 예측하며 시스템 효율 평가 및 사용량 단위 분석을 통해 계통별 에너지 소비를 파악하고 문제가 될 수 있는 계통을 발견해서 절약 대책을 신속히 수립할 수 있다.

2.4 BEMS의 종류

종류	내용
BAS (Building Automation System)	각종 설비 기기를 대상으로 상태를 감시하고 조작하며 고장 발생 등의 경우에 경보를 발령
IBS (Intelligent Building System)	건물 환경 및 설비, 정보 통신 등 주요 시스템을 유기적으로 통합해 첨단 ICT 서비스 기능을 제공함으로써 경제성, 효율성, 기능성, 안전성 등을 추구함
BMS (Building Management System)	각종 설비 상태를 감시 및 제어하고, 주차제, 에너지 사용량 감시 등 독자 관리 기능을 수행
BEMS (Building Energy Management System)	건물의 소유주, 시설, 빌딩 관리자가 에너지 사용 절감의 목적으로 에너지 환경 관리, 빌딩 설비 관리 지원 기능을 수행

2.5 BEMS의 기능

기능 유형	내용
Passive BEMS	- 첨단 ICT 기술을 이용해 통신 및 데이터를 관리하고 계측해 건물 내 에너지 소비 현황과 실내 환경 등에 관한 정보를 수집해서 다양한 목적으로 활용할 수 있도록 제공하는 기능 - 건물 운영의 적정성 여부를 판단하고 에너지 소비 수준이나 소비 패턴 등을 알 수 있도록 도와주는 정보 제공은 가능하지만, 분석할 때 상당한 경험과 노하우가 요구됨 - 분석자의 역량에 따라 분석 결과의 수준이 큰 차이를 보이는 것이 일반적임
Active BEMS	- Passive BEMS에서 제공된 정보들을 분석한 후 사전에 전문가에 의해 분야별로 작성되는 운전 제어 프로그램과 알고리즘을 BEMS에 추가해 건물 에너지의 소비 성능이 최적화되도록 운영 단계에서 자동으로 운전할 수 있게 지원하는 것으로 능동적이고 직접적인 제어 행위를 수행함 - Active BEMS의 관리 항목으로는 시간에 따라 기기나 장비의 정지와 동작을 반복하는 단순한 관리 기능부터 여러 가지 기기로 복합적으로 구성된 시스템의 연동 및 통합 제어에 이르기까지 종류가 매우 다양함
Potential BEMS	- 건물별로 수집된 데이터를 통계적으로 가공해 제공하는 것을 들 수 있는데, 이 통계 결과는 건물이나 건물을 구성하는 시스템의 계획, 설계, 시공, 운영 관리와 관련된 기술 향상 및 제도 개선 등 각 단계에서 주로 현재보다는 미래 지향적인 판단 또는 의사결정을 지원하는 수단으로 피드백해 활용됨

3 FEMS

3.1 FEMS의 개념

FEMS Factory Energy Management System 는 공장 내에서 주로 소비되는 에너지를 파악해 에너지 사용량의 합리화를 도모하는 시스템이다. 이를 위해 각종 센서를 응용해 에너지 사용량, 제품의 생산 설비, 생산 수량의 가공 등 생산 활동에 대한 데이터를 모니터링하고, 수집한 데이터를 분석해 구체적인 에너지 절약 방안을 세울 수 있게 해준다. 최근에는 에너지의 시각화를 통해 에너지 사용자가 에너지 절약 활동에 적극적으로 참여할 수 있도록 하고 있다.

4 HEMS

4.1 HEMS의 개념

HEMS Home Energy Management System 는 주택의 에너지 소비 기기인 가전 기기 등을 ICT 기술을 활용해 네트워크로 연결하고 에너지 사용에 대한 모니터링 및 최적화를 위해 사용자와 공급자가 실시간으로 정보를 피드백하는 시스템이다.

4.2 HEMS의 목적

HEMS의 목적은 무선통신이나 전등선을 이용해 가정 내 에너지 사용량이나 기기의 동작을 계측하고 표시하여 서비스 환경을 제공함으로써 거주자에게 에너지 절약의 필요성을 느끼게 해서 누구든지 에너지 소비량을 최대한 절감할 수 있도록 하고 효율 향상을 극대화하는 것이다. 또한 HEMS는 지구온난화 방지 기대 효과도 목적으로 삼는다. 이러한 시스템이 구축되면 전기에너지 공급자는 요금 정책 정보를 토대로 요금이 저렴한 시간대의 전기에너지를 사용하고 요금이 비싼 시간대의 전기에너지 사용을 피할 수 있어서 전기에너지를 좀 더 효율적으로 사용할 수 있고 공급자의 입장에서는 전력 계통을 보호하고 효율적인 에너지 발전 계획을 세울 수 있게 된다.

4.3 HEMS의 구성

스마트 미터 Smart Meter 는 DCU를 통해 전달되는 요금제 정보 및 에너지 사용량 정보를 IHD In-Home Display 에 전달하고 실시간으로 저장한다. IHD에서는 주기적으로 신재생 태양광발전 에너지 기기, EV 전용 PCS Power Conditioning System, 스마트 가전 기기, 수도미터와 통신하면서 각 기기의 상태를 파악하고 요금제 정보를 기반으로 제어 명령을 내려주어 에너지를 효율적으로 사용할 수 있도록 한다.

요코하마 시의 HEMS는 크게 세 가지 프로그램으로 구성되어 있다. 여기서 세 가지 프로그램이란 (1) 시간대별로 다른 요금을 설정하는 프로그램

TOU Time Of Use, (2) 전력 소비가 피크인 날, 특정 시간대에 고액의 요금을 설정하는 프로그램 CPP Critical Peak Price, (3) 지정 시간대의 이용이나 삭감량에 대응한 리베이트 지불 프로그램인 PTR Peak Time Rebate 이다.

참고자료
김종욱·김문겸. 2012. 「스마트 그리드 개론」. 홍릉과학출판사.

기출문제
92회 컴퓨터시스템응용 Smart Grid의 EMS(Energy Management System) (10점)

F-4

스마트 그리드 Smart Grid

스마트 그리드는 전력망에 정보 기술을 접목해 전력 공급자와 소비자가 양방향으로 실시간 정보를 교환, 에너지 효율을 최적화하며 새로운 부가가치를 창출하는 차세대 전략망이다.

1 스마트 그리드 개요

1.1 스마트 그리드의 등장

현재의 전력망은 100년 전 기술을 근간으로 한 교류 전력 시스템으로 전기에너지 소비가 비효율적이고 발전설비 이용 효율이 낮아 과다한 투자 설비가 필요하다. 단일 품질 전력 공급으로 소비자의 다양한 욕구를 충족하기 어려우며 그린에너지와 분산 전원과의 연계에 어려움이 있다. 또한 전기 자동차 충전 인프라 구축에 적합하지 않고 거대한 단일 시스템이어서 광역 정전의 가능성이 높은 위험 요소가 있다. 첨단 기기의 증가 또한 고품질의 전력을 요구한다.

태양광 및 풍력 등의 신재생에너지 발전소에서 생산되는 전력을 안정적으로 전송하고 공급받기 위해 발전설비, 저장 장치, 계통 연계 등을 실시간으로 통제할 수 있는 지능적인 스마트 그리드가 구축될 필요가 있다.

기존 전력망의 한계점과 문제점을 해결하는 동시에 실시간 정보를 확인하며 전력망을 제어하기 위해서는 스마트 그리드가 필수적이다.

1.2 스마트 그리드의 정의

스마트 그리드란 현대화된 전력 기술과 정보 통신 기술의 융·복합을 통해 구현된 차세대 전력 시스템이다. 그물망처럼 얽힌 기존 전력망에 정보 기술을 접목, 전력 공급자와 소비자가 양방향으로 실시간 정보를 교환함으로써 에너지 효율을 최적화하는 차세대 지능형 전력망이다. 발전소와 송전, 배전 시설 그리고 전력 소비자를 정보 통신망으로 연결, 양방향으로 공유하는 정보를 통해 전력 시스템 전체가 한 몸처럼 효율적으로 작동하도록 하는 것이다.

  스마트 그리드는 중앙 집중적인 단방향 전기 공급 방식에서 벗어나 전기 공급자와 소비자가 상호작용을 통해 에너지 정보를 주고받으며, 수평적·분산적·협력적 네트워크의 형성을 가능하게 한다. 즉, 전력 공급자는 전력 사용 현황을 실시간으로 파악, 공급량을 탄력적으로 조절할 수 있고, 전력의 소비자 역시 전력 사용 현황에 따라 전력 요금이 비싼 시간대를 피해 사용 시간과 사용량을 조절할 수 있다.

2 스마트 그리드의 변화된 모습

2.1 스마트 그리드의 양방향성

미국 NAE National Academy of Engineering 조사에 의하면, 인류에 가장 큰 영향을 끼친 공학 분야의 업적 1위에 해당하는 것은 전화(전기)이고 인터넷은 13번째였다. 그러한 전기의 패러다임이 변화하기 시작했다. 인터넷 케이블선과 전력선의 아키텍처 간 높은 유사성, 통신 산업과 전력 산업을 IT로 융합해 서비스하는 고도화된 차세대 전력망은 양방향 구조와 생활에 변화를 주는 영향력이 과거 인터넷의 등장과 상당히 유사해 에너지 인터넷이라 할 수 있다. 스마트 그리드의 특성을 기존 전력망과 비교해보면 다음과 같다.

구분	현재 전력망	스마트 그리드
통제 시스템	아날로그	디지털
발전	중앙 집중형	분산형
송배전	공급자 위주(단방향)	수요, 공급 상호작용(양방향)
전력 공급원	중앙 전원, 화석연료 위주	분산된 전원의 증가(태양력, 풍력, 전기차)
고장 진단	불가능	자가 진단
고장 제어	수동 복구	반자동 복구 및 자기 치유
설비 점검	수동	원격
제어 시스템	국지적 제어	광범위한 제어
가격 정보	제한적(한 달에 한 번 충액만)	실시간으로 모든 정보 열람
가격제	사실상 고정 가격제	실시간 변동 가격제
전력 수요	급변(수요에 의존)	거의 일정(가격에 의존)
소비자 구매 선택	제한적	다양

2.2 스마트 그리드의 변화되는 모습

'지능형 전력망'이라 불리는 스마트 그리드는 두 가지 측면에서 의미가 크다. 첫째, 기술적 측면에서의 지능성이 주목할 만한 것이고 둘째는 적용 범위 측면에서 장래에 대한 비전을 제시한다. 이러한 스마트 그리드로 구현되는 변화된 모습은 다음과 같다.

구분	현재	미래
전력	- 중앙 집중형 발전 - 화석 및 원자력 연료 - 단방향 전력 및 정보 흐름 - 공급자 중심의 설비 운영	- 중앙 집중 및 분산형 발전 - 신재생에너지 확대 - 양방향 전력 및 정보 흐름 - 수요 측 참여 설비 운영
가전	- 기능 및 성능 위주의 제품	- 전력 상황에 반응하는 스마트 가전 - 전기 요금에 연동, 전력 사용 최적화
건설	- 안전성, 편이성, 디자인	- 스마트 홈 / 빌딩 / 공장
자동차	- 가솔린, 디젤 엔진 자동차	- 전기 자동차 일반화 - 탄소 배출 저감
에너지	- 석유 판매(주유소)	- 전력 판매(충전소) - 전기 자동차 활성화 인프라 역할

3 스마트 그리드의 구성 및 기술 분야

3.1 스마트 그리드의 구성

전력, IT, 통신 사업이 융합된 스마트 그리드는 전력 계층, 통신 계층, 애플리케이션 계층으로 구성된다. 전력 계층은 발전소, 송배전망 등 물리적 전력 기반 설비로 구성되고, 통신 계층은 전력 수급 주체 간, 전력 장치 간 양방향 정보교환을 가능하게 해주는 통신 네트워크이며, 애플리케이션 계층은 스마트 그리드 인프라를 기반으로 다양한 기술과 시스템이 구동되는 서비스 영역이다.

3.2 스마트 그리드 주요 기술 응용 분야

스마트 그리드의 주요 기술 응용 분야를 살펴보면 다음과 같다.

- 스마트 미터, 원격 검침: 스마트 그리드의 혁명을 가능하게 해주는 핵심 기반으로 전력 사업자와 소비자 간 양방향 통신을 가능하게 하는 기능뿐만 아니라 전력 사업자가 유용한 애플리케이션을 구동할 수 있게 해주는 애플리케이션 역할도 수행한다. 수요 반응, 분산 발전원의 통합이 효과적으로 이루어지게 되고 원격 검침이 가능해진다.

- 수요 반응DR: Demand Response: 최대 전력 수요를 줄이고 시스템의 긴급 상황 발생을 피하기 위해 요금 및 인센티브 수단을 통해 소비자의 전력 소비 패턴을 합리적으로 변화시키는 행위를 말한다. DR은 사전에 전력 사업자와 고객 사이에 전력 부하를 언제 어떻게 감축하도록 할 것인지에 대해 상호 계약을 체결하는 형태로 이루어진다.

- 에너지 저장 장치ESS: Energy Storage System: 스마트 그리드의 필수 요소로 재생에너지와 관련된 간헐적인 발전 문제를 해결하는 데 도움을 주며, 재생에너지의 빠른 성장과 함께 전기차의 보급 확대로 그 성장 속도가 가속화될 것으로 예상된다. 또한 전력을 충전하고 저장된 전력을 제때에 효율적으로 방출하는 소프트웨어 및 솔루션에 대한 관심도 커질 전망이다.

- 전기차Electric Vehicles: 전기차 배터리는 스마트 그리드를 통해 재생에너지 발전의 잉여 전력을 저장해 전력 수요가 높아질 때 전력망으로 저장된 전

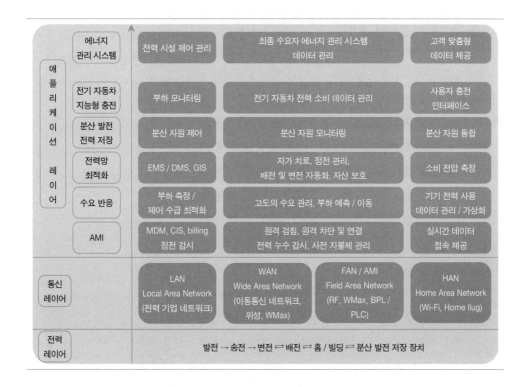

력을 송전하는 V2G Vehcile to Grid로 발전할 수 있다. 다만 수백만 대의 전기 차에 대해 첨두부하 시기를 피하면서 무리 없이 충전할 수 있는 지능형 충전과 배터리 충·방전 사이클 확대 및 배터리 수명 연장 등의 기술 개발 이 요구된다.

4 스마트 그리드 향후 전망 및 한계점

4.1 스마트 그리드 향후 전망

스마트 그리드는 미래의 신성장 사업으로 크게 관심을 모으고 있다. 향후 시장이 급속도로 성장할 것으로 기대되는 가운데, 시장조사 기관에 따르면 2013년의 스마트 그리드 시장 규모가 360억 달러 규모로 예측되고 2020년 까지 연평균 성장률CAGR이 8.4%로 증가해 630억 달러 규모로 확대되며 누 적 시장 규모는 4000억 달러를 상회할 것으로 전망했다. 지역적으로는 중국이 전체 시장에서 24%를 점유해 가장 큰 시장을 이룰 것으로 예상했다.

에너지의 효율적인 이용과 급증하는 전력 수요에 대응할 수 있는 스마트 그리드 산업은 미래의 에너지 관리 시스템으로서 중요성을 인정받고 있으며 스마트 미터, 스마트 가전, 네트워크 통합 관리 솔루션 등 관련된 제조업과 IT 산업에도 긍정적인 영향을 미칠 것으로 전망된다.

반면에 스마트 그리드 네트워크에서 전달되는 전력 사용 데이터를 통한 프라이버시 침해, 사이버 테러로 빚어지는 전력망 마비, 사용량 조작 등의 문제가 발생할 수 있고 아직 시장 초기 단계이기 때문에 관련 인프라가 미비하고 규모의 경제 달성이 어렵다는 것은 한계점으로 꼽힌다.

4.2 스마트 그리드의 한계점

스마트 그리드로 야기되는 몇 가지 한계점 중에서 가장 크게 언급되는 것이 보안 문제다. 보안 스마트 미터를 통해 스마트 그리드 내부로 손쉽게 침투할 수 있고 침투한 해커는 대규모의 스마트 미터 조작이 가능해 전기수요 증감을 통한 전력망 불안정을 유도하여 대도시 정전 사태 등을 유발할 수 있다.

실제 사례로 2009년에 미국 전력망에서 사이버 스파이가 설치한 악성 코드가 발견되었다. 이는 중국 또는 러시아 출신으로 추정되는 사이버 스파이가 미국 전력망에 악성 코드를 설치한 것으로 전기 공급 차단이 가능해 사이버 무기화 가능성이 존재한다. 또한 2010년에 푸에르토리코에 설치되어 운영 중인 스마트 미터의 취약점을 통해 전력 사용량을 조작해서 매년 4억 달러의 피해가 발생했으며, 일반적인 컴퓨터 지식과 적은 비용으로도 스마트 미터를 공격할 수 있다고 한다.

참고자료

고동수. 2009. 「녹색성장 구현을 위한 지능형 전력망 도입」. ISSUE PAPER, 2009-244.

이미혜. 2012. 「스마트 그리드 시장 현황 및 전망」. 산업리스크 분석보고서, Vol. 2012-G-09.

정보통신산업진흥원. 2013. 「미래 지능형 전력망: 스마트 그리드」. ≪산업융합과 신성장동력≫, 제40호.

기출문제

92회 조직응용 스마트그리드 개념 및 보안 위험 요인에 대하여 설명하시오. (25점)

92회 정보관리 스마트그리드를 설명하고 스마트그리드에서 IT인프라의 역할을 설명하시오. (25점)

스마트 미터 Smart Meter

스마트 미터는 전력 계량은 물론 가스와 수도 계량 등이 포함되는 의미지만 최근 전 세계적으로 추진되고 있는 스마트 그리드 사업의 예에서는 지능형 전력망에 초점을 맞추고 있으므로 스마트 미터를 지능형 전력 계량으로 국한해도 무방하다.

1 스마트 미터의 개요

1.1 스마트 미터의 정의

계획 정전 문제와 전력망 부실을 해결하는 대안으로서 스마트 미터로 전력을 시각화하고 수요에 따른 동적 요금제가 가능한 스마트 그리드에 대한 관심이 고조되고 있다.

스마트 미터란 일반적으로 에너지 사용량을 실시간으로 계측하고 통신망을 통한 계량 정보 제공으로 가격 정보에 대응해 수요자 에너지 사용을 적정하게 제어할 수 있는 기능을 갖는 디지털 전자식 계량기다. 양방향 통신을 가능하게 하는 통신 모듈을 탑재하고 있어 홈 네트워크에서 통신 게이트웨이 역할 및 다양한 가전 기기를 제어할 수 있는 역할까지 확장이 가능하다.

1.2 스마트 미터의 의미

실시간으로 전력 사용량과 가격 등 전력 관련 정보를 전달하는 스마트 미터 시장은 향후 가장 빠르게 성장할 것으로 전망된다. 스마트 미터의 보급과 함께 전력 피크 시 전력 사용 감소를 유도하는 수요 반응DR: Demand Response 기술은 스마트 그리드의 핵심 활용 분야 중 하나로 꼽는다. 수요 반응 기술을 통해 전력 거래 시장에서 형성된 전력 가격이 실시간으로 소비자에게 전달되며, 전력 수요가 급증하면 가격이 상승해 소비자가 전력 사용을 줄이는 효과가 기대된다. 스마트 미터 등 원격 검침 인프라가 구축된 이후 수요 반응, 전력 저장 등의 애플리케이션 시장이 확대될 것으로 예상된다.

원격 검침 인프라AMI: Advanced Metering Infrastructure는 스마트 그리드 구축의 시작점으로 스마트 미터, 스마트 미터가 생성한 자료를 전송하는 통신 시스템 및 검침 데이터 관리 시스템을 구성하며, 스마트 미터는 소비자의 실시간 소비량, 실시간 가격 정보 등을 전달한다.

2 스마트 미터의 기대 효과 및 주요 이슈

2.1 스마트 미터의 도입 기대 효과

스마트 미터의 도입은 수요자 측면에서 보면 스스로 사용 에너지 정보를 파악하고 이용함으로써 에너지 절약 의식을 높일 수 있고 전력 공급자 입장에서는 업무 효율화를 도모할 수 있으며 사회 전체적으로 제공되는 에너지 사용 정보를 활용한 새로운 서비스 창출 등을 통해 경제 활성화에 기여할 수 있다.

구분	내용
수요자 측면	- 전력 사용 정보, 요금 정보 모니터링, 전문 업체에 의한 에너지 사용 진단 및 절감 서비스 - 요금 메뉴 세분화와 적정 요금 메뉴 이용을 통한 에너지 절감, 탄소 감축 - 각종 기기의 상세한 사용 상황 파악이 가능해 설비 갱신 시 전력 사용 실태에 대응한 효율적인 설비 구축 가능
공급자 측면	- 원격 검침 및 원격 조작을 통해 검침 업무 등 업무 효율화와 작업의 안정성 향상 - 재생 가능 에너지를 포함한 수급 패턴을 상세하게 파악하고 이들 데이터를 토대로 한 새로운 요금 메뉴 설정을 통해 효율적인 에너지 이용 가능
사회적 측면	- 수요자 측의 에너지 절감 및 탄소 감축과 공급자 측의 수요 반응 대응 등을 통해 저탄소 사회 구현에 기여 - 스마트 미터가 제공하는 정보를 활용한 새로운 서비스, 새로운 산업 창출로 생활의 질 향상 및 경제 활성화에 기여

2.2 스마트 미터의 주요 이슈

스마트 미터의 도입 및 보급을 위한 각국의 투자 확대에 따라 기존 계량기의 제조, 설치, 계량에서 벗어나 스마트 미터 제조 및 설치와 관련한 비즈니스가 확대될 전망이다. 대표적인 제조업체로는 이트론Itron, 랜디스＋기어Landis + Gyr, GE 등이 있으며, 구축 업체로는 실버 스프링 네트워크Silver Spring Network 등이 있다.

스마트 미터 설치를 위한 일거리 창출은 긍정적이지만 계량 일거리는 감소하는 부정적인 면도 존재한다. 미국에서는 향후 5년간 약 2000만 대의 스마트 미터 설치를 위해 1600개의 일거리가 창출되는 반면에 약 2만 8000여 개의 기존 계량기 검침 일거리가 사라질 전망이다.

스마트 미터를 설치함에 따라 전력 회사가 관리해야 할 고객 전력 소비 정보가 폭발적으로 증대하면서 전력 업계의 IT화를 앞당기고 전력 소비 정보와 관련된 비즈니스 등을 창출할 것으로 기대된다. 구글, 마이크로소프트 등 인터넷 기업과 그리드포인트GridPoint, 텐드릴Tendril 등 IT 벤처기업들은 전력 소비 정보를 정리 및 관리하는 서비스를 비즈니스로 창출하고 있다. 구글의 파워미터PowerMeter는 스마트 미터나 에너지 관리 기기로부터 수집된 전력 소비 데이터를 자사 데이터 센터를 경유해 iGoogle상에 표시하는 서비스도 제공한다.

3 스마트 미터 시장과 전망

3.1 스마트 미터의 시장 현황

스마트 미터는 2011년 총 208만 대가 설치되었으며 2017년까지 누적 685만 대가 설치될 것으로 전망된다. 북미는 2012년, 아시아는 2015~2016년에 최고점을 찍으며 유럽은 2017~2018년까지 시장이 확대될 것으로 예상된다. 현재 전력 계량기 중 스마트 미터가 차지하는 비중은 10% 미만으로 대체 수요 시장이 매우 크며, 스마트 미터 보급은 티핑 포인트를 넘어서 전력회사가 스마트 미터를 도입할 것인지의 문제가 아니라 언제 도입할 것인지의 문제로 변화했다.

2020년에 스마트 미터 보급률이 80%를 초과할 것으로 예상되는 나라는 유럽, 캐나다, 호주 등이며, 50~80% 수준으로 예상되는 나라는 미국, 일본, 브라질, 남아공이다. 스마트 미터 보급이 일정 수준에 이르면 검침 데이터 관리에 대한 수요가 높아질 것으로 예상된다.

스마트 미터 시장은 단기적으로는 로컬 기업 중심이나 장기적으로 가격 경쟁력을 갖춘 아시아 기업과 가격 경쟁을 할 것으로 예상된다.

유럽의 경우를 좀 더 살펴보면, 스마트 미터를 2020년까지 총 가구의 90%, 2022년까지 100% 보급을 추진하며 시장 규모는 2011년 12.3억 달러에서 2017년 66억 달러로 연평균 32% 성장할 것으로 예상된다. 프랑스는 2017년까지 4.3조 유로를 투자하고, 독일은 스마트 미터 설치 의무 규정을, 스페인은 2018년까지 스마트 미터를 보급할 계획이다. 이 밖에도 브라질은 2013년부터 신규 미터 설치 및 기존 미터 교체 시 스마트 미터 의무 설치를 규정했으며, 2020년까지 스마트 미터 보급률은 65%로 예상된다.

3.2 스마트 미터의 향후 전망

스마트 미터를 활용한 수요 반응 필요성에 따라 전력 소비 정보의 발신과 전력 소비 제어가 가능한 가전 기기(스마트 가전) 시장이 확대될 것으로 보인다. 이로 말미암아 스마트 가전 시장 규모는 2011년 대비 2015년에 약 다섯 배 성장한 151.98억 달러로 전망된다. 종류별로는 세탁기(23%), 냉장고

(18%), 건조기(15%)의 비중이 크고, 지역별로는 미국(36%), 중국(18%) 시장으로 전망한다.

전력 사용 정보는 개인의 생활 습관 정보 등을 포함한 개인 비밀 정보를 포함하고 있으므로 프라이버시, 보안 측면에서 적절한 보호 조치가 이슈로 대두되고 있다.

또한 스마트 미터의 조기 확산을 위해서는 제품 가격의 다운이 중요하며 전력 업체와 스마트 미터 제조업체가 공동으로 제품 혹은 부품 레벨에서 표준화, 공통화 등을 통해 코스트 다운을 할 필요가 있다.

참고자료
이재환·조성선. 2011. 「스마트미터 추진 동향 및 시사점」. ≪IT 스팟 이슈≫, 2011-05.

기출문제
101회 조직응용 AMI(Advanced Metering Infrastructure)에 대하여 설명하시오. (10점)

F-6

사물인터넷 IoT: Internet of Things

주변 사물들이 유·무선 네트워크로 연결되어 유기적으로 정보를 수집 및 공유하면서 상호작용하는 지능형 네트워킹 기술 및 환경인 사물인터넷을 설명한다.

1 사물인터넷의 이해

1.1 개요

사물인터넷은 현실 세계의 사물들과 가상 세계를 네트워크로 상호 연결해 사람과 사물, 사물과 사물 간 언제 어디서나 서로 소통할 수 있도록 하는 미래 인터넷 기술이다.

　1999년 RFID Radio-Frequency Identification (전파를 이용해 먼 거리에서 정보를 인식하는 기술) 전문가 케빈 애슈턴 Kevin Ashton 이 사물인터넷 개념을 최초로 제안했다. 애슈턴은 유·무선 네트워크에서의 엔드 디바이스 End-Device (PC, 모바일 단말처럼 네트워크에 최종적 End 으로 연결된 단말 Device 을 의미)는 물론 인간, 차량, 교량, 각종 전자 장비, 문화재, 자연환경을 구성하는 물리적 사물 등이 모두 사물인터넷의 구성 요인에 포함된다고 설명했다.

IoT 관련 용어 및 정의

용어	발표 기관	주요 내용
WSN (Wireless Sensor Networks)	DARPA(1978년)	- 사물에 컴퓨팅 능력 및 무선통신 능력을 부여해 '언제', '어디서나' 사물들끼리의 통신이 가능한 환경을 구현하려는 것으로 군사 목적으로 시작
Ubiquitous	제록스(1988년)	- 유비쿼터스는 '언제 어디에나 존재한다'는 뜻의 라틴어로, 사용자가 컴퓨터나 네트워크를 의식하지 않고 장소에 상관없이 자유롭게 네트워크에 접속할 수 있는 환경으로 퍼베이시브 컴퓨팅(Pervasive Computing)과 같은 개념 - 유비쿼터스 센서 네트워크(USN: Ubiquitious Sensor Network)는 센서가 수집한 정보를 상황 인식 기능에 의해 처리한 후 때와 장소, 대상을 불문하고 지식 서비스를 제공하는, 현존하는 물리적 네트워크상의 개념적인 네트워크를 의미(ITU)
Pervasive Computing	NIST IBM(1999년)	- PC의 핵심 기능들이 다른 종류의 기기에도 널리 퍼진다는 개념으로 네트워크에 연결된 무수한 기기로부터 언제 어디서든 네트워크에 액세스가 가능해지고, e-비지니스까지 수행할 수 있는 환경이 목표
D2D (Device-to-Device)	-	- 네트워크(기지국, AP 등)를 거치지 않고 서로 다른 기기 간의 통신을 지원하는 기술로 UPnP(Universal Plug and Play)와 DPWS(Device Profile for Web Services), Wi-Fi Direct와 같은 기술을 의미
M2M (Machine-to-Machine)	IEEE	- 가입자 장치(subscriber station)와 기지국(bae station)을 거쳐 고어-네트워크에 위치하는 서버 간의 정보교환 혹은 가입자 장치 간 인간의 개입 없이 발생하는 정보교환
	ETIS	- 인간의 직접적인 개입이 꼭 필요하지 않은 둘 혹은 그 이상의 객체 간에 일어나는 통신
IoT (Internet of Things)	ITU(2005년)	- 모든 사물에 네트워크 연결을 제공하는 네트워크의 네트워크
	EU(2007년)	- 대상물들(Objects) 간에 통신이 가능한 네트워크와 서비스
	CASAGRAS	- 데이터 수집과 통신 기능을 통해 물리적 객체와 가상의 객체를 연결해주는 글로벌 네트워크 기반 구조
	IETF	- 표준 통신 프로토콜을 기반으로 독자적인 주소를 가지며 상호 연결된 객체들의 전 세계 네트워크
MTC (Machine Type Communication)	3GPP	- 인간의 개입이 꼭 필요하지 않은, 하나 혹은 그 이상의 객체가 관여하는 데이터 통신의 형태
MOC (Machine Oriented Communication)	ITU-T	- 인간의 직접적인 개입이 최소한으로 요구되거나, 혹은 요구되지 않는 둘 혹은 그 이상의 객체 간의 통신
WOT (Web of Things)	-	- IoT와 개념은 동일하지만 사물의 기능/데이터를 제어하는 고유의 프로토콜이나 방법으로 접근하는 방법에서 벗어나 보편적이고 친숙한 웹 방식으로 접근
IoE (Internet of Everything)	CISCO GE	- 사람과 사물에 이어 프로세스와 데이터가 상호 밀접하게 연결되어 있는 새로운 형태의 네트워크 환경으로 용어는 캐나다 사회과학자인 아나벨 콴 하세(Anabel Quan-Hasse), 배리 웰만(Barry Wellman)이 최초 사용
Hyperconnectivity	WEF	- 의사소통과 상호작용하는 수단뿐만 아니라 이러한 현상이 개인과 조직/사회의 행동에 영향을 미치는 것

1.2 사물인터넷 산업의 성장 추이

통신 미디어 전문 시장조사 기관 아이데이트IDATE의 2013년 9월 자료에 따르면, 인터넷에 연결된 사물(기계, 통신 장비 등)은 2010년 약 40억 개에서 2012년 약 150억 개, 2020년 약 800억 개의 사물이 인터넷에 연결될 것이라며 사물인터넷 인프라의 급격한 확대를 예고했다.

네트워크 사업자 시스코Cisco는 2013년 6월 자료를 통해 현재 전 세계에 분포한 각종 물리적 사물 중 99.4%가 아직 인터넷에 연결되어 있지 않은 상황으로, 사물인터넷의 성장 가능성을 강조했다.

시장조사 기관 IDC에서는 2013년 10월에 2020년경 관련 시장 규모가 8조 9000억 달러, 연평균 성장률은 7.9%에 이를 것이라고 예측했다.

시장조사 업체 가트너Gartner에서는 헬스케어, 유통, 교통 등을 포함한 다양한 산업 영역에서 사물인터넷이 발생시키는 경제적 부가가치가 2020년에 1조 9000억 달러에 달할 것으로 분석했다.

1.3 사물인터넷 관련 기술 상용화 동향

물리적인 객체를 인터넷으로 연결하는 사물인터넷 구현을 위해서는 센싱 Sensing 기술 및 네트워크 기술 개발이 필수적이다.

특정 사물이 주변의 환경 정보를 수집하는 사물인터넷의 핵심 기술은 센싱 칩셋을 통해 구현한다. 또한 해당 정보를 인터넷을 통해 사람과 사물, 사물과 사물 간 실시간으로 전달하고 공유하기 위해서는 유·무선통신 및 네트워크 기술 개발이 필수적이다. 이에 따라 주요 사업자들은 사물인터넷 핵심 기술인 센싱 칩셋 및 네트워크 기술 개발에 총력을 기울이고 있으며, 이를 통해 향후 사물인터넷 시장 주도권 확보를 모색하고 있다.

서비스 영역		사물인터넷 서비스 개발 사례
헬스케어	나이키 (2012)	모바일 단말과 연동되어 사용자의 운동 내역을 체계적으로 기록하고 관리할 수 있게 해주는 단말 'NIKE + FuelBand' 발표
	Fitbit (2013)	수면 상태 정보나 음식 섭취 정보까지 트래킹(Tracking)할 수 있는 착용형 단말 'Fitbit Flex' 출시
	HAPILABS (2013)	포크로 음식을 떠서 입에 넣고 다시 접시에 포크를 내려놓는 움직임을 감지하는 센서를 탑재해 사용자가 음식물 섭취에 걸리는 시간 및 빈도를 알려주는 지능형 식기 도구 'HAPIfork' 공개
	하기스(2013)	아기가 소변을 보면 부모의 트위터로 알려주며, 아기의 소변을 분석해 건강 상태를 체크해주고 하루에 얼마나 많은 기저귀를 교체하는지도 파악해주는 착용형 단말 'TweetPee' 발표
	Corventis (2010)	일회용 밴드 형태의 심장박동 모니터링 필름을 가슴 부위에 붙이면 환자의 생체 신호 데이터를 수집하고, 이상 시 환자에게 가장 적합한 의사를 연결해주는 'PiiX'가 미국 식품의약국으로부터 공식 의료 단말로 인정
에너지	Philips/Apple (20120)	iOS 기반 모바일 단말을 이용해 전구에 탑재된 무선 센서를 통해 조도와 색상 등을 조정할 수 있는 무선 LED 전구 'Hue' 공개
	SmartThings (2013)	PC나 스마트폰을 이용해 밝기 조절이 가능한 조명 스위치, 습도 조절기, 도어 개폐기 등 원격 조정과 사용 데이터 추적이 가능한 커넥티드 가정용품을 판매하는 쇼핑몰 공개
자동차	벤츠 (2013)	차량의 위치와 환경 정보를 수집할 수 있는 센서 8개와 카메라 3개를 차량 내에 탑재한 후 도로 표지판 정보를 수집해 차량 속도를 조절하거나 신호등/보행자 정보를 인식해 정차와 주행 명령을 전달하는 'Route Pilot'을 통해 자율주행(autonomous driving) 차량을 공개

1.4 사물인터넷 활성화를 위한 과제

사물인터넷 산업의 대규모 성장이 예상됨에 따라 사업자들은 사물에 탑재되는 칩셋 규격부터 사물 간 통신규약 등 각종 표준 기술을 쏟아내고 있으며 사업자 간 전략적 협약 등 글로벌 표준 플랫폼 선정을 위한 다양한 활동이 전개되고 있다. 또한 개인의 생활 패턴, 식습관 등 사물인터넷에 의해 발생한 정보에 대한 접근 권한, 소유 주체, 데이터 보호 방안 등 개인정보 보호 및 사이버 공격에 대한 대책 수립이 필요하다.

참고자료

정보통신산업진흥원. 2013. 「사물인터넷(Internet of Things) 산업의 주요 동향」.
≪해외 ICT R&D 정책동향≫, 2013년 6호.
_____. 2013. 「M2M/IoT, 새로운 플랫폼 경쟁과 한계점」. ≪주간기술동향≫,
1620호.

기출문제

99회 M2M(Machine-to-Machine) 통신 (10점)

99회 정보관리 사물인터넷(Internet of Things)의 특성과 기본 구성 요소에 대하
여 설명하시오. (10점)

98회 정보관리 M2M(Machine to Machine Communication)에 대해 설명하시
오. (10점)

95회 정보관리 사물지능통신(M2M)의 개념, 관련 기술 및 응용 서비스에 대하여
설명하시오. (10점)

게임화 Gamification

——

게임화는 비즈니스, 헬스케어, 교육, 금융 등 게임 이외의 영역에 규칙, 목적과 같은 게임 디자인적 요소나 동기 유발, 재미와 같은 게임 메커니즘을 활용하는 것이다.

1 게임화의 개요

1.1 게임화의 유래

대부분의 사람이 남녀노소 구분 없이 게임을 즐길 뿐만 아니라 심지어 중독 되는 경우도 발생한다. 이는 게임의 몇 가지 특성 때문에 일어나는 것으로 결과가 즉각적으로 피드백되고 게이머가 성장과 성취하는 모습을 보면서 스스로 성취감을 느끼며 뒤처지면 분발하게 하고 단계적으로 적절한 보상 을 줘서 동기를 부여함으로써 다른 게이머와 경쟁 시켜 승부욕을 불러일으 키기 때문이다.

이와 같은 이유로 말미암아 게임화가 기업 시장의 화두로 부상하고 있다. 다양한 기업 활동과 업무에 게임 혹은 게임 역할을 적용하는 것이다. 예를 들어 마케팅 캠페인이나 직원 훈련 등을 마치 게임처럼 느끼도록 만드는 것 이다.

게임화가 처음 등장한 것은 2008년이었으나, 2010년 하반기부터 광범위

하게 사용되기 시작했으며, 유사한 개념의 여러 가지 용어가 병행 사용되고
있다.

1.2 게임화의 정의

게임화Gamification 란 'game(게임) + -ification(-化하기)'의 합성어로서 점수, 레
벨 업, 랭킹, 도전 과제 수행, 경쟁, 보상처럼 게임의 재미를 만들어내는 게
임 메커닉Game Mechanics 과 게임적 사고Game Thinking 를 게임 외의 분야에 적용
해 효과를 보자는 새로운 움직임이다. 그 외의 다양한 게임화 정의를 살펴
보면 다음과 같다.

- 게임 디자인 기술이나 과정을 사용해 이슈(문제)를 해결하고 사용자를 참
  여시키는 것으로 사용자들이 게임화되지 않은 일반적인 행동 속에서 기
  대되는 행동을 하도록 격려하기 위한 것
- 소비자 대상 웹이나 모바일 사이트 등 게임이 아닌 애플리케이션 사용을
  권장하기 위해 게임 플레이 기법을 적용하는 것
- 기술을 좀 더 재미있어 보이게 하거나 게임을 하려는 인간의 심리적인 경
  향을 이용해 특정한 행동을 조장하는 방식으로 동작한다. 이런 기법을 통
  해 사람들이 평소에 재미없게 느끼는 잡일, 예를 들어 설문 조사, 쇼핑,
  웹사이트 읽기 등을 하도록 유도한다.

2 게임화의 유사 용어 비교 및 특징

2.1 게임화의 유사 용어

게임화와 유사한 용어들이 사용되었고 현재도 계속해서 등장하고 있다.

- 생산 참여 게임Productivity Games: MS에서 소프트웨어 버그를 잡기 위해 테
  스터가 버그를 하나씩 발견할 때마다 돈을 지급하는 방식으로 일종의 업
  무 생산성 향상 게임인 버그 헌터를 정의하기 위해 사용한 개념
- 펀웨어Funware: 저널리스트인 딘 다카하시Dean Takahashi 가 전통적인 비디오
  게임 분야가 아닌 곳에 게임 메커니즘과 게임적인 행동을 적용한 대체 현

실 게임과 같은 신개념의 트렌드를 정의하기 위해 사용한 용어

- 행동 모멘텀 게임Behavioral Games: 에런 디그넌Aaron Dignan이 저서에서 게임이 중독을 일으키는 해로운 매체가 아니라 개인의 행동 변화를 추구할 수 있는 동력이 될 수 있다고 주장하며 사용한 용어

이러한 여러 가지 유사 용어의 등장과 존재에도 게임화는 산업계에서 가장 널리 받아들여지는 용어가 되었고, 2011년 1월 미국 샌프란시스코에서 개최된 '게임화 정상 컨퍼런스Gamefication summit and conferance' 이후 더욱 확산되고 있다.

2.2 게임화의 특징

게임화의 주요 특징은 동기 유발, 재미, 피드백과 보상이다.

- 동기 유발: 게임이 주는 재미와 보상은 게임을 가장 강력한 동기 유발 매체로 만든다. 어린 학생들은 부모들이 공부를 아무리 시켜도 잘 하지 않지만 컴퓨터 비디오 게임이라면 밤을 새워서라도 몰입하고 빠져든다. 게임의 몰입적이고 중독적인 속성은 게임 중독이라는 폐해를 낳기도 했지만, 이를 긍정적인 방향으로 활용하면 개인의 강력한 동기 유발 수단으로 이용할 수도 있다. 독일에서는 감시 카메라를 복권 형식으로 개발해 운전자가 속도를 지키고자 하는 동기를 유발하게 하여 교통사고를 감소시키는 효과를 얻었다. 과속 감시 카메라에 복권이라는 개념을 넣어 속도 위반자에게 벌금을 부과하는 데 그치지 않고 거둬들인 벌금의 일부를 규정 속도를 잘 지킨 사람들을 대상으로 추첨해서 상금을 나눠주었고 그 결과 평균 속도가 20% 감소하는 효과를 얻었다.
- 재미: 게임은 경험하는 과정에서 재미를 주며, 게임화는 재미를 근본적인 원동력으로 이용한다. 게임의 재미는 환상적인 그래픽, 귀를 즐겁게 하는 사운드와 같은 게임의 기술적인 요인과 함께 도전 의식을 자극하는 적절한 난이도의 과제, 점수나 아이템과 같은 보상, 게임 내의 한정된 규칙과 같은 디자인적 요소에서 비롯되는데, 게임화는 이 중에서 게임의 디자인적 요소를 중점적으로 활용한다.
- 피드백과 보상: 게임은 매우 상호작용적인 매체이기 때문에 피드백과 보상을 즉각적으로 제공한다. 공부는 꾸준한 노력이 좋은 성적이라는 결과

로 나타나기까지 오랜 시간이 걸리지만, 게임은 실행의 결과가 실패 시 게임 오버, 성공 시 점수와 미션 완수라는 피드백과 보상으로 즉각 나타난다. 피드백은 게임에서 가장 중요한 요소로 여겨지며 피드백과 보상, 강화를 얼마나 적절히 이용하느냐에 게임화의 성패가 달려 있다. 예를 들어 체중 관리, 책 쓰기 등 다양한 현실 활동에서 게임 플레이어는 자신이 어느 위치에 있고 얼마나 진행하고 성취했는지를 알기 어렵고 갈 길이 멀고 복잡하면 성장하지 못하고 있다는 느낌에 자칫 무력해질 수 있기 때문이다.

3 게임화의 분야별 사례

3.1 게임화의 분야별 사례

게임화는 헬스케어, 고객 로열티 제고, 기업 업무, 각종 소비, 절약과 같은 행동 변화 추구, 정치, 학습 등 다양한 분야에 이용된다.

분야	세부 분야	사례
헬스케어	건강 정보 복합	Fibit, Jawbornup, HealthSeeker
	조깅, 러닝	Nike+, Runkeeper
	수면	CrazyAlarm
고객 로열티	위치 정보	Foursquare, Chromaroma
	할인	Groupon Rewards
업무	이메일 처리	SpeedMail
	콜 센터	arcaris
소비, 절약 유도	소비	Sqaure, LevelUp, Zaim
	절전	Opower, #denkimeter
생활양식 변화	자동차 속도 준수	Speed Camera Lottery
	재활용	Recyclebank
	금연	QuitNow

3.2 게임화의 사례 설명

- Sumo Suitability Momentum : 게임화를 회사의 절전이나 재활용 프로젝트에 도

입해 환경에 도움을 주고 직원들에게는 그에 맞는 보너스를 보상으로 지불하는 프로그램으로서 직원들에게 절전을 강요하거나 잔소리하지 않고 강한 동기부여를 통해 훨씬 효과적인 절전과 절약을 실천하도록 유도해 연말에 자신이 절약한 양에 따라 인센티브로 돌려받는 형태다.

- GreenPocket: 자신의 탄소 발자국을 공유하고 다른 이들과 경쟁하게 한 스마트폰 앱 서비스로 사용자들은 자신의 에너지 절약을 세부적으로 체크할 수 있음은 물론이고 이를 친구들과 경쟁함으로써 점점 더 에너지를 절약하게 된다.

- Online Retail Partnership: 기존 소비자가 생활용품, 옷 등을 쇼핑하는 만큼 리테일샵은 더 많은 기부를 하는 파트너십을 온라인으로 발전시킨 모델이다. 유니세프 게임을 다운로드한 후 가장 마음이 가는 마을을 선택하고 스마트폰 속에 가상의 마을을 키우는 SNG 형태 서비스다. 물건을 구입 후 매장에 비치된 스캐너를 통해 기부하고 대시보드를 통해 현재 필요한 물품, 약, 옷, 물 등을 알리며 소비자의 참여를 유도한다.

- Road Warrior: SAP 영업 직원들이 활용하는 교육 프로그램인 로드워리어를 게임화해 제공하는 것으로 고객과의 상담 상황을 시뮬레이션해 영업 능력을 높여주며 사용자는 게임에서 제공하는 상황에 적절히 응대해야 더 높은 과제에 도달할 수 있고 배지나 포인트를 얻을 수 있다.

- Tonic Health: 환자들의 진료 데이터를 좀 더 쉽고 재미있게 기록하게 해주는 아이패드 기반의 플랫폼 서비스로서 환자들은 의사가 요청한, 어려운 의학 용어가 가득한 설문지에 답하는 것을 굉장히 꺼리고 귀찮아한다. 그래서 이러한 부분에 게임화를 결합해 환자의 참여를 유도한다. 환자는 제공되는 이미지형 질문에 쉽게 자신의 데이터를 기록하고 쌍방향 소통을 통해 게임처럼 설문지를 사용한다. 이를 통해 의사는 좀 더 쉽고 정확하게 환자의 데이터를 수집할 수 있으며, 진료하는 과정에서 높은 호응도를 이끌어낼 수 있다.

참고자료
한국콘텐츠진흥원. 2013. 「Gameificaton의 동향과 사례」. ≪CT 인사이트≫, 2013년 6월호(통권 30호), 1~41쪽.

웨어러블 컴퓨터

사용자의 몸에 부착하거나 입는 형태를 통해 컴퓨팅 능력을 제공하는 기술로서, 최근 구글 안경이나 삼성, 소니의 스마트 시계 등이 제품화되어 선보이고 있다. 사용자의 편의성을 추구하는 본능적인 욕구에 따라 웨어러블 컴퓨터는 시계, 팔찌, 안경, 의류, 이어폰 등 일상적으로 사용하는 제품에 신축성(flexible)과 초소형의 컴퓨팅 처리 능력을 추가하는 형태로 발전할 것이다. 또한 사용자의 몸에 부착된다는 점에서 안정성을 유지하는 기술에 대해서도 함께 연구될 것이다.

1 웨어러블 컴퓨터의 개요

1.1 웨어러블 컴퓨터의 개념

웨어러블 컴퓨터는 컴퓨터들을 인간의 몸에 삽입하거나 옷, 안경처럼 착용 후 상호 통신 및 연산을 통해 개인화된 서비스를 제공하는 기술을 의미한다. 따라서 웨어러블 컴퓨터는 컴퓨터 기술과 더불어 물리, 화학 등의 이학적 지식과 전자, 전기, 기계, 의류 등의 공학적 지식, 그리고 심리 등의 인문학적 지식 등 여러 분야 학문을 통합적으로 연구해야만 성공이 가능하다.

1.2 웨어러블 컴퓨터의 특징

웨어러블 컴퓨터의 기본 특징을 살펴보면 다음과 같다.

특징	내용
착용성	일상적으로 사용하는 의복, 액세서리 등을 이용해 의식하지 않을 정도의 무게감과 자연스러움 제공
항시성	사용자 요구에 즉각적인 반응을 제공하기 위해 컴퓨터와 사용자 간 끊임없는 통신을 지원할 수 있는 채널 존재
안정성	장시간 착용에 따른 피로도와 불쾌감을 최소화하고 전자파 등 차단
사회성	착용에 대한 문화적 이질감을 배제하고 사회 통념상의 문제점을 제거
이동성	언제 어디서나 사용자의 정보를 수집하고 파악해 서비스를 제공

2 웨어러블 컴퓨터의 구성

2.1 웨어러블 컴퓨터의 구성도

앞에서 언급한 특징에 따라 일상생활에서 활용할 수 있도록 웨어러블 컴퓨터는 소형화되고 경량화되어야 한다. 이에 따라 사용자는 스마트 시계Smart Watch, 밴드Band, 안경Glass, 헬멧Helmet, 반지Ring, 문신Tattoo, 의류, 보디 칩Body Chip 등의 형태로 착용하고, 사용자의 생체 신호와 동작을 관찰해 정보를 분석하는 활동을 수행한다. 기기마다 차이는 있지만 웨어러블 컴퓨터의 구성도를 그린다면 다음과 유사한 형태가 된다.

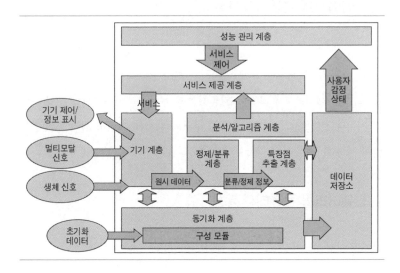

2.2 웨어러블 컴퓨터의 구성 요소

구성 요소	내용
기기	API를 사용해 센서, 제어 기기 등으로부터 정보를 받거나 제어 수행
정제 / 분류	수집된 정보의 노이즈(noise)를 제거하고, 필요한 시그널 카테고리에 따라 분류 수행
특장점 추출	사용자 감정, 상태 등의 정보를 판단할 수 있는 특장점 정보 추출
분석 / 알고리즘	추출된 특장점 정보를 기반으로 감정과 상태를 평가해 적절한 분석 결과 제공
서비스 제공	사용자의 상태 정보를 기반으로 다양한 시나리오를 활용한 개인 맞춤형 서비스 및 정보 제공
성능 관리	생체 정보를 기반으로 안정성 확보를 위한 성능 제어 수행
동기화	웨어러블 컴퓨터를 구성하는 센서, 제어 기기 등의 초기 데이터 상태 동기화 수행
데이터 저장소	구성 정보, 사용자 상태 정보, 서비스 제공 정보 등 저장

3 웨어러블 컴퓨터의 주요 기술

이러한 기능을 구현하기 위해 웨어러블 컴퓨터 기술은 하드웨어 플랫폼 기술, 사용자 인터페이스 기술, 상황 인지 기술, 저전력 기술, 근거리 통신 기술 등이 필요하다. 물론 웨어러블 컴퓨터는 요소 기술 측면에서 모바일 컴퓨터 기술과 유사한 점이 많지만, 하드웨어 플랫폼과 사용자 인터페이스 기술에서 차별화 요소가 뚜렷이 나타난다.

기술 요소		내용
하드웨어 플랫폼 기술		- 인체에 삽입된 칩이나 손목 / 손가락 / 팔 착용형(스마트 시계, 밴드 등), 안경 / 머리 착용형[Glasses / HMD(Head Mounted Display)], 의류 기반형 등의 정보 센싱 및 디스플레이 제공
	사용자 입력 인터페이스 기술	- 키보드 기반에 의한 입력, 손목 착용형와 같은 손동작에 의한 입력, 음성 기반의 입력 인터페이스가 주류, 두 가지 이상 입력 수단을 융합한 멀티 모달 입력 기술도 활용 - 영상 및 뇌파, 근전도 기반의 연구도 진행 중
	사용자 출력 인터페이스 기술	- 이동성, 핸즈프리(Hand-free)를 고려한 HMD, 안경형 디스플레이 장치, 손목 착용형 장치 등을 고려
상황 인지 기술		- 상황 모델링, 상황 정보 융합 및 추론, 상황 인식 서비스 묘사 및 발견, 상황 인식 서비스 구조
저전력 기술		- 저소비 전략 기술 기반 전력 부품 설계, 앱 개발 등
근거리 통신 기술		- 블루투스, NFC 등을 이용한 기기 간 통신

4 웨어러블 컴퓨터의 활용

웨어러블 컴퓨팅은 대표적으로 두 가지 형태로 활용된다. 첫 번째는 구글과 삼성 등과 같이 최신 기술력을 통해 소형화된 컴퓨팅 기기의 형태이며, 두 번째는 최신 기술을 사용하는 것이 아니라 개인화해 사용할 수 있는 새로운 형태의 컴퓨팅 기기를 제공하는 형태다. 대표적인 것으로 Nike+가 있다. 고도의 기술을 사용하지 않고도 많이 활용되는 센서와 무선통신 기술을 탑재해 나이키 제품과 스마트폰을 연계한 후 고객 개개인의 가치를 제공하는 시장을 창출했다. 개인의 조깅 기록 등을 측정해 지인과 공유할 수 있고, 게임과 유사하게 경쟁을 할 수 있도록 유도하며, 그룹을 만들어서 상호 공유할 수 있는 다양한 온·오프라인 행사를 개최하는 방식이다.

그 외에도 구글 글라스Google Glass, 활동과 수면을 도와주는 핏비트 원Fitbit one 등 다양한 웨어러블 컴퓨터가 액세서리와 의복에 결합해 상용화되는 추세다.

참고자료
손용기·김지은·조일연. 2008. 「웨어러블 컴퓨터 기술 및 개발 동향」. ≪전자통신동향분석≫, 제23권 제5호(113), 79~88쪽.
Phys.org. 2013.6.27. "Wearable computers a smart fashion trend."

기출문제
102회 정보관리 Wearable Computing System의 장점과 문제점에 대하여 설명하시오. (10점)
89회 조직응용 입는 컴퓨터, 즉 웨어러블 컴퓨터(Wearable Computer)에 대하여 설명하시오. (10점)

F-9

스마트 안경 Smart Glass

스마트 안경은 안경 형태의 프레임과 투시 HMD(Head Mounted Display) 기능이 있는 착용형 컴퓨터 기기(Wearable Computer Device)로 군사, 항공, 생활, 게임 분야에 이르기까지 다양한 산업에서 활용되고 있다.

1 스마트 안경의 개요

스마트 안경은 신체에 부착해 컴퓨팅 및 애플리케이션이 가능한 착용형 컴퓨터 기기Wearable Computer Device로 안경 형태의 프레임과 투시 HMDHead Mounted Display 기능이 있는 기기다. 사용자가 보는 현실 시계에 부가 정보를 겹쳐 보여주는 안경형 증강현실 분야로 초경량화, 고성능의 부품을 비롯해 음성인식과 검색, 무선통신, 광학 기술, 디스플레이 등 다양한 IT 기술이 어우러진 기술이다.

2 스마트 안경의 구성 요소 및 디스플레이 방식 유형

2.1 스마트 안경의 구성 요소

구분	구성 요소	설명
하드웨어	카메라	– 사진을 찍거나 720픽셀 이상의 HD급 비디오 촬영 가능
	터치패드	– 스와이핑(Swiping)을 이용해 디바이스를 조작할 수 있는 I/F 제공
	디스플레이	– CRT, LCD, 실리콘 액정(LCos), OLED를 사용하며 해상도와 시야를 향상하기 위해 다중 마이크로 디스플레이를 사용하기도 함
	무선통신	– 와이파이, 블루투스 등의 무선통신 기능 제공
	저장소	– 16GB 이상의 플래시(Flash) 메모리, 1GB 램(RAM) 제공
	센서	– 가속, 회전, 자력, 광, 중력, 근접 등의 센서
소프트웨어	운영체제	– 안드로이드 또는 iOS를 이용한 시스템 구동
	애플리케이션	– 지도, 메일 등의 기본 애플리케이션 – 서드 파티에서 제공하는 다양한 기능 및 앱
	음성인식	– 음성인식을 통해 사진, 동영상, 소셜 네트워크 등 디바이스 구동 및 앱 제어

2.2 스마트 안경의 디스플레이 방식 유형

- 반반사 곡면 거울Curved Mirror 방식: 착용 AR 디스플레이에 기반을 둔 곡면 거울 방식으로 왜곡이 심해 해상도가 저하되며 사용이 불편하다.
- 회절 방식: 기울어진 회절 격자를 사용하며 나노 격자의 시현과 비용이 저렴하다는 장점이 있다. 하지만 컬러변동 조절과 시계FOV에 제한이 있는 단점이 있다.
- 편광 방식: FOV와 동작 범위가 넓으나, 플라스틱이 아닌 유리에 25~38회의 코딩을 통한 반사기 제작으로 고가이며 깨지기 쉽고 광유실률이 크다.
- 반사 방식: 비곡면 반반사 거울에 정반사 광학 요소를 사용해 색 불일치가 없다. ICD, LCOS, OLED 등 어떤 형태이든 마이크로 디스플레이로 사용할 수 있다. 홀로그램이나 기울임, 편광에 의한 빛 손실이 없어 에너지 사용이 효율적이나 FOV와 눈 작동 범위에 비례하는 반사기의 크기로 도광판이 두꺼운 단점이 있다.
- 옵티번트Optivent 반사 방식: FOV와 눈 동작 범위 확정을 위해 다수 반사

반반사 곡면 거울 방식

회절 방식

편광 방식

반사 방식

옵티번트 반사 방식

기로 구성된 표면 구조를 사용한다. 모놀리식 얇은 디자인 요소와 원가가 저렴하다는 장점이 있다.

3 스마트 안경의 사례

3.1 구글 글라스Google Glass (구글)

구글의 스마트 안경

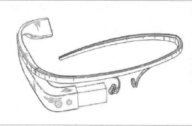

2012년 6월 구글 I/O 개발자 컨퍼런스를 통해 발표했다. 카메라, 스피커, 마이크 등으로 구성되어 있으며 측면 부분을 터치하거나 음성 명령을 통해 컨트롤할 수 있다. 헤드업 디스플레이HUD를 탑재해 눈앞에서 음성 검색과 내비게이션, 사진과 동영상 촬영이 가능하고 파일 전송도 가능해 스마트폰처럼 활용할 수 있는 것이 특징이다.

3.2 증강현실 안경 (마이크로소프트)

마이크로소프트의 증강현실 안경

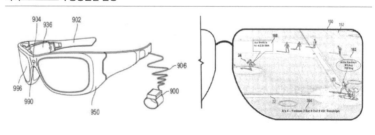

마이크로소프트의 실시간 이벤트Live Event 구현에 초점을 맞춘 증강현실 안경으로 헤드 마운트형 디스플레이HMD를 착용한 채 현실의 실시간 이벤트를

보고 있는 사용자에게 보조적 정보를 제공하는 스마트 안경이다. 안경을 착용한 상태에서 야구 경기 관람하면, 현재 진행 중인 경기에 대한 각종 정보(점수, 타자, 투수 등)가 보인다.

4 스마트 안경의 당면 과제 및 해결 방안

스마트 안경은 공공장소에서 사진이나 동영상 촬영에 따른 사생활 침해 발생 가능성과 얼굴 인식을 통해 행인을 인지하고 개인적인 대화 녹취 및 방송이 가능하므로 타인의 사생활 침해 문제가 있을 수 있다. 또한 라이프로깅Lifelogging 된 개인의 민감 정보가 유출될 가능성도 있으며 눈 가까이에 디스플레이가 위치하기 때문에 시력 저하나 보행 및 운전 시 안전성에 우려가 있을 수 있다. 이를 해결하기 위해서는 사생활 보호와 사용 방법에 대한 명확한 관련법 제정 및 가이드라인 제시가 필요하며 사전 안전성 요건 및 기준 마련이 필요하다.

참고자료
김동철. 「증강현실 인터랙션 기술동향 및 전망」.
박종만·황재룡·김하진. 2013. 「스마트안경의 기술구성과 동향 분석 및 전망」.
≪정보과학회지≫ 제31권 제9호, 53~60쪽.

F-10

디지털 사이니지 Digital Signage

─

디지털 사이니지는 단순 옥외 광고물에 컴퓨팅 기술과 네트워크 기술이 합쳐지면서 자체 지능과 연결성이 향상된 플랫폼 형태로 진화하고 있다. 다양한 장소를 거점으로 콘텐츠, 정보를 제공하고, 주변 사용자가 가지고 있는 디바이스, 차량 등과 연동할 수 있는 구조로 발전하고 있다. 이에 따라 디지털 사이니지의 개념이 무엇인지 주요 구성과 활용 사례를 알아보고자 한다.

1 디지털 사이니지의 개요

1.1 디지털 사이니지의 개념

기존 옥외 광고물은 텍스트나 사진, 단순 동영상 위주의 단방향 광고 형태였지만, 최근 네트워크 속도의 향상과 디스플레이 기술의 고도화, 상황 인식 서비스의 증가에 따라, 다양한 실감형 콘텐츠 기반의 양방향 연동형 서비스인 디지털 사이니지가 주목받고 있다.

디지털 사이니지는 원격 제어로 디스플레이를 공공장소나 상업 공간에 설치해 정보, 엔터테인먼트 등을 제공하는 디지털 미디어를 의미한다. 디지털 사이니지는 사용자의 다양한 이동 공간에서 유·무선 네트워크와 연결된 디스플레이 등을 이용해 사용자에게 적합한 인터랙티브한 콘텐츠를 제공한다. 이를 위해 세 단계의 과정이 필요하다. 첫 번째는 사용자 정보를 수집하는 단계다. 위치 정보, 개인의 행위 정보 등을 수집하거나, 사용자가 디스플레이상에서 취한 행위를 활용해 사용자의 상태를 파악하고, 두 번째는 사용자 정보를 분석해 적절한 콘텐츠를 선택하게 된다. 마지막 세 번째 단계는 콘텐츠를 다양한 형태의 디스플레이를 통해 제공하는 것이다.

1.2 디지털 사이니지의 특징

디지털 사이니지의 특징을 살펴보면 다음과 같다.

특징	내용
가시성	– 실시간으로 움직이는 화면에 다양한 내용을 포함해 전달 – 문자, 영상, 소리 등 다양한 감각을 자극할 수 있는 요소 추가
즉시성	– 탄력적으로 상황에 따라 콘텐츠의 즉각적인 교체 및 실행이 가능
높은 접근성	– 시간, 장소, 목적에 따라 타깃 사용자에게 정보와 광고를 실시간 전달 – 경제적·시간적·공간적 제약을 지닌 기존 매체들의 낮은 커버리지 단점 극복

2 디지털 사이니지의 구성

2.1 디지털 사이니지의 구성도

콘텐츠가 다양하고 화려해짐에 따라 사이니지 단말의 사용도는 점차 높아지고 있으며, 디지털 사이니지의 콘텐츠를 개발 및 관리하는 솔루션이 클라우드 서비스로 제공되고 있다. 디지털 사이니지 서비스를 제공하기 위해 디바이스 내 콘텐츠 재생 기술과 사용자 상황 분석, 콘텐츠를 관리하는 플랫폼 기술 등이 필요하다.

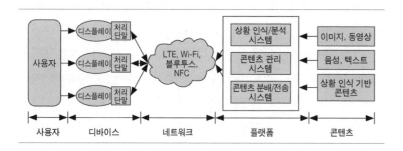

2.2 디지털 사이니지의 구성 요소별 주요 기술

구성 요소	주요 기술	내용
디바이스	콘텐츠 재생 기술	- 실행하는 플레이어 타입에 따라 하드웨어와 소프트웨어 기반으로 분류 - 하드웨어 기반: MPEC, AVC 등의 다양한 비디오 포맷 지원, RSS 등의 동적인 데이터 처리를 위해 SMIL 및 SVG 지원 - 소프트웨어 기반: 리눅스와 MAC OS 위에서 동작, 하드웨어 기반보다 다양한 형태의 미디어 파일 지원 가능
플랫폼	상황 인식 / 분석 기술	- 설치된 장소, 시간, 날씨, 사회 문화적 조건, 소비자의 행위, 감성 정보를 융합해 사용자 상태 정보를 인식 후 상황에 맞는 맞춤식 서비스 추천 - 고객 분석 및 행동 패턴의 데이터베이스화 제공
	콘텐츠 관리 기술	- 단말에서 실행할 콘텐츠 정보, 스케줄 등을 관리 - 콘텐츠의 실행 시간, 실행 결과에 대한 정보 리포팅 - 콘텐츠별로 부여된 고유 번호, 실행 시간, 동작 시간 등을 분석하고 모니터링
	콘텐츠 전송 및 분배 기술	- 유·무선 네트워크 환경에서 단말에 효과적으로 전송해 실행 - CDN 서비스, 캐시(Cache) 서버 등을 활용해 전송 효과 증대 - 폴링형: 단말이 콘텐츠를 요청해 수신하는 형태 - 방송형: 운영자의 정의된 시간과 상황에 따라 일괄 전송

3 디지털 사이니지의 융합 사례

디지털 사이니지는 기술적으로는 인풋Input과 아웃풋Output에서 다양한 신기술과 접목해 활용된다. 아웃풋 측면에서는 증강현실, 3D 홀로그램 기술 등과 접목해, 실감적인 영상을 활용해서 사용자의 감성을 자극하는 방향으로 기술 발전이 진행되고 있다. 인풋 측면에서는 안면 인식이나 동작 인식 등 자동 패턴을 인식해 사용자가 쉽게 사이니지의 화면과 인터페이스할 수 있는 방향으로 흘러가고 있으며, 빅데이터 기술을 이용한 개인 맞춤형 서비스 제공과 특정 공간에서의 위험 분석 패턴을 통해 사전에 알려줄 수 있는 기술, 사용자의 위치 기반 정보나 사용자의 차량용 단말 장치와 연동한 개인화된 콘텐츠 서비스 또한 연구가 진행 중이다.

사업적으로는 디지털 사이니지 플랫폼을 제공하는 소프트웨어 회사와 디스플레이를 제조하는 하드웨어 제조사, 그리고 서비스를 운영하는 사업자 간의 협력 관계를 통해 서비스를 제공한다. 콘텐츠는 광고 대행사나 콘텐츠 제작사에서 공급받으며, 광고 비용이나 사용자가 구매하거나 활용한 콘텐츠 사용료 등으로 디지털 사이니지의 비즈니스 가치를 창출하고 있다.

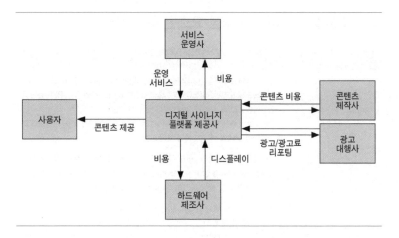

기출문제

98회 정보관리 Digital Signage의 정의 및 주요 기술에 대해 설명하시오. (10점)

F · 융합 사업

스마트 TV Smart TV

———

스마트 TV는 닫힌 생태계 환경인 기존 TV를 열린 플랫폼 형태로 변화시킨 점에서 주목받고 있다. 연결성이 높아짐에 따라 다양한 콘텐츠를 실시간으로 활용할 수 있게 되었으며, 사용자 정보 기반의 상호작용을 통해 맞춤형 서비스도 가능해졌다. 또한 다양한 디바이스 연계를 통해 게임, 광고 등의 통합적 부가 서비스를 디바이스 경계 없이 제공할 수 있게 되었다. 여기서는 스마트 TV의 구성이나 기술 요소, 스마트 TV의 등장에 따른 멀티스크린 서비스를 제공하기 위한 기술, 스마트 TV의 활용 사례 등을 살펴보고자 한다.

1 스마트 TV의 개요

1.1 스마트 TV의 개념

전통적인 미디어 중 하나인 TV는 IP 기반 TV에서, 사용자가 원할 때 언제나 원하는 콘텐츠를 시청할 수 있는 스마트 TV로 진화하고 있다. 기존의 전통적인 TV의 수익은 TV 판매를 통해 매출이 발생했지만, 스마트 TV는 TV 판매뿐만이 아니라 플랫폼 기반의 콘텐츠 수익이나 광고 수익 등 다양한 수입원으로 하드웨어 중심에서 콘텐츠와 플랫폼의 비중이 확대되어가고 있다.

　스마트 TV는 네트워크 연결을 통해 다양한 디바이스와 연계하고 방송 프로그램과 더불어 VOD, 게임, 교육, 광고, 정보 제공 등 다양한 부가 서비스를 시청자에게 제공해주는 플랫폼 기반의 수신기를 의미한다.

1.2 스마트 TV의 개념도

스마트 TV는 사용자가 원하는 서비스에 네트워크로 접근할 수 있으며, 새로운 TV를 구매하지 않더라도 앱 스토어 등을 통해 TV 내 애플리케이션의 업그레이드 및 추가, 삭제를 지원한다.

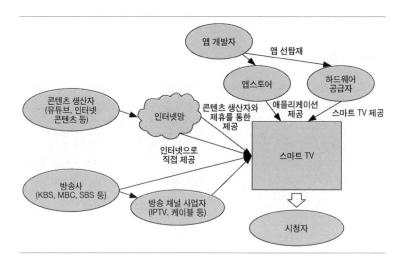

2 스마트 TV의 구성

2.1 스마트 TV의 구성도

스마트 TV 수신기의 구성을 살펴보면 TV 하드웨어 내에 운영체제가 별도로 존재한다. 그리고 운영체제를 기반으로 TV 디바이스를 제어할 수 있는 소프트웨어 기능들이 각각 존재하게 된다. 각 소프트웨어 기능을 통합적으로 관리하고 애플리케이션과 연계할 수 있게 제공해주는 TV 플랫폼은 운영체제에 독립적인 웹 형태나 종속적인 네이티브Native 형태로 구성할 수 있다. 웹 형태의 경우 브라우저 기반으로 웹 코어의 기능을 확장하고 애플리케이션과 TV 디바이스에 관련된 모듈을 HTML5 기반으로 개발해 스마트 TV 앱을 수신기에서 실행할 수 있는 환경을 구현할 수 있다.

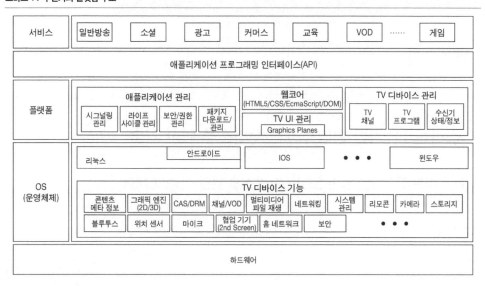

자료: 이동훈(2013).

2.2 스마트 TV의 구성 요소

분류	주요 구성 요소	설명
서비스	일반 방송	- 공중파 및 케이블 등의 기존 TV 콘텐츠 제공
	인터넷 기반 방송	- 온라인, 개인 방송 등 스트리밍 기반의 방송 제공(HTTP adaptive streaming 기술 등)
	웹 브라우징	- 커머스 및 실시간 검색, 교육, 소셜 콘텐츠 제공
API	애플리케이션 인터페이스	- 신규 앱을 생성하거나 현재 앱을 종료하는 기능 제공 - 리모컨 키와 TV 자원에 대한 권한 제어, 설치 앱 상세 정보 등 제공
	방송 인터페이스	- 채널에 대한 채널명, 채널 번호 및 URI 등의 정보와 현재 방송 중인 프로그램 명칭, 설명, 요소 비디오/오디오, 자막 등의 정보 제공
	수신기 인터페이스	- 네트워크 상태 및 설정 정보와 제조사 및 모델명과 같은 수신기 상세 정보 제공
플랫폼	애플리케이션 관리	- 애플리케이션의 보안 및 권한, 다운로드에서 활용, 업그레이드, 폐기까지의 라이프 사이클 관리 기능 제공
	웹 코어	- HTML5 비디오 요소의 콘텐츠 포맷, Canvas 요소나 CSS3의 그래픽 관련 속성 등 제공
	TV UI 관리	- 리모컨 컨트롤 제공, TV 아이콘 및 그래픽 제공 - 음성 채널 탐색 등의 음성 제어와 모션 인식 기능 제공 - 사용자 시선 추적을 통한 화면 또는 명령어를 제어하는 시선 추적 기술과 사용자 생각을 이용하는 뇌파 기반의 인식 기술 연구 중

분류	주요 구성 요소	설명
	TV 디바이스 관리	- TV 내 채널, 프로그램 및 수신기 상태, 정보 관리
운영체제	TV 디바이스 기능	- 카메라, 리모콘 등의 디바이스 제어용 소프트웨어 제공
	운영 시스템	- 리눅스, 안드로이드, iOS 등의 스마트 TV 운영 시스템

3 스마트 TV 기반 멀티스크린 서비스를 위한 기술

3.1 스마트 TV 기반 멀티스크린 서비스를 위한 기술의 개요

스마트 TV를 활용하는 사용자는 스마트 TV를 중심으로 다양한 스마트 기기와의 콘텐츠 전송 등이 결합된 멀티스크린 서비스를 원한다. 이러한 요구를 충족하기 위해서는 콘텐츠 부호화 기술, 콘텐츠 전송을 위해 다중 네트워크를 동시에 이용하는 하이브리드 네트워크 기반 적응형 미디어 전송 기술, 홈 네트워크 환경에서 스마트 TV에 연결된 멀티스크린 장치 및 서비스를 발견하고 제어하는 기술이 필요하다.

삼성 스마트 TV 광고 캠페인 아빠편의 패밀리 스토리 서비스

3.2 콘텐츠 부호화 기술

콘텐츠 부호화 기술의 경우 세 가지 정도로 언급할 수 있다.

기술	개념	설명
SVC (Scalable Video Coding)	단말에 따라 해상도, 네트워크 상태 등의 환경에 적합한 포맷을 지원하는 실시간 적응 비디오 부호화 기술	- 영상을 계층(layer)별로 구성해 추출기를 통해 전체 비트 스트림 중 화질·시간·공간 영역에서 서비스에 필요한 해당 계층만 추출 후 조합해 구현 - 기저 계층(base layer)은 저해상도, 저화질로 저전력 단말에 사용되는 영상 제공 - 향상 계층(enhancement layer)은 고해상도 또는 고프레임률로 부호화되어 스마트 TV 등에 사용 영상 제공
RVC (Reconfigurable Video Coding)	다양한 스마트 기기와 미디어에 능동적으로 대처하기 위해 연구되는 MPEG 표준 비디오 부호화 기술	- 비디오 코덱을 세부 부호화·복호화 기능 중심의 모듈화를 통해 유연하게 재구성할 수 있는 형태로 설계 - 복호화기의 구성 정보와 모듈만으로 현존하는 어떤 복호화기도 구성할 수 있어 다양한 코덱과 기기에 대응이 가능
DVC (Distributed Video Coding)	저성능의 휴대용 기기에서 생산되는 비디오 콘텐츠를 부호화하는 데 적합한 비디오 부호화 기술	- 부호화기의 부하를 복호화기에서 수행하도록 부호화기에서 키 프레임만 부호화하고 그 외 프레임에 대한 에러 정정 코드만 전송

3.3 하이브리드 네트워크 스트리밍 기술

다중 네트워크를 이용하기 위한 하이브리드 네트워크 스트리밍 기술은 스마트 TV가 SVC 부호화기, 인터넷, 방송망과 연결할 수 있는 하이브리드 네트워크 인터페이스를 장착해 방송망만 사용하는 경우 일반 화질 서비스를 제공하고, 인터넷 추가 접속 시 고화질 서비스를 제공하는 기술이다. RVC, DVC 등의 실시간 비디오 부호화 기술이나 비디오 계층 분할 기술인 SVC를 전송 기술로 활용하며, 분할된 계층의 비디오를 하이브리드 네트워크에 맞는 미디어 전송 프로토콜로 전송한다. 전송 프로토콜에는 기존의 MPEG2-TS Transport Stream, RTP Realtime Transport Protocol나 HTTP 기반 적응형 스트리밍인 DASH Dynamic Adaptive Streaming over HTTP, MMT MPEG Media Transport 등이 있다.

전송 프로토콜	설명
MPEG2-TS	- 오디오, 비디오, 데이터 전송을 위한 통신 프로토콜 - 디지털 영상과 소리를 다중화하고 출력을 동기화하며, 신뢰할 수 없는 매체의 오류 정정 기능을 제공
RTP	- 인터넷을 이용해 오디오, 비디오 같은 실시간 데이터를 전송하기 위한 애플리케이션 계층 프로토콜 - 데이터 전송은 RTP가 담당하고, RTCP는 CTP 플로에 대한 아웃 오브 밴드(out-of-band) 제어 정보를 제공
DASH	- QoS를 보장하지 않는 인터넷에서 끊김 없는 미디어 스트리밍 서비스를 제공하기 위한 기술 - 기본적으로 미디어에 관련되는 정보를 제공하는 XML 형식의 데이터인 MPD(Media Presentation Description)와 MPD에서 미디어 데이터를 표현할 수 있는 가장 작은 단위의 데이터 유닛인 세그먼트(segment)로 구성 - 독립적으로 거의 모든 코덱에서 동작할 수 있고, 재생 이동, 빨리 재생, 되감기의 트릭(trick) 모드 지원이 되며, 광고 삽입도 지원함
MMT	- MPEG2-TS와 기존 RTP 프로토콜 기반으로 이를 개선하기 위한 차세대 멀티미디어 다중화 전달 표준이며, IP 친화적이고 여러 가지 다른 종류의 채널을 병용한 멀티미디어 전달을 목표로 함 - 크게 멀티미디어 콘텐츠를 하나의 개체로 포장하는 '캡슐화(Encapsulation)' 기능, 포장된 콘텐츠를 IP 프로토콜에 맞게 패킷화해 전송하는 '딜리버리(Delivery)' 기능, 멀티미디어 서비스 검색 정보를 비롯한 각종 제어 정보를 전달하는 '컨트롤(Control)' 기능으로 구성됨

3.4 멀티스크린 장치와 서비스를 발견·제어하기 위한 기술

마지막으로 스마트 TV에 연결된 멀티스크린 장치와 서비스를 발견·제어하기 위한 기술로는 UPnP Universal Plug and Play 나 애플의 봉주르Bonjour, 구글의 세컨드 스크린 앱Second-Screen App / 애니모트Anymote 프로토콜, W3C의 웹인텐트WebIntent 등이 있다.

인텐트(intent)의 의미
특정 컴포넌트를 사용하기 위한 애플리케이션 구성 요소를 호출하거나 메시지를 보내어 어떤 작동을 계획하는 일종의 메시지

기술 이름	설명
UPnP	- IP 기반으로 홈 네트워크에서 장치를 자동 인식하고 상태 및 서비스 정보를 공유해 원격 제어 서비스를 수행하는 범용 표준 프로토콜 - 장비 검색(Discovery), 장비 정보 획득(Description), 명령 요청 메시지 전송(Control), 장치 변화 상태 값 통보(Eventing), 장치 상태 값 조회 / 제어(Presentation) 등의 절차로 진행
Bonjour	- IP 네트워크상에서 장치와 서비스를 자동으로 발견하기 위한 프로토콜 - DHCP 서버 없이 자동으로 IP 주소를 할당하고, DNS 서버 없이 네임을 주소로 번역하며, 디렉터리 서버 없이 서비스 발견을 지원 - 서비스 광고(Publication), 이용 가능 서비스 검색(Discovery), 서비스 이름을 주소, 포트 번호로 전환(Resolution) 단계로 동작 수행
Anymote	- 클라이언트 서버 모델을 기반으로 구글의 세컨드 스크린 앱과 구글 TV 간의 장치 발견 및 이벤트 전송, 연결 상태 모니터링 기능을 제공하는 프로토콜 - 구글 TV의 애니모트(Anymote) 서비스 시작 및 IP 주소 등 설정 정보 전송, 패킷 수신 후 구글 TV 발견 및 선택, 구글 TV의 세컨드 스크린 앱 식별 및 페어링 서비스 제공, 사용자 키 / 터치 입력 전송, 구글 TV 처리 등의 순서로 진행
WebIntent	- 웹 기반 애플리케이션 상호 간 서비스 발견 및 통신 지원 프레임워크 - 서비스 등록(Service Registration), 유저 에이전트에 서비스 가능 인텐트 전달(Invocation), 수신 인텐트 처리 서버 선택(Selection), 선택 서버로 인텐트 전달(Delivery), 처리 결과 클라이언트 전달(Response) 등의 순서임

4 스마트 TV의 활용

스마트 TV에서는 기존 채널 사업자들을 통해 유통되는 영화, 드라마, 뉴스, 연예 오락, 다큐멘터리 등과 같은 방송용 콘텐츠와 더불어 PC에서 활용하던 게임, 소셜 미디어 등의 풍부한 콘텐츠가 공유되고 있다. 또한 다양한 융합 환경에서 스마트폰, 태블릿, 스마트 패드 등의 다양한 BYOD 증가에 따른 지능형 추천 서비스나 멀티스크린 서비스, 소셜 미디어 연동 서비스, 개인 맞춤형 스마트 방송 광고 서비스, 증강방송 서비스 등이 연구되고 있다.

지능형 검색 및 추천 서비스는 사용자의 검색 의도를 분석해 원하는 콘텐츠를 추천하고, 추천 서비스에 관련된 연관 콘텐츠를 시맨틱 기반 기술 등

을 이용해 함께 제공하는 것을 의미한다. 사용자의 검색 의도를 분석하기 위해 메타데이터를 이용하거나 사용자 현재 상황 정보 등을 기반으로 파악할 수 있으며, 앞서 언급한 시맨틱 기반 검색 기술이나 소셜 네트워크 기반 연계 정보 등을 통해 정확한 의도 파악을 지원함으로써 사용자가 쉽게 검색된 정보를 이용할 수 있도록 한다.

멀티스크린 서비스는 콘텐츠가 다수 스크린으로 확장되고, 스마트 기기들 간의 협업을 통하면서 신규 멀티스크린 서비스를 제공한다. 또한 특정 단말에서 재생되는 콘텐츠를 분할해 원하는 부분만 다른 단말기로 제공하거나, 다른 단말의 콘텐츠와 결합한 새로운 콘텐츠를 생성하는 형태가 가능해지고 있다.

소셜 미디어 서비스와의 연동은 스마트 TV에서 시청한 방송 프로그램이나 인터넷 콘텐츠에 대한 시청자 간의 시청 소감 공유, 연관 콘텐츠 추천 등을 제공할 수 있으며, 함께 공유한 시청자 간의 커머스 시스템 연계를 통한 공동 구매나 시청자 간 온라인·오프라인 네트워크 구축에도 기여할 수 있다.

스마트 방송 광고는 스마트 TV와 함께 다른 모바일 단말과 제공되어 광고 콘텐츠가 디바이스 간에 연동되는 것으로, 방송 콘텐츠에 포함되는 의류, 장식품 등의 상품이나 장소 등에 대한 정보를 이용해 특정 장면에서 양방향으로 링크될 수 있는 트리거 정보를 화면에 표시해 해당 정보에 관심이 있는 시청자가 쉽게 관련 정보를 확인할 수 있게 한다. 이를 위해 스마트 TV의 콘텐츠 내 부가 정보 및 광고 정보를 삽입해 모바일 단말과 연동하는 기술이나 광고 콘텐츠의 배포, 송출 관리 및 노출 광고에 대한 효과 측정에 따른 ROI 분석 등의 광고 플랫폼 기술이 요구된다. 향후에는 시청자 취향 등의 개인정보나 상황 정보를 인식해 시청자에게 맞는 맞춤형 광고를 추천해 주는 지능형 광고를 제공할 수 있으며, 이는 빅데이터 분석과 연계해 다양한 콘텐츠 정보와 시청자의 미디어 소비 성향 정보 등을 분석한 대량의 서비스 시나리오 정보를 통해 제공할 수 있을 것이다.

증강현실 서비스는 시청자들에게 좀 더 생동감 있는 방송을 제공하고자 3D 콘텐츠를 기반으로 양방향 서비스와 스마트폰 등과 연계한 증강현실 서비스를 방송과 연계해 몰입감과 현실감을 높이고 단일 화면 내에 더욱 다양한 정보를 알기 쉽게 제공하는 한편, 수동적인 시청 방식이 아닌, 시청자가 증강방송 콘텐츠를 선택해 즐길 수 있는 장점을 가지고 있다.

RPA Robotic Process Automation

비용 효율화에 대한 욕구와 정보 기술의 발전으로 인해 IT 공유 서비스(IT Shared Service)는 새로운 형태의 자동화(Automation)가 실행되고 정보화 수준이 높은 글로벌 기업들을 중심으로 발전하고 있다. 글로벌 기업은 디지털 노동(Digital Labor)을 활용해 노동력 부족에 대응하고, 비용 효율화를 통한 경쟁력을 확보해나가고 있다. 제조 영역에서 스마트 팩토리를 도입했다면, 서비스 영역에서는 RPA(Robotic Process Automation)를 빠르게 도입하고 있다. RPA시장은 지속적으로 성장할 것으로 전망된다. 백오피스(Back office) 측면에서는 기업 애플리케이션 여러 개를 빠르게 처리하는 용도로 활용되고, 프런트 오피스(Front Office)에서는 가상 비서, 고객 응대형 감정 인식 로봇의 형태로까지 업무 효율성을 높이는 데 기여하고 있다.

1 RPA

1.1 RPA 필요

빅데이터와 사물인터넷, 인공지능AI 등 4차 산업혁명의 다양한 기반 기술이 기업 경영 전반에 활용되는 과정에서 인간의 노동을 디지털 노동Digital Labor 이 대체하고 있다. 인공지능 기술이 진화함에 따라 방대한 정보를 분석하고 자연언어로 소통하는 새로운 노동 형태인 디지털 노동이 부상했다.

RPA Robotic Process Automation(로보틱 프로세스 자동화)는 기본적으로 사람이 하는 일 중에서 비교적 표준화되어 있고 규칙에 기반한 업무를 컴퓨터가 자동적으로 할 수 있도록 전환하는 것을 의미한다. RPA는 사람이 하는 저부가가치 업무를 자동화 처리함으로써, 고부가가치 업무 및 차별적 비즈니스 가치 발굴 등의 창의적 업무에 인력을 집중할 수 있도록 해주는 것이다.

그동안 비교적 간단하고 반복적인 작업에만 기계를 도입해 자동화 업무

가 적용되었다면, 머신러닝의 발달로 금융권에서는 로보어드바이저Robo-Advisor
가 업무를 처리하고 콜센터 상담사를 챗봇이 대체하는 등 다양한 영역에서
디지털 노동의 활용이 확산되고 있다. 글로벌기업들은 수동적인 프로세스
뿐만 아니라, 인공지능을 활용한 의사결정에 이르기까지 디지털 노동을 적
극적으로 도입하고 있다. 이처럼 디지털 노동이 지능화됨에 따라 기업 경영
에서 더욱 중요한 요소로 자리매김할 것으로 전망된다.

1.2 RPA의 기술 수준별 3단계 구분

RPA는 기술 수준에 따라 3단계로 구분될 수 있다.
- 1단계: 기초 프로세스 자동화

반복적인 거래나 업무를 규칙 기반Rule-Based으로 프로그래밍하여 자동화
하는 것을 의미한다.
- 2단계: 고급 프로세스 자동화

축적된 데이터와 머신러닝 기술을 활용해 RPA솔루션의 정확도 및 기능
향상이 가능하다. 또한 자연어 처리NLP: Natural Language Processing를 통해 비
정형화된 데이터 핸들링이 가능하다.
- 3단계: 인지 자동화

빅데이터 분석과 예지 분석Predictive Analytics을 활용해 복잡한 의사결정을
내리는 수준에 이른다. 스스로 업무 프로세스를 학습하면서 더 효율적인
프로세스를 찾아 자동화한다.

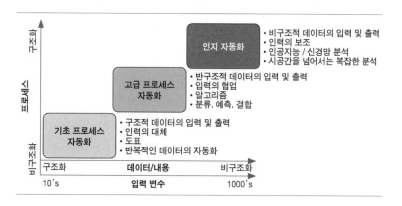

1.3 로보스틱스 소프트웨어 기능

사람처럼 업무를 수행하도록 지원하는 도구를 만들기 위해서는 사람의 행동을 모방Mimics하도록 구성해야 한다.

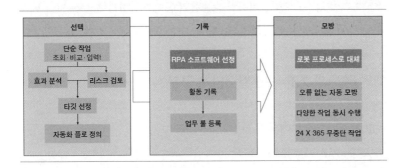

현재 시장에 나와 있는 로보스틱스 소프트웨어들의 가장 큰 특징은 사용이 쉽고 고급 코딩을 필요로 하지 않으며, 기존 시스템을 사용할 수 있도록 사용자 환경을 그대로 수용하고, 모든 업무 내역이 저장되어 언제든지 모니터링이 가능한 기능을 지원한다는 점이다. 특히, 데이터 처리 과정에서 엑셀과 연동하여 수작업으로 다운로드와 반복 처리 업무를 RPA 툴로 대체하여 자동화된 데이터 처리 업무로 적용하는 것이 가능하다. OCR 기능을 포함하는 RPA를 사용할 경우 수작업으로 처리하던 문서를 디지털화하는 것으로 대체하는 기능도 RPA 적용 시 반영될 수 있다.

스케줄링을 통해 계획한 시간에 수행을 반복하는 것이 가능하고 보안 측면에서도 계획한 반복 업무만을 수행하므로 보안에도 문제가 없다고 볼 수 있다. 대표적 RPA 툴로는 오토메이션 애니웨어Automation Anywhere, 블루프리즘BluePrism, 유아이패스UiPath 등이 있다.

사용자의 RPA 적용 대상 업무가 다수의 시스템을 직접 로그인하여 사용하는 작업 환경일 때와 단순 정보 입력과 대사 작업 환경일 때, RPA 적용 효과가 즉시 나타나게 된다.

RPA의 기본 기능으로 네 가지를 정의할 수 있다. (1) 트랜잭션 처리, (2) 응답 및 트리거링, (3) 데이터 조작, (4) 타 시스템과의 통신 처리로 요약할 수 있다. 이런 애플리케이션 로봇의 기본 환경으로 GUI 기반 로봇을 생성할 수 있고, 커맨드 라이브러리를 제공하고, OCR 기능을 보조적인 환경으

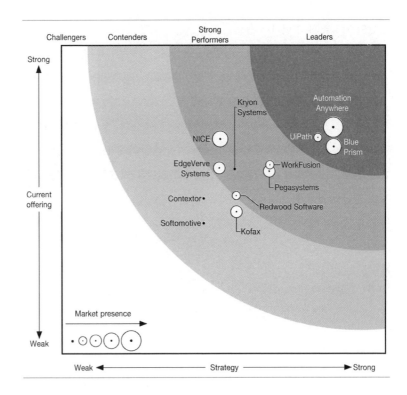

로 제공한다.

RPA가 구동되는 실행환경 측면에도 변화가 있는데, 일반적으로 사용자 각자의 PC 환경에서 RPA가 구동되지만, 최근에는 가상화 환경 도입 적용으로 VDI가 가능해지면서 가상환경 기반으로 RPA가 실행되고 사용자는 그 결과를 시스템으로 확인하고 모니터링할 수 있는 체계가 적용되었다.

1.4 RPA 고려 사항 및 발전 방향

RPA 도입 적용 시 고려 사항은 다음과 같다.
- RPA를 비즈니스 프로그램이 아닌 IT 프로그램으로 잘못 인식하는 경우 적용 대상 업무를 선정하지 못할 뿐 아니라 자동화 우선순위를 정의할 수 없게 된다.
- 너무 복잡한 프로세스를 대상으로 선정하는 경우 RPA 모니터링과 운영에 집중되어 애초에 원하는 결과를 얻을 수 없게 되고, 원하지 않게 고비용화되기 쉽다. 즉, 복잡성 수준이 낮은 프로세스가 RPA 적용의 우선 대

상이 되도록 해야 한다.

- RPA만 갖추면 저절로 ROI를 실현할 것이라는 잘못된 기대가 있다. 대개의 로봇들은 하위 프로세스에 대한 업무 처리만 가능한 수준이며 커다란 ROI를 단기간 획득하기란 쉽지 않다.

현재 RPA 기술은 수작업을 대체하는 단순 자동화 정도이지만, BPM Tool, 인공지능, 머신러닝과 같은 다양한 기술의 발전과 RPA가 융합된다면 비정형 정보를 처리하고, 사람처럼 인식하고 판단해 미래를 예측하는 모습으로 발전할 것이다.

참고자료
삼정 KPMG International. 2017. 「RPA 도입과 서비스 혁신」.
≪EY Han Young Magagin≫. 2017. Issue 13.

F-13

스마트 시티 Smart City

———

전 세계적으로 도시화에 따른 자원, 인프라 부족, 교통 혼잡, 에너지 부족 등 각종 도시 문제가 점차 심화되고 있다. ICT 기술을 활용하여 도시 문제를 해결하고 삶의 질을 높이며, 4차 산업혁명에 대응하는 미래 성장 동력으로 스마트 시티를 주목한다.

1 스마트 시티의 개요

1.1 스마트 시티의 등장 배경

한정된 공간에 많은 사람이 모여 살며 다양한 활동이 일어나는 도시에서는 인프라 부족 및 노후화, 교통 혼잡, 에너지 소비 확대, 환경오염, 범죄, 재난 등의 도시 문제가 발생한다. 신규 인프라 공급 등 물리적 방식을 통한 문제 해결이 한계에 도달하면서 스마트 시티가 새로운 대안으로 부각되었다.

1.2 스마트 시티의 개념

스마트 시티에 대한 개념이 명확하게 규정되어 있지 않지만, 물리적 도시 시설 및 공간이 인터넷과 실시간 연결되는 IoT와 ICT가 접목되어 이용자들에게 실시간 도시 서비스를 제공할 수 있는 도시 상태를 의미한다.

EU는 디지털 기술을 활용하여 시민을 위해 더 나은 공공 서비스를 제공하고, 자원을 효율적으로 사용하며 환경에 미치는 영향을 최소화해 시민의 삶의 질 개선 및 지속 가능성을 높이는 도시로 정의했다. 가트너는 다양한 서브 시스템 간 지능형 정보 교류를 기반으로 하며, 스마트 거버넌스 운영 프레임워크를 기반으로 지속적인 정보 교환을 수행하는 도시로 정의했다.

2 스마트 시티 플랫폼 및 주요 서비스

2.1 스마트 시티 플랫폼

센서 디바이스를 통해 도시 각종 정보를 수집·분석하여 도시 이벤트의 실시간 감지 및 제어를 수행한다. 방범, 교통, 시설물, 방재, 환경 등의 도시 인프라를 자동 제어함으로써 시민들에게 편리하고 안전한 생활을 제공한다.

K-Smartcity 개방형 IoT 플랫폼

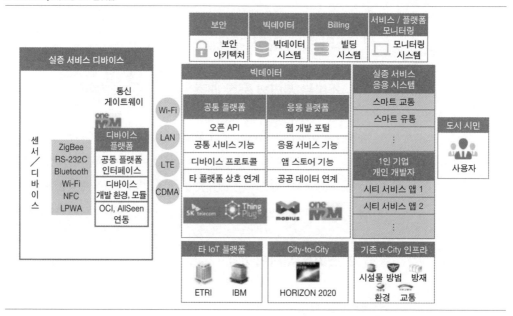

2.2 스마트 시티의 주요 서비스

스마트 시티 통합플랫폼 기반으로 도시의 기본적인 안전, 행정, 편의 서비스를 제공하는 데 주안점을 둔다.

서비스	센서 / 디바이스	설명
스마트 가로등	- CCTV - LED 가로등 - 진동 센서 - 조도 제어 - 스마트 미터	- 불법 주정차 관제 - 사건사고 감지
스마트 횡단보도	- 음성안내 장치 - 보행자 감지기 - 차량감지 센서 - 단속 VMS	- 교통안전 시설 보강 - 교통 단속 시스템 자동화
스마트 해상 안전	- 드론 - LTE 영상송출 장치	- 실시간 영화상 모니터링
스마트 빌딩	- 계량/계측기 - 공조 센서 - 조도 센서	- 전력/설비계통 관리 - 자동 온도 조절 - 조명 조절
스마트 매장	- 문 개폐 제어 - CCTV - 조도 센서 - 화재감지 센서 - 스마트 미터	- 전력 사용량 관리/조절
소셜 케어 서비스	- 스마트 미러 - 스마트 밴드	- 얼굴 인식 - 건강 관리
약자 안전 관리	- CCTV - 웨어러블 안심 태그 - GPS - 스마트 가로등	- 사회적 약자 위치정보 확인 - 어린이 안심 알리미
스마트 미아 방지	- LPWA 게이트웨이 - 비콘 - 안심태그	- 비콘/LPWA 기반 스마트 미아방지 서비스
스마트 파킹	- 주차감지 센서 - 차량 인식 센서	- 가용 주차장 검색 - 예상 주차요금 알림
스마트 방문 관리	- 디지털 문패 - 동작 센서	- 방문자 신상 정보 확인

3 스마트 시티 구성을 위한 핵심 요소

구분	핵심 요소	설명
인프라	도시 인프라	- 스마트 시티 관련 기술 및 서비스 등을 적용할 수 있는 도시 하드웨어
	ICT 인프라	- 도시 전체를 연결할 수 잇는 유·무선통신 인프라
	공간 정보 인프라	- 지리 정보, 3D 지도, GPS 위치 측정 인프라, 인공위성 등
데이터	IoT	- CCTV를 비롯한 각종 센서를 통해 정보 수집, 도시 내 각종 인프라와 사물을 네트워크로 연결
	데이터 공유	- 생산된 데이터의 자유로운 공유와 활용 지원
서비스	알고리즘 & 서비스	- 데이터를 처리·분석하는 알고리즘을 바탕으로 한 도시 서비 - 품질과 신뢰성 확보가 중요
	도시 혁신	- 도시 문제 해결을 위한 아이디어와 새로운 서비스가 가능하도록 하는 제도 및 사회적 환경

4 스마트 시티의 시사점

4차 산업혁명 시대와 함께 ICT 기술을 기반으로 한 스마트 시티가 각광받고 있다. 우리나라는 1990년 중반부터 스마트 시티 관련 정책을 수립하여 적극적으로 스마트 시티 육성을 위해 노력해왔다. 최근에는 'U-City법'을 '스마트도시법'으로 전면 개정하고 스마트 시티 조성을 위한 적극적으로 노력하고 있다. 스마트 시티가 성공적으로 정착하기 위해서는 도시의 기술 인프라 부문과 새로운 융·복합 서비스 및 사업들이 원활하게 운영될 수 있는 시스템 구축이 필요하다.

참고자료
KB금융지주경영연구소. 「똑똑한 도시, 스마트 시티」. ≪KB지식비타민≫, 17-87호.

F-14

스마트 팜 Smart Farm

—

국내 농업은 현재 농촌 인구의 감소 및 고령화, 한반도 기후변화 심화 등의 어려움을 겪고 있다. 이에 농업과 ICT 기술을 융·복합하여 농산품 품질을 향상시키고 농업 생산성을 증대시키는 스마트 팜이 주목받고 있다.

1 스마트 팜의 개요

1.1 스마트 팜의 부각 배경

개방화, 고령화 등 농업의 구조적 문제가 투자 위축으로 이어져 농업의 성장, 소득, 수출이 정체되는 등 성장 모멘텀이 약화되었다. 사물인터넷, 빅데이터, 클라우드 등의 ICT 기술을 농업에 적용한 스마트 팜을 통해 농업 생산성 향상 및 산업의 활성화를 위해 노력하고 다양한 연구개발 활동이 활발히 이루어지기 시작했다.

1.2 스마트 팜의 개념

ICT 기술을 온실, 축사, 과수원 등에 접목해 원격 및 자동으로 작물과 가축의 생육 환경을 적절히 제어할 수 있는 농장이다. 사물인터넷 등의 기술로 농작물 시설의 온도와 습도, 일조량 등을 측정 분석하고, 모바일 기기를 통해 원격 제어를 수행한다.

　더 넓게는 생산, 유통, 소비 등 농식품의 가치 사슬에 ICT의 융·복합을 통해 생산의 정밀화, 유통의 지능화, 경영의 선진화 등 상품, 서비스, 공정 혁신 및 새로운 가치를 창출하는 것을 의미한다.

2 스마트 팜의 구성 및 모델 유형

2.1 스마트 팜의 구성

비닐하우스, 과수원에서 온도, 습도, CO_2 등의 측정 센서로 실시간 정보를 수집·분석하여 컨트롤러를 통해 각종 시설을 제어한다. 사용자는 스마트폰, 통합관리 시스템을 통해 시설 제어 및 실시간 정보를 수신한다.

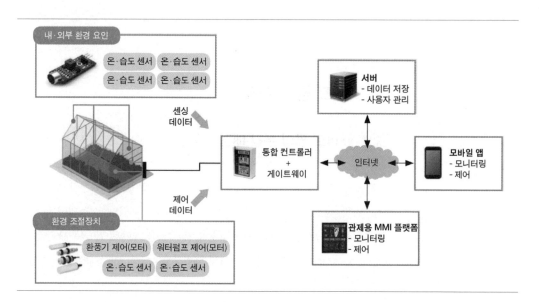

구분	주요 기술	기술 설명
센서 기술	상황 인지 센서	온도, 습도, CO_2, 풍속, 채광, 토질 주변환경 인식 센서
	스마트 CCTV	영상 인식, 행동 감지, 침입자 감지, 영상 분석
통신 기술	WPAN	Zigbee, BLE, Mesh N/W 등 센서 네트워크
	RFID / GPS	RFID 수신기, TAG 인식, GPS 위치 인식
	LPWAN	Lora, Sigfox, NB-IoT 등의 저용량 중장거리 통신
분석·제어 기술	원격제어 기술	비닐하우스 개폐, 공조기, 냉난방기 원격 자동제어 기술
	모니터링 관리 기술	센서측정 정보를 실시간 모니터링 및 시각화 정보 제공
	빅데이터 분석	의미 있는 데이터 추출, 미래 예측, 선제적 제안 최적화
에너지 관리 기술	ESS	에너지 저장 장치 기반 농장 전원 관리
	스마트 그리드	AMI, DR 기반 전력 최적화, PLC, 전력 관리

2.2 스마트 팜의 모델 유형

국내에서 적용되고 있는 스마트 팜 분야별 모델로는 스마트 온실, 스마트 과수원, 스마트 축사 등이 있다. PC 및 모바일을 통해 온실과 과수원, 축사의 온도, 습도, CO_2 등을 모니터링하고, 창문 개폐, 영양분 공급, 자동 관수, 병해충 관리, 사료 등을 원격 자동으로 제어하는 형태로 적용되고 있다.

유형	주요 기능	설명
스마트 온실	환경 제어 생육환경 제어 (2세대)	- 온실 대기, 토양 환경과 작물 실시간 계측 - 지능형 환경 제어 알고리즘 적용 - 빅데이터 분석 통한 의사결정 지원
	복합에너지 최적화 농업 자동화 농업 지능화 (3세대)	- 로봇 및 지능형 농기계 도입 - 작물의 영양과 질병 감염 상태 조기진단 처방 - 에너지 관리 및 농업 작업의 지능화된 스마트 온실
스마트 과수원	자동 관수 병해충 관리 제어 과실 모니터링	- 온도 제어, 토양수분 제어, CO_2 제어, 풍속, 습도 제어 - 병해충 모니터링 및 자동 농약 살포 - 과실의 당분 측정 및 데미지 모니터링 수행
	최적 환경 제어 자체에너지 생산	- 일부 작물의 경우 재배 기술을 S/W화하여 최적 환경 제어를 통한 농산물 품질의 고급화
스마트 축사	생체정보 분석 성장 모니터링 질병 관리 (2세대)	- 최적 가축성장 모델을 기반으로 모니터링 - 가축 질병 모니터링, 소독약 자동 살포 - 가축의 호흡, 맥박, 체온, 행동 정보 수집 및 분석
	의사결정 시스템 정보화, 무인화 (3세대)	- 인공지능 의사결정 시스템과 로봇 기술이 융합되어 무인화 가능한 첨단 축사 적용

3 스마트 팜의 시사점 및 미래

농업 가치사슬 내 기업들이 다른 산업과의 컨소시엄 구축을 통해 적극적으로 스마트 팜을 도입할 필요가 있다. 또한 데이터 기반의 통합정보 시스템 및 의사결정 시스템을 중심으로 전개될 미래 스마트 팜에 대비하여 데이터를 체계적으로 관리해야 한다.

한국 정부는 전통적 농업 방식의 한계를 인식하고, 스마트 팜을 혁신성장 선도사업으로 선정하여 종합 대책을 마련했다. 주요 추진 과제로는 첫째, 청년들이 스마트 팜에 도전 성장할 수 있는 생태계 구축이다. 둘째, 스마트 팜 실증 단지를 중심으로 전후방 산업 경쟁력 강화이다. 셋째, 2022년까지 스마트 팜 혁신밸리 4개 단지를 조성할 계획이다. 농업의 경쟁력 확보 및 부가가치 창출을 위해 지속적으로 노력 및 지원할 예정이다.

참고자료
민재홍. 2016. 「스마트 팜 기술동향과 발전방향」. ≪주간기술동향≫.

기출문제
113회 컴퓨터시스템응용 Smart Farm의 주요 기능 및 기술에 대하여 설명하시오. (25점)

F-15

스마트 팩토리 Smart Factory

세계 여러나라들이 4차 산업혁명에 집중하고, 발 빠르게 대응하기 위해 준비하고 있다. 주요국들과 비교해 한국 경제에서 제조업의 역할이 상당한데 반해, 경쟁력은 줄어들고 있는 상황이다. 제조업 경쟁력 확보하고 제조혁신을 이루기 위해 스마트 팩토리의 도입이 필요하다.

1 스마트 팩토리의 개요

1.1 스마트 팩토리의 개념

제품의 기획, 설계, 생산, 유통, 판매 등 전 생산과정을 ICT 기술로 통합하여 최소의 비용과 시간으로 고객 맞춤형 제품을 생산하는 진화된 공장을 의미한다. 이러한 전 과정에 IoT, 인공지능, 빅데이터 등으로 통합하여 자동화와 디지털화를 구현하게 된다. 공장내 주요 부문에 센서와 IoT, 카메라를 통해 데이터를 수집하고 분석해 문제점을 발견하고 이를 해결하는 기능을 제공한다.

1.2 스마트 팩토리의 특징

첫째, 생상작업 운영에 대한 관리의 신뢰성 확보이다. 수집된 데이터의 신뢰성에서 시작해 작업 이상 상황에 대한 안정성, 예측 가능한 작업 수행을 보장한다.

둘째, 능동적 대응을 수행한다. 신규데이터 상관성 도출, 재고감축 지시, 판단결과에 기반을 둔 이행 기능을 수행한다.

셋째, 공장의 지능성 확보이다. 변화된 여건에 따라 스스로 판단하는 의사결정 능력을 제공한다.

넷째, 실시간 처리수준의 민첩성이다. 스마트 팩토리 내부의 데이터들에 대한 빠른 처리 및 판단을 통해 공정 내의 오류 수정 및 문제점을 빠르게 해결할 수 있다.

다섯째, 유관 시스템과의 연계성이다. 스마트공장 내부에서 취득할 수 있는 데이터를 종합하고, 관련 데이터에 대한 참조를 통해 공정간 및 외부환경간의 연계성을 확보할 수 있다.

2 스마트 팩토리의 구성도 및 적용 기술

2.1 스마트 팩토리의 구성도

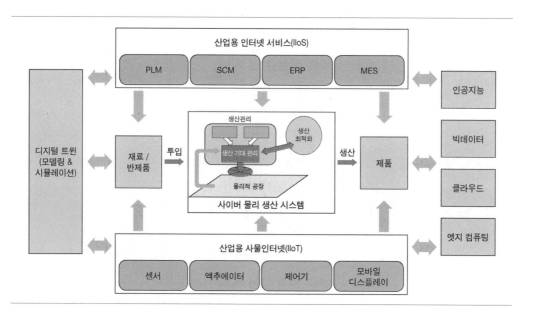

스마트 팩토리는 인공지능, 빅데이터, 클라우드, IoT, CPS 등 ICT 기술과 제조업 기술을 융합하여 공장 내 장비와 부품들이 연결 및 상호 소통하는 생산체계로 이루어져 있다. 지능형 관리 계층인 IIoS 계층은 기존 공정 관리 시스템인 PLM Product Lifecycle Management, SCM Supply Chain Management, MES Manufacturing Execution System, ERP Enterprise Resource Planning를 플랫폼 서비스화한다. 생산성 향상, 에너지 절감, 안전한 생산 환경을 구현하고 다품종 복합 생산이 가능한 유연한 생산체계 구축을 제공한다.

2.2 스마트 팩토리의 주요 기술

구분	구성 기술	설명
하드웨어 디바이스	스마트 센서	제조라인에서 다양한 정보를 감지할 수 있는 센싱소자와 신호 처리가 결합한 소형 경량 다기능 센서
	산업용 로봇	양팔 로봇, 협동 로봇의 도입으로 생산성 향상뿐만 아니라 유연한 생산 체제로의 전환 가능
	3D 프린터	소재를 적층하여 3차원 물체를 제조하는 기술, 다품종 소량 제조에 적합
플랫폼	IoT	공장 내·외부 관리 자원을 연결하고 제조 및 서비스를 최적화하기 위한 기술
	CPS	센싱을 통한 가상세계에 물리 모델을 구성하여 시뮬레이션 수행, 미래 예측 및 의사결정 지원
	클라우드	포그 컴퓨팅 구성, 가상화를 통한 인프라 자원 제공
응용 소프트웨어	빅데이터	수집 데이터를 심층 분석하여 수요 예측, 고객 맞춤형 설계, 라인 효율 최적화 제공
	인공지능	딥러닝, 머신러닝 기반 데이터 학습을 통한 제조공장 생산 효율화, 비용 절감
	머신 비전	산업 현장에서 자동 검사 및 분석을 제공하는 기술
시스템	PLM	제품의 개발부터 시작하는 전체 생명주기의 관리
	SCM	구매, 생산, 영업, 물류를 하나의 가치사슬로 구성
	MES	제조 라인의 설비 관리, 실적 관리, 재고 관리 기능 제공

플랫폼은 스마트 공장 하위 디바이스에서 입수한 정보를 스마트 팩토리 서비스에 제공하고, 서비스에서 나온 데이터를 가지고 하드웨어 디바이스를 제어하도록 제공하는 시스템으로 IoT, CPS 등의 기술로 구성된다. 응용 소프트웨어는 인공지능, 빅데이터 등의 신기술과 제조 기술이 융합된 유연 자율생산 시스템 구성을 지원한다.

3 스마트 팩토리의 적용 사례

스마트 팩토리 도입의 선두에는 독일이 자리하고 있다. 독일은 '인더스트리 4.0'이라는 정부의 정책적인 지원과 더불어 탄탄한 제조업 기반으로 스마트 팩토리 도입을 적극적으로 추진하고 있다.

국가	기업	설명
미국	GE	생산 현장에 사물인터넷 접목 및 빅데이터 분석을 통해 공정 및 설비 관리 최적화
	Intel	사물인터넷을 통해 생산공정 사전 검증 및 실시간 설비 관리
	Tesla	용접, 조립, 절단 등 공정에 산업용 로봇을 적용해 유연한 생산체계 구축
독일	SIEMENS	고성능 자동화 설비와 시스템 간 실시간 연동체계 구현
	Adidas	산업용 로봇 적용으로 생산 자동화, 소비자 맞춤형 신발 생산체계 구축
	nobilia	개인별 맞춤 사양, 인건비 부담 해소를 위해 생산 자동화 추진
일본	TOYOTA	JIT(Just In Time)체계를 고도화하여 부품 공급사, 물류업체 등 공급망 정보의 통합 관리
	FANUC	2000년대 초반부터 스마트 팩토리를 추진하여 자동화율 75% 달성

4 스마트 팩토리의 발전 방향

서비스 제품 측면에서는 맞춤 설계 및 생산이 가능한 단계, 생산공정 측면에서는 제조공정의 가상화 및 생산 라인의 시스템 연동을 통한 최적화된 생산 제어, 네트워크 연결 디바이스 측면으로는 제조공정에 이용되는 모든 디바이스를 연결하는 것으로 발전할 것이다.

서비스 제품이란 소비자의 요구를 반영해 맞춤 설계 및 생산이 가능한 단계로, 개인 맞춤형 다품종 소량 생산이 가능한 단계다. 이 단계에서는 빅데이터를 활용해 소비자의 수요를 파악하고, 분석해내는 기능이 공정에 적용된다.

생산공정은 제조공정의 가상화 및 생산 라인과 시스템의 연동을 통해 최적화된 생산 제어를 통한 에너지 절감과 효율성 극대화가 이루어진다. 제품의 설계뿐만 아니라 공장의 설비 단계에서부터 관련 기술을 활용한다.

네트워크 연결 디바이스는 제조공정에 이용되는 모든 디바이스가 연결되는 상태로, 공장과 설비, 제품과 소비자 모두를 아우르는 기술적 수준이 요구된다. 이를 통해 스마트 팩토리의 자동화 설비, 자율 공정 시스템과 센서들이 융합되어 스마트 팩토리의 정점에 다다르게 된다.

참고자료

박종선·한병화·한상웅 2017. 「4차 산업혁명: 스마트팩토리의 시대」. 유진투자증권.

기출문제

107회 정보관리 인더스트리 4.0을 스마트 팩토리(Smart Factory) 중심으로 설명하시오. (10점)

디지털 트윈 Digital Twin

디지털화가 점점 더 늘어나는 상황에서, 실시간에 가깝게 실제 사물 혹은 프로세스의 디지털 이미지를 만드는 디지털 트윈이라는 개념이 주목을 받고 있다.

1 디지털 트윈의 개요

1.1 디지털 트윈의 개념

현실세계의 물리적 자산에 부착된 센서 등을 통해 수집되는 데이터를 가상환경에서 분석·시뮬레이션·예측하여 유용한 정보를 얻고, 이를 현실세계에 반영하여 운영을 최적화하거나 문제를 해결하는 기술이다. 물리적 세계와 사이버 세계의 융합을 추구하여 CPS Cyber Physical System라고도 하며, 새로운 패러다임으로 생산성 향상은 물론 교통, 안전, 환경, 재난 재해 등 사회의 각 부문에 적용해 인간 삶의 변화를 일으킬 수 있는 혁신적 기술이다.

1.2 디지털 트윈의 특징

특징	설명
실시간성	센서 디바이스를 통해 현실세계를 실시간으로 반영
디지털 정보 종합	각종 실시간성 정보를 종합하여 빅데이터 분석 및 시각화
가상 시뮬레이션	사이버세계에서 현실세계 모델을 시뮬레이션 수행

2 디지털 트윈의 구성도, 동작 절차와 구성 기술

2.1 디지털 트윈의 구성도

현실 사물과 가상 사물의 통합 기술을 통해 데이터에 대한 분석 및 실시간 피드백을 가능하게 하여, 물리적인 프로토타입 없이 다양한 테스트 및 시뮬레이션이 가능하다. 디지털 트윈 플랫폼은 디지털화된 현실 사물을 시뮬레이션 수행하여 현실세계의 문제 해결 및 개선을 위한 피드백을 제공한다.

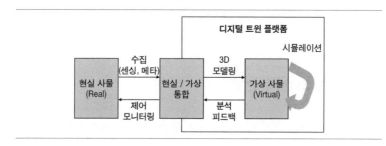

2.2 디지털 트윈의 동작 절차

디지털 트윈은 5단계 절차로 구성되어 있다. 5단계 절차는 실시간으로 계속 반복되어 현실세계를 지속적으로 모니터링하고 발전시켜준다.

1) 생성: 중요한 입력 값을 측정하는 수많은 센서를 현실세계에 설치하는 과정이다.
2) 전달: 물리적 프로세스와 디지털 플랫폼 간의 실시간 양방향 통합 연결성을 지원한다. 수집된 데이터를 플랫폼으로 전송하는 과정이다.
3) 종합: 데이터를 분석하기 위해 준비하고 가공하는 단계이다. 자체

보유 시스템 또는 클라우드 시스템을 통해 이루어진다.

4) 분석: 수집된 데이터가 분석되고 시각화된다. 데이터 과학자 및 분석가는 인사이트와 권고안을 창출하고 의사결정을 지원한다.

5) 행동: 분석을 통해 얻은 인사이트와 권고안을 물리적 자산 및 디지털 프로세스에 피드백하여 디지털 트윈의 영향력을 실현한다.

2.3 디지털 트윈의 구성 기술

구분	구성 기술	설명
현실세계 정보 수집	센서	센서 데이터 및 메타 데이터 수집
	게이트웨이	센서로 수집된 정보를 게이트웨이를 통해 서버로 전송
	컨트롤러	WPAN, PLC, Modbus, RS-232 등 사용
가상세계 구성	디지털스레드	물리 자산의 디지털화 수행
	가상 공간	디지털 자산에 대한 설계, 테스트, 피드백 가능
	3D 모델링	전체 공정의 디지털화 가능
현실·가상세계 통합	VR/AR	현실세계와 가상세계의 연결 시각화 역할
	양방향 전달	제품에 대한 가상세계에서 다양한 테스트 가능
	액추에이터	신호에 따라 물리세계 디바이스 제어 수행

3 디지털 트윈의 전망

디지털 트윈이 가장 많이 적용된 분야는 스마트 팩토리이다. 현장에서 적용하기 어려운 부분을 디지털 트윈을 통해 분석하고 개선할 수 있다. 신제품 도입 비용 및 리드타임 단축, 품질 향상 및 운영비 절감의 효과를 기대할 수 있다. 또한 스마트 시티, 자율주행 자동차 등에도 적용하여 개발 및 운영비의 절감 효과를 가져올 수 있다.

디지털 트윈은 초연결, 초융합, 초지능 기술의 발전에 힘입어 4차 산업혁명과 지능정보사회를 견인할 것으로 예상된다. 또한 교통, 에너지, 환경, 재난 재해 등 사회 각 분야의 현황과 문제점을 효과적으로 모니터링 분석하고, 시뮬레이션을 통해 해결책을 모색하여 스마트한 사회, 안전한 사회, 합리적 사회, 혁신 성장하는 사회를 구현할 것이다.

참고자료

국토연구원. 2018. 「4차 산업혁명을 견인하는 디지털 트윈공간 구축전략」.

기출문제

114회 정보관리 디지털 트윈(Digital Twin). (10점)

I C T

Convergence

Technology

G

3D 프린팅

—

G-1

3D 프린팅

3D 프린팅은 제조 방식의 와해성 혁신을 일으키는 기술 중 하나이다. 과거 공장이나 숙련된 기술자를 통해서만 제작이 가능했던 다양한 제품이 원하는 제품의 그림만 그리면 바로 제작할 수 있게 되었다. 3D 프린팅이 무엇인지 살펴보고, 3D 기술 내 연구되고 있는 IT 기술과, B2C뿐만 아니라 B2B 영역에서도 다양한 변화를 가져온 3D 프린팅의 다양한 사례를 살펴보고자 한다.

1 3D 프린팅의 개요

1.1 3D 프린팅의 개념

2013년 5월 맥킨지에서는 와해성 혁신을 일으킬 수 있는 12개 기술 중 하나로 3D 프린팅 기술을 선정했다. 또한 2025년에 예상되는 경제적 파급 효과로는 가정용 3D 프린터, 소량의 고부가가치 산업용 부품 생산, 3D 프린터 기술로 생산한 금형 등을 포함해 2300억~5500억 달러를 추산한 바 있다.

3D 프린팅은 3D 모델링 기반의 설계 데이터에 따라 액체, 파우더 형태의 원료를 가공·적층해 입체물을 신속히 조형하는 기술을 의미한다. 3D 프린팅은 1984년부터 미국의 3D 시스템스에서 발명된 기술로서, 항공, 자동차 산업에서 RP Rapid Prototyping 라는 용어로 시제품을 만드는 용도로 산업용 3D 프린팅을 수행하고 있었다. 최근 들어 기술 관련 특허 기간이 끝나고, 이에 따라 가정용으로 보급할 수 있는 저렴한 3D 프린터가 공급되면서 활용적인 관점에서 관심을 끌고 있다.

1.2 3D 프린팅의 작동 절차

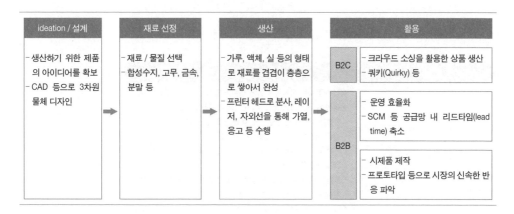

3D 프린터는 압출, 잉크젯 방식의 분사, 빛을 통해 단단히 만드는 광경화 방식, 파우더를 이용한 방식, 와이어를 사용하는 방식, 시트를 접합하는 방식 등의 적층 방식과 폴리머, 금속, 종이, 목재, 식재료 등 활용할 수 있는 재료에 따라 다양한 기술 방식으로 구분된다. 대표적으로 많이 사용되는 방식으로는 액체 광경화 방식의 SLA Stereolithography Apparatus, 고체 파우더 기반 방식의 SLS Selective Laser Sintering, 압출 방식의 FDM Fused Deposition Modeling 등이 있다.

2 3D 프린팅의 IT 기술

2.1 3D 프린팅 내 IT 기술의 필요성

이렇게 3D 프린팅에 대한 하드웨어가 점차 대중화되고 사용 가능한 재질이 다양화되면서 3D 프린팅 환경을 제공하기 위한 소프트웨어 기술 또한 개발되기 시작했다. 또한 3D 모델을 현실화하기 위해 다양한 공학적·기술적 이슈에 대한 해결도 필요해졌다. 3D 물체에 대한 내구성이나 물체의 무게중심 등에 따른 안정성, 물체의 동역학 구조에 따른 제품의 운동성이나 유연성, 분할된 부품을 제조할 경우에 발생하는 부품 간의 결합성 여부, 재료를 절감하기 위한 내부 공간 확보 등이 있을 수 있다.

2.2 3D 프린팅 내 단계별 활용 IT 기술

3D 프린팅 기술에는 제조 분야의 기술과 함께 IT 기술도 활용되고 있다.

단계	IT 관련 요소	내용
Ideation / 설계	3D 모델링 기술	- 직접 제작하는 방식과 모델링 파일을 활용하는 방식 등이 있음 - 운동성 재현 기술을 통해 3D 모델의 움직임을 시뮬레이션 • 관절을 이용한 운동성: 관절의 삽입 위치와 회전에 대한 제약 조건을 지정할 수 있는 인터페이스 제공 • 기계 장치를 이용한 운동성: 모션 커브 형태로 시뮬레이션을 통해 움직임을 파악 • 물질의 특성을 이용한 운동성: 재질의 조합을 최적화해 대상 물체에 근접한 특성의 결과물 제공 - Autodesk(모델링 소프트웨어), 123D catch(사진을 3D로 변환), Thingiverse(모델링 자료 공유 사이트) 등 활용
	3D 스캐닝 기술	- 기존 물건을 복제하거나 스캐닝 자료를 변형해 신규 모델링 제작 가능 - Structure sensor(아이패드에서 사용 가능) 등
생산	안정성 개선 기술	- 프린터의 해상도 문제로 설계보다 얇은 부분이 발생하는 출력물의 불완전성 관련 얇은 영역을 탐지, 자동 내부 공간 확보, 부분적 두께 확대, 버팀목 삽입 등의 개선 수행, 단, 연산 속도나 메모리 사용 제약 단점 존재 - 구조 분석을 통해 중력에 의한 물체 자세 제어가 어려운 경우 무게중심을 조절해 생산
	조립성 관련 기술	- 큰 물체의 경우 의도적 분할로 사용자가 조립이 필요한 경우 발생 - 분할된 파트의 연결 부분에 연결 장치를 더해 출력 후 조립할 수 있도록 제공 - 분할된 파트가 프린터로 제작이 가능한지를 따지는 프린터 가능성, 조립 가능성, 적정한 크기로 분할이 되어야 하는 효율성, 연결 장치 부착 가능성, 구조적 안정성, 미적 감각 등의 요소로 판단
활용	크라우드 소싱(B2C)	- 대중의 참여를 통한 저렴한 비용의 생산수단을 활용한 제조업 분야의 소자본 창업 확대 - 다양한 아이디어 참여를 통해 제품을 생산하는 크라우드 소싱이나 대중들의 소비용을 모아서 제품 생산에 참여하는 크라우드 펀딩 등이 3D 프린팅의 환경을 만들고 있음 - 쿼키(Quirky, 발명가와 기업을 연결하는 발명 플랫폼), 킥스타터(Kickstarter, 크라우드 펀딩) 등
	PLM 등의 신제품 개발 혁신(B2B)	- 설계, 마케팅, 제조의 프로세스가 밀접한 연계를 통해 제품의 출시 기간을 단축 - 신제품 소개에서 시장의 피드백을 반영해 개선된 제품을 출시하기까지의 기간 단축 가능 - 3D 설계 파일로 전 세계 어디서도 부품 공급을 받을 수 있는 글로벌 서플라이 체인(Global Supply Chain) 가능 - 3D 프린팅으로 소량의 시제품을 내놓아 시장 반응을 살핀 후, 개선된 제품으로 대량 생산함으로써 비용 절감 가능

3 3D 프린팅의 활용 사례

3.1 국가별 3D 프린팅 활용 사례

미국의 경우에는 정부 차원에서 R&D를 추진하고 있으며, 제조업 고도화 프로그램 산하의 NAMII National Addictive Manufacturing Innovation Institute를 설립해 3D 프린터 기술을 총괄한다. 오크 리지 국립 연구소ORNL: Oak Ridge National Laboratory에서는 산업계의 3D 프린터 응용 생산 기술의 개발을 지원하기 위해 MDF Manufacturing Demonstration Facility를 설립했으며, 록히드 마틴Lockheed Martin 사와 전투기용 공기 누출 감지 장치를 개발해, 기존 기술보다 50%의 비용을 절감했다.

영국의 경우 노팅엄 대학교와 셰필드 대학교 등에 3D 프린터 연구 조직을 설립해 R&D 자금을 지원하고, 사우스햄튼 대학교에서 3D 프린터로 제작한 날개를 이용해 무인비행기 '설사SULSA: Southampton University Laser Sintered Aircraft'의 시험 비행에 성공했다. 독일은 프라운호퍼 IGB에서 3D 프린터 기술로 인공 혈관을 만드는 데 성공한 바 있다.

3.2 분야별 3D 프린팅 활용 사례

CT 스캔 및 신장 제작 사례

자료: http://www.dezeen.com

자료: Anthony Atala of Wake
Forest University.

3D 프린팅의 활용 분야 중 일부에 대해 다음과 같이 정리했다.

분야	내용
캐릭터 분야	- 게임 워해머(Warhammer) 캐릭터 피규어 제품 4만 개를 3D 스캔해 모델링 데이터를 공유하고 개인의 취향에 따라 수정해 판매하는 사례 등장 - 일본에서는 'Omote 3D Shasin Kanand'라는 이름의 3D 피규어 제작 가게가 오픈해 고객의 몸을 스캔한 후 피규어로 제공
제조 분야	- 3D 프린터 제조 회사 스트라타시스(Stratasys)는 3D 설계도면을 보내면 제품을 제작하는 '레드아이'라는 이름의 서비스 제공 - 고급 스포츠카 제조업체 람보르기니(Lamborghini)는 스포츠카 아벤타도르(Aventador) 시제품 제작에 3D 프린터를 사용해 비용을 절감
의료 분야	- 덴마크의 보청기 회사인 와이덱스(Widex)에서는 개인마다 다른 귀 모양을 3D 스캐너로 촬영해 정확하게 맞춤화된 귓본을 제작해 생산 - 환자의 CT 스캔 데이터를 이용해 조직 세포를 재료로 신장을 프린팅하는 데 활용
우주 분야	- 우주 공간에서 필요한 부품을 즉석에서 제작하거나 우주 공간 내 대형 안테나, 태양광 발전기 등을 제작하는 데 활용 가능

3.3 3D 프린팅의 기업 활용 사례, 셰이프웨이즈

다른 활용 사례로 셰이프웨이즈Shapeways라는 기업은 개인이 디자인한 제품을 3D 프린팅으로 생산·배송해줄 뿐 아니라, 자신이 만든 디자인 파일을 다른 사람에게 팔 수 있는 기회를 제공하는 일종의 온라인 마켓 플레이스 서비스를 제공한다.

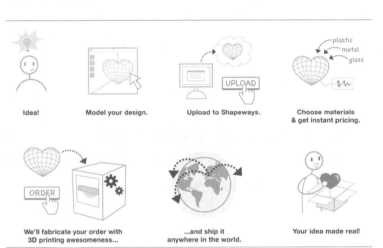

자료: Shapeways.

4 3D 프린팅의 활성화를 위한 고려 사항

이처럼 3D 프린터는 인공뼈, 장기, 기타 조직 등 다양한 종류를 소량으로 생산하는 바이오나 의료 분야에서 새로운 패러다임을 제시할 것이다. 향후 개인 맞춤형 조직과 장기 생산도 가능할 것으로 예상된다. 3D 프린팅의 제작 과정에서 필요한 3D CAD 소프트웨어, 장비·재료 및 프린터 서비스, 유지 보수 서비스 등 전체적인 생태계 구축을 위한 관점에서 접근이 필요하며, 일반인들이 사용하기 쉬운 다양한 소프트웨어 개발과 용어 표준화, 3D 디자인 파일의 공유 및 공동 협업 등을 통한 생태계 발전을 촉진해야 한다. 이와 함께 개인용 3D 프린터 서비스, 3D 디자인 파일 등을 거래하는 온라인 마켓 플레이스 개발 등의 다양한 비즈니스 모델을 창출하는 것 또한 필요하다.

참고자료

한국콘텐츠진흥원. 2013. 「3D 프린팅 기술 동향」. ≪CT 인사이트≫, 4월호.
표순형·최진성. 2014. 「3D 프린팅 소프트웨어 기술동향」. ≪전자통신동향분석≫, 제29권 제1호.

기출문제

102회 컴퓨터시스템응용 3D 프린팅(Printing)의 작동 원리, 3D 모델의 분할 및 조립 관련 기술에 대하여 설명하시오. (25점)

101회 정보관리 3D 프린팅에 대하여 설명하시오. (10점)

G-2

4D 프린팅

MIT의 자가조립연구소장 스카일러 티비츠(Skyar Tibbits)가 2013년 테드(TED)에서 소개하면서 크게 주목받기 시작했으며, 국내에서도 2014년 11월 KISTI의 10대 유망 기술에 선정되었다. 3D 프린팅 기술에 시간의 변화에 따라 변형되는 4차원 개념이 적용되어 4D 프린팅 기술이라고 한다.

1 4D 프린팅의 개요

1.1 4D 프린팅의 개념

인간의 개입 없이 열, 진동, 중력, 공기 등 환경이나 에너지원의 자극에 의해 시간에 따라 형태가 달라지고 자가 변형이 가능한 스마트 소재를 3D 프린터로 출력하는 기술이다. 생산된 물질이 스스로 변형 가능하다는 의미에서 자기변형물질이라고도 하며, 조건에 따라 반응한다고 하여 프로그램 가능물질이라고도 한다.

1.2 3D 프린팅과 비교를 통한 4D 프린팅의 이해

기본적으로 3D 프린터를 사용하며, 4D 프린팅은 프린팅 후 모양, 색, 기능이 변화하는 특징이 있다.

구분	4D 프린팅	3D 프린팅
물질	기억형상합금, 자동변형물질	열경화성 플라스틱, 금속, 세라믹
설계	변형에 대한 3D 디지털 정보	3D 디지털 정보
프린터	스마트 3D프린터 다중물질 3D프린터(나노복합소재)	3D 프린터(압출 가공, 레이저 소결)
응용 분야	3D 프린팅에 적용되는 분야 중 역학적 형태 변형이 필요한 분야	귀금속, 의료장비, 장난감, 의료

2 4D 프린팅의 개념도 및 주요 기술

2.1 4D 프린팅의 개념도

형상변형소재를 3D 프린터로 제작하여 온도, 습도, 바람, 시간 등 특정 외부 자극을 받으면 자가변환/자가조립하여 제품이 완성된다.

2.2 4D 프린팅의 주요 기술

4D 프린팅 시뮬레이터는 환경에 따라 변형이 가능한 4D 프린팅 출력물의 변형 과정 및 결과를 미리 확인함으로써 사용자가 소모하는 시간과 비용을 감소시킨다.

주요 기술	세부 기술	설명
스마트 소재	형상기억합금/ 형상기억 고분자	변형이 일어나도 처음 모양을 만들었을 때의 형태를 기억하고 있다가 일정 온도가 되면 원래의 형태로 돌아가려는 성질을 가진 소재
	다공성 소재	물을 흡수할 수 있는 소재와 흡수하지 못하는 소재를 같이 사용하여 특정 형상이 가능하도록 설계
스마트 설계	다중물질 설계	다른 물성을 가진 물질을 하나의 구조체에 같이 프린트하여 구조체의 변화를 유도하는 설계

주요 기술	세부 기술	설명
	변형 예측 설계	소재의 변형 과정을 예측할 수 있는 설계 기술
프린터 기술	스마트 3D 프린터	기존 3D 프린터에서 수정된 노즐, 바인더, 레이저를 사용하여 스마트 소재 출력
	다중물질 3D 프린터	경사 기능재료, 나노복합소재 출력 가능 프린터

3 4D 프린팅의 활용 분야

4D 프린팅은 자가변형 특성을 이용하여 다양한 분야에 활용된다.

활용 분야	설명
국방 분야	위장막, 위장복에 활용될 자가 변형된 천, 자가조립천막
우주 분야	생산활동이 어려운 환경에서 자가조립을 통해 제조
자동차 분야	차량외관의 자유로운 변형, 스스로 변형하는 타이어
의료 분야	자가변형 가능한 생체조직, 인체에 삽입하는 바이오 장기

참고자료

송가은. 2016. 「4D 프린팅 연구 현황과 시장전망」. 융합연구정책센터.
박종훈. 2013. 「스스로 변형하는 물질을 만들어내는 4D 프린팅 기술」. 정보통신산업진흥원.

기출문제
113회 컴퓨터시스템응용 4D 프린팅. (10점)

3D 바이오프린팅 3D Bioprinting

3D 프린팅은 4차 산업혁명을 이끌 기술 중 하나이다. 3D 프린팅 기술은 과거 제품 모형 시제품 제작을 위한 도구로 활용되었으나, 최근 산업 생산성 증대 및 개인 맞춤형 생산도 구로 활용되고 있다. 고령화 시대에 장기 수급 문제가 대두됨에 따라 의학과 3D 프린팅 기술의 융합을 통한 3D 바이오 프린팅 기술이 부각되고 있다.

1 3D 바이오프린팅의 개요

1.1 3D 바이오프린팅의 개념

3D 프린팅 기술과 생명공학이 결합된 개념으로, 살아 있는 세포를 원하는 형상 또는 패턴으로 적층하여 조직이나 장기를 제작하는 기술이다.

1.2 3D 바이오프린팅의 특징

3D 바이오 프린팅 기술은 생체 모방, 소형 조직, 자율성 자가조립의 세 가 지 주요 특징을 가지고 있다.
- 생체 모방: 생물체의 특성을 산업 전반에 적용하는 것으로, 3D 바이오프 린팅 기술을 통해 인공장기나 세포 복제가 가능하다
- 소형 조직: 몸속의 작은 조직들이 모여 큰 단위인 장기가 되는 조직의 발 생 특성을 3D 프린팅에 적용 가능하게 한다.

- 자율성 자가조립: 발달 단계에 있는 조직의 초기 세포를 구성하는 물질이 스스로 이상적인 구조를 가진 조직을 만들 수 있는 특징이다.

2 3D 바이오프린팅의 소재와 프린팅 방법

2.1 3D 바이오프린팅의 소재

3D 바이오프린팅 소재의 주요 특성으로는 첫째, 생체적합성이다. 사람과 적합하지 않은 조직은 자가면역반응에 의해 기능이 상실된다. 둘째, 생분해성이다. 세포가 성장할 공간을 확보하기 위해서는 만들어진 지지체나 조직의 분해속도를 알고 조절할 수 있어야 한다. 셋째, 기계적 물성이다. 재료의 종류, 신체 부위나 역할에 따라 물리적 특성이 다르기 때문에 각 기능에 맞는 재료를 선택하여 구조체를 제작해야 한다.

주요 소재는 자연유래 고분자와 합성 고분자 소재가 있다.

구분	자연유래 고분자	합성 고분자
대표 물질	- 젤라틴 - 키토산 - 콜라겐 - 히알루론산 - 알지네이트 - 젤란검 - 피브린 - 케라틴	- PLA(Poly lactic acid) - PEG(Poly ethylene glycol) - PCL(Poly caprolactone)
장점	- 가공 및 조형이 용이 - 생체 적합성이 높으며, 인체 내에서 생리활성을 갖고 세포 부착성 좋음	- 생분해성 고분자로 신체 내에서 분해되며 분해 산물에 독성 없음 - 인체 내에서 분해속도 조절 용이
단점	- 열에 의한 변성이 쉽게 일어남 - 분해속도 조절 어려움 - 물리적 힘에 형태가 쉽게 변형	- 천연 고분자에 비해 가공이 어렵고 생리활성이 떨어짐 - 형태를 만들기 위해 열을 가해야 함

2.2 3D 바이오프린팅의 프린팅 방법

3D 바이오프린팅 출력 방법은 크게 잉크젯 방식, 미세압출 방식, 레이저 보조 방식이 있다.

출력 방법	그림	설명
잉크젯 방식	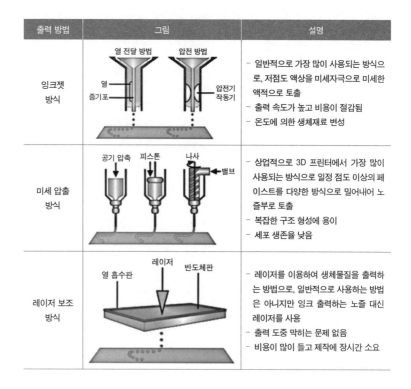	− 일반적으로 가장 많이 사용되는 방식으로, 저점도 액상을 미세자극으로 미세한 액적으로 토출 − 출력 속도가 높고 비용이 절감됨 − 온도에 의한 생체재료 변성
미세 압출 방식		− 상업적으로 3D 프린터에서 가장 많이 사용되는 방식으로 일정 점도 이상의 페이스트를 다양한 방식으로 밀어내어 노즐부로 토출 − 복잡한 구조 형성에 용이 − 세포 생존율 낮음
레이저 보조 방식		− 레이저를 이용하여 생체물질을 출력하는 방법으로, 일반적으로 사용하는 방법은 아니지만 잉크 출력하는 노즐 대신 레이저를 사용 − 출력 도중 막히는 문제 없음 − 비용이 많이 들고 제작에 장시간 소요

3 3D 바이오프린팅의 시사점

3D 바이오프린팅 기술은 전 세계적으로 연구 단계를 넘어 기술 상용화로 나아가고 있다. 시장 선점을 위해 3D 바이오프린팅 기술과 바이오메디컬 분야의 융합을 위한 원천 기술 확보가 중요하다. 또한 공학 및 생물학, 의학 등 다양한 분야의 긴밀한 융합이 필수적인 분야로 산학연 협업을 통해 기술 고도화가 가능하다. 3D 바이오프린팅 기술을 이용함으로써 현재 신체 장기 수요 불균형 문제를 해결할 수 있을 것으로 기대된다.

참고자료
김보림. 2017. 「3D 바이오프린팅 기술동향」. 융합연구정책센터.

I C T

Convergence

Technology

H

블록체인

블록체인 기술 BlockChain Technology

—

블록체인 기술은 네트워크 내의 모든 참여자가 공동으로 거래 정보를 검증, 기록, 보관함으로써, '공인된 제3자' 없이도 거래 기록의 신뢰성을 확보하는 기술이다. 모든 데이터를 중앙 집중형 서버에 기록하던 기존 방식과 다르게 데이터를 블록으로 나눠 거래에 참여한 모든 사용자에게 거래 내역을 보내고 거래할 때마다 이를 대조해 확인하고, 모든 블록은 사슬처럼 연결되어 해킹 및 위조가 불가능하도록 지원하는 기술이다.

1 블록체인의 이해

1.1 블록체인의 개념

블록체인은 분산 네트워크 및 데이터 기반이다. 즉, 네트워크에 참여하는 모든 사용자가 모든 거래 내역 등의 데이터를 분산·저장하는 기술을 지칭하는 의미이다. 블록들을 체인 형태로 묶은 형태이기 때문에 블록체인이라고 명명되었다. 블록체인에서 '블록'은 개인 간 거래P2P의 데이터가 기록되는 장부가 된다. 이런 블록들은 형성된 후 시간의 흐름에 따라 순차적으로 연결된 '사슬(체인)'의 구조를 가지게 된다. 모든 사용자가 거래 내역을 보유하고 있어, 거래 내역을 확인할 때는 모든 사용자가 보유한 장부를 대조하고 확인해야 한다. 이 때문에 블록체인은 '공공 거래 장부' 또는 '분산 거래 장부'로도 불린다.

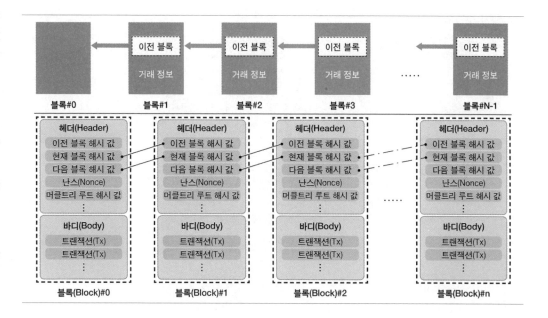

① 각 노드, 즉 컴퓨터는 독자적으로 블록체인의 내용을 검증할 수 있다.

② 각 노드는 독자적으로 블록체인에 블록을 추가할 수 있다. 그러나 1등만 전파되고 다른 노드가 인정해준다.

③ 모든 노드는 정해진 규칙하에 동작한다.

④ 참여를 유도하는 인센티브를 지급한다.

비트코인은 1등에게 신규 발행 비트코인과 블록 내 거래 수수료를 지급하며, 이 과정을 채굴Mining이라 한다.

1.2 분산 네트워크 기반 블록체인

기존 거래 방식은 은행이 모든 거래 내역을 가지고 있었다. 예를 들어 만약 A가 B에게 10만 원을 송금한다고 하면 현재 금융 시스템에서는 은행이 중간 역할을 한다. 왜냐하면 A가 B에게 10만 원을 줬다는 사실을 '증명'해줘야 하기 때문에 두 사람이 안전하게 거래할 수 있도록 은행이 중간 역할을 해주는 것이다. 그러나 블록체인은 은행이 아닌, 여러 사람이 나눠서 거래 내역을 저장한다. 즉, 동일 네트워크에 10명이 참여하고 있다면 A와 B와의 거래 내역을 10개의 블록을 생성해 10명 모두에게 전송/저장한다. 추후 거래 내역을 확인할 때는 블록으로 나눠 저장한 데이터들을 연결해 확인하면 된다.

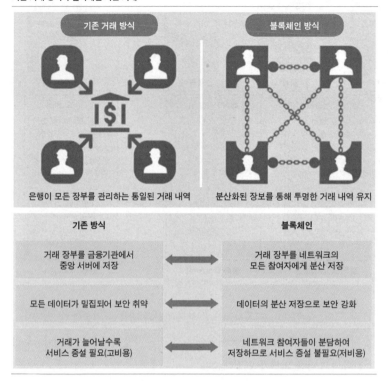

1.3 블록체인 기반 거래 과정

- 채굴Mining은 새 블록을 만드는 작업
  - 이전 블록의 해시 값을 찾아낸 것이 작업 증명Proof-of-work
  - 채굴은 조금씩 쌓아가는 과정이 아니라 10분에 한 번씩 달리기 경주나 로또와 유사한데, 전 세계에서 채굴에 참여한 모든 컴퓨터가 10분에 한 번씩 조건을 만족하는 해시 값을 구하여 새 블록 생성
- 새 블록이 만들어지면 즉시 다른 노드에 전송
  - 계산 중에 다른 노드가 만든 블록이 입수되면 즉시 계산 중단하고 그 다음 블록을 만드는 계산에 착수
  - 새 블록이 블록체인에 추가된 노드만 채굴 보상금 수령(신규 발행 + 거래 수수료)
  - 평균 10분에 한 노드만 비트코인을 받도록 지속적인 튜닝
- 여러 노드가 동시에 채굴에 성공 시

작업 증명
네트워크의 모든 노드가 동시에 블록을 만들 수 없게 하는 알고리즘으로 이 알고리즘을 통과해야만 블록을 생성할 수 있음

H • 블록체인

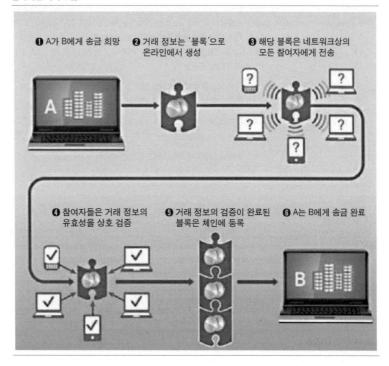

① A가 B에게 송금 희망 ② 거래 정보는 '블록'으로 온라인에서 생성 ③ 해당 블록은 네트워크상의 모든 참여자에게 전송

④ 참여자들은 거래 정보의 유효성을 상호 검증 ⑤ 거래 정보의 검증이 완료된 블록은 체인에 등록 ⑥ A는 B에게 송금 완료

- 긴 블록을 선호하는 정책
- 채굴 보상금은 즉시 사용할 수 없음(수령하여 100블록 추가한 뒤)

2 블록체인 기술의 이해

2.1 블록체인 기술

블록체인 기술은 크게 화폐(암호화폐), 프로그램(응용 애플리케이션), 금융계
약(기업형 분산원장) 등 세 개의 개념으로 구분할 수 있으며, 각 개념이 각기
다른 문제 해결을 위해 탄생되었기 때문에 상호 충돌되는 개념은 아니다.

블록체인 주요 요소 기술

구분	요소 기술	설명
거래	분산 합의	대기 중인 거래를 블록체인에 포함시켜 블록체인에 시간적 나열을 강제, 네트워크의 중립성 보호, 서로 다른 컴퓨터들이 시스템의 상태에 대해 동의함
검증	작업 증명 (Proof-of-Work)	블록 헤더를 요약해서 가장 많은 구성원이 가지고 있는 블록체인을 진짜로 인식해 다른 기록은 폐기하는 메커니즘
	머클트리(해시트리)	논-리프(Non-Leaf) 노드의 이름이 자식 노드 이름의 해시로 구성된 트리 (여러 블록으로 나뉜 데이터 전송 시, 데이터 무결성 보장)
기록	블록	거래의 집합으로 타임스탬프와 이전 블록의 지문이 표시
	해시 암호화	개별 거래의 내용을 고정된 길이의 독자적 해시 값으로 변경 저장

블록체인 기술의 특징

항목	주요 설명	효과
탈중계성	공인된 제3자의 공증 없이 개인 간 거래	불필요한 수수료 절감
보안성	정보를 다수가 공동으로 소유하여 해킹 불가능	보안 관련 비용 절감
신속성	거래의 승인·기록은 다수 참여에 의해 자동 실행	신속성 극대화
확장성	공개된 소스에 의해 쉽게 구축·연결·확장 가능	IT 구축 비용 절감
투명성	모든 거래 기록에 공개적 접근 가능	거래 양성화 및 규제 비용 절감

블록체인 기술의 장단점

항목	장점	단점
익명성	- 개인정보를 요구하지 않음 - 은행계좌, 신용카드 등 기존 지급 수단에 비해 높은 익명성 제공	- 불법 거래대금 결제, 비자금 조성, 탈세를 가능하게 함
P2P	- 공인된 제3자 없이 P2P 거래 가능 - 불필요한 수수료 절감	- 문제 발생 시 책임 소재가 모호
확장성	- 공개된 소스에 의해 쉽게 구축·연결·확장 가능 - IT 구축비용 절감	- 결제 처리 가능 거래 건수가 실제경제 내 거래 규모 대비 미미
투명성	- 모든 거래기록에 공개적 접근 가능 - 거래 양성화 및 규제 비용 절감	- 거래 내역이 공개되어 있어 원칙적으로 모든 거래가 추적 가능 - 완벽한 익명성 보장이 어려울 수 있으며 조합에 의한 재식별이 가능
보안성	- 장부를 공동으로 소유(무결성) - 보안 관련 비용 절감	- 개인 키의 해킹, 분실 등의 경우 일반적으로 해결 방법 없음 - 기밀성 제공하지 않음
시스템 안정성	- 단일 실패점이 존재하지 않음 - 일부 참가 시스템에 오류 또는 성능 저하 발생 시 전체 네트워크에 영향 미미	- 채굴이 대형 마이닝 풀(Mining Pool)에 집중 - 실시간, 대용량 처리의 어려움

H · 블록체인

2.2 블록체인의 구조적 위험과 한계점

분산형 장부Ledger 기술은 주요 비즈니스 프로세스를 혁신할 잠재력이 있다. 그러나 다른 첨단 기술이 그렇듯 위험을 초래할 가능성도 있어 도입과 활용 시 참조하여 추진하는 것이 필요하다.

2.2.1 불분명한 개념

블록체인의 정의를 '한 번 쓰면 부가 기록만 추가할 수 있을 뿐 덮어 쓸 수 없는 레코드(기록) 저장소'라고 규정했다. 블록체인은 분산되어 있고, 완전히 또는 부분적으로 복제할 수 있다.

블록체인은 암호 기법으로Cryptographically 보안을 처리하지만, 암호화Encrypting 와 다르다. 기본 값의 경우 블록체인의 콘텐츠, 트랜잭션, 레코드 그 자체는 암호화하지 않는다. 암호 기법으로 비트를 보안 처리하는 이유는 사용자가 트랜잭션을 해싱한 후 해시와 연결, 누군가 해시를 변경하려 시도할 때 즉시 이를 파악하기 위해서이다. 이는 해시가 일치하지 않는 상태가 되기 때문이다.

2.2.2 보안과 위험

금융 서비스와 보험 회사가 욕심을 내는 블록체인의 주요 기능 중 하나는 트랜잭션 보안을 보증하고 위험을 낮추는 것이다. 레코드가 변경되면 체인을 확인하는 사람이 이를 즉시 알 수 있기 때문이다. 그러나 블록체인 때문에 오히려 정보가 노출될 수도 있다. 기본적으로 체인의 콘텐츠가 순수한 텍스트이기 때문이다. 또 다른 경우도 쉽게 해독할 수 있는 형태이다. 다소 어려움은 있지만 결국 콘텐츠 내용을 파악할 수 있다는 것이다.

2.2.3 키 관리

최근 글로벌 결제 프로세서인 스위프트SWIFT를 이용한 사이버 범죄가 증가하고 있다. 스위프트는 신원 도용과 관련이 있으며, 체인에 사용하는 키를 훔칠 수 있다는 의미이다. 더 효과적으로 추적할 수 있을지 몰라도 방지는 불가능하다. 블록체인은 한 번 쓰면 변경할 수 없는 레코드이다. 그런데 실수를 저지르는 사람들이 있을 수 있고, 체인을 악용하려는 사기성 거래도 있을 수 있다.

2.2.4 접근 권한과 승인

승인과 암호화 관리를 위해 운용해야 할 키 세트의 수는 얼마일지, 승인을 취소하는 방법은 어떻게 구현할지, 체인이 기능하는 방식은 어떤 형태로 구현할지, 사용할 합의Consensus 알고리즘은 어떻게 구현할지, 암호화를 사용하고 있다면 어떤 알고리즘인지, 노드의 수는 어느 정도로 설계하는지, 체인 내·외부에 스토리지가 있는지 등 접근 권한과 승인 관련 부분만으로도 보안 측면에서 고려해야 할 요소가 많다.

2.2.5 엔터프라이즈급 배포

블록체인이 결제와 송금, 거래 후 처리, 컴플라이언스 등 기업용으로 적합한 기술처럼 보일 수도 있다. 그러나 엔터프라이즈급 IT 환경에 쉽게 도입할 수 있다는 보장이 없다. 전반적으로 아직 초창기 기술이고, 미성숙한 기술이 포함되어 있기 때문이다. 5~10년 후에나 대규모로 도입될 것으로 예상된다. 규모와 보안, 상호 운용성 측면에서 엔터프라이즈급 요건이 충분히 검증되고 확인된 기술이라고 보기는 어렵다.

2.2.6 스토리지

블록체인 기술을 도입할 계획이라면 스토리지와 관련된 의사결정을 해야 한다. 체인 내·외부, 심지어는 옆 블록체인에 스토리지를 배포할 수 있다. 최근 이에 대한 조사가 늘고 있다. 컴퓨팅 자원을 많이 요구하는 트랜잭션은 지연 시간latency 문제 때문에 여러 데이터베이스에 분산해 복제해야 한다. 더 많은 컴퓨팅 자원이나 스토리지가 필요하게 될 것이다.

2.2.7 합의된 공통 표준

공통 표준과 프로세스를 합의해야 한다. 세계에서 가장 큰 금융기관과 협력하고 있는 R3 컨소시엄 등 이에 관련한 움직임이 있기지만 여전히 풀기 힘든 숙제이다. 예를 들어, 40개 은행이 하나의 같은 프로세스에 합의한 적이 있는지 반문할 수 있다.

2.3 블록체인 1.0 vs 블록체인 2.0

비트코인의 블록체인을 v1.0이라고 하며, 이후에 나온 비탈리크 부테린
Vitalik Buterin이 발명한 이더리움-Ethereum의 블록체인을 v2.0으로 통칭하며, 2.0
은 개념상 크게 '응용, 핵심 기술, 인프라'로 구분할 수 있다.
- 블록체인 1.0 = 탈중앙화 + 무결성 유지
- 블록체인 2.0 = 탈중앙화 + 무결성 유지 + 클라우드 컴퓨팅

 블록체인 1.0까지는 장부에 데이터만 기록하지만 2.0부터는 프로그램 코
드가 장부에 기록되며 실행까지 가능하다. 이더리움, 하이퍼레저Hyperledger
등이 여기에 해당한다.
- 응용: 블록체인 버전별 주요 서비스
- 핵심 기술: '거래-블록-장부-확장'의 블록체인 개념, 암호화/합의 등 요
 소 기술, 기본 네트워크
- 인프라: 네트워크상의 P2P와 분산 프로토콜, 분산 장부 데이터

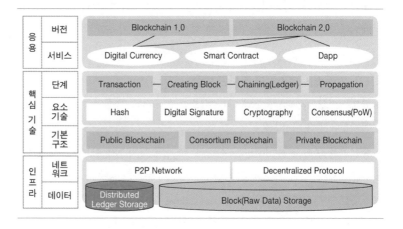

2.4 블록체인 2.0의 대표적인 기술 이더리움

2.4.1 블록체인 1.0 비트코인과 동일한 속성
- 익명성Anonymity: 애초에 어떠한 개인정보도 입력하지 않기 때문에 개인정
 보 유출의 염려가 없음

- 무국경성Borderlessness: 네트워크상에 존재하는 것이므로 국경에 구애받지 않아 범국가적으로 사용 가능
- 탈중앙성Decentralization: 중앙관리 서버나 주체가 없어 시스템을 장악하거나 변조하거나 유용할 수 없음
- 분산네트워크Distributed network: 전체 네트워크는 하나의 서버로 연결되는 것이 아니라 근처의 노드에 거미줄처럼 얽혀 있음. 단일한 공격점이 존재하지 않기 때문에 중앙 서버를 공격해서 시스템을 다운시키는 것이 불가능함
- DDoS 차단DDoS attack-proof: 수수료 시스템이 있기 때문에 DDoS 공격을 통한 시스템 마비가 불가능함. 블록체인상에서는 각 작업에 수수료를 청구하고 있으므로 애초에 막대한 자본이 없으면 DDoS 공격이 불가능함
- 분할성Divisibility into pieces: 화폐의 단위가 분할 가능함. 비트코인 등의 암호화 화폐Crypto currency는 원함이면 1원, 0.1원, 0.01원 등 무한히 단위를 낮출 수 있음. 디지털상의 단위이기 때문에 가능
- 투명성Transparency: 각 블록 안에 포함된 거래 내역을 모두 조회할 수 있음. 또한 시스템이 구동되는 원리가 포함된 소프트웨어 소스 자체가 모두 공개되어 있어서 모든 것을 투명하게 관찰하는 것이 가능함.

2.4.2 기존 비트코인보다 진보된 속성

- 튜링완전성Turing-Completeness: 이더리움을 사용하는 과정에서 튜링 완전한 언어를 사용할 수 있음.
- 플랫폼을 통한 응용성DApps on Platform: 하나의 서비스가 아니라, 서비스를 창조해낼 수 있는 거대한 플랫폼이기 때문에 무한한 응용이 가능함.
- 스마트 콘트랙트(자기강제적 언어Self-Enforcing Language): 이더리움을 통해 여러 가지 계약을 창조해낼 수 있으며, 해당 계약을 이행하는 것도 강제적으로 만들 수 있음. 즉, 파기할 수 없는 디지털 계약을 만들어낼 수 있음.

2.5 블록체인 시사점

블록체인은 금융 분야에서 출발했으나 실제 산업 분야에 적용 가능한 혁신적인 기술로서, 디지털 가치와 정보를 함께 전달 및 제공함으로써 금융, 제

조, 유통, 공공, 의료 등 전 산업에 걸친 디지털화와 융합을 촉진하고 있다.

- 데이터 및 자산 거래의 신뢰성을 기반으로 기업 간 거래 비용의 감소, 관리의 효율화, 정보의 신뢰성 제고 등 제4차 산업혁명의 성공을 위한 핵심 인프라로 자리매김하고 있다. 블록 체인 산업의 조기 도래에 따른 경쟁력 있는 콘텐츠 확보가 필요하다.
- 글로벌 기업과 국내 기업들은 앞다퉈 블록체인 기반의 제품 및 서비스를 시장에 출시하고 있으나, 시장의 판도를 변혁할만한 대표적인 콘텐츠와 서비스는 아직 등장하지 않고 있다. 블록체인 기반의 디지털 콘텐츠 시장의 성장에 대비한 생태계 조성도 적극적으로 추진 및 준비되고 있다.
- 개인 맞춤형 및 개인의 권리를 보호할 수 있는 블록체인 기반 콘텐츠와 서비스가 디지털 콘텐츠 시장을 지배할 것으로 예상된다.
- IoT, 클라우드 등 ICT 인프라가 지속적으로 확장됨에 따라 결국 블록체인 시장은 우수한 디지털 콘텐츠 제품 및 서비스를 가진 기업이 시장을 지배할 것이다.

블록체인 생태계에서는 관리적·법적·제도적·기술적 이슈 관점에서 해결해야 할 과제들이 존재하고 있는 상황으로 비트코인의 해킹, 디지털 통화의 높은 가격 변동성 등과 더불어 저작권 이슈, 사용자 및 관리자의 보안 인식 부족, 전문 인력 부족과 양성 체계 미흡 등 해결할 이슈들이 산적한 것도 사실이다.

 참고자료

정보통신산업진흥원. 2018. 「블록체인기술의 이해와 개발현황, 시사점」.
https://crpc.kist.re.kr/common/attachfile/attachfileNumPdf.do?boardNo=00
006326&boardInfoNo=0022&rowNo=1
http://www.ciokorea.com/news/30087
https://brunch.co.kr/@delight412/106

블록체인 응용 분야와 사례

미래 신기술로 각광받고 있는 블록체인 기술은 금융 및 ICT와의 융합 산업 등을 포함, 전 산업 분야에 활용되면서 비즈니스 환경을 이끌 것으로 예상되고 있다. 2016년 초 세계경제포럼(WEF)에서 4차 산업혁명 시대를 이끌 핵심 기술 중 하나로 블록체인을 선정했고, 글로벌 리서치 전문기관인 가트너와 딜로이트 등도 2017년 기술 트렌드 중 하나로 블록체인을 선정한 바 있다. 이를 기반으로 2025년까지 블록체인 기반의 플랫폼이 전 세계 GDP의 약 10%를 차지할 것으로 전망하고 있다.

1 블록체인의 중요성

1.1 블록체인의 가치

가치	내용
금융 거래 비용 절감	- 블록체인 시스템 자체가 기록의 무결성을 증명·보증함 - 이런 특성 때문에 블록체인을 활용하면 고도의 인프라를 구축하지 않고도 안전하고 편리한 금융 서비스 제공 가능
가치의 인터넷	- 은행은 서버를 해킹당하면 데이터가 조작될 수 있지만 블록체인은 일정 규모에 도달하면 사실상 조작이 불가능 - 모든 사용자(노드)가 거래 장부를 갖고 있기 때문에 N/W 일부에 문제가 생겨도 전체 블록체인 작동에는 지장 없음
추적성	- 지금껏 금융 거래는 금융회사와 거래 당사자 사이 비밀이었지만, 블록체인은 모든 거래 내역을 기록하고 공유함
익명성 보장	- 블록체인을 쓸 때는 내가 누구인지 증명할 필요가 없음 - 금융회사 입장에서는 개인정보를 수집하지 않으니 고객 개인정보를 보관하고 관리하는 데 자원이 불필요 - 해킹되더라도 개인정보가 유출되는 경우가 없음

블록체인은 급속히 증가하는 방대한 양의 데이터에 대한 컨트롤을 법칙 기반으로 참여자가 모두 공동으로 관리할 수 있도록 구현한 기술이므로 그 가치와 전망은 매우 밝다.

1.2 블록체인의 유형

영역	퍼블릭	컨소시엄	프라이빗
개념	누구나 네트워크에 참여하고 누구에게나 열람/송금 가능하도록 공개됨	여러 기관이 컨소시엄 형태로 참여	하나의 기관에서 독자적으로 사용
블록 크기	1MB, 초당 7건	사용자 정의	
권한	누구나 열람 가능	회원	허가된 기관만
거래 검증/승인	NW에 참여하는 누구나 검증 및 승인	승인된 기관과 감독기관	
트랜잭션 승인	누구나 트랜잭션을 생성	법적 책임을 지는 기관만 참여	
거버넌스	한번 정해진 법칙을 바꾸기 어려움	중앙기관 의사결정에 따라 변경 가능	
특성	공개성, 분산성	폐쇄성, 집중성	
거래 속도	느림(7~20TPS)	매우 빠름(1000 TPS)	
확장성	NW 확장 어려움	NW 확장 용이	
주요 활용처	암호화 화폐, 공증 등	은행 프로젝트	-
주요 사례	비트코인, 리플(Ripple), 이더리움 등 지불결제	하이퍼레저 프로젝트, EEA, R3CEV 등 데이터 분산 관리에 활용	

1.3 블록체인 적용 사례

금융, 자동차, 의료, 교육, 부동산, 유통, 물류 등 다양한 영역과 적용 방식, 활용을 통한 블록체인 적용 사례가 급격히 확산되고 있으며 유의미한 성공 사례도 발표되고 있다.

- **금융권**: 블록체인은 디지털 통화의 거래 및 저장 시스템에 활용되므로 금융권을 중심으로 기존 비즈니스 프로세스를 바꿀 새로운 패러다임으로 인식
- **비금융권**: 다양한 비금융권 분야에서 블록체인 도입을 위한 시도가 활발하게 진행되고 있음
- **자율주행 자동차**: 도요타는 자율주행 자동차 개발에 도움이 될 데이터를 수집하기 위해 블록체인을 사용할 계획 발표(2017.5)
- **교육**: MIT는 대학 최초로 111명 졸업생에게 전통적인 졸업장 외에도 앱

을 통해 스마트폰으로 학위를 수여받을 수 있는 시범 프로그램 진행
(2017.10)
- 기부: UN은 2017년 5월 1일부터 세계 식량 계획의 자금을 요르단에서 1
만 명 이상에게 분배하기 위해 이더리움을 사용할 예정
- 의료: 건강정보 기록 및 공유 관련 블록체인 기술 사례 증가
- 부동산: 부동산 거래 플랫폼 기업 프로피Propy는 국경을 넘어 온라인으로
부동산을 구매할 수 있도록 이더리움을 기반으로 프로젝트 진행(2016.9)
- 유통: IBM은 약 400개의 블록체인 기술 활용 사례를 보유하고 있으며 중
국 돼지고기 유통 시스템에 블록체인을 접목
- 물류: SK C&C는 물류 관련 정보를 실시간 공유할 수 있는 블록체인 기반
물류 서비스 개발 및 시범 적용 테스트 실시

영역	주요 응용 사례 내용
Crypto-Currency	- Bitcoin(블록체인을 사용한 첫 번째 응용 사례) - Bitshares(Exchage Market), Altcoin
Registry, Open ID	- Dot-Bit(DNS 서비스), ONENAME(Open Identity)
Messaging	- Reddit Style, Twitter Style
IoT	- M2M, Registration, S/W Update - Energy Management / Energy Payment - ADEPT(Autonomous Decentralized Peer-to-peer Telemetry)
기타	- Cloud Storage (STORJ.IO), Game, SNS - Electric Voting System, Reputation, P2P Marketplace

1.4 블록체인의 디지털 콘텐츠 활용 방안

블록체인 기술이 활용되기 위해서는 저작권 보호, 거래 및 결제, 계약, 정보
기록 등 관련 법 개정 및 제정 등 대응 방안 마련과 사회적 문화 조성이 반
드시 필요하다.

- 유통 효율화: 현재의 디지털 콘텐츠 산업 생태계는 오프라인 포맷, 모바
일, 케이블 등 포맷 측면에서도 고도로 파편화되어 있고 제작자, 배급업
자, 소비자 등 가치 사슬 간 관계도 불공정한 상황
⇒ 스마트 계약 방식 활용 시 제작자와 소비자가 배급자에 대한 과도한
수수료 부담도 덜고, 콘텐츠에 대한 권한도 당사자 간 조율이 가능

- 제작자는 콘텐츠의 권한을 다양한 방식으로 분할할 수 있고, 구매자는 필요한 권리만 구매할 수 있게 되며 각 콘텐츠 조각에 연결된 스마트 계약은 해당 콘텐츠 거래 기록을 투명하고 불변의 방식으로 개별 기록
- 모든 잠재 구매자가 콘텐츠 권한을 볼 수 있지만 판매자는 다양하게 분할된 방식의 권리 판매를 통해 최적의 수익 창출을 보장받을 수 있게 됨

- 저작권 보호: 현재 콘텐츠 개발자들은 창작물에 대한 권리를 인정받기 위해 저작권 등록을 하고, 콘텐츠 이용자로부터 사용료를 받기 위해 저작권 관리와 사용료 징수를 수행하는 기관이나 기업의 도움을 받음
  ⇒ 블록체인 기반의 콘텐츠 관리의 효율화 필요. 블록체인에 한번 기록된 거래 기록은 변조가 불가능하기 때문에 신뢰성이 매우 높으며 음원, 출판, 미디어 등 콘텐츠의 저작권 등록과 이용 허가 등에 블록체인 활용 시 효과적임

- 디지털 광고: 올해 전 세계 디지털 광고 시장이 2000억 달러를 돌파하여 TV광고 시장 규모를 넘어서면서 가파른 성장세를 보이고 있으나, 온라인 광고 사기 증가 등 부작용도 심각해지는 상황
  ⇒ 블록체인 기술적 특성상 모든 거래 기록, 모든 이용자의 기록이 남게 되므로 거래하는 마케터와 소비자 모두 상대방에 대한 정보 부족에서 오는 불안을 해소하며 상호 신뢰도를 제고할 수 있음
  - 소비자는 마케터에게 공유 및 판매를 원하는 정보만 오픈하도록 할 수 있고 허가받은 기업에 자신의 정보를 판매할 수도 있음
  - 기업은 분산원장에 남은 소비자들의 기록을 통해 타깃 고객층을 정확히 파악할 수 있어 광고의 정확도도 높일 수 있음

2 블록체인 기술 동향

2.1 블록체인 트렌드(2018~2019년)

영역	예상 트렌드 내용
1. 금융 외 블록체인 적용 확대	- '20년내 의료조직의 20%가 블록체인 도입 - 지원자 경력/자격조건 위조방지 - 지적재산권 및 부동산 증서/거래 효율화
2. IoT와 블록체인 결합	- 블록체인을 활용한 IoT 보안 향상 - 블록체인 기술 기반 M2M 거래 연구 시
3. 스마트 계약 활성화	- 직원 KPI 달성 시, 성과급 자동 지급 가능 - AIG 사 스마트계약 기반 보험계약 관리 파일롯(Pilot) 수행
4. 정부 주도 블록체인 도입	- 과기부 2018년 블록체인 확산 원년 선포 - 기술 개발 및 다양한 서비스 개발, 실증사업 추진 - 타이베이 스마트 시티 추진 - 신분증, 대기오염지수
5. 암호화폐 국가 공인 가능성	- 금융 및 공공 서비스 효율화에 대한 암호화폐 잠재력이 명확화됨에 따라 각국 정부 암호화폐 경제 편입 가능성 있음
6. 여러 블록체인 팀의 실패	- 블록체인 열풍에 명확한 목표와 전략 없이 성급하게 뛰어든 곳은 위기를 맞을 것

참고자료

정보통신산업진흥원. 2018. 「블록체인기술의 이해와 개발현황, 시사점」.

https://crpc.kist.re.kr/common/attachfile/attachfileNumPdf.do?boardNo=00
006326&boardInfoNo=0022&rowNo=1

http://www.ciokorea.com/news/30087

https://brunch.co.kr/@delight412/106

https://medium.com/ceta-network/2-%EB%B8%94%EB%A1%9D%EC%B
2%B4%EC%9D%B8-%EA%B8%B0%EC%88%A0%EC%9D%B4%EB%9
E%80-%EB%AC%B4%EC%97%87%EC%9D%B8%EA%B0%80-b98e0c7
ad6d1

H-3

암호화폐

ETF(Exchange Traded Fund)
말 그대로 인덱스펀드를 거래소에 상장시켜 투자자들이 주식처럼 편리하게 거래할 수 있도록 만든 상품

비트코인은 2018년 현재 8000달러를 넘어 거래되고 있다. 2014년 이래 암호화폐 시장은 ETF를 발매하여 사람들이 브로커 계정에서 비트코인을 쉽게 사고팔도록 진화해왔다. 암호화폐 교환을 둘러싼 국제 규제가 없다는 부분도 최근 한국과 일본의 규제 결정으로 안정성을 확보해가고 있다고 본다. 최근 거래소 해킹이 발생하거나 개인 키(private key)가 분실되는 일이 증가하고 있는데 두 가지 모두 이로 인해 손실을 입게 될 경우 보험회사를 통해 투자자가 보상을 받을 수 있게 되었다. 최근 미국과 한국에서는 각각 비트코인 시세 조작 사건이 대형 거래소를 중심으로 발생했다. 어떤 이는 암호화폐 가격 상승에 인생 2막을 걸기도 하는데 이 장에서는 암호화폐의 기술적인 부분만을 다루기로 한다.

1 암호화폐(가상화폐)의 기술 요소

1.1 등장 배경

- 금융화폐시장의 불합리성 해소
- 과다한 수수료, 오랜 처리 대기시간
- 중앙집권화, 중앙 서버에 기록, 중앙집중식 폐쇄 장부

사토시 나카모토
(일본어: 中本哲史, 영어: Satoshi Nakamoto)
비트코인 개발자이다. '사토시'는 일본어로 '명석한, 똑똑한', '나카'는 '매체, 내부, 관계', '모토'는 '토대, 기원'이라는 의미이며 필명으로 추정된다.

1.1.1 사토시 나카모토 中本哲史, Satoshi Nakamoto (비트코인 개발자)

- 정부나 중앙은행, 금융회사 등 어떤 중앙집중적 권력의 개입 없이 작동하는 새로운 화폐 창출에 대한 연구를 논문(2008)으로 발표했다.
- "국가 화폐의 역사는 (화폐의 가치를 떨어뜨리지 않을 것이란) 믿음을 저버리는 사례로 충만하다"고 비판
- 2008년 11월, 사토시 나카모토는 "비트코인: P2P 전자 현금 시스템" 연구 논문, 암호학 이메일 발신 목록 발표(최초의 암호학 논문) → 2011년 4월

23일 "저는 다른 일을 하게 되었습니다. 비트코인은 개빈Gavin 등 유능한
사람들이 떠맡게 됩니다"라고 선언

1.1.2 크레이그 스티븐 라이트Dr. Craig Steven Wright

크레이그 스티븐 라이트
호주의 사업가 겸 컴퓨터 공학자

- 2007 미국 서브프라임 모기지론 사태로 부동산 담보 채권이 폭락 → 부실
  채권 할인 판매 → 반복 → 슈퍼 인플레이션 → 기축통화(달러)의 붕괴 →
  부동산 폭등 → 양적 완화(달러를 마구 발행하여 빚 청산)
- 발행부터 한정된 화폐, 전 세계 공통 사용, 환전 불필요, 인플레이션 걱정
  이 없고 가치가 일정한, 위조도 해킹도 안 되는 완벽히 암호화된 화폐, 은
  행 없이, 즉시 송금하고 받을 수 있는 화폐를 고민하게 됨

1.2 블록체인: 비트코인의 보안 암호화 기술

- 분산원장을 구현할 수 있는 가장 인기 있고 광범위하게 활용되는 기술
- 블록체인 기술을 활용한 분산원장에 모든 거래를 기록하고, 거래 당사자
  들의 모든 합의를 위해 채굴mining이라는 방법을 도입했으며, 채굴의 보상
  으로 발행되는 것이 비트코인이라는 가상화폐임

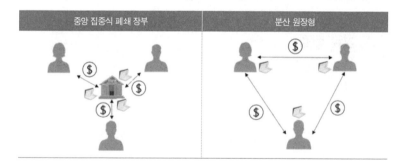

2 블록체인의 구조

2.1 블록체인의 블록 구조

- 블록 1은 태초의 블록으로 제네시스 블록Genesis Block. 계속 이어 붙임
- 제네시스 블록에는 한 개의 거래(트랜잭션)가 있음(사토시에게 50BTC 주기)

H · 블록체인

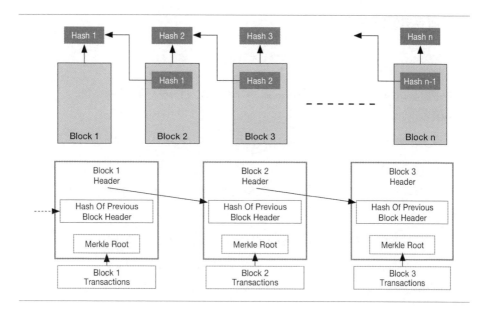

2.2 원장 신뢰의 방법: 작업 증명

모든 참여자가 협력하여 10분 정도 소요되는 문제를 풀어야 하고 이 문제의
정답을 작업 증명Proof of Work이라 한다. 이 작업 증명이라는 것이 각자 보관
하고 있는 원장을 신뢰할 수 있도록 해주는 근거가 된다.

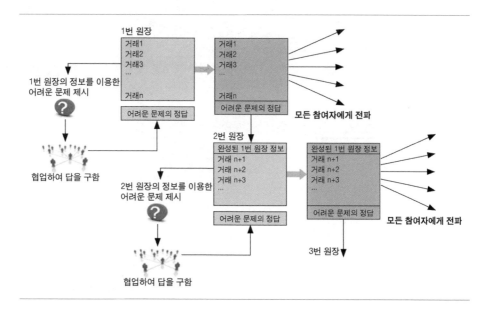

2.3 비트코인의 블록 구조

- POW는 SHA256 해시 값을 활용
- 해시캐시hashcash: SHA256"some Transaction" → 0000으로 시작하는 해시 값
  출현
- 난스nonce: 최초 0에서 시작하여 조건을 만족하는 해시 값을 찾아낼 때까
  지의 1씩 증가하는 계산 회수
- 비트코인의 작업 증명도 노드 수와 상관없이 10분 정도 걸려야 풀 수 있
  도록 난이도 조정
- 비트코인 네트워크에 참여한 노드 중 작업 증명에 성공한 노드는 블록을
  완성하고 비트코인 참여자에 배포하며 이에 대한 대가를 비트코인으로
  받음: 비트코인 발행 → 시스템을 신뢰할만한 블록의 생성을 위해 참여자
  들이 협업하도록 유인하는 정책

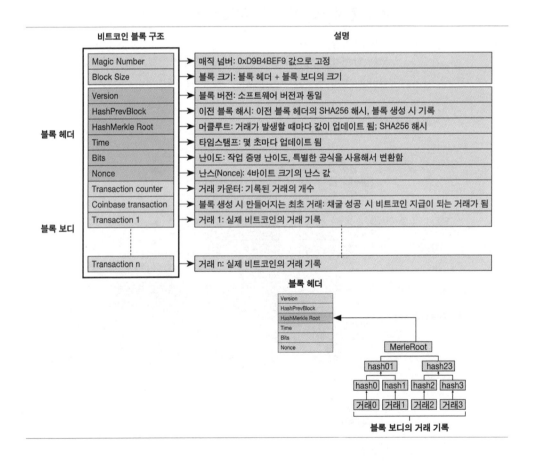

비트코인 블록 구조	설명
Magic Number	매직 넘버: 0xD9B4BEF9 값으로 고정
Block Size	블록 크기: 블록 헤더 + 블록 보디의 크기
Version	블록 버전: 소프트웨어 버전과 동일
HashPrevBlock	이전 블록 해시: 이전 블록 헤더의 SHA256 해시, 블록 생성 시 기록
HashMerkle Root	머클루트: 거래가 발생할 때마다 값이 업데이트 됨; SHA256 해시
Time	타임스탬프: 몇 초마다 업데이트 됨
Bits	난이도: 작업 증명 난이도, 특별한 공식을 사용해서 변환함
Nonce	난스(Nonce): 4바이트 크기의 난스 값
Transaction counter	거래 카운터: 기록된 거래의 개수
Coinbase transaction	블록 생성 시 만들어지는 최초 거래: 채굴 성공 시 비트코인 지급이 되는 거래가 됨
Transaction 1	거래 1: 실제 비트코인의 거래 기록
Transaction n	거래 n: 실제 비트코인의 거래 기록

블록 헤더 / 블록 보디

블록 헤더

Version
HashPrevBlock
HashMerkle Root
Time
Bits
Nonce

MerleRoot

hash01   hash23

hash0 hash1 hash2 hash3

거래0 거래1 거래2 거래3

블록 보디의 거래 기록

- 비트코인은 블록 21만 개가 생성될 때마다 발행되는 비트코인 수를 절반으로 줄임. 최초 21만 개의 블록이 생성될 때(시간으로는 대략 4년)까지는 블록당 50비트코인씩 발행했고, 현재는 블록당 12.5비트코인씩 발행
- 작업 증명을 성공하기 위해 수많은 연산을 해야 하는데, 금광에서 금이 나올 때까지 곡괭이질을 하는 것에 빗대어 채굴이라 표현. 성공하면 새롭게 발행된 비트코인을 보상으로 받음

2.4 비트코인 총량이 21만 개인 이유

블록은 채굴 작업을 통해 발행되며 발행 시마다 '블록 발행 보상'을 채굴자에게 지급한다. '블록 발행 보상'은 2016년 기준으로 25비트코인이며 매 '21만 블록(약 4년)'을 기준으로 발행량을 절반으로 줄이게 된다. 2009년 1월 첫 발행 시에는 50비트코인씩 발행했다면, 약 4년 뒤인 2013년 말부터는 25비트코인으로 발행량이 줄어든다. 역시 4년 뒤 2016년 7월 10일에는 12.5비트코인으로 매 4년마다 계속 반으로 줄어드는 구조이다. 이렇게 발행되는 비트코인의 총량이 21만 개에 이르면 비트코인의 신규 발행은 종료된다.

단계	블록 번호	블록당 보상	기초 금액	발행액	기말 금액 (기초+발행)	발행 누적액/총액
1	10	50.00000000	0.0000	10500000	10500000.0000	50.0%
2	210000	25.00000000	10500000.0000	5250000	15750000.0000	75.0%
3	420000	12.50000000	15750000.0000	2625000	18375000.0000	87.5%
4	630000	6.25000000	18375000.0000	1312500	19687500.0000	93.8%
5	840000	3.12500000	19687500.0000	656250	20343750.0000	96.9%
6	1050000	1.56250000	20343750.0000	328125	20571875.0000	98.4%
30	6090000	0.00000009	20999999.9433	0.0189	20999999.9622	99.9999993%
31	6300000	0.00000004	20999999.9622	0.0084	20999999.9706	99.9999997%
32	6510000	0.00000002	20999999.9706	0.0042	20999999.9748	99.9999999%
33	6720000	0.00000001	20999999.9748	0.0021	20999999.9769	100.00000000%

자료: http://finector.com/

2.5 합의 메커니즘 Consensus Mechanism

블록체인에서 악의적인 공격을 거짓 정보로 판별해내고 진짜 거래만을 블록에 올려 데이터베이스를 업데이트 할 권한을 누가 가질 것인가 등은 네트워크 참여자들의 합의를 통해 결정된다. 이때, 이러한 노드들 간의 합의를 이루는 방법을 합의 메커니즘이라고 한다. 종류는 다음과 같다.

- PoW Proof of Work = Mining
- PoS Proof of Stake
- PBFT Practical Byzantine Fault Tolerance
- SCP Stellar Consensus Protocol
- POI Proof of Importance

POW는 전용 하드웨어(채굴기)가 24시간 동안 가동이 필요함에 따라 전력 에너지 소모량이 많아지는 문제점이 발생한다. 또한 채굴 집중화에 따른 51% 공격 문제도 발생하게 된다.

POS는 자산을 많이 가진 사람에게 장부를 작성할 권한을 주는 것을 말한다. POS는 발굴자 대신 검증자 Validator가 자신이 보유한 자산에 따라 블록으로 검증할 수 있는 권한을 갖게 된다. POS의 기본 원리는 특정 시스템에 많은 지분을 가진 사람들은 자신의 지분 가치가 떨어지는 것을 싫어한다는 것이다. POS는 POW보다 에너지가 적게 든다. POS에서는 검증자가 잘못된 가짜 블록에 대해 서명을 해도 잃을 것이 없기 때문에 진짜 블록과 가짜 블록을 모두 서명해버려서 노드에 어떤 위험이나 손해가 전혀 없는 Nothing-at-Stake 문제가 발생한다. POS 문제를 해결하기 위해 검증자에게 보증금을 예치하도록 하여 예치된 보증금에서 해당 블록이 거짓임이 밝혀질 때마다 보증금을 차감하여 블록을 유지하게 하는 Something-at-Stake 방식으로 해결할 수 있다.

2.6 채굴 Mining

채굴이란 비트코인이 존재하기 위해 처리되어야 하는 컴퓨터 연산 작업에 참여하고 그 대가를 받는 것으로 비트코인의 채굴은 두 가지 종류가 있다.

- 채굴 1. 새로운 공개 암호키 생성
- 채굴 2. 요청된 거래 내역 처리 및 검증 작업

 새로운 비트코인을 생성하는 것이 곧 새로운 공개 암호키를 생성하는 것과 같다. 비트코인은 공개 암호화 키를 사용하기 때문에 보안에 취약한데 오랜 시간 공개 키를 유지하게 되면 해당 키를 사용한 해킹 시도가 성공할 수도 있게 된다. 즉, 동적으로 공개 키를 변경해야 하는 부담이 생긴다. 해커가 예측 가능한 키가 되지 않기 위해서는, 해시 암호키 생성을 위한 연산 작업 자체가 예측 불가능해야 하는 것이다. 그런 예측 불가능한 해시 키를 생성시키는 작업을 채굴이라고 한다. 채굴 작업은 10분 간격으로 발생되도록, 참여한 컴퓨터들의 연산 능력에 따라 2주에 한 번씩 난이도를 변경하는데, 이러한 병렬 작업에 참여하는 모든 사용자는 비트코인을 받을 수 있는 기회를 얻지만, 생성하는 기여도에 따라 50코인 이하를 지급받게 된다. 상위 50위 안에 들지 못하면 확률적으로 코인을 받을 가능성은 거의 없는 것이다.

 공개 암호화 키 방식은 두 소수(1과 그 수 자신 이외의 자연수로는 똑 떨어지게 나눌 수 없는 자연수)가 주어졌을 때, 그 두 소수의 곱은 쉽게 구할 수 있지만 어떤 두 소수의 곱이 주어졌을 때 이 어떤 두 소수의 곱인지 알기 어렵다는 것에서 착안한 방법이다. 즉, 공개 암호화 키 방식은 누구나 한쪽 방향으로는 쉽게 들어갈 수 있어도 특정한 사용자 외에는 되돌아올 수 없는 이른바 덧문trapdoor과 같은 장치가 마련되어 있다. 이와 같은 원리를 기초로 정보를 암호화하여 보호하는 방식이 비트코인을 주고받을 때 사용되는 공개 암호화 키 방식이다.

실제로 공개열쇠암호 방식이 처음 발표되었던 1977년에 사용한 수
실제로 두 소수의 곱을 공개할 때는 두 소수가 각각 100자리 이상인 소수를 사용한다.

$$m = 11438162575788886766923577997614661201021829672124236256256 18429 \\ 3570693524573389783059712356395870505898907514759929002678 9543541$$

그 당시 알려진 인수분해 알고리즘을 이용하여 인수분해 하는 데 4000조 년이 걸릴 것으로 예상했으나 1994년에 개량된 인수분해 알고리즘이 발표되어 다음과 같은 두 소인수를 구했다.

$$\alpha = 3276913299326670954996198819083446141317764296799294253979 8288533$$
$$p = 3490529510847650949147849619903898133417764638493387843990 820577$$

두 번째 채굴 방법인 요청된 거래 처리 및 검증 작업은 암호화 거래를 처리하고 인증하고 검증하기 위해 컴퓨터의 연산 작업이 필요하다. 분산 블록체인 서버를 보유하고 있는 경우 처리에 참여할 수 있는 채굴 작업이 된다. 거래 처리는 분산 블록체인 서버 6회 이상의 인증을 받아야만 공식적인 거래로 인정된다.

이런 채굴의 경우, 정기적인 전송 검증 작업인 10분에 한 번 25코인을 지급하고, 6등까지 코인을 지급받는 경우와 일정 수수료를 지급받고 특수한 전송 작업을 처리해주는 경우가 있다.

2.7 이체 확인Confirmation

이용자가 이체를 발생시키면 이것을 채굴자가 자신의 블록에 넣어 발행하게 되는데, 이 순간 해당하는 이체 내역의 '이체 확인confirmation'은 1이 된다. 그리고 해당 블록의 해시를 이용한 다음의 블록이 발행되면, 해당 이체 내역의 이체 확인은 2가 되는 식이다.

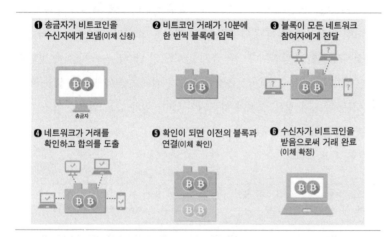

비트코인 프로그램은 각 이체가 총 6번(60분)의 이체 확인을 받아야 재이체(사용)가 가능하도록 설계되어 있는데, 이것을 일반적인 POS 과정(슈퍼에서 껌을 사기 위해 이체하고 한 시간을 기다릴 수는 없는 일이다)에 그대로 도입하는 것은 불가능할 것이다. 따라서 각 사업자는 자신이 리스크를 지고 필요에 따라 1~2 이체 확인 또는 단순히 TxID를 통한 이체신청 내역 사실 확

인만으로도 이체 확인을 해주는 '제로-컨펌zero-confirmation'까지 다양하게 조정하여 사용하고 있다(일반적인 가상화폐 거래소의 경우 한 번의 이체 내역 확인(=1블록 컨펌)만으로도 이를 인정해준다).

2.8 이체 발생 과정Transaction Process

이체가 발생하고 확정되어 가는 과정은 이렇다.

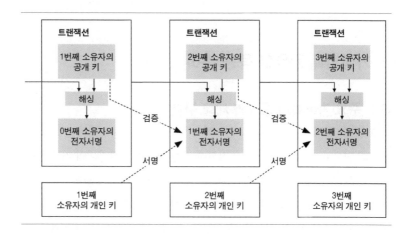

① 한 이용자가 개인 키private key를 사용하여 이체 거래 A를 신청한다.
② 이체 거래 A에 해당하는 해시 값이 발행된다(TxID). 이를 통해 이체 내역은 즉시 확인할 수 있다.
③ 이체 거래 A 내역을 자신의 이체 풀에 넣어 보관한다.
④ 채굴자가 목표 값 해싱에 성공하여 블록 생성 권한을 얻고 새 블록에 이체 신청 내역을 차례로 담아 발행한다.
⑤ 이체 거래 A 내역을 담은 블록이 네트워크에 전파된다.
⑥ 이체 거래 A가 1회 확인받는다.
⑦ 네트워크를 통해 해당 블록을 전파받은 다음의 채굴자가 블록 생성 권한을 얻고 다음 블록을 생성한다.
⑧ 이체 거래 A를 담은 블록의 '다음 블록'이 네트워크에 전파된다.
⑨ 이체 거래 A가 2회 확인받는다.
⑩ 위의 과정이 끝없이 반복된다.

2.9 이체 신청과 이체 확인의 과정

누군가 A주소의 비트코인을 B주소로 이체하기 위해 이체 거래를 신청하고 자신의 '개인 키'로 서명해 네트워크에 전파하면 '이체 신청Transaction'이 끝난다. 이를 채굴자가 전파받아 자신이 발행하는 블록에 산입하여 넣고 이를 전파하면 '이체 확인Confirmation'이 된다. 마지막으로 비트코인을 이체받는 주체가 이체 내역을 승인하면 그것이 '이체 확정Settlement' 된다.

3 가상화폐 종류와 응용 분야

3.1 주요 가상화폐 종류와 세대 구분

전 세계적으로는 현재 약 1204개 정도가 각종 거래소에 상장되어 거래 중이다. 우리나라 3대 거래소는 빗썸bithumb, 코인원coinone, 코빗korbit으로 코스닥의 일일 거래대금을 넘어서기도 했다. 넥슨에서 코빗을 인수하여 가상화폐 거래소 시장 진출을 선언하고, 카카오스탁을 운영하고 있는 두나무에서 업비트를 시작했다.

자산	실시간 시세	원화 기준 변동률(%) / 거래량			24시간 ▼
비트코인	6,595,000원	+344,000원(+5.50%)⬆	24,002	비트코인	(≈ 158,295,124,775원)
이더리움	343,700원	+5,950원(+1.76%)▲	83,262	이더리움	(≈ 28,617,202,068원)
대시	334,800원	+1,200원(+0.35%)▲	12,576	대시	(≈ 4,210,450,270원)
라이트코인	64,220원	+1,120원(+1.77%)▲	292,075	라이트코인	(≈ 18,757,062,614원)
이더리움 클래식	12,085원	+215원(+1.81%)▲	665,082	이더리움 클래식	(≈ 8,037,520,503원)
리플	235원	+3원(+1.29%)▲	119,681,375	리플	(≈ 28,125,123,165원)
비트코인 캐시	382,000원	+11,600원(3.13%)⬆	124,792	비트코인 캐시	(≈ 47,670,724,406원)
모네토	101,890원	+890원(+0.88%)▲	231,105	모네토	(≈ 23,547,353,212원)
제트캐시	253,350원	+11,850원(+4.90%)⬆	39,773	제트캐시	(≈ 10,076,679,758원)
퀀텀Ⓝ	12,100원	+230원(+1.93%)▲	1,783,593	퀀텀	(≈ 21,581,476,767원)

- 알트코인Altcoin: 가상화폐의 대표격인 비트코인을 제외한 다른 모든 가상화폐이다.

- 이더리움Ethereum: 러시아 출신 캐나다인 비탈리크 부테린Vitalik Buterin이 2014년 개발한 가상화폐로 거래정보 처리 속도나 확장성 등에서 비트코인의 문제점을 보완한 2세대 가상화폐이다. 삼성 SDS를 포함한 글로벌 대기업들이 이더리움에 기반한 기업용 블록체인 연합체로 구성되었다. 엔터프라이즈 이더리움 얼라이언스EEA에 합류한 사실이 알려지면서 가격이 급등했다.
- 리플Ripple: XRP코인. 글로벌 정산 네트워크에서 사용되는 코인이다. 국제적으로 이뤄지는 결제 시 각 기관의 정산 과정을 거칠 때 시간과 비용을 줄이기 위한 시스템이 바로 리플이며 여기에 쓰이는 코인이 XRP코인이다.
- 폴리비우스Polybius: IoT(사물인터넷)와 빅데이터 그리고 블록체인 기술을 활용한 인터넷 은행 설립용이다.
- 큐텀Qtum: 비트코인과 이더리움의 장점을 합쳤다는 평가를 받고 있다. '중국판 이더리움'으로 불리며 중국 내수시장을 중심으로 가격 상승이 기대된다.
- 에이다ADA: 카르다노 파운데이션Cardano Foundation에서 발행하는 가상화폐이다. 단위는 ADA. 비트코인과는 달리 채굴이 불가능하여 만들어지면서 한계량만큼 다 만들어진다. 총 발행량은 630억ADA이다. 발행량이 처음부터 정해져서 소유한 사람이 늘어날수록 가치가 상승한다. 차세대 모바일용 가상화폐(주로 카지노, 파친코 등에 부정 조작을 할 수 없도록 설계) 평등한 화폐, 뛰어난 보안을 자랑하는 3세대 가상화폐라고 할 수 있다.

3.2 응용 분야

- 비트코인 초기 단계에서는 거래와 투기에 이용되기도 함
- 전통적인 송금 서비스에 비용 절감 효과
  - 비자카드와 마스터카드의 지불처리 방식 개선
  - 리플 자신들의 글로벌 네트워크 사이의 거래 비용 절감
  - 디지털 애셋 홀딩스Digital Asset Holdings, 블록스트림Blockstream, 체인Chain 비용을 낮추고 효율을 개선하기 위해 사용
- 중앙은행: 통화정책, 과세, 대출에 디지털 통화인 피아트 머니fiat-backed 검토

금융기관 중앙 장부
은행, 카드, 보험,
증권, 거래소

분산된
공공 장부
네트워크

3.2.1 PoE Proof of Existence

블록체인이 장부라는 점에 착안하여 특정 시간에 어떤 문서(파일 형태)가 특정 내용으로 존재했다는 것을 블록체인에 기록해주는 서비스를 말한다.

- 제3자에 의해 특정 문서를 공증받는 현재의 관행을 불필요하게 만드는 파괴적 기술이다.
- PoE는 중국의 카난Cannan이라는 회사에 인수되었다.
- 기존의 공증은 전문적인 서비스를 하는 회사일 가능성이 크고 일정 수수료를 지불해야 하나 블록체인에 이를 기록하면 문제가 달라진다.
- 파일 형태로 만들고 이를 SHA265 암호화를 거친 해시만을 블록체인에 기록하기 때문에 공증을 받을 필요도 없고, 독립적인 공증인을 구해 귀중한 자료를 노출할 필요도 없다. 인공지능과 더불어 거래의 검증을 해주는 제3자로서 활동하는 전문기관에는 큰 위협이 된다.
- IoT와의 융합으로 다수가 함께 이용하는 시설물에 대해 5분 간격으로 측정한 아크데이터를 블록체인에 저장해둠으로써, 화재나 문제 발생 시 원인 감정과 분석 자료로 활용할 수 있다.
- 블록체인을 이용한 ① 기존 금융 서비스 혁신, ② 금융 서비스 통합 플랫폼, ③ 범용 확장을 통한 사물인터넷 및 M2M 등의 활용이 예상된다.
- 디지털 아이덴티티Digital Identity: 인증/권한 대행 정보 관리, 식별속성 정보 마스터 관리, 암호화/키 관리 기술에 블록체인 기술 적용
- 디지털 페이먼트Digital Payment: 디지털 자금/결제 수단으로 사용자의 충전, 전환, 송금, 결제, 출납 등의 기능을 수행할 수 있으며, 현금 없는 사회를 선점할 수 있는 플랫폼
- 디지털 스탬핑Digital Stamping: 공인전자문서센터(공전소 등)가 수행하던 문서의 생성 시점 확인 및 이력 보존 적용을 통해 기존 방식 대비 비용 및

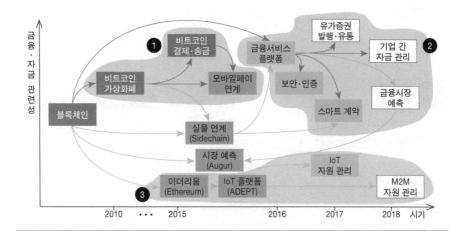

장애 리스크 감소

- 서플라이 체인 파이낸스Supply Chain Finance: 공급망과 유통망에 디지털 송장을 적용하여 각 단계별 행정 처리를 투명하게 관리

- 디지털 프로비넌스Digital Provenance: 식료품 유통에서 참여자 확인Confirm 내역이 트랜잭션으로 블록체인에 저장되고 소비자가 활용하게 됨

3.2.2 블록체인 플랫폼

- 하이퍼레저: 2015년 12월 리눅스 재단Linux Foundation이 프로젝트 생성을 발표하고 DAH, IBM, R3, 시스코, 인텔, 후지쓰Fujitsu, 히타치HITACHI, NEC, NTT, 레드햇Red Hat, VM웨어VMware, ABN, ANZ Bank, CLS, 독일증권거래소Deutsche Boerse, 도이치뱅크Deutche Bank, JP모건JPMorgan, SWIFT, 웰스파고Wells Fargo 등이 참여하여 패브릭Fabric이라는 이름으로 공개했다. 프라이빗 블록체인 프로젝트Private BlockChain Project로 광범위한 유스케이스Usecase와 부가가치Value Add된 솔루션을 올릴 수 있는 블록체인 플랫폼이다. IBM은 리눅스 재단과 함께 하이퍼레저 컨소시엄을 만들어 블록체인 플랫폼 서비스를 제공한다.

- 이더리움: 마이크로소프트와 컨센시스ConsenSys가 클라우드 기반 블록체인을 출시하여 금융 서비스에 초점을 맞춰 서비스를 제공한다. MS에서는 애저Azure 기반 이더리움 블록체인 BaaS 서비스를 제공한다.

AWS의 경우 '블록체인 쓸모 아직 못 찾았다' 하면서 자신의 AWS 서비스로 충분하다고 블록체인 업계와 온도 차가 있는 입장이다.

참고자료
Sakashi Nakamoto, "Bitcoin: Peer-to-Peer Electronic Cash Systems"
Matthaus Wander.
http://finector.com/

H-4

이더리움과 스마트 계약
Ethereum and Smart Contract

───

이더리움은 2015년 7월 비탈리크 부테린이 개발한 블록체인 기반 분산 애플리케이션을 제작할 수 있도록 도와주는 프로그램이면서 이더리움의 분산 네트워크 애플리케이션 기축 코인이다. 주로 퍼블릭체인, 채굴을 통한 보상으로 획득하는 비트코인을 중심으로 블록체인 1.0이라 하며, 비트코인의 한계를 극복하고 시스템을 확장하여 분산 애플리케이션(DApp) 기반 이더리움을 스마트 계약을 블록체인 2.0이라고 한다.

1 이더리움의 개념

1.1 이더리움의 등장 배경

이더리움ETH: Ethereum의 등장 배경은 탈중앙화 자율조직The DAO: Decentral ized Autonomous Organization을 필두로 2016년 클라우드 펀딩 투자금 약 2000억 원 가량을 성공적으로 모집했다. 당시 최초의 가상화폐 펀드 설립이었다.

블록체인 기술 기반의 DAO 1.0 프로젝트는 '신뢰할 수 없는 컴퓨터 인터넷 환경에서 고도로 발달한 계약을 준수하는 실행' 스마트 계약Smart Contract을 코드로 DAO 네트워크를 만들어 이 펀드에 참여할 수 있도록 했다. DAO 네트워크는 특정한 운영 주체가 없고 투자자들의 개인 투표를 통해 운영해 나가는 방식을 취하게 되는 것이다. DAO 1.0 프로젝트 초기 방식이 현재 이더리움에도 영향을 주었다. 이더리움의 목적은 세상 자체를 하나의 컴퓨터로 만드는 것, 즉 탈중앙화된 자율세계를 꿈꾸는 것이다. 이더리움이 제공하는 서비스는 제3자의 개입 가능성 없이 프로그램된 대로 구동시켜주는 스마트 계약과 협약, 투표 등을 분산화하거나 안전하게 상거래에 사용할 수 있게 해주는 기술이다.

이더리움이 주목받을 만한 이유는 중앙 집중식 시스템인 세계에서 신뢰를 요구하는 시스템을 만드는 것 자체가 복잡하며 비용이 많이 필요하지만, 이더리움의 플랫폼 서비스에 호환되는 C++, Java, Python, GO, Rust 등 프로그래밍 언어를 이용한다면, 비용을 현저히 낮출 수 있기 때문이다.

구분	비트코인	이더리움	리플
약어	BTC	ETH	XRP
최초 발행	2009.1	2015.7	2013.4월
시가 총액	263.6조 원(2018.1.9 기준)	132.8조 원(2018.1.9기준)	40.3조 원(2018.1.9기준)
블록 생성 주기	약 10분	약 12초	-
총 발생 한도	21,000,000	제한 없음	100,000,000,000
합의 프로토콜	PoW	PoW	리플 프로토콜

주: PoW(Proof of Work)는 블록을 임의로 생성·조작하는 것을 방지하는 기술.

1.2 이더리움의 정의

비트코인이 전화기라면 이더리움은 스마트폰이라고 할 수 있다. 스마트폰 하나로 다양한 앱을 사용하는 것처럼, 이더리움의 블록체인 네트워크에서도 다양한 애플리케이션을 실행할 수 있다.

참여자들은 네트워크 특정 주소에 앱을 올려둘 수 있고, 이 애플리케이션은 미리 설정해놓은 조건에서 특정한 명령어를 실행하게 된다. 비트코인에

특징	이더리움(블록체인 2.0)	비트코인(블록체인 1.0)
블럭해시	state_root	hash
이전 블럭해시	parent_hash	prev_block
거래 관련 루트해시	TRIEHASH(transaction_list) TRIEHASH(uncle_list) TRIEHASH(stack_trace)	mrkl_root (없음) (없음)
난이도	difficulty	bits
타임스탬프	timestamp	time
난스	nonce	nonce
그 외 데이터	extra_data (block) number coinbase address(채굴주소)	n_tx size ver

는 화폐를 보관하는 '지갑'이란 한 가지 주소만 있지만, 이더리움에는 화폐를 넣어놓는 '지갑'과 이런 앱을 저장하는 '계약서'라는 두 종류 주소가 존재한다. 이더리움은 거래나 결제뿐 아니라 계약서, SNS, 이메일, 전자 투표 등 다양한 애플리케이션을 투명하게 운영할 수 있는 확장을 제공하며, Dapp이라는 분산 플랫폼 기반으로 작동한다.

1.3 이더리움의 구조

이더리움과 비트코인 블록헤더 구조는 거의 비슷하다. 다만 이더리움에서 블록해시를 구할 때, 비트코인에 비해 항목이 몇 개 추가되었다. 주식, 채권, 보험, 복권, 도박, 쿠폰, 투표, 기록, 에스크로, 예측 시장 등에 활용 가능하며 이용자의 브라우저에서 이더리움에 저장된 계약 코드를 실행하기 위한 기능을 제공하고 있다.

　이더리움은 자유로운 웹 생태계를 제공함으로써 새로운 인프라 조성에 기여할 것으로 예상되며, 초연결사회Hyper-Connected Society에서 좀 더 효과적으로 이용될 수 있을 것으로 보인다.

이더리움의 특징

특징	설명
프로그램 실행	- 비트코인처럼 화폐로서의 교환 기능뿐만 아니라 프로그램 실행을 위한 기능이 추가, 기능 개선을 위해 수정된 기능 포함
계정	- 비트코인과 동일하게 개인 키에 의해 통제되는 외부 소유 계정과 계약 코드에 의해 통제되는 계약 계정 두 가지로 구분
통화 발행	- 초기에 약 72만 이더(Ether)를 발행하여 62만 이더를 사전 판매했고 총 이더에 대한 신규 이더의 발행률 비중이 0이 되도록 매년 줄어들게 함
채굴	- 이더해시(Ethash)라는 수정된 작업 증명 방식을 이용하여 약 12초당 한 개의 블록이 생성될 수 있도록 알고리즘 설계
스마트 계약	- 미리 프로그래밍된 규칙에 따라 자동으로 실행되도록 구현된 것으로 EVM(Ethereum Virtual Machine)로 작성됨
분산 애플리케이션	- 이용자의 브라우저에서 이더리움에 저장된 계약 코드를 실행하기 위한 기능 제공 - 프로그래밍 코드가 복잡할수록 가스 사용량이 증가하여 수수료 부담이 증가

2 스마트 계약Smart Contract

2.1 스마트 계약 목적

기존의 계약 법률보다 우수한 보안성과 저렴한 처리 비용을 제공하는 것이 목적이다.

2.2 스마트 계약 구현

아파트 계약을 한다고 가정해보자. A와 B가 아파트 매매를 한다면 부동산 중계인 C가 필요하다. 또한 양도세와 취득세도 지불해야 한다고 가정하면 A, B, C가 만나 가격을 홍정하고 상호 동의하면 계약서를 작성하고 잔금을 지불한 뒤 명의 이전을 하고 세금을 지불한다.

이를 스마트 계약으로 구현하면 모든 거래 과정이 블록체인으로 묶이면서 상호 거래가 성사된다(블록 3). 거래에서 대금 지불이 완료되고(블록 4) 모든 블록이 체인으로 묶이고 이력화 되어, 상호 부인이 불가능한 상태가 된다(블록 5). 이것의 효과는 명의 이전 시 필요한 서류가 없어진다. 왜냐하면 블록 5의 기록을 추적하면 A와 B의 정상적인 거래에 대한 이력 확인이 가능하여 단순이 A라는 사람의 블록체인만으로 명의 이전 처리를 해도 문제가 없게 되기 때문이다.

스마트 계약 구현 사례

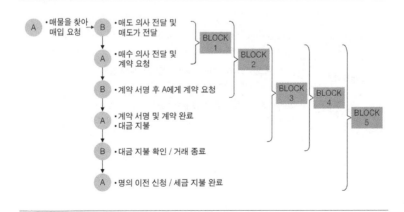

2.2.1 스마트 계약 상용화

스마트 계약은 크라우드 펀딩뿐만 아니라 다른 여러 곳에서 사용될 수 있다. 예를 들어, 은행에서 대출 업무, 보험회사 보험금 지급, 배달 회사에 대한 비용 지불 등 일들을 자동화시킬 수 있다.

2.2.2 이더리움에서 사용할 수 있는 ERC20 토큰

ERC20 토큰은 이더리움이라는 블록체인 플랫폼에서 사용되는 토큰으로, 참고로 이더리움 위에서 생겨나는 코인들은 따로 토큰이라고 불린다. 이더리움에서 사용하는 화폐 단위를 이더Ether라고 하며 이더는 다른 화폐와 거래할 때 사용할 수 있다.

2.2.3 이더리움을 통해 생성되는 토큰

토큰은 스마트 계약에 의해 만들어진다. 스마트 계약은 토큰을 만드는 것뿐만 아니라 토큰을 이용한 거래를 할 때에도 이용된다. 또한 토큰을 가지고 있는 사람들의 거래 내역까지도 알 수 있다. 돈이 어디로 오고가는 것을 알 수 있다는 뜻이다.

2.2.4 토큰을 갖기위한 절차

토큰을 가지려면 일단 이더를 스마트 계약에 보내야 한다. 이더를 보내야만 토큰을 받을 수 있다. 반대로 자신만의 토큰을 만들고 싶다면 스마트 계약을 직접 만들어 토큰을 만들 수 있다. 하지만 모두 각자 자신만의 토큰을 만든다면 호환성의 문제가 생길 수 있다. 사람들 모두가 같은 이용 목적을 가지고 토큰을 만드는 것이 아니기 때문에 항상 우리가 여행을 가면 환전을 하듯이 화폐끼리의 거래에서 문제가 발생한다. 그리고 이것을 해결하기 위해 표준을 제안하고자 만든 것이 ERC20이다.

이더리움 플랫폼에서 표준을 제안하기 위해 개발자는 EIP Ethereum Improvement Proposal(이더리움 개선 제안서)를 제출한다. 이것이 승인을 받으면 ERC가 되는 것이며 ERC20는 'Ethereum Request for Comments'의 줄임말로 이더리움 제안서에 따른 답변이라고 보면 된다. 20은 제안서를 구분하기 위해 넣은 숫자일 뿐이다. ERC20는 누군가가 자신만의 토큰을 만들 때 기준 혹은 가이드라인이 된다. 2018년도 5월 기준으로 ERC20을 표준으로 하는 토큰은 8만 3400개나 있고, 대표적으로는 EOS, 파일코인Filecoin, 방코르Bancor, 캐시Qash, 뱅크엑스Bankex 등이 있다. 그러므로 ERC20를 기준으로 삼았다고 하면 그만큼 상용성이 높아진다.

 참고자료

강승준. 2018. 「블록체인기술의 이해와 개발현황, 시사점」. 정보통신산업진흥원.
https://opentutorials.org/course/2869/19359
https://tokenpost.kr/terms/5447
https://blog.theloop.co.kr/2017/03/28/%EC%8A%A4%EB%A7%88%ED%8A%B8-%EC%BB%A8%ED%8A%B8%EB%9E%99%ED%8A%B8smart-contract-%EA%B0%9C%EC%9A%94-1/

ICO Initial Coin Offering

블록체인 기반의 가상화폐에 대한 관심이 높아지면서 관련 스타트업 기업들이 자금 조달을 위한 방법으로 ICO를 선호하고 있다. 단기간에 자금 조달이 가능하고 절차가 간단해 확산되고 있지만 사기 우려가 있고 투자자 보호 장치가 없어 주의를 요한다.

1 ICO의 개요

1.1 ICO의 정의

ICO Initial Coin Offering는 기업이 운영에 필요한 자금을 마련하기 위해 블록체인 기반으로 디지털 토큰을 판매하여 암호화폐 형태의 투자금을 확보하는 자금 조달 방식이다. ICO는 이용권을 미리 구매하는 것과 같은 개념일 뿐 의결권이나 지분을 갖는 일반적인 투자와는 개념이 다르다.

ICO의 자금 확보 절차

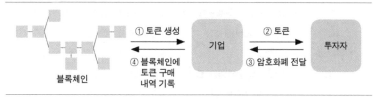

1.2 ICO의 부각 배경

지역에 상관없이 전 세계 누구나 ICO 기반의 투자에 참여할 수 있으며 크라
우드 펀딩, VC, IPO보다 자금 조달 비용이 낮다. 사업성을 증명하거나 실적
을 확보해야 하는 VC나 IPO와는 달리 백서에 사업에 대한 내용만 담아 놓
으면 투자자가 스스로 투자를 결정하는 방식이므로 기술력이 있는 스타트
업 입장에서는 다른 투자 방식보다 진입 장벽이 낮아지고 투자받을 기회가
많아지게 된다. 투자자들로부터 경영 간섭을 받지 않아 창업자들이 선호하
는 방식이다. 또한 증권 거래만큼은 아니지만 암호화폐 거래소에서 ICO 토
큰이 상장되면 토큰 거래가 자유로워 VC나 크라우드 펀딩보다는 자금 유동
성이 높다.

최근 ICO 기반으로 100억 원 이상의 자금을 조달하는 경우가 나타나는
등 VC나 크라우드 펀딩에 비해 조달받는 자금의 규모가 크다.

ICO 기본 구조

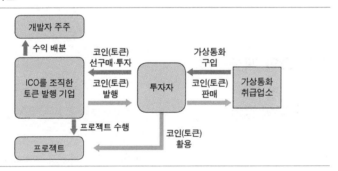

1.3 ICO와 IPO의 비교

비교항목	ICO	IPO
발행 대상	- 코인을 발행	- 지분 증권을 발행
수취	- 기존의 가상화폐를 통해 자금 조달	- 현금을 통해 자금 조달
과정	- 재단에서 직접 자금 조달	- 증권사 개입이 필요
투자자 보호	- 거의 없음	- 거래소, 증권사를 통한 초기 스크리닝
용이성	- 백서를 통한 홍보 성공이 중요	- 거래소의 요건 충족 필요
상장 여부	- ICO 이후에 상장을 계획	- IPO 동시에 상장

ICO는 IPO에 비해 단기간에 온라인을 통해 자금을 조달할 수 있지만 투자자 보호 장치가 없어 사기에 주의해야 한다.

2 ICO의 프로세스

- ICO 플랜 공개

  백서Whitepaper와 해당 프로젝트의 세부 내용을 공개한다.

- 기업 적정성 평가

  백서 분석 및 평가, 스캠Scam 가능성을 평가한다.

- 화이트 리스트Whitelist 등록, KYC 인증

  화이트 리스트는 해당 업체의 ICO 참여 자격이 있는 명단을 말하며 이를 위해서는 KYCKnow Your Customer라는 신원확인 과정을 거치게 된다. 기본 정보(이름, 이메일 주소, 개인 지갑Wallet 주소, 원하는 구매량 등)와 여권 등의 신분증 사진을 제출하고 화이트 리스트 정상 등록 여부를 확인한다.

- 코인 교환

  가상화폐 거래소를 통해 현금을 비트코인, 이더리움 등의 가상화폐로 교환한다.

- 개인 지갑으로 송금

  가상화폐 거래소에서 매수한 코인을 거래소 지갑에서 개인 지갑으로 송금한다.

- ICO 참여

  가상화폐를 개인 지갑에서 해당 업체가 제공하는 가상화폐 계좌(ICO 기업의 지갑)로 송금한다.

- 토큰 분배

ICO 기간 종료 후, 업체로부터 개인 지갑으로 해당 ICO의 토큰을 지급받는다.

- 현금화EXIT

ICO를 통해 자금을 조달한 기업은 이를 통해 개발을 진행하며, 보통 프로토타입 공개 전후로 공식 거래소에 해당 토큰을 상장하게 된다. 가상화폐 거래소에서 매도를 통한 현금화를 할 수 있다.

- 수익 배당

성공적으로 현금화하여 수익이 발생했을 경우 투자금 납입 비율에 따라 수익금을 배당한다.

3 ICO의 규제 동향

3.1 ICO의 해외 규제 동향

- 미국

2017년 7월 암호화폐 취급업자의 토큰 발행을 증권법상 증권 발행으로 보고 증권법 규제 적용을 발표(미국 증권거래위원회)

- 중국

2017년 9월 모든 ICO 전면 금지 및 기존 ICO 수익금 환급 요구

- 일본

2016년 5월 투자자 보호를 위한 '핀테크 개정법', '자금 결제법' 개정 시행, 비트코인을 결제 수단으로 인정해 2017년 7월부터 가상화폐 소비세 면제

- 스위스

2017년 9월 금융시장감독국은 ICO 가이던스 발표, 국내 특별지구에서 허용

- 홍콩

  2017년 7월 ICO가 홍콩 '증권법' 대상이 될 수 있음을 발표

- 싱가폴

  2017년 8월 금융관리국은 ICO에 '증권선물법' 적용

3.2 ICO의 국내 규제 동향

- 전면 금지

  2017년 9월 29일 ICO 전면 금지

- 해외에서 ICO 진행

  국내 ICO 발행 주체가 해외(스위스, 영국 등)에서 ICO 진행하여 투자 유치하는 사례 발생(보스코인Boscoin, 아이콘ICON, 에이치닥Hdac, 메디토큰MED)

4 ICO의 시사점

ICO는 온라인을 통해 단기간에 큰 규모의 자금을 모집할 수 있다는 장점으로 인해 스타트 업의 자금 조달 방법으로 각광받고 있지만, 사기와 스캠 및 프로젝트 실패로 인해 자금의 손실이 빈번히 발생하고 있어 해외 각국은 다양한 방법으로 규제 중이며 우리나라에서 ICO는 전면 금지되었다. 가상화폐를 제도권 내에 흡수하여 법제화를 통한 규제 마련이 시급하다.

참고자료
KB 지식 비타민. 2018. 「가상화폐의 진화, ICO의 확산과 규제」.
SPRI. 2017. 「ICO(Initial Coin Offering) 동향 및 국내외 규제 현황」.

ICT

Convergence

Technology

1

인공지능

—

기계학습

알파고 열풍으로 인공지능에 대한 관심이 일반 대중으로까지 확산되었고 기계학습 기술로 비즈니스 성과를 향상시키기 위한 다양한 시도와 성과가 도출되고 있다. 기계학습은 인공지능(AI)의 한 분야로, 데이터 분석을 위한 모델 생성을 자동화하여 소프트웨어가 데이터를 바탕으로 학습하고 패턴을 찾아낸다. 이를 통해 사람의 개입을 최소화하고 빠르게 의사결정을 할 수 있도록 도와준다. 새로운 컴퓨팅 기술의 발전으로 오늘날의 기계학습은 과거의 기계학습과는 다른 모습을 보인다. 기계학습 기술은 특정한 과제를 수행하도록 프로그래밍하지 않아도 컴퓨터가 학습할 수 있다는 이론과 데이터 패턴 인식이 어우러져 탄생했다.

1 기계학습의 개요

1.1 들어가며

기계학습은 머신러닝Machine Learning이라고도 불립니다. 여기서 머신Machine(기계)은 금속 기계 장치가 아니라 연산 및 자동화 처리를 하는 컴퓨터 장치를 지칭한다고 볼 수 있는데, 좀 더 정확하게 얘기하자면 컴퓨터의 물리적인 HW 장치라기보다는 학습이 가능한 SW 알고리즘이라 할 수 있습니다. 러닝Learning(학습)은 사람이 책을 보거나 다른 사람의 말을 듣는 등 외부 입력을 반복해서 받아들이는 학습을 통해 새로운 것을 보거나 들었을 때 새로운 것이 무엇인지 인식하고 미래를 예측하듯이, 머신도 데이터를 바탕으로 학습하여 모델을 만들고 이를 통해 앞으로 일을 예측한다는 의미입니다.

1.2 기계학습의 등장

최근 딥러닝의 등장으로 더욱 관심을 받고 있는 기계학습은 사실 1959년 처음 등장한, 50세가 훌쩍 넘은 중장년(?) 기술입니다. 머신러닝이라는 용어가 처음 등장한 것은 스탠포드 대학교의 아서 사무엘Arthur Samuel 교수가 1959년 발표한 논문「체커 게임을 활용한 머신러닝에 관한 연구Some Studies in Machine Learning Using the Game of Chekers」입니다.

이 논문은 인간이나 동물처럼 컴퓨터가 학습할 수 있도록 프로그램 할 수 있는가에 관심을 두고 있으며, "명시적으로 프로그램 하지 않아도 컴퓨터가 학습할 수 있는 능력을 부여하는 연구 분야Field of sudy that gives computers the ability to learn without being explicity programmed"라고 정의했습니다.

1980년대 본격적으로 머신러닝이 새로운 연구 분야로 정의되기 시작해 자연어 처리, 로봇, 패턴 인식, 전문가 시스템 등 인공지능의 모든 분야와 관련해 발전되었습니다. 오늘날에는 훈련된 지식을 기반으로 습득한 데이터에 대해 유용한 답을 찾고자 하는 일련의 컴퓨터 알고리즘 혹은 기술을 총칭하며, 지식을 습득하는 기법을 의미하기도 합니다. 머신러닝은 수많은 학문적 경계가 허물어져 합쳐진 기술로 영상인식, 음성인식, 문자인식, 자연어 처리, 로보틱스Robotics, 인터넷 검색 등의 다양한 분야의 핵심 기술로 자리 잡고 있습니다.

2 기계학습의 학습 유형

기계학습은 주어진 데이터를 훈련training시켜 학습된 지식(모델)을 기반으로 새로운 입력에 대해 적절한 답을 찾고자 하는 일련의 과정입니다. 이때 훈련시키는 데이터가 질문training input과 정답training output이 모두 주어진 경우가 있고 질문만 주어진 경우가 있는데, 전자의 경우를 레이블링Labeling 되었다고 합니다. 기계학습은 이러한 레이블링의 유무에 따라 네 가지로 분류할 수 있습니다.

가장 널리 사용되는 기계학습 방법으로 지도(또는 교사)학습supervised learning과 비지도(또는 자율)학습unsupervised learning을 꼽을 수 있습니다. 기계학습의 대부분이(약 70%)이 지도학습이며, 자율학습은 약 10~20%를 차지해왔으나, 딥러닝의 등장으로 자율학습의 비중이 증가하고 있습니다. 이 밖에도 반지도semi-supervised 및 강화학습reinforcement learning도 사용됩니다.

2.1 지도학습 Supervised learning

지도학습은 이미 알고 있는 답이 있는 데이터로 알고리즘(모델)을 학습시킨 후, 새로운 데이터를 학습 모델(알고리즘)에 적용해 결과 값을 예측합니다. 즉, 과

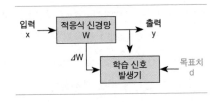

거의 데이터로 미래 이벤트를 예측하는 경우에 주로 사용합니다.

　간단한 예를 들면, 연령별·성별로 선호하는 음악 장르가 있다고 하면 훈련용 데이터training data로 연령별·성별로 선호하는 음악 장르를 학습시킨 후 새로운 입력 값으로 연령과 성별을 넣으면 이에 맞는 선호하는 음악 장르가 나오는 것입니다. 실제로 신용카드 거래의 사기성 여부나 보험 가입자의 보험금 청구 가능성을 미리 예측할 수 있습니다.

- 알고리즘: Bayesian classification, decision tree, regression, neural network, hidden markov model(HMM)
- 활용 사례: 이미지 인식, OCR(이미지의 문자인식), 음성인식, NLP(자연어 인식), 추세 예측(회귀분석)

2.2 자율(비지도)학습 Unsupervised learning

사전 정보가 없고 입력에 대한 목표 결과 값이 주어지지 않은 임의의 데이터를 학습에 이용합니다. 따라서 알고리즘은 현재 보이는 이미지가 무엇인지 알아내고 궁극적으로 데이터를 탐색하여 내부

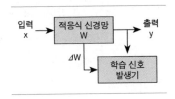

구조를 파악해야 합니다. 즉, 훈련 데이터 없이 임의로 주어지는 입력 값으

로 한다고 생각하면 됩니다.

자율 학습은 특히 트랜잭션 데이터에서 효과를 발휘합니다. 예를 들어, 유사한 속성을 지닌 고객 세그먼트를 파악한 후, 그 유사성을 근거로 하여 마케팅 캠페인에서 고객 세그먼트를 관리할 수 있습니다. 또는 각각의 고객 세그먼트를 구분 짓게 해주는 주된 속성을 찾을 수도 있습니다.

- 알고리즘: K-Means clustering, K-Nearest Neighbor Clustering, EM Clustering, Self-organizing feature map(SOM), Principal component analysis(PCA), Independent Component Analysis(ICA)
- 활용 사례: 마케팅의 고객 세분화, 개체의 분포 특성 분석, 뉴스 요약

2.3 강화학습 Reinforcement learning

데이터의 상태state를 인식하고 이에 반응한 행위action에 대해 환경으로부터 받는 보상reward을 학습하여 행위에 대한 보상을 최적화하는 모델을 찾는 기술이다.

- 알고리즘: Brute force, Monte Carlo methods, Markov Decision Processes, Value functions, Q-Learning, Dynamic Programming
- 활용 사례: 로봇 제어, 게임 개인화, 공정 최적화

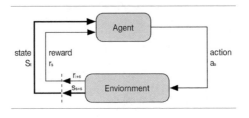

3 기계학습의 응용 분야 및 활용 사례

3.1 기계학습의 응용 분야

- 기계 자동화
  - 자동제어: 학습을 통해 제어 대상 오차를 자동으로 조정하는 기술
  - 로보틱스: 장애물 인식, 물체 인식 분류, 무인자동차, 경로 계획, 모터 제어

- 인간학습 대체
  - 이미지 인식: 문자 인식, 패턴 인식, 사물 인식, 장소 인식, 특징 벡터, 얼굴 인식
  - 음성인식: 음성인식, 번역 단어 선택, 문법학습, 대화 패턴 분석
  - 자연어 처리: 번역 단어 선택, 문법 학습, 대화 패턴 분석, 자동응답
  - 동작 인식: 동작 인식, 제스처 인식, 휴대기기 센서 정보 인식

- 인간학습 확장
  - 정보 수집: 텍스트 마이닝, 웹로그 분석, 스팸 필터, 문서 분류, 요약, 추천
  - 서비스업: 고객 분석, 시장 클러스터 분석, 고객 관리, 마케팅, 상품 추천
  - 제조업: 이상 탐지, 에너지 소모 예측, 공정 분석, 오류 예측 및 분류
  - 금융업: 투자 및 트레이딩, 신용평가 및 심사, 위법행위 감지
    예) 기계학습 예측 알고리즘으로 고객 거래 데이터를 분석하여 의심스러운 징후가 포착되면 즉시 고객 앱으로 정보 제공

3.2 기계학습의 활용 사례

- 가전 분야
  - 엘리베이터에 여러 센서를 붙여 속도, 모터의 온도, 문이 닫히는 시간, 엘리베이터의 무게 등 갖가지 정보를 수집한 뒤 고장 나는 상황과 비슷

해지는 특정 상황일 경우 미리 경고하는 기능

- 의료 분야
  • 필요한 정보를 단시간에 추출할 수 있어 신약 후보 탐색 시간을 단축하
  고자 하며, 방대한 의학 보고서와 자체 데이터를 분석해 새 약물 표적과
  암 치료법의 가능한 조합에 대한 가설을 검증

- 게임 분야
  • 온라인 게임 등에서 버그, 핵 등 불법 프로그램, 타인 계정 도용, 다중
  계정 접속 등을 통해 부당한 이득을 챙기는 행위(어뷰징abusing)를 감지하
  기 위해 사용자 게임 캐시 충전 거래의 유형(패턴)과 구매 성향을 분석
  해 이상 거래를 골라내는 것

참고자료

삼성SDS 커뮤니케이션팀. 2015. "[IT에 한걸음 더 다가가기] SMAC의 분석 부문,
지능화를 지향하는 Machine Learning." https://www.samsungsds.com
http://ictstory.tistory.com/category/Smart/ICT%20Trend?page=1
http://www.zdnet.co.kr
http://www.ciokorea.com
https://www.sas.com/ko_kr/insights/analytics/machine-learning.html

딥러닝 Deep Learning

딥러닝이 주목받은 이유 중 하나는 학습 가능한 대량 데이터의 출현이었다. 과거에는 엄두도 내지 못할 정도의 데이터가 온라인상에서 생성되고 쌓이고 있지만 이러한 데이터를 효과적으로 사용하는 것은 사람의 몫이었다. 여기서 문제는 사람이 하는 일에는 한계가 있기 때문에 무수한 정형/비정형 데이터에서 유의미한 결과를 도출하기 위해서는 모델링 또는 상관관계를 사람이 직접 뽑아내는 것이 아닌 머신이 스스로 배우도록 할 필요성이 더 많아졌다. 이를 위해 대규모 데이터를 처리하고 의미 있는 정보를 발굴하고 활용하는 기술들이 존재한다.

빅데이터(Big data)
대규모(big)의 모든 정형 및 비정형 데이터를 처리하는 기술

데이터 마이닝(Data mining)
수많은 데이터 가운데 의미 있는 정보를 찾아내는 기술

기계학습(Machine learning)
과거 데이터에서 어떤 패턴을 읽어내 기계를 학습시켜 모델을 만든 후 미래를 예측하는 기술

1 딥러닝의 개요

1.1 들어가며

인공 신경망ANN: Artificial Neural Network은 입력과 출력을 제외하고 하나의 중간 계층(통상적으로 은닉층hidden layer로 지칭)을 가지고 있어서 어느 정도의 역할을 수행할 수 있지만, 문제의 복잡도가 커지면 노드의 수 또는 계층의 수를 증가시켜야 합니다. 이 중에서 계층의 수를 증가시켜 다층구조 모델을 가져가는 것이 효과적인데, 아래와 같이 효율적인 학습이 불가능하고 네트워크를 학습하기 위한 계산량이 많다는 한계로 인해 활용 범위가 제한적이었습니다.

- 인공 신경망 학습에 소요되는 시간이 너무 오래 소요
- 부분 최적화local optima로 인해 현실적인 사용이 어려움
- 사전 훈련 데이터training data set에 지나치게 맞추어져over-fitting 제대로 작동이 안 되는 등의 문제가 발생

1.2 딥러닝의 등장

이렇게 잊혀 가는 듯한 인공 신경망은 다음의 세 가지 이유로 다시 재조명을 받기 시작했습니다.

- 알고리즘의 개선
  - 한계점: 사전학습 데이터에 지나치게 맞추는over-fitting 등의 효과적인 알고리즘의 부재
  - 개선점: 한꺼번에 학습이 어려우니 층마다 개별학습을 한다거나, 몇 개의 노드를 끄는dropout 식으로 개선

- 빅데이터의 출현
  - 한계점: 인공 신경망을 학습시킬만한 충분한 데이터 부족
  - 개선점: 빅데이터로 인해 이용과 활용이 가능한 대량 데이터 확보
  - 최근에는 딥러닝 프레임워크/라이브러리가 고도화되면서, 빅데이터가 아닌 수천 개 정도의 데이터로도 의미 있는 결과들이 도출되고 있음

- 하드웨어의 발전
  - 한계점: 계층이 늘어날수록 상당한 컴퓨팅 파워의 부족
  - 개선점: 강력한 GPUGraphics processing unit는 복잡한 매트릭스와 벡터 계산이 혼재해 있는 경우 몇 주가 소요되던 작업을 며칠 또는 몇 시간으로 줄이는 컴퓨팅 성능의 비약적 향상

최근 빅데이터 분석 기술의 발달과 GPU 기반의 병렬 처리 기술을 바탕으로 기존 기계학습의 한계점을 극복한 딥러닝 알고리즘들이 주목받고 있다. 이로 인해 복잡하고 표현력 높은 모델을 구축할 수 있게 되어 음성인식, 얼굴 인식, 물체 인식, 문자인식 등 다양한 분야에서 획기적인 결과들이 발표되고 있다.

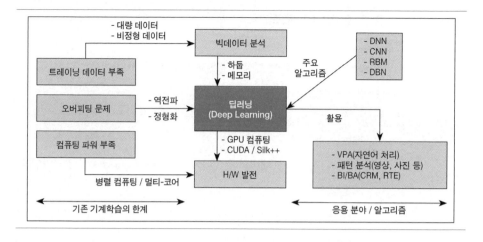

2 딥러닝의 정의와 알고리즘

2.1 딥러닝의 정의

딥러닝에서 딥deep 하는 것은 깊다는 것이고 인공 신경망에서 층layer 의 개수가 많은 신경망을 일컫는다. 초창기 인공 신경망의 은닉층이 한두 개 정도였다면, 딥러닝에서는 입력층과 출력층 사이에 복수의 은닉층(예를 들면 10개)으로 이루어진 인공 신경망이다. 이를 총칭하여 심층 신경망DNN: Deep Neural Network이라고도 한다. 여러 관점에서 딥러닝 정의를 살펴보면 다음과 같다.

- (협의적 정의) 여러 비선형 변환 기법의 조합을 통해 높은 수준의 추상화를 시도하는 기계학습 알고리즘의 집합
- (광의적 정의) 빅데이터와 고성능 HW 연산을 이용하고 기존 기계학습에서의 분석 성능 문제를 해결하여 사람의 사고방식을 컴퓨터에 가르치는 기계학습의 한 분야
- (알고리즘적 정의) 인공 신경망의 정확성과 성능 문제를 해결하기 위해 CNN, RNN, DBN 등의 알고리즘을 이용하여 분석 성능을 향상시킨 기계학습 분야

추상화(abstractions)
다량의 데이터나 복잡한 자료들 속에서 핵심적인 내용 또는 기능을 요약하는 작업

2.2 CNN(합성곱 신경망) Convolution Neural Network

입력층과 출력층의 사이에 콘볼루션층convolution layer과 풀링층pooling lyaer을 쌍paier의 형태로 여러 개 둘 수 있고, 그 뒤에 몇 개의 FC층fully-connected layer으로 구성된 다층 신경이다.

콘볼루션은 영상 처리에서 자주 사용되는 연상 중 하나로서 입력 영상을 마스크(일종의 필터)를 적용하여 원본 영상에서 노이즈noise를 제거하거나, 주변 화소와 차이가 많이 나는 부분을 강조하거나, 이미지의 경계선을 검출하는 등에 사용한다.

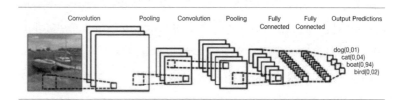

콘볼루션층은 이전 층(입력층 또는 이전 풀링층)에서 근접해 있는 노드들이 다음 층의 노드와 연결되는 구조인데, 임의의 이미지에서 국소적인 특정 영역의 특징들을 추출하는 역할을 한다. 풀링층은 이전 콘볼루션층 노드의 특정 영역 부분의 추상화했던 값들을 통합하는 역할을 한다. 최소한의 전처리를 사용하도록 설계된 다계층 퍼셉트론Perceptron의 한 종류로서 영상 인식, 문자인식 분야에 사용된다.

2.3 RNN(순환 신경망) Recurrnet Neural Network

특정 노드의 출력이 해당 노드에 다시 입력되는 구조를 갖는 신경망이다. 현재 들어온 입력 데이터와 과거에 입력받았던 데이터를 동시에 고려하여 결과 값을 도출하는 형태이다.

순환 신경망은 시계열 패턴의 수학적 모델링에 적합하다. CNN은 특정 입력에 해당하는 최적의 출력을 찾아주는 성능은 뛰어나지만, 현재의 출력이 과거의 입력에 영향을 받는 시간적 종속성temporal dependency은 표현하지 못한다. RNN은 시간적 종속성을 표현하는 능력을 갖고 있다. 인공 신경망을 구성하는 유닛 사이의 연결이 방향성 사이클을 구성하는 신경망으로 필기체 인식 분야에 사용된다.

2.4 **RBM** Restricted Boltzmann Machine

볼츠만 머신에서 층간 연결을 없앤 형태의 모델이다.

볼츠만 머신
홉필드 네트워크의 동작 규칙을 확률적인 동작 규칙으로 확장시킨 모델

2.5 **DBN**(심층신뢰 신경망) Deep Belief Network

기계학습에서 사용되는 그래프 생성 모형으로 딥러닝에서는 잠재변수latent variable의 다중 계층으로 이루어진 심층 신경망이다. 계층 간에는 연결이 있지만 계층 내의 유닛 간에는 연결이 없다는 특징이 있다.

DBN은 비지도 방식으로 계층마다 학습을 진행하는데 이때 각각의 계층은 보통 RBM의 형태를 띠고 있다. RBM이 훈련되고 나면 다른 RBM이 그 위에 쌓아 올려져 다중 계층 모형을 형성한다. RBM이 쌓아 올려질 때마다, 이미 훈련된 RBM의 최상위 계층이 새로 쌓이는 RBM의 입력으로 쓰인다. 이 입력을 이용하여 새 RBM이 훈련되고 원하는 만큼의 계층이 쌓일 때까지 해당 과정이 반복된다.

다른 형태의 머신러닝은 미리 정의된 특징을 분석해서 예측의 기반으로 삼는 반면에 딥러닝은 개별적인 특징을 제공할 필요가 없다. 예를 들어, 사진 속 사람 얼굴을 식별할 때 코, 눈동자 등과 같은 개별적인 특징을 제공할 필요 없이, 사진 전체를 제공하면 이를 검토해 여러 특징을 이해함으로써 사진 내용을 독자적으로 예측할 수 있다.

3 딥러닝의 동향

딥러닝을 필두로 한 인공지능 기술은 아마존, 구글, 페이스북, 애플 등 미국 중심의 글로벌 기업이 주도하고 있으며 중국, 유럽 등에서도 국가적 어젠다로 채택하여 국가적 역량을 집중하고 있다.

- 아마존
  - 알렉사 기반 음성인식 서비스: 다양한 외부 서비스/디바이스에서 활용
  - 물류 재고 관리: 물류 창고 선반 이동 시 재고 파악에 사용
  - 드론 배송: GPS 비행 시뮬레이션에 적용
  - 아마존(무인 매장): 컴퓨터 비전, 센서

- 페이스북
  - 딥페이스: 사진 속 얼굴을 분석해 같은 사람을 연결해줌
  - 인스타그램 사진을 이미지 인식 트레이닝에 사용

- 구글
  - AI 기업 딥마인드DeepMind 인수(2014.5), 인공지능 바둑 프로그램 알파고와 이세돌 9단과의 대국(2016.3)으로 전 세계의 큰 이목을 끔
  - 텐서플로TensorFlow 공개 및 자율주행 자동차 개발 및 시범 운행

그 외에도 NVIDIA, 마이크로소프트, 소프트뱅크, 바이두Baidu, 알리바바Alibaba, 텐센트Tencent 등이 다양한 분야에서 많은 투자를 지속적으로 진행하고 있다.

 참고자료

삼성SDS 커뮤니케이션팀. 2015. "[IT에 한걸음 더 다가가기] SMAC의 분석 부문, 지능화를 지향하는 Machine Learning." https://www.samsungsds.com
http://ictstory.tistory.com/category/Smart/ICT%20Trend?page=1
http://www.zdnet.co.kr
http://www.ciokorea.com
https://www.sas.com/ko_kr/insights/analytics/machine-learning.html

1-3

딥러닝 프레임워크 Deeplearning Framework

알파고로 유명한 구글은 딥러닝 프레임워크(라이브러리)인 텐서플로(TensorFlow)를 포함해서 페이스북, 아마존, 마이크로소프트 등도 일련의 인공지능 기술과 라이브러리를 공개하고 있다. 이러한 프레임워크의 개발에는 대규모 자금과 인력 투자가 필요하고 오랜 기간의 노하우 축적이 필요한 것인데, 대부분의 기업이 개방 정책을 펼치고 있는 것이다. 딥러닝을 포함한 인공지능의 핵심 알고리즘의 구현이 어느 정도 성숙함에 따라 알고리즘이 적용되는 데이터 및 응용 분야의 확대가 중요해지는 시점에서 개방형 생태계를 통해 다양한 분야로 인공지능 플랫폼을 선점하고 인공지능을 통한 산업 활성화를 리딩하고자 하는 것이다.

1 딥러닝 프레임워크의 개요

1.1 들어가며

글로벌 선도 ICT 기업들은 AI 기술 관련 코드 및 API, 학습 및 테스트 환경 등의 인공지능 개발 플랫폼을 무료로 공개하고 있으며, 이러한 인공지능 개발 플랫폼들은 딥러닝이나 강화학습 등의 인공지능 기본 알고리즘들을 누구나 쉽게 구현할 수 있도록 모듈화, 라이브러리화하고 직관적인 인터페이스를 제공하고 있다.

구글, 페이스북, 마이크로소프트, 아마존 등의 기업들은 많은 투자를 통해 개발한 인공지능 플랫폼을 무료로 공개하면서 자사 주도의 인공지능 혁신 생태계를 조성하려 하고 있다.

딥러닝과 같은 인공지능 기반 알고리즘을 개방하여 다양한 분야에서 인공지능 관련 개발 작업의 진입장벽을 크게 낮출 수 있으며, 이미 개발된 인공지능 개발 툴은 규모가 작은 스타트업도 손쉽게 활용하여 여러 비즈니스

I • 인공지능

를 창출할 수 있다.

1.2 딥러닝 프레임워크의 등장

현재 인공지능 기술은 주로 딥러닝과 강화학습 등의 기계학습 기술로서 빅
데이터를 바탕으로 무수한 다단계 반복 연산을 수행해 답을 찾아내는 과정
이다. 이를 위해서는 반복 최적화 연산에 적합한 GPU(하드웨어)와 최적화
연산 알고리즘(소프트웨어) 성능도 중요하다.

이들 인공지능 기술의 적용 분야가 다르더라도 적용되는 알고리즘은 공
통성이 있고 모듈화하여 다양한 경우에 반복적 사용이 가능하기에 라이브
러리화(알고리즘 모듈 집합) 및 개발 환경을 제공하여 효율성을 제고하고자
한다.

기계학습의 복잡한 수학적·통계학적 알고리즘을 소프트웨어 모듈로 구
현하면 개발자들은 상세한 내부 로직을 모르더라도 해당 모듈을 도구로 사
용하여 기술 구현이 가능하며, 개발자가 효율적으로 라이브러리를 활용하
기 위한 인터페이스가 존재한다.

딥러닝 프레임워크는 다양한 영역의 문제를 해결하기 위한 도구이며, 실
제 구현은 적용 분야의 데이터에 대한 수집, 전처리 등을 포함한 도메인 지
식이 있어야 한다. 딥러닝 프레임워크는 음성인식, 영상 인식, 자율주행 자
동차, 자동 번역, 의료·금융·제조 데이터 분석 등 다양한 도메인에서 활용
이 가능하다.

2 딥러닝 프레임워크의 종류

딥러닝 프레임워크는 기계학습 프레임워크과는 차이가 있다. 딥러닝 또는
심층 신경망 프레임워크는 여러 개의 은닉 계층을 가진 다양한 신경망 토폴
로지를 다루며, 다단계 프로세스의 패턴 인식으로 이루어져 있어 망에 계층
이 많을수록 클러스터링과 분류를 위해 추출할 수 있는 특징이 더 다양해진
다. 반면에 기계학습 프레임워크는 분류, 회귀, 클러스터링 등의 학습 방법
을 다루며, 인공 신경망 메소드를 포함할 수도 포함하지 않을 수도 있다.

대표적인 딥러닝 프레임워크로는 카페caffe, 텐서플로Tensorflow, 케라스Keras, 딥러닝4J, MXNet, Microsoft CNTK 등이고 사이킷-런Scikit-learn, 스파크 MLlibSpark MLlib는 기계학습 프레임워크이며, 테아노Theano는 두 범주 모두에 걸쳐 있다.

심층 신경망 연산Computation은 GPU에서 더 빠른 속도로 구동하며, 한 개 이상의 CPU에서 DNN을 훈련할 수도 있지만, 속도가 떨어지는 경향이 있다. 훈련할 뉴런Neuron과 계층 수와 사용하는 데이터가 많을수록 시간이 급속히 늘어난다. 2016년 구글 브레인팀이 새 버전의 언어 번역 모델을 훈련할 때 여러 개의 GPU상에서 한 번에 일주일 동안 훈련을 했으며, GPU가 없었다면 각 모델 실험 훈련에만 몇 개월이 걸렸을 것이다.

2.1 텐서플로TensorFlow (2015~)

구글 브레인팀에서 개발하여 2015년 오픈 소스로 공개되었다. 파이썬python 기반 라이브러리로 여러 CPU 및 GPU와 모든 플랫폼, 데스크톱 및 모바일에서 사용할 수 있다. C++ 및 R과 같은 다른 언어도 지원하며 딥러닝 모델을 직접 작성하거나 케라스와 같은 래퍼 라이브러리를 사용해 직접 작성할 수 있다.

- https://www.tensorflow.org/
- 장점: 추상화된 그래프 모델, 학습 디버깅을 위한 시각화 도구 텐서보드 tensorboard 제공, 모바일 지원, 방대한 사용자 커뮤니티
- 단점: define-and-run 모델과 런타임에 그래프 변경 안 됨, 토치torch에 비해 느림

2.2 테아노Theano (2010~)

최초의 딥러닝 라이브러리 중 하나인 테아노는 몬트리올 대학교의 리사LISA 연구실에서 개발한 오픈 소스 라이브러리로서 파이썬Python 기반이며 CPU 및 GPU의 다차원 배열의 수치 계산에 매우 유용하다. 테아노 기반 위에 올려 쉽게 사용할 수 있는 케라스, 파이런2Pylearn2, 라자냐Lasagne, 블록blocks 같

은 라이브러리가 있다. 케라스를 이용하면 최소한으로 최대의 확장성을 보이는 모듈성을 가지고 시험작을 만드는 프로토타이핑이 가능하며, 파이런2는 연구 목적으로 사용하기 좋은 라이브러리이다.

　텐서플로와 마찬가지로 테아노는 저수준 라이브러리로, 딥러닝 모델을 직접 만들거나 그 위에 래퍼 라이브러리를 사용하여 프로세스를 단순화할 수 있다. 그러나 다른 확장 학습 프레임워크와 달리 확장성이 뛰어나지 않으며 다중 GPU 지원이 부족하다. 그러나 범용적으로 딥러닝을 할 때 전 세계의 많은 개발자가 여전히 선택하고 있다.

- 장점: 파이썬 지원, 로우-레벨low-level을 제어할 수 있는 API, 래퍼Wrapper를 통한 높은 추상화된 그래프 모델 지원, 빠르고 유연함, 케라스/라자냐/블록 등 래퍼 프레임워크의 기반 프레임워크, 연구용으로 많이 사용됨
- 단점: 로우-레벨 API의 복잡성, 대규모 모델에 컴파일 시간 소요, 에러 메시지 부정확

2.3 케라스Keras (2015~)

케라스는 테아노와 텐서플로용 딥러닝 프론트엔드 프레임워크로서 효율적인 신경망 구축을 위한 단순화된 인터페이스로 개발되었다. 파이썬으로 작성되었으며, 매우 가볍고 배우기 쉽다. 비교적 새로운 라이브러리임에도 아주 좋은 문서를 가지고 있으며 몇 줄의 코드에서 케라스를 사용하여 신경망을 만들 수 있다.

- 특징: 사용 편의, 최소화, 단순화, 모듈화, 다양한 딥러닝 프레임워크와 쉬운 연동
- 장점: 직관적인 API 인터페이스, 카페caffe, 토치, 텐서플로 등 다양한 딥러닝 프레임워크 모델 임포트import 기능 제공, 문서화가 잘 되어 있음
- 단점: 기반이 되는 테아노 프레임워크에서 문제 발생 시 디버깅이 어려움

2.4 카페|Caffe (2013~)

카페는 미국 버클리 버전 & 러닝센터BVLC: Berkeley Vision and Learning Center에서 주로 개발한 초창기 딥러닝 라이브러리 중 하나로서 이미지 데이터를 사용하는 딥러닝에 많이 사용한다. 파이썬 인터페이스를 가지고 있는 C++ 언어로 CNNConvolutional Neural Networks을 구현했다. 카페 모델 주Caffe Model Zoo에서 미리 훈련된 여러 네트워크를 바로 사용할 수 있으며, 이미지 처리를 위한 툴킷toolkit으로 사용할 수 있다. 페이스북은 최근 고성능 개방형 학습 모델을 구축할 수 있는 유연성을 제공하는 새로운 가벼운 모듈식 딥러닝 프레임 워크인 카페2를 공개했다.

카페는 원하지 않는 데이터 이동을 제거하고 빅데이터 클러스터에서 직접 운영이 가능하며, 이를 가지고 특정 업무만을 선택하여 효율성 개선이 가능해진다. 현재 이미지 처리 외에도 음성 패턴 인식, 사진 혹은 비디오 식별, 딥 러닝 등에 활용이 가능하다.

- caffe, http://caffe.berkeleyvision.org/
  Caffe2, https://github.com/caffe2/caffe2
- 장점: 이미지 처리에 특화, 프로그래밍하는 대신 설정 파일로 학습 방법을 정의, 카페 모델 주를 통한 다양한 사전 학습된 모델Pre-trained model 제공, 이미지 기반 참조 모델의 사실상의 표준de facto
- 단점: 이미지 이외의 텍스트, 사운드 등의 데이터 처리에는 부적합, 유연하지 못한 API(새로운 기능 추가의 경우 C++로 직접 구현 필요), 문서화가 안 되어 있음

2.5 토치|Torch (2015~)

토치는 미국 뉴욕 대학교NYU: New York University에서 제작하고, 페이스북이 확장시킨 딥 러닝 라이브러리로서 스크립트 언어인 루아Lua를 기반으로 한다. 토치는 최대한의 유연성을 달성하고 모델을 제작하는 과정을 매우 간단하게 만드는 것을 목표로 만들어졌다. 최근 파이토치PyTorch라고 불리는 토치의 파이썬 구현은 인기를 얻었고 빠른 채택을 얻고 있다.

토치는 기계학습, 컴퓨터 비전, 신호 처리, 병렬 처리, 이미지, 비디오, 오디오 및 네트워킹 분야 등 커뮤니티 주도 패키지의 대규모 생태계를 제공한다. 이 때문에 페이스북 외에도 이미지 콘텐츠 분석 및 광고 예측 등을 위해 구글, 마이크로소프트, 트위터가 토치를 사용하고 있다.

- 특징: 심볼릭 모델보다는 명령적 모델imperative model 기반으로 사용이 편리
- 장점: 알고리즘 모듈화가 잘 되어 있어 사용이 용이, 다양한 데이터 전처리 및 시각화 유틸리티 제공, 명령적imperative 프로그래밍 모델 기반의 직관적인 API, OpenCL 지원, 모바일 지원
- 단점: 파이썬 인터페이스 없음(파이토치 별도 존재), 문서화가 잘 안되어 있음. 협소한 사용자 커뮤니티, 심볼릭 모델 미제공, 상용 애플리케이션이 아니라 연구용으로 적합

2.6 딥러닝 4jDeeplearning4j (2014~)

딥러닝4j(또는 DL4J)는 자바로 개발된 인기 있는 딥러닝 프레임워크이며 다른 JVM 언어도 지원한다. 상업·산업 중심의 분산 딥러닝 플랫폼으로 널리 사용된다. DL4j를 사용하면 아파치 하둡 및 아파치 스파크와 같은 널리 사용되는 빅데이터 도구를 기반으로 구현할 수 있으므로 전체 자바 생태계의 힘을 결합해 효율적인 딥러닝을 수행할 수 있다는 장점이 있다.

- 특징: 가장 많은 프로그래머를 보유하는 자바 기반의 딥러닝 프레임워크 개발, 추론 엔진에 대해 엔터프라이즈 서비스급 안정성을 보장
- 장점: 자바 기반으로 한 쉬운 이식성 및 엔터프라이즈 시스템 수준의 안전성 제공, 스파크 기반의 분산 처리 지원, 문서화가 잘 되어 있음, 학습 디버깅을 위한 시각화 도구 제공
- 단점: 자바 언어로 인한 학습 및 테스트 과정의 번거로움, 협소한 사용자 커뮤니티, 부족한 예제

2.7 딥러닝 MxNet Deeplearnig MxNet (2015~)

MXNet은 R, 파이썬, C++ 및 줄리아Julia와 같은 언어를 지원하는 딥러닝 프레임워크 중 하나로서 효율성과 생산성을 극대화하기 위해 심볼릭 프로그래밍과 명령형 프로그래밍의 혼합된 형태를 허용하도록 효율성과 유연성을 위해 설계된 딥러닝 프레임워크이다.

백엔드는 C++과 쿠다cuda로 작성되었으며 테아노와 같이 자체 메모리를 관리할 수 있다. MXNet은 확장성이 좋고 다중 GPU와 컴퓨터로 작업할 수 있기 때문에 대중적이다. 기업용으로 매우 유용하다. 이것이 아마존이 MXNet을 딥러닝을 위한 참조 라이브러리로 사용한 이유 중 하나이기도 하다.

- https://mxnet.incubator.apache.org/
  https://aws.amazon.com/jp/mxnet
- 장점: 다양한 프로그래밍(C++, Python, R, Scala, Matlab, Javascript 등) 인터페이스 제공, 모바일 지원, 명령적imperative/그래프graph 프로그래밍 모델 모두 지원
- 단점: 다소 처리 속도가 느림, 로우 레벨 텐서 연산자가 적음, 흐름 제어 연산자 미지원

2.8 마이크로소프트 코그니티브 툴킷
CNTK: Microsoft Cognitive Toolkit (2016~)

CNTK Computational Network Toolkit로도 불리우는 마이크로소프트 코그니티브 툴킷은 빠르고 사용하기 쉬운 딥러닝 도구이다. 파이썬, C++와 같은 언어 및 다중 머신과 다중 GPU를 이용한 병렬화도 지원하며, 마이크로소프트 애저의 가상 머신이나 리눅스의 도커 콘테이너docker container를 통해 사용할 수 있다.

2015년 이미지 인식 세계 대회ILSVRC와 마이크로소프트 COCO 챌린지에서 1위를 차지한 바 있으며, MS의 음성비서 SW인 코타나Cotana와 스카이프 트랜스레이터Translator에 사용된다.

효율적인 리소스 활용으로 알려진 코그니티브 툴킷을 사용하여 효율적인 강화학습 모델 또는 GAN Generative Adversarial Networks을 쉽게 구현할 수 있다. 높은 확장성과 성능을 발휘하도록 설계되었으며 여러 시스템에서 실행될 때, 테아노 및 텐서플로와 같은 다른 툴킷과 비교할 때 높은 성능을 제공한다.

- https://www.microsoft.com/en-us/cognitive-toolkit/
  https://github.com/Microsoft/CNTK/
- 장점: 모델과 알고리즘이 매우 다양
- 단점: 빠르고 사용하기 쉬운 딥러닝 패키지이나 텐서플로와 비교하면 제한적, 윈도우와 우분투 리눅스에 대한 자동 배포를 지원하나 맥 OS는 지원하지 않음

3 딥러닝 프레임워크의 활용과 현황

3.1 딥러닝 프레임워크 활용 시 고려 사항

지금까지 주요 프레임워크를 살펴보았고 예측 작업에 어떤 머신러닝 또는 딥러닝 패키지를 선택할 것인지는 필요한 머신러닝의 복잡성과 훈련을 위해 확보한 데이터의 양과 유형, 컴퓨팅 자원, 선호하는 프로그래밍 언어와 숙련도에 따라 달라진다. 사용할 모델을 정의하기 위해 코드나 구성 파일 중 어느 것을 더 선호하는지도 중요한 변수이다.

대부분의 딥러닝 프레임워크는 대부분 개방형 오픈 소스의 방식으로 개발되고 공개되어 누구나 쉽게 접근 가능하고 오픈 소스의 사용은 무료지만, 알고리즘 등의 특허 및 라이선스는 별도로 규정되어 있기에 확인이 필요하다.

딥러닝 프레임워크 활용 시 독자적인 학습 데이터가 필요하고 데이터 수집 및 전처리가 선택한 프레임워크의 알고리즘 적용 과정에서 발생하는 이슈를 파악하고 해결하는 데 각 프레임워크에 대한 사용 노하우가 무엇보다 중요하다.

3.2 딥러닝 프레임워크 현황

인공지능 기술을 선도하고 있는 기업들이 개발된 딥러닝 프레임워크를 경쟁적으로 공개하는 이유는 기술 주도권을 선점하여 시장 영향력을 확대해 다양한 응용을 발굴하고, 개발자(사용자) 확장을 통해 우수한 인재를 확보하여 외부 연구자들의 도움에 의한 기술개선 효과를 도모하는 등의 장점이 있기 때문이다.

　아울러 개발된 기술의 공유를 통해 누구나 쉽고 빠르게 인공지능 기술을 접할 수 있도록 함으로써 개발 과정의 시행착오를 최소화하고, 집단지성에 의한 협력 개발로 인공지능 분야의 기술 발전에 공헌할 뿐 아니라, 인공지능 기술의 잘못된 사용을 사전에 방지할 수 있는 등 공익적 측면의 장점도 있다.

 참고자료

남충현. 2016.12. 「오픈 소스 API: 인공지능 생태계와 오픈 이노베이션」. 정보통신정책연구원(KISDI).
안성원·추형석·김수형. 2017.4. 「딥러닝 튜토리얼」. 소프트웨어정책연구소.
ITWorld. 2017. 딥러닝/머신러닝 프레임워크 6종 비교 분석. IDG.
https://en.wikipedia.org/wiki/Comparison_of_deep_learning_software

1-4

인공 신경망

하루에도 AI, 인공 신경망, 딥러닝의 용어들이 수많은 기사로 나오고 있고 자율주행차, 인공지능 비서, 의료 분야 등의 다양한 산업 분야의 기업과 기관에서 앞다퉈 적용 사례를 쏟아내고 있다. 최근에는 그림을 보고 시를 짓는 인공 신경망도 나왔는데, 마이크로소프트 사의 챗봇 '샤오빙'이 이미지 속에서 키워드를 추출한 뒤 시를 학습한 인공 신경망을 돌려 새로운 시를 창작하는 것이다. 샤오빙이 지은 시를 매주 게제하고, 시를 묶어 시집을 출판하고 있다.

1 인공 신경망의 개요

1.1 들어가며

사람의 뇌는 250억 개의 신경세포(뉴런Neuron)로 구성되어 있다고 추정된다. 뇌는 신경세포로 이루어지며, 각각의 신경세포는 신경망을 구성하는 신경세포 한 개를 지칭한다. 신경세포는 한 개의 세포체cell body와 세포체의 돌기인 한 개의 축삭axon or nurite 및 보통 여러 개의 수상돌기dendrite or protoplasmic process를 포함하고 있다. 이러한 신경세포들 간의 정보 교환은 시냅스라고 부르는 신경세포 간의 접합부를 통해 전달된다. 신경세포 하나만 떼어 놓고 보면 매우 단순하지만, 이러한 신경세포가 모이면 인간의 지능을 지닐 수 있다.

　수상돌기는 다른 신경세포들이 보내는 신호를 전달받는 부분Input이고 축색돌기는 세포체로부터 아주 길게 뻗어가는 부분으로 다른 신경세포에 신호를 전달하는 부분Output이다.

신경세포들 사이의 신호를 전달해주는 축색돌기와 수상돌기를 연결해주는 시냅스라는 연결부가 있는데, 신경세포의 신호를 무조건 전달하는 것이 아니라, 신호 강도가 일정한 값(임계치Threshold) 이상이 되어야 신호를 전달하는 것이다. 즉, 각 시냅스마다 연결 강도가 다를 뿐만 아니라 신호를 전달할지 말지를 결정하는 것이다.

1.2 인공 신경망 ANN: Artificial Neural Network

인공지능의 한 분야인 인공 신경망ANN은 생물학(통상 인간)의 뇌 구조(신경망)를 모방하여 모델링한 수학적 모델이다. 즉, 인공 신경망은 이러한 생물학적 신경세포의 정보처리 및 전달 과정을 모방하여 구현한 것이다. 인간의 뇌가 문제를 해결하는 방식과 유사하게 구현한 것으로 신경망은 각 신경세포가 독립적으로 동작하기 때문에 병렬성이 뛰어나다. 또한 많은 연결선에 정보가 분산되어 있어 몇몇 신경세포에 문제가 발생해도 전체에 큰 영향을 주지 않으므로 일정 수준의 오류에 강하고 주어진 환경에 대한 학습 능력을 갖고 있다. 1950년대까지 거슬러 올라가는 인공 지능 연구는 신경망의 성공과 실패로 점철되어왔는데, 인공 신경망의 개략적인 주요 시점을 살펴보면 다음과 같다.

- 1949년 헤비안 학습Hebbian learning
- 1958년 단층 퍼셉트론Single layer perceptron
- 1986년 다층 퍼셉트론Multilayer perceptron(역전파Back propagation)
- 2006년 심층 신경망Deep neural networks

심층 신경망은 인공 신경망의 후손이라 볼 수 있으며, 기존의 한계를 뛰어넘어 과거에 수많은 인공 지능 기술이 실패를 겪었던 영역에 성공 사례를 거둔 인공 신경망의 최신 버전이다.

2 인공 신경망 모델링과 구조

2.1 인공 신경망 모델링

생물학적 신경망을 모방하여 인공 신경망을 모델링한 내용을 살펴보면 처리 단위Processing unit 측면에서는 생물적인 뉴런neurons이 노드로, 연결성 Connections은 시냅스Synapse가 가중치weights로 모델링 된다.

생물학적 신경망	인공 신경망
세포체	노드(Node)
수상돌기(Dendrite)	입력(Input)
축삭(Axon)	출력(Output)
시냅스(Synapse)	가중치(Weight)

- 처리 단위Processing Unit: 뉴런과 노드

  신경세포(뉴런)의 입력은 다수이고 출력은 하나이며, 여러 신경세포로부터 전달되어 온 신호들은 합산되어 출력된다. 합산된 값이 설정 값 이상이면 출력 신호가 생기고 이하이면 출력 신호가 없다. 이를 모형화하면 519쪽 그림과 같다.

- 연결connection: 시냅스와 가중치

  인간의 생물학적 신경세포가 하나가 아닌 다수가 연결되어 의미 있는 작업을 하듯, 인공 신경망의 경우도 개별 뉴런들을 시냅스를 통해 서로 연결시켜 복수의 계층layer이 서로 연결되어 각 층 간의 연결 강도는 가중치로 수정update 가능하다. 이와 같이 다층 구조와 연결 강도로 학습과 인지를 위한 분야에 활용된다.

2.2 인공 신경망 구조

인간 뇌를 기반으로 한 '추론 모델'을 모델링한 인공 신경망의 주요 특징을 살펴보면, 생물학적인 뇌(인간의 뇌)를 기반으로 모델링했고 인간 뇌의 적응성을 활용하여 적응 학습 능력과 병렬 구조를 구현하고자 했다. 인공 신경

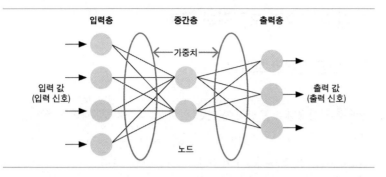

구성 요소	설명
노드(Node)	신경계 뉴런의 역할, 가중치와 입력 값의 곱으로 활성 함수를 통해 다음 노드에 전달해주는 역할
입력층(Input layer)	학습을 위한 기초 데이터 입력 계층
중간층 / 은닉층(Hidden Layer)	다중 신경회로망에서 입력층과 출력층 사이에 위치하며, 정보를 전파, 학습, 활성하는 계층
출력층(Outpu Layer)	학습을 통해 도출된 결과 값을 출력하는 계층
가중치(Weight)	활성화 함수의 입력 값으로 사용되는 뉴런 간의 연결 계수
활성화 함수(Activation Fumction)	임계 값을 이용 뉴런 활성화 여부를 결정하기 위해 사용하는 함수: 항등 함수, 계단 함수, 시그모이드 함수 등

망의 모델링을 구조를 매우 단순화하면 위의 그림과 같다.

각 노드는 가중치가 있는 링크들로 연결되어 있고, 전체 모델은 가중치를 반복적으로 조정하면서 학습을 한다. 가중치는 장기 기억을 위한 기본 수단으로서 각 노드들의 중요도를 표현한다. 단순화시켜서 이야기하자면 인공 신경망은 이들 가중치를 초기화하고 훈련시킬 데이터 셋으로 가중치를 갱신하고 조정하여 전체 모델을 훈련시키는 것이다. 훈련이 완료된 후에 새로운 입력 값이 들어오면 적절한 출력 값을 추론해내게 된다. 인공 신경망의 학습 원리는 경험의 일반화로부터 지능이 형성되는 과정이라고 보면 되고 상향식bottom-up 방식으로 이루어지게 된다. 위의 그림에서 중간층이 두 개 이상(즉, 5~10개)일 경우를 층이 깊어진다고 보고 심층 신경망이라 하며, 이러한 심층 신경망을 통해 이루어진 학습과 추론 모델을 딥러닝이라고 지칭한다.

Ⅰ • 인공지능

3 인공 신경망 알고리즘

3.1 학습 모델

인공 신경망은 말 그대로 (인간의) 신경망을 컴퓨터로 구현해야 하는데, 그 중심에는 역시 뉴런과 시냅스가 있다. 결국 뉴런과 시냅스를 디지털 컴퓨터로 구현하기 위해서는 논리적 서술이 필요로 하며, 학습 모델은 이를 컴퓨터로 구현하는 방식이다.

앞에서 살펴보았던 신경망 뉴런의 모델링 도식과 동작은 '입력-처리-출력'의 논리적 흐름이 특징이며 각 구성 요소는 다음과 같다.

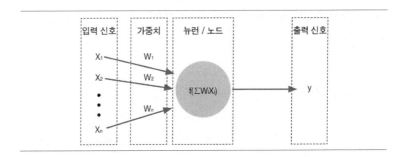

신경세포(뉴런)의 입력 신호는 다수이고 출력은 하나이며, 여러 신경세포로부터 전달되어온 신호들은 합산되어 출력된다. 합산된 값이 설정 값 이상이면 출력 신호가 생기고 이하이면 출력 신호가 없다.

- 전체 흐름: 입력 링크에서 여러 입력 신호(X_1, X_2, X_{N-1})를 받아 새로운 활성화 수준($f(\sum W_i X_i)$)을 계산하고 출력 링크로 출력 신호를(y) 내보냄
- 입력 신호: 미가공 데이터 또는 다른 뉴런의 출력이 될 수 있음
- 가중치weight: 실선(W_i)으로 표현된 연결 강도strength로서, W_i는 i번째 입력의 노드 결합의 연결 강도로서 학습에 의해 값이 변함
- 뉴런/노드: 입력 신호(입력 값)를 처리하여 출력 신호(출력 값)로 내보내는 처리 역할을 하며, 처리 요소Processing Element / 임계 유닛Threshold unit라고도 지칭함
- 출력 신호: 다른 뉴런의 입력이거나 최종 결과 값일 수 있음

'입력-처리-출력'의 구성에서 가장 중요한 부분은 역시나 '처리'를 담당하는 뉴런이다. 뉴런의 계산은 노드 결과 값을 결정짓는 함수 $f(\sum W_i X_i)$에 의해 결정되며, 이러한 함수를 활성 함수activation function 또는 전이 함수transfer function라 부른다. 결과 값(y)이 1이면 노드가 활성/작동 상태이고 0이면 비활성/비작동 상태가 된다.

$$y = f(X\sum W_i W_i) = f(\sum_{i=0}^{N-1} X_i(t) * W_i(t) - 0)$$

지금까지 하나의 뉴런에 대한 모델을 설명했는데, 인공 신경망은 이런 뉴런들이 여러 개 모여서 복수의 층이 구성되어 작동하게 된다. 이러한 복수의 뉴런들이 시냅스(연결 강도, 가중치)로 연결되어, 시냅스(연결 강도, 가중치)가 어떻게 조정되는지 아래의 학습 규칙에서 살펴보겠다.

3.2 학습 규칙

뇌에는 약 1000억 개의 신경세포가 있으며 한 개의 신경세포는 1000~10만 개의 시냅스라는 접점을 통해 다른 신경세포와 연결을 이루면서, 전기화학적 신호에 의해 다른 신경세포들과 서로 대화한다. 즉, 시냅스는 신경세포 사이의 접점으로 신경 전달이 일어나는 장소이며, 신경세포는 시냅스를 통해 들어오는 수많은 신호를 분석하고 이를 종합하여 다음 신경세포에 전달한다. 이와 같이 뇌가 학습을 하는 데 시냅스는 매우 중요한 역할을 한다.

학습을 하면 신경회로망을 구성하는 시냅스에 일정한 물리적·구조적 변화가 일어나는데 오랫동안 반복적인 학습을 하면 시냅스 수가 많아진다. 새로운 사실을 배울 때마다 뇌의 미세한 구조가 조금씩 변하고 경험과 학습을 통해 뇌는 변화를 겪게 된다.

두 개의 뉴런 i, j가 서로 반복적이고 지속적으로 점화firing하여 어느 한쪽 또는 양쪽 모두에 어떤 변화를 야기한다면, 상호 간 점화의 효율(또는 연결 강도)은 점점 커지게 된다. 뉴런 i가 다른 뉴런 j로부터 입력을 받으면 두 뉴런은 모두 활성화된 상태에서 i와 j 사이의 연결

I · 인공지능

강도 wij는 더욱 강해진다. 강해지는 연결 강도의 증가분을 식으로 나타내면 그림과 같다.

시냅스로 연결된 두 개의 뉴런이 동시에 또는 반복적으로 활성화되면 이두 뉴런 사이의 연결 강도는 강화된다는 의미를 갖고 있다. 이와 같이 신경세포(뉴런) 사이의 연결 강도Weight를 조정하는 학습이 1943년 등장한 헵의학습 규칙Hebb Learning Rule이다. 헵의 학습 규칙은 이후 개발되는 다른 신경망모델의 학습 규칙의 토대가 되었다.

1949년 캐나다의 심리학자인 도널드 헵Donald Hebb은 그의 저서 『행동의조직The Organization of Behavior』에서 '헵의 시냅스'라고 알려진 시냅스의 연결 강도 조정을 위한 생리학적 학습 규칙을 기술했다. 이 책은 1949년경의 신경심리학에 대해 폭넓고 깊이 있게 기술했고 도입 부분에서 복잡한 두뇌 모델링에 대해 '커넥셔니즘connectionism'이란 말을 처음으로 사용했다.

위에서 설명한 바와 같이 신경세포는 시냅스 결합을 통해 신호를 전달하고 기억은 시냅스에 축적되는 방식으로, 학습과 기억은 신경세포 간의 연결고리인 시냅스라는 연결 강도Weight를 강화한다.

3.3 학습 과정

앞에서 설명한 내용을 간략하게 다시 한 번 강조하자면 학습 결과는 신경세포가 아니라 시냅스라는 연결 강도(또는 가중치 wi)에 저장(?)되며, 학습이강화되면 될수록 연결 강도의 값은 커지게 된다. 뭔가 새롭게 배우게 되면연결 강도가 변하게(강하게) 되고 배운 것이 없다면 연결 강도는 (물론 약해지는 경우도 있지만) 변화 없이 그대로이다. 즉, 학습이라는 것이 학습 데이터를 이용하여 연결 강도를 조정하면서 원하는 값이 나오도록 조정해나가는작업이다.

인공 신경망의 주요 발전사를 살펴보면 다음과 같다.

- 1943년 매컬러-피츠McCulloch-Pits가 제안한 단순 임계 논리를 구현한 최초의 신경망 모델
- 1949년 두 뉴런 간의 연결 강도를 조정하는 최초의 학습 규칙인 헵의 시냅스
- 1957년 프랭크 로젠블랫Frank Roesnblatt에 의해 발명된 피드포워드feedforward

네트워크인 퍼셉트론Peceptron 학습 모델
- 역전파back-propagation 네트워크인 다층 퍼셉트론Multi-layer perceptrin

이 중에서 퍼셉트론이라 불리는 신경망 학습 모델이 가장 많이 논의된다. 기본이 되는 학습 알고리즘으로 매우 큰 관심을 불러일으켰지만 나름의 한계에 직면하게 되고 그 이후로 다층 퍼셉트론, 역전파 알고리즘 등이 나타나면서 1980년대에 신경망이 다시 부활하는가 싶더니, 여러 한계로 다시 한번 침체기를 걷게 된다. 그러다가 최근 들어 출현한 딥러닝(심층 신경망)으로 재각광을 받고 있다.

4 인공 신경망 알고리즘의 유형

4.1 전방 전달 신경망Feed-Forward Neural Network

- 신경망 정보가 입력층 → 은닉층 → 출력층 순으로 전달되며 순환 경로가 존재하지 않음
- 이진 구조, 퍼셉트론, 시그모이드Sigmoid 등 여러 가지 방법으로 구성 가능

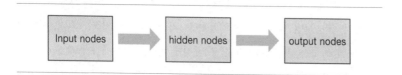

4.2 역전파 Back-Propagation

- 원하는 출력과 실제 출력의 오차를 산출하고, 오차에 비례하여 출력층에서 은닉층 순으로 가중치를 갱신

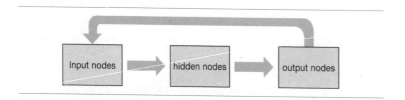

4.3 순환 신경망 Recurrent Neural Network

- 컨텍스트 유닛context unit이라는 부분을 통해 히든 노드hidden node와의 교류를 통해 출력 노드output nodes를 만들어냄
- 컨텍스트 유닛은 입력 노드input node와 출력 노드output node에는 영향을 미치지 않는 양방향 통신

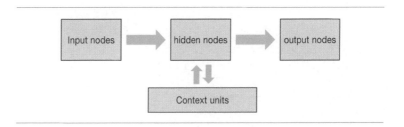

5 인공 신경망의 활성화 함수

5.1 인공 신경망 모델에서의 활성화 함수

- 개념
  - 인공 신경망 모델에서 입력층과 출력층 사이의 연결 강도의 가중 합 NET을 처리하는 함수
  - 어떤 활성화 함수를 선택하느냐에 따라 뉴런의 출력이 달라짐

- 조건
  - 활성화 함수activation fucruntion는 단조 증가하는 함수

- 분류
  - 단극성uni-polar / 양극성bi-polar 함수
  - 선형linear / 비선형non-linear 함수
  - 연소continuous / 이진binary 함수

5.2 활성화 함수의 유형

- 항등 함수Identity Function
  - 양극성 선형 함수로서 입력의 가중 합이 그대로 출력됨
  - $f(NET) = NET$

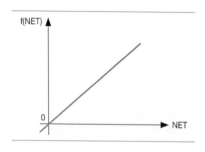

- 경사 함수Ramp Function
  - 단극성 선형 연속 함수
  - $f(NET) = \begin{cases} NET & ; NET \geq 0 \\ 0 & ; NET \langle 0 \end{cases}$

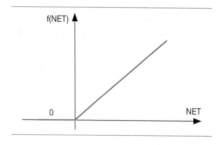

- 계단함수Step Function
  - 단극성 또는 양극성 이진함수이며, 디지털 형태의 출력이 요구되는 경우에 주로 사용됨
  - $f(NET) = \begin{cases} 1 & ; NET \geq T \\ 0 & ; NET \langle T \end{cases}$

Ⅰ • 인공지능

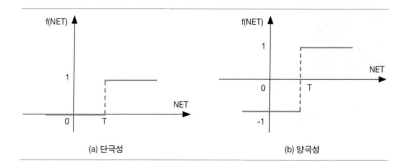

(a) 단극성	(b) 양극성

- 시그모이드함수Sigmoid Function
  - 단극성 또는 양극성 비선형 연속함수이며, 신경망 모델의 활성화 함수로써 가장 널리 사용되고 있음
  - 시그모이드 함수는 형태가 S자 모양이라 S형 곡선이라고도 함

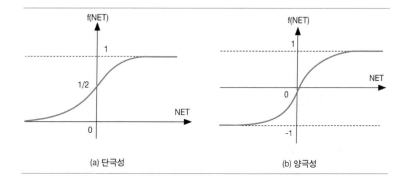

(a) 단극성	(b) 양극성

참고자료

김대수. 2005. 『신경망 이론과 응용(I)』. 진한M&B.
삼성SDS 커뮤니케이션팀. 2015. "[IT에 한걸음 더 다가가기] SMAC의 분석 부문, 지능화를 지향하는 Machine Learning." https://www.samsungsds.com
http://ictstory.tistory.com/category/Smart/ICT%20Trend?page=1
https://www.wikipedia.org

GAN Generative Adversarial Network

머신러닝은 대부분 컴퓨터에 사물이 무엇인지 일일이 표시해주는 '지도학습'이었다. 하지만 세상에는 정답이 없는 데이터가 훨씬 더 많다. 인간이 컴퓨터에게 정답을 알려주는 것은 한계가 있을 수밖에 없다. 결국 인공지능의 성패는 사물의 특성을 스스로 얼마나 잘 파악할 수 있느냐로 모아지고 있다.

1 GAN의 개요

1.1 GAN의 개념

스스로 이미지를 만드는 생성자 네트워크Generator가 가상의 이미지를 만들고, 구별자 네트워크Discriminator가 가상의 이미지와 진짜 이미지 중 어떤 이미지가 진짜인지를 구분하게 함으로써 더욱 강력하게 학습시키는 인공 신경망 기술이다.

1.2 GAN의 등장 배경

지금까지 머신러닝의 주류를 이뤘던 지도학습은 데이터와 라벨의 짝에 집중하는 학습 방법이었다. 여러 개의 사진을 보여주면서 '이것은 고양이', '이것은 강아지'라고 레이블링Labeling하여 사진과 이름을 쌍으로 학습시키는 것이다. 이러한 학습 결과로 미지의 사진에 대해 적절한 이름을 결과로 만드는 것이다.

하지만 지도학습에는 한계가 있다. 각 사물의 정답label을 사람이 알려줘야 만 학습이 가능하기 때문이다. 궁극적인 인공지능을 구현하려면 이렇게 누군가 정답을 가르쳐주지 않아도 인공지능 스스로 사물의 특성을 파악할 수 있는 능력이 있어야 한다. 이렇게 정답 없이 학습하는 방법을 비지도학습이라고 한다. 비지도학습이 주목받는 이유는, 세상에는 정답 없는 아주 많은 데이터가 존재하기 때문이다. GAN은 '지도학습 같은 비지도학습'으로 머신러닝 연구에서 핵심으로 떠올랐다.

2 GAN의 이해

2.1 GAN의 동작 원리

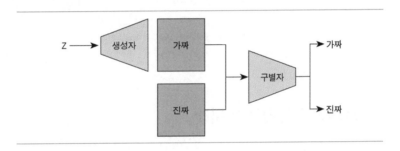

생성자Generator는 제로 미인 가우시안Zero Mean Gaussian으로 생성된 Z를 받아서 실제 이미지와 비슷한 이미지를 만들어내도록 학습된다. 구별자Discriminator는 실제 이미지와 생성자가 생성한 가짜 이미지를 구별하도록 학습된다. 생성자는 구별자를 속이기 위해 더 좋은 가짜 이미지를 만들어야 하고, 구별자는 가짜 이미지를 발견하기 위해 더 학습하게 된다. '경쟁 게임'을 통해 기존 비지도학습의 난제를 피하면서 '진짜 같아지는 학습'을 통해 더욱 선명한 이미지와 그림으로 생성해주는 기능을 가능하게 했다.

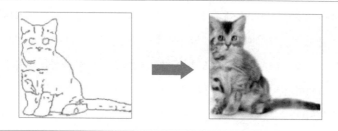

2.2 GAN의 구성 요소

구성 요소	설명
구별자 (Discrimicator)	입력으로 주어진 데이터가 학습 데이터에 포함된 진짜인지, 생성자가 만들어낸 가짜인지 판별하는 역할 수행
생성자 (Generator)	랜덤 노이즈를 입력받아 학습 데이터와 유사한 패턴으로 변환하여 데이터를 생성
학습 데이터 (X)	생성자가 흉내 내기 위한 원본 샘플 데이터
Latent variable (Z)	생성자가 가짜 데이터를 만들기 위해 입력하는 랜덤 노이즈

3 GAN과 인공지능의 미래

GAN의 등장으로 인해 능동적 행동을 하는 인공지능으로 진일보하고 있다. GAN은 이미지 생성부터 복원, 변환 등 다양한 애플리케이션에서 그 효과를 보여준다. 향후에는 이미지 데이터를 넘어 음성이나 자연어 데이터에도 GAN이 적용될 예정이다. 이를 이용하면 음성 생성과 변환, 복원 등도 가능해질 것이다. GAN의 가장 큰 약점은 생성자와 구별자를 균형 있게 학습시키기가 기존의 최적화에 비해 어려운 점이다. 이를 해결하기 위해 여러 가지 트릭이 제시되고 이론적 연구가 진행되고 있다. GAN을 통해 수동적 인식에서 벗어나 능동적으로 동작하는 인공지능에 첫발을 내딛었다.

참고자료

엄태웅. 2017. "[AI기획] 경쟁 통해 배우는 인공지능 기술 GAN". ≪TECH M≫. http://techm.kr/bbs/board.php?bo_table=article&wr_id=3617

1-6

오버피팅 Overfitting

혹독한 2차 인공지능 겨울을 지나 3차 인공지능 붐을 가져올 수 있었던 것은 제프리 힌튼 (Geoffrey Hinton) 교수의 비지도학습을 이용한 은닉층에서 데이터 전처리를 통해 오버 피팅 문제를 해결했기 때문이다.

1 오버피팅의 개요

오버피팅은 머신러닝Macine learning의 학습 모델이 특정(훈련용) 데이터 세트에 과도하게 학습되어 실제 데이터에 적용 시 오차가 증가하는 현상을 말한다. 학습 데이터가 전체 집단을 대표하지 못하기 때문에 학습 데이터와 실제 데 이터의 괴리로 인해 일반화의 오류가 발생한다. 오버피팅이 발생하는 원인 은 학습 데이터가 부족하거나, 데이터에 노이즈가 존재하여 품질이 떨어지 는 경우, 모델의 복잡성으로 인해 발생하게 된다.

머신러닝의 적합도는 언더핏Underfit, 라이트핏Rightfit, 오버핏Overfit으로 분류 할 수 있다.

2 머신러닝의 적합도 유형

2.1 언더핏 Underfit

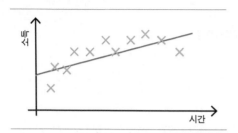

언더핏은 훈련 데이터Training Data의 부족 등으로 인해 분류를 적절히 수행하지 못하는 모델이다.

2.2 라이트핏 Rightfit

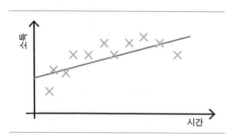

라이트핏은 일부 적절하지 않은 분류가 존재하지만 전반적으로 적절하게 분류하는 모델이다.

2.3 오버핏 Overfit

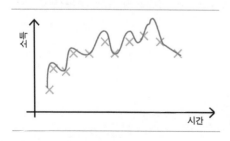

I • 인공지능

오버핏은 훈련 데이터에 대해서는 정확하게 분류하지만 테스트 데이터Test Data에 대해서는 정확도가 떨어지는 모델이다. 오버핏은 현실세계의 데이터에 적용 시 적절한 분류 및 예측을 할 수 없는 문제가 발생한다.

3 오버피팅의 문제점 및 해결 방안

3.1 오버피팅의 문제점

- 일반화의 오류 문제

  학습 데이터와 실제 데이터의 괴리가 발생한다. 실제 데이터에 대해 학습 데이터만큼의 성능을 발휘하지 못한다.

- 대표성의 부재 문제

  학습 데이터가 전체 집단을 대표하지 못한다. 따라서 실제 데이터 적용 시 적절한 분류를 할 수 없다.

3.2 오버피팅의 해결 방안

- 학습 데이터의 사이즈업Size-up

  학습 데이터 부족으로 오버피팅이 발생한 경우, 학습 데이터의 양을 늘려서 해결할 수 있다. 데이터 추가 수집 또는 이상치Outlier 및 결측치Missing Value를 처리하여 데이터 부족 문제를 해결한다.

- 교차 검증Cross-Validation

  데이터 세트를 훈련 세트Training-set, 검증 세트Validation-set, 시험 세트Test-set

로 나누어 훈련 및 검증을 수행하여 오버피팅 문제를 해결한다.

- 드롭아웃Drop-Out

  인공 신경망 학습 과정에서 일부 노드를 P(주로 0.5)의 확률로 생략하여
  오버피팅 문제를 해결할 수 있다. 드롭아웃 기법으로는 공간적 드롭아웃,
  시간적 드롭아웃 기법이 있다.

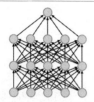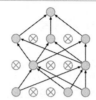

4 오버피팅의 시사점

머신러닝의 암흑기를 거쳐, 빅데이터와 오버피팅 문제를 해결해 심층 신경
망을 구성할 수 있게 되어 3차 인공지능 붐의 기반이 되었다.

 참고자료

Srivastava, Nitish, Geoffrey Hinton, Alex Krizhevsky, Ilya Sutskever, Ruslan
Salakhutdinov. 2014. "Dropout: A Simple Way to Prevent Neural Networks
from Overfitting."
www.edx.org

챗봇 Chatbot

챗봇은 사람과의 문자 대화를 통해 질문에 알맞은 답이나 각종 연관 정보를 제공하는 인공지능 기반의 커뮤니케이션 소프트웨어이다. 챗봇은 사용자가 필요로 하는 서비스와 데이터를 적시에 찾아주어 수많은 기업과 개인을 연결해주는 연결고리 역할을 담당한다.

1 챗봇의 개요

1.1 챗봇의 개념

챗봇chatbot은 인공지능 및 자연어 처리 기술을 이용하여 메신저로 대화하듯 요구 사항을 전달하고 처리하는 소프트웨어이다. 챗봇은 사람들이 필요로 하는 서비스와 데이터를 적시에 찾아 제공하며 기업과 개인을 연결시켜주는 연결고리 역할을 수행한다. 무선인터넷과 스마트폰의 등장으로 인터넷 환경이 PC에서 모바일 환경으로 이동했는데 챗봇이 과거 브라우저와 앱이 수행하던 역할을 대체하는 플랫폼이 될 것으로 전망된다.

1.2 챗봇의 대두 배경

모바일 앱Application의 개수가 폭발적으로 증가하여, 앱 이용자들은 방대한 앱 마켓(플레이 스토어, 앱 스토어)에서 자신에게 유용한 신규 앱의 검색과 설치에 피로감을 느끼고 있다. 챗봇은 새 앱을 깔거나 기술을 배울 필요 없이 메시지만 보내면 원하는 서비스를 받을 수 있어 테크노 스트레스를 감소시킬 수 있는 서비스로 부각되고 있다.

음성통화보다 텍스트 위주의 커뮤니케이션에 익숙하고 이를 선호하는 밀레니얼 세대(1980~2000년 출생한 세대)가 주요 소비자로 등장하면서 챗봇의 수요가 증가하고 있다. 기업은 매장 창구 또는 콜센터의 효율화를 위해 챗봇 도입을 선호하고 있다. 2017년 기준 챗봇의 수는 15만 개에 달한다.

2 챗봇의 메커니즘과 요소 기술

2.1 챗봇의 메커니즘

챗봇은 메신저로 명령을 전달하고 서버에서 인공지능 기술을 이용하여 이용자의 의도를 파악한 후 앱 또는 웹으로 서비스를 제공한다.

챗봇 서비스 구조

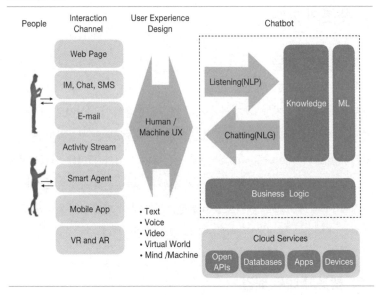

챗봇 구현을 위한 아키텍처 상세

구분	주요 기술	설명
메신저 / 채널	- Open API	- 메신저 앱과 연계 위한 API 기술
	- 하이브리드 앱 / 웹	- 사용자 채널 구축 위한 모바일 앱 또는 웹 구현 기술
대화 분석기	- 패턴 인식	- 기계에 의한 문자 패턴을 식별하는 기술
	- 자연어 처리	- 인간의 언어를 기계가 이해할 수 있도록 처리하는 기술
인공지능 / 학습	- 텍스트 마이닝	- 비정형 텍스트 데이터에서 새롭고 유용한 정보를 추출하는 기술
	- 상황 인식 컴퓨팅	- 가상공간에서 현실의 상황을 정보화하고 이를 통해 사용자 중심의 지능화된 서비스를 제공하는 기술
	- 시맨틱 웹	- 컴퓨터가 정보 자원의 뜻을 이해하고 논리적 추론까지 수행할 수 있는 지능형 웹 기술
	- AI 플랫폼	- 텐서플로(TensorFlow), 사이킷-런(Scikit-learn), 카페(Caffe) 등의 인공지능 개발 플랫폼 기술
인프라	- 클라우드 컴퓨팅	- 인공지능 학습을 위한 컴퓨팅 파워 확보 기술
	- 하둡 분산 시스템	- 막대한 메시지 트래픽 처리를 위한 빅데이터 인프라
	- 4G / 5G	- 비정형 텍스트 및 멀티미디어 데이터 전송을 위한 네트워크 인프라 기술

주: 최근 컴퓨팅 파워의 급격한 향상 및 다양한 플랫폼의 등장으로 챗봇에 필요한 주요 기술 활용 용이.

2.2 챗봇의 요소 기술

- 패턴 인식 Pattern Recognition

  기계에 의해 도형, 문자, 음성 등을 식별하는 기술이다.

- 자연어 처리 Natural Language Processing

  인간이 보통 쓰는 언어를 컴퓨터에 인식시켜 처리하는 기술이다. 정보 검색, 질의응답, 시스템 자동 번역, 통역 등을 포함한다.

- 시맨틱 웹 Symantic Web

  컴퓨터가 정보 자원의 뜻을 이해하고, 논리적 추론까지 할 수 있는 차세대 지능형 웹이다.

- 텍스트 마이닝 Text Mining

  비정형 텍스트 데이터에서 새롭고 유용한 정보를 찾아내는 과정 또는 기술이다.

- 상황 인식 컴퓨팅Context Aware Computing
  가상공간에서 현실의 상황을 정보화하고 이를 활용하여 사용자 중심의
  지능화된 서비스를 제공하는 기술이다.

2.3 챗봇의 유형

- 룰베이스형 챗봇
  정해진 규칙에 따라 답변을 제시하도록 로직이 구성되어 있으며 쉽게 구
  축이 가능하고 초기 구축비용이 낮다. 반면에 관리 및 유지 보수가 어렵
  고 확장성이 떨어지며 업데이트 비용이 많이 소요되는 단점이 있다.

- 인공지능형 챗봇
  AI 기술을 이용하여 기존 대화 로그 데이터로부터 스스로 대화 방법을 학
  습하며 사용자 맞춤형 서비스가 가능하다. 기존에 없는 새로운 입력에 대
  한 대응이 가능하며 이전 대화 내용을 고려한 문맥 인식이 가능하고 시스
  템 관리 및 유지 보수가 용이하다. 초기 구축 비용이 많이 소요되고 시스
  템 자원이 많이 필요하다는 단점이 존재한다.

3 챗봇의 현황과 시사점

3.1 챗봇의 현황

국내 챗봇 서비스 현황

서비스	주요 현황
카카오톡	- 플러스 친구를 통해 기업과 사용자를 메신저로 연결해주는 비즈 메시지 API를 출시하여 다양한 O2O 서비스에 활용
라인	- 누구나 쉽게 서비스를 개발할 수 있도록 Open API를 제공해 확장성을 높이고 메신저 기반 챗봇을 비즈니스 플랫폼으로 활용 중

해외 챗봇 서비스 현황

서비스	주요 현황
FB Messenger	- 온라인 송금, 실시간 뉴스 제공 등 메신저 플랫폼 기반 개인 맞춤형 실시간 서비스를 제공
Slack Bot	- 기업용 메신저인 슬랙 봇으로 회의 스케줄을 저장해 알려주고 과거 주고받았던 메시지를 검색하는 기능을 개발하여 활용
위챗/QQ	- 단순한 메시지 기능을 넘어 다수의 가입자를 기반으로 게임, 온라인 쇼핑, 택시, 구인구직, 만남 주선 등 엔터테인먼트 챗봇 서비스를 제공

3.2 챗봇의 시사점

챗봇은 인공지능과 빅데이터 기반 사용자 맞춤 서비스로 다양한 산업 전반에 확산 중이며 이를 통해 부가가치를 창출하고 있다. 이에 따라 음성인식 기술, 챗봇 API 기술, 보안 기술 등 챗봇 서비스 활용을 위한 기술 고도화에 따른 시장 선점이 필요하다.

 참고자료

장준희. 2016. 「인공지능 기반의 '챗봇(ChatBot)' 서비스 등장과 발전 동향」. NIA 한국정보화진흥원.
이경일. 2017. 인터넷(Overweight) - 챗봇(Chatbot): 제3의 물결. 흥국증권.

소셜 로봇

인구 고령화, 1인 가구의 증가, 개인주의 심화 등의 사회문제 대두로 인간과 능동적인 상호작용이 가능한 소셜 로봇이 주목받고 있다. 인공지능과 사물인터넷, 클라우드 기술 등이 로봇과 접목하여 물리적인 도움 외 정신적인 부분에서도 사람에게 도움을 줄 수 있는 소셜 로봇은 퍼스널 로봇 시대를 가져올 것으로 예상된다.

1 소셜 로봇의 개요

1.1 소셜 로봇의 개념

소셜 로봇Social Robot이란 인공지능, 사물인터넷, 클라우드 컴퓨팅 등의 기술을 접목하여 사람과 대화하고 교감하는 감성 로봇을 말한다. 사람 또는 다른 대상과 커뮤니케이션을 할 수 있는 능력을 갖추고 자율적으로 동작하며 가사 지원, 교육, 의료 등 인간을 대신하여 중요한 역할 수행이 가능하다.

1.2 소셜 로봇의 대두 배경

인구 고령화, 1인 가족 증가, 개인주의 심화, 가족 해체 등의 현상이 증가하여 이에 대한 대응 수단으로 소셜 로봇이 주목받고 있다. 또한 사업자에게는 클라우드 연결을 통한 서비스 요금 발생으로 인해 매력적인 사업 모델로 떠오르고 있다. 단종되었던 소니의 아이보AIBO가 재발매 되고, MIT 미디어

랩의 신시아 브리질Cynthia Breazeal 박사의 지보Jibo가 크라우드 펀딩으로 큰 주목을 받으면서 소셜 로봇이 부각되고 있다.

2 소셜 로봇의 분류 및 요소 기술

2.1 소셜 로봇의 분류

분류	유형	사례
교육 로봇	교육 로봇	학습 콘텐츠 제공
	교육보조 로봇	학교, 공공기관에서 교사 보조
엔터테인먼트 로봇	애완 로봇	애완동물의 행동을 모사하여 즐거움 제공
	완구 로봇	게임 진행, 감정 표현 로봇
케어 로봇	공연 로봇	연극, 뮤지컬, 연주 등 퍼포먼스 수행
	신체지원 로봇	거동이 불편한 사람 이동 지원, 목욕 등 서비스
	생활지원 로봇	생활 패턴 파악 필요 기능, 정보 제공
안내 로봇	정서지원 로봇	고독, 우울에 빠지지 않도록 정신적 지원 로봇
	안내 로봇	공공시설, 전시장에서 정보 제공
	쇼핑 로봇	매장에서 호객, 접객, 판매 지원 로봇
동반자 로봇	동반자 로봇	비서, 친구, 집사 역할 수행 로봇

소셜 로봇은 교육, 엔터테인먼트, 케어, 안내, 동반자 로봇으로 분류된다.

2.2 소셜 로봇의 요소 기술

- 구동 능력Locomotion

  필요한 동작을 수행하거나 로봇의 감정 상태를 나타낼 수 있도록 효과적으로 제어해야 한다. 인공지능 시스템과 로봇을 구분 짓는 최소한의 기준이다.

- 이동성Mobility 및 위치 인식

  원하는 위치로 이동할 수 있고 현재 위치가 어디인지 파악하는 능력이다.

- HRI Human-Robot Interaction

다양한 센서를 이용하여 사람의 동작이나 감정 상태를 파악하고 로봇 자신의 감정을 표현할 수 있다. 머리, 몸체, 팔, 디스플레이 장치를 이용하여 감정을 나타낸다.

- 영상 및 거리정보 기반의 환경 인식

주변 환경과 사람의 얼굴·행동을 인식할 수 있다. 카메라, 거리 센서, 광학 센서 등을 이용한다.

- 음성인식

다른 로봇(제조용 산업 로봇 등)과 가장 큰 차이는 음성을 이용하여 사람과 상호작용을 한다는 점이다. 자연어를 인식하여 해석 및 의도를 파악하고 자연어를 이용해 결과를 전달한다.

- 지식 추론

인간의 언어를 이해하고 추론하는 기술이다.

- 음성 합성

상황에 적합하게 남성·여성·연령에 맞추어 음성을 합성할 수 있다. 자연스러운 대화를 만들어내기 위해 녹음된 음성을 이용하지 않고 상황에 맞는 대화를 합성하는 기술이 필요하다.

- 사물인터넷 연결성

사물인터넷 기술을 이용하여 다양한 디바이스와 연결되어 제어할 수 있는 능력이다. 소셜 로봇이 스마트 홈의 허브로 사용할 수 있게 하는 기술이다.

소셜 로봇의 구성도

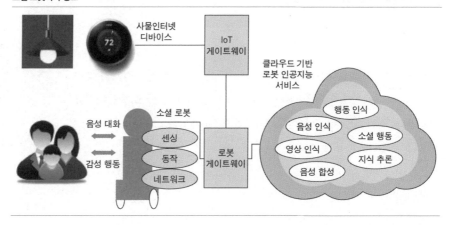

3 소셜 로봇의 동향

3.1 소셜 로봇의 해외 동향

페퍼

- 페퍼Pepper

일본 소프트뱅크에서 2015년 6월 발매한 로봇이다. 인간과 동일하게 언어를 구사하고 제스처를 취할 수 있다. 전면에 설치된 디스플레이 패널로 감정 상태를 표현하며 이용자에게 정보를 제공한다. 매장에서 제품을 소개하거나 판매하는 데 도움을 주도록 활용되고 있다. 국내에는 LG유플러스, 우리은행, 교보문고, 가천대 길병원, 롯데백화점, 이마트에서 페퍼를 도입하여 운영 중이다.

지보

- 지보JIBO

MIT 신시아 브리질 박사 주도로 진행한 프로젝트가 2014년 7월 클라우드 펀딩을 통해 목표 금액의 22배가 모금될 정도로 화제가 되었다. 카메라를 이용하여 사람의 얼굴을 인식하고 추적하며 음향 정위 시스템과 자연어 처리 기술을 이용하여 어느 위치에서나 대화할 수 있도록 지원한다. 2015년 출시 예정이었으나 2017년에 출시되었다.

3.2 소셜 로봇의 국내 동향

퓨처 로봇

- 퓨처 로봇Future Robot
퓨로-데스크FURo-Desk(Fintech + Smart service Robot), 퓨로-D FURo-D(Smart Signage Robot), 퓨로-아이홈FURo-iHome(Smart Home Robot)과 퓨로-아이시큐어 FURo-iSecure(Smart Home Robot), 퓨로-S FURo-S(Smart Service Robot) 등의 제품군을 보유하고 있다.

- 아이지니iJini

아이지니

스마트홈, 사물인터넷과 연동되는 소셜 로봇을 지향하며 자체 개발한 안드로이드 기반의 로봇운영체제를 적용했다. 가전 제어, 자동 순찰, 침입 알림, 사용자 마중, 유아 학습 콘텐츠 제공, 게임, 자녀생활패턴 분석, 애완동물의 케어 및 패턴 분석 등의 기능을 제공한다.

4 소셜 로봇의 시사점

해외에는 페퍼, 지보, 버디 등 유명한 소셜 로봇이 존재하지만 국내에는 인지도 있는 소셜 로봇이 없다. 스타트업 활성화 및 산학 연계 등의 기술 역량 확보를 통해 경쟁력 있는 소셜 로봇의 개발이 필요하다. 최근 빠르게 성장하고 있는 스마트홈 시장과 맞물려 소셜 로봇이 스마트홈 허브로 기능을 하게 될 경우 대중화가 가속될 것으로 예측된다.

참고자료
김경훈·최종석·황은동. 2016. 「소셜로봇 기술동향과 산업전망」. 한국로봇산업협회.
임지택. 2016. 「글로벌 소셜 로봇 시장 현황 및 전망」. 정보통신정책연구원(KISDI).

J

인터넷 서비스

—

간편결제

ICT 기술의 발달 및 규제 완화 등에 힘입어 카카오뱅크, 케이뱅크 등 인터넷전문은행이 또 하나의 금융거래기관으로 자리를 잡으며, 삼성페이, 카카오페이 등 간편결제 서비스가 시장을 주도해, 빠르게 성장·확대되고 있다. 또한 전 세계 결제 시장에서 모바일 디바이스를 이용한 간편결제 시장이 빠르게 확산되고 있으며 핀테크 산업에서 결제 서비스는 주요한 분야를 차지하고 있다. 특히, 모바일 디바이스(스마트폰, 태블릿 등)를 이용한 모바일 결제 시장이 이제는 일상적인 결제 수단으로 활용되고 있다.

핀테크(Fintech)
금융(Finance)과 기술(Technology)의 합성어로, 금융과 IT의 융합을 통한 금융 서비스 및 산업의 변화를 통칭하며, 결제 및 송금, 대출 및 자금 조달, 자산 관리, 금융 플랫폼 등의 다양한 서비스를 제공하고 있다.

1 간편결제

1.1 간편결제의 개념

실물 카드 없이 스마트폰에 자신의 카드 정보를 한 번만 입력해놓으면, 이후 결제 시에는 카드정보 입력이나 공인인증서 없이도 아이디, 비밀번호, 휴대번호, SMS 등을 이용한 간단한 인증만으로 간편하게 결제가 되도록 하는 서비스를 뜻한다. 간편결제 시장에서 오프라인 시장을 잡기 위한 페이들의 움직임도 분주해졌다.

1.2 간편결제의 특징

서비스 주요 특징	주요 설명
단계 최소화	복잡한 결제 단계를 줄여 사용자 편의성을 직접적으로 개선
입력 단순화	손쉬운 인식 방식, 입력 최소화를 통한 결제 포기율을 낮추는 효과 제공
기존 인증 탈피	기존 액티브X, 키보드 보안 등 플러그인 기술 탈피
복합 인증 활용	다중 인증(Multi factor) 기술 활용(소유, 인지)

사용자 입장에서는 복잡한 결제 단계가 줄어드는 만큼 편의성이 높아지고 업체에서 제공하는 부가 서비스를 통해 다양한 혜택을 누릴 수 있다. 제공자 측면에서는 이용자들의 결제 포기율이 낮아지는 만큼 매출 부분에서 긍정적인 효과를 기대할 수 있으며, 결제 과정에서 발생하는 빅데이터를 마케팅 등에 활용할 수 있다. 또한 일부 업체의 경우 자사의 모바일 기기를 통해 편리한 간편결제 서비스를 제공하는 방식으로 디바이스에 대한 충성도를 높이고 있다.

1.3 주요 간편결제 서비스 비교

국내는 공인인증서 의무 사용으로 모바일 간편결제 시장이 활성화되지 않았으나, 해외에서는 일찍부터 활성화되었고, 금융 당국이 공인인증서를 배제한 결제 방식을 허용, 결제한도금액 폐지, PG Payment Gateway(전자지급결제 대행) 사의 카드정보 허용 등의 완화 조치로 서비스가 크게 부각되고 활성화되었다.

국내는 삼성전자, LG전자 등 HW제조사, 신세계, 롯데 등 유통사, 네이버와 같은 포털, 페이나우 등의 PG 사 등 다양한 분야의 업체들이 뛰어들어 시장 주도권을 쟁탈 중이다. 특히, 기존의 전통적 금융 서비스 제공 회사가 아닌 HW 제조사인 삼성전자와 인터넷 플랫폼 업체인 네이버가 시장을 양분하는 형태를 보이고 있다.

간편결제 서비스가 단순히 결제를 대행하는 서비스가 아닌 이를 통한 자체 생태계 확보의 기반으로 이용하고 있으며, 주요 간편결제 서비스 사들은 자사의 다양한 서비스에 자사 간편결제 서비스를 연동하여 손쉬운 결제 방법 제공하고 이러한 선순환을 통해 자사 서비스만의 생태계를 경험한 사용

서비스	서비스사	주요 특징
삼성페이	삼성전자	– 오프라인 마그네틱 카드 결제기와 NFC로 결제 – 갤럭시S6 이후, 출시된 삼성 단말기에서 가능 – 마그네틱 결제 지원으로 현물카드가 결제 가능한 영업점 어디나 가능 – 편의성과 보안성, 범용성 확보 – 결제 절차: 앱 실행 → 지문 인증 → 태그
애플페이	애플	– 오프라인 NFC로 결제 – 아이폰6 이후, 출시된 아이폰 단말기에서 가능 – 앱 스토어에 등록한 카드정보를 활용 – 지문만 인식하면 결제 가능하도록 편의성 / 보안성 구현 – 결제 절차: 태그 → 지문 인증
안드로이드 페이	구글	– 오프라인 NFC로 결제 – NFC 모바일 결제 방식 소프트 카드 기술과 특허를 인수 – 킷캣 이상 안드로이드 OS 단말기에서 가능 – 결제 절차: 태크(현재 지원하는 단말기가 많지 않음, 앱 선탑재 논란)
알리페이	알리바바	– 중국 전자상거래 기반으로 가입자 확보 – 온라인 결제, 이체, 송금 가능 – 오프라인 매장에서 QR코드로 결제
카카오페이	다음카카오	– SNS 사용자 기반으로 가입자 확보, 별도 앱 없이 카카오톡으로 결제 – 송금, 이체 서비스는 불가능(뱅크월릿 카카오에서) – 국내 핀테크, 간편결제 시장에서 가장 많은 사용자 확보 – 신용카드를 연결하면 별도의 공인인증서 없이 비밀번호만으로 결제 – O2O 시장의 본격 확대, 카카오택시를 비롯한 생활밀착형 서비스 확대
네이버페이	네이버	– 네이버 앱과 아이디로 상품 검색하고 결제 가능 – 카드번호를 저장하지 않고, 네이버 ID에 매핑된 가상 카드번호로 결제 – 쇼핑 검색을 통해 상품을 찾은 이용자에게 결제까지 끊김 없이 제공 – 네이버 체크아웃, 네이버 마일리지, 네이버 캐시 등을 통합, 송금 제공 – 금융사 부정거래방지 시스템(FDS)과 빅데이터 기술 접목 서비스 제공
스마일페이	이베이코리아	– 옥션, G마켓 내 간편결제 서비스

자들이 지속적으로 머물 수 있도록 환경을 제공하고 있다.

2 간편결제 활성화 방안

2.1 국내 간편결제 경쟁력 강화 방안

간편결제 서비스 시장은 향후 지속 성장과 함께 생태계 구축의 기반으로 활용될 것으로 예상됨에 따라 주요 간편결제 사업자들은 간편결제 서비스 자체를 통한 수익뿐만 아니라 간편결제 서비스를 통한 다양한 서비스 제공 및 자사 생태계 구축의 기반으로 활용해야 한다. 이를 위해서는 크게 두 가지 측면의 개선과 대비가 필요하다.

- 간편결제 서비스이지만 간편하지 않은 결제 절차의 개선 필요
  - 공인인증서 의무 조항 폐지에 따라 아이디/패스워드만으로 결제가 가능해졌지만 대부분의 간편결제 서비스가 별도의 앱을 설치하고 결제 시 해당앱을 실행해서 결제해야 하는 구조
  - 온·오프라인 매장별로 각기 다른 간편결제 서비스를 수용하고 있어 사용자는 각기 다른 결제 서비스를 위해 별도의 앱을 설치하고 신용카드 정보 등록 시마다 본인인증 필요
  - 문제는 서비스 이용의 장벽으로 작용하여 스마트폰이 익숙하지 않은 계층, 재외국민, 외국인들은 국내 간편결제 서비스를 사용하기 어려운 현실

- 글로벌 결제 서비스의 한국 시장 진출에 국내 업계 대비
  - 해외 결제 서비스 업체들은 국내에 본격 진출은 하지 않은 상황이며, 국내 업체와 제휴를 통해 국내 진출을 조심스럽게 고려 중
  - 국내의 엄격한 규제(전자금융업 등록, 국내 서버 위치 등)로 본격적인 국내 시장 진출은 아직이나 향후 많은 가맹점과 자금력을 갖춘 글로벌 결제 서비스가 국내 진출할 경우, 국내 기업에 위협
  - 국내 업계는 글로벌 기업과 경쟁이 불필요한 환경으로 그동안 글로벌 진출보다는 국내 시장 선점에만 안주하여 국내 시장 개방 시 타격 우려
  - 시스템의 정교화, 협력체계 구축, 소비자 간편 활용 서비스 제공 등 거대 글로벌 결제 서비스와의 경쟁에 사전 대비 필요

2.2 국내 간편결제 시장 활성화 방안

활성화 방안	세부 방안	관련 방안 상세
금융규제 완화	규제 패러다임 전환	- 정부의 사전 규제 최소화 - 기술 중립성 원칙의 실질적 구현 - 책임 부담의 명확화 - 규제 예측성 강화
	오프라인 위주의 금융제도 개편	- 한국형 인터넷 전문은행 모델 수립 - 크라우드 펀딩 활성화 - 금융상품 판매 채널 혁신 - 빅데이터 활용 기반 마련 - 결제 부문 낡은 규제 정비
	핀테크 산업의 성장 지원	- 핀테크 지원체계 구축 및 관련 기업의 자금 조달 지원 - 전자금융업 진입 장벽 완화 - 전자지급 수단 이용 활성화 - 전자금융업종 규율 재설계
보안 측면 대비	보안 위협에 대한 대처 강화	- 정부주도형 직접규제 방식에서 → 민간 주도형 간접규제 전환 - 보안 기술 개발과 해킹 방지 개발을 통한 보안 강화 - 소비자 모바일 보안 인식 강화 요구
비즈니스 모델	부가가치 비즈니스 모델 발굴	- 간편결제로 인한 수수료 인하 추세, 장기적 경쟁력 요구 - 가맹점과 소비자에게 차별적 가치 제공을 위한 노력 필요 - 결제 서비스를 기반으로 다양한 비즈니스 모델 발굴

참고자료

ChosunBlz. 2017.8.28. "간편결제 '2强 2中' 구도".

http://www.alio.go.kr/download.dn?fileNo=2294447

http://www.itfind.or.kr/WZIN/jugidong/1816/file2677822468407865375-18
1603.pdf

https://news.joins.com/article/21801246

생체 인식

생체 인식 기술은 지문, 홍채, 얼굴, 정맥 등 개인 고유의 신체적 특징 또는 서명, 음성 등 행동적 특징을 통해 인증하는 방식으로 기존 인증 방식보다 우수한 편의성과 보안성으로 주목받으며 다양한 분야에서 활용되고 있다. 특히, 스마트폰 기반 서비스의 활성화와 함께 생체 인식 기술의 도입이 급증하고 있으며, 다양한 활용 사례가 발표되고 있다.

1 생체 인식의 개요

1.1 생체 인식의 개념

살아 있는 인간의 신체적·행동적 특징을 자동화된 장치를 통해 측정함으로써 개인 식별의 수단으로 활용하는 기술이다. 바이오 인식이나 바이오 메트릭스라고 한다. 생체 인식 기술로 사용하기 위해서는 누구나 가지고 있으며, 사람마다 고유하여 변하지 않고 변화시킬 수 없으며, 센서에 의한 획득

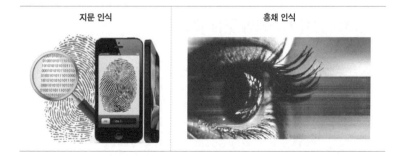

지문 인식	홍채 인식

과 정량화가 쉬워야 한다.

1.2 생체 인식의 필요성

사이버 활동의 비대면 특성을 이용하여 신원을 위장·도용함으로써 온라인 활동의 안전성을 위협하는 상황이 빈번히 발생하고 있다. 기존의 신원 확인 방법보다 안전하고 신뢰할 수 있는 사용자 인증 방법을 통해 높은 보안 성능 확보를 위한 생체 인식 필요성이 증가하고 있다.

2 생체 인식 시스템의 구성

2.1 생체 인식 시스템의 구성도

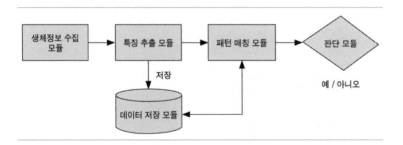

생체 인증 시스템은 지문, 홍채 등의 생체 정보를 수집하는 모듈, 수집한 생체 정보로부터 특징 정보를 추출하는 모듈, 특징 정보를 저장하는 데이터 저장 모듈, 인증 요청자의 특징 정보와 저장된 특징 정보를 비교하는 모듈로 구성된다.

2.2 생체 인식 시스템의 구성 요소

생체 인증 과정은 크게 등록 및 인증 단계로 구분된다. 먼저 등록 단계에서는 이용자의 생체 정보를 획득 및 특징 정보를 추출하여 저장한다. 인증 단계에서는 등록된 생체 정보와 인증 요청자의 것이 동일한 주체의 생체 정보인지 여부를 비교하여 인증 성공 여부를 판단한다.

모듈명	설명
생체 정보 수집	생체 정보를 획득하여 샘플로 변환
특징 추출	샘플로부터 실제 생체정 보 비교 대상인 특징 정보 추출
데이터 저장	특징 정보 저장 및 관리
패턴 매칭	인증 요청자의 특징 정보와 저장된 특징 정보 간 유사성 비교
판정	비교 결과로 두 특징 정보의 출처가 동일한 주체인지 판정

3 생체 인식의 유형과 특징

생체 정보는 신체적 특징과 행동적 특징으로 분류된다. 신체적 특징에는 지문, 홍채, 정맥, 얼굴 등이 해당하고 행동적 특징으로는 서명, 음성 등이 존재한다.

분야	생체 인식 유형	특징
신체적 특징	지문	- 편의성, 센서 소형화 수준 높음 - 땀, 먼지 등에 의한 인식률 저하
	홍채, 망막	- 낮은 오인식률 - 위조가 어려움 - 눈을 뜨고 있어야 하는 불편함
	정맥	- 위조가 어려움 - 높은 시스템 구축 비용
	얼굴	- 낮은 시스템 구축 비용(스마트폰 카메라, 웹캠 활용) - 주변 환경, 노화 등에 의한 인식률 저하
행동적 특징	서명	- 낮은 시스템 구축 비용(스마트폰 터치스크린 활용) - 서명 복제 및 위조 가능
	음성	- 전화, 인터넷 등으로 원격 인증 가능 - 목소리 및 주변 환경에 의한 인식률 저하 - 높음을 통한 도용 가능

4 생체 인식의 전망과 시사점

세계적으로 생체 인식 기술의 시장 규모는 다양한 분야에서 지속적으로 성장할 전망이며, 특히 모바일 기기상에서 지문 등 생체 인식 기술을 활용한 본인 인증은 급성장할 것으로 예상되므로 모바일에서의 사업화를 위한 활용처를 찾아 집중할 필요가 있다.

생체 인식 기술을 활용한 결제 기능의 대중화를 위해서는 생체 인식 기술 활용에 대한 심리적 불안감을 해소하려는 노력과 제반 시설 등에 대한 투자가 필요하다. 또한, 현재 사용되고 있는 '공인인증서'를 대체할 수 있는 수단의 안정성과 신뢰성 확보와 정부의 지원, 관련 기업의 지속적인 관심이 필요하다.

참고자료

김동진. 2016. 「바이오인증 최신활용 및 보안동향」. 금융보안원.
박범근. 2016. 「생체인식 기술 및 시장동향」. 연구성과실용화진흥원.

기출문제

98회 컴퓨터시스템응용 생체인식기법의 개념 및 구현 기법들의 특징에 대하여 설명하시오.(25점)

92회 정보관리 생체인식의 한 분야인 얼굴 인식 시스템에 대하여 다음 질문에 답하시오.

(1) 얼굴인식 시스템의 특징 및 인식 절차를 설명하시오.

(2) 얼굴인식 알고리즘의 종류를 나열하고 비교분석하시오.(25점)

O2O Online to Offline

인터넷의 핵심 플랫폼이 PC에서 모바일로 이동하면서 인터넷 산업은 새로운 변화의 시기를 겪었다. 기존의 포털사업자가 아닌 메신저, SNS 등 모바일 환경에 최적화된 서비스를 제공하는 기업으로 산업의 무게중심이 움직이고 이제는 온라인과 오프라인을 연계시키는 다양한 사업 모델을 제시하는 기업에 세상은 주목하고 있다.

1 O2O의 개요

1.1 O2O의 개념

온라인과 오프라인이 유기적으로 연결해 새로운 가치를 창출하는 서비스이다. 최근에는 모바일 기기의 활용도가 높아지고 있어 O2O 서비스가 마케팅, 결제, 쿠폰 제공 등 모바일 정보와 오프라인 구매를 연결 확장하는 새로운 비즈니스 모델로 자리 잡아가고 있다.

1.2 O2O의 특징

온라인 오프라인 경계 없이 상품을 검색하고 구매하는 옴니채널 기반으로 간편결제, 사용자 위치 인식 시스템을 통해 새로운 산업 생태계가 구성된다.

특징	설명
크로스 비즈니스(Cross Business)	온라인의 오프라인화, 오프라인의 온라인화
핀테크 결제 산업과 결합	비콘, NFC 등의 결제 수단과 결합하여 신사업 창출
스마트 커머스	쇼루밍, 역쇼루밍 소비 형태의 다양화
옴니채널	소비자가 온라인, 오프라인 등 다양한 경로를 넘나들며 상품을 검색하고 구매할 수 있도록 하는 서비스

쇼루밍(showrooming)
오프라인에서 제품을 살펴본 후 실제 구매는 온라인에서 하는 것

역쇼루밍(Reverse Showrooming)
온라인으로 제품 후기 등을 비교해본 후 실제 구매는 오프라인 매장에서 하는 것

2 O2O의 비즈니스 구성

2.1 온디맨드 서비스 On Demand Service

'온디맨드On Demand'는 수요자 중심을 의미하며, 수요자가 원하는 서비스를 원하는 시점에 제공해주는 새로운 형태의 서비스를 의미한다. 택시, 대리운전, 퀵서비스, 세탁 서비스 등 생활 속의 다양한 분야에서 온디맨드 서비스가 활발하게 퍼져나가고 있다.

온디맨드 서비스는 공급자와 수요자를 낮은 거래 비용으로 연결시켜 준다. 또한 수요자들에게 향상된 품질의 편리한 서비스 혹은 개별 고객에게 최적화된 맞춤형 서비스를 제공함으로써 새로운 가치를 창출한다.

2.2 E-커머스 E-Commerce

E-커머스는 상거래를 위한 플랫폼을 제공하는 것이다. 쇼루밍, 역쇼루밍처럼 구매에서 온라인과 오프라인의 경계가 모호해지면서 많은 유통업체는 모바일을 통해 온라인과 오프라인이 유기적으로 결합될 수 있도록 시스템을 구축하고 있다.

상거래의 과정을 구매 전, 구매, 구매 후로 분류한다면, O2O를 통해 소비자

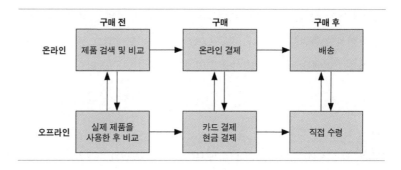

	구매 전	구매	구매 후
온라인	제품 검색 및 비교	온라인 결제	배송
오프라인	실제 제품을 사용한 후 비교	카드 결제 현금 결제	직접 수령

들은 제품 및 할인 서비스 등에 대한 정보를 제공받을 수도 있으며 온라인에서 구매한 상품을 오프라인 매장에서 빠르게 수령하는 등 소비자들의 소비에서 O2O는 새로운 편리함을 제공해준다.

3 O2O 서비스 사례와 전망

기업	서비스명	서비스 내용
아마존	아마존 대시	막대 모양의 바코드 스캔 기기를 구입하고자 하는 제품에 갖다 대거나 음성으로 제품명을 말하면 바로 아마존의 온라인 장바구니에 주문 접수가 되는 서비스
스타벅스	사이렌 오더	스타벅스 앱을 통해 원하는 음료를 선택하고 결제한 뒤 매장에 주문한 내용을 전송하면 스마트폰 진동으로 알려주는 서비스
애플	아이비콘	블루투스 4.0 기반 저전력 프로토콜에 기반을 두고 아이비콘 활성화된 단말기의 위치를 파악해서 관련 정보를 전송
네이버	라인페이	간편결제와 송금 기능을 구비, 한국과 중국을 제외한 국가에서 모바일 결제가 가능한 서비스
	라인택시	도쿄 지역에 한정해 시작했으며 향후 일본 전역을 커버한다는 방침
카카오	옐로아이디	소상공인들이 소비자들과 카카오톡으로 소통할 수 있는 마케팅 플랫폼 서비스
	카카오택시	앱을 통해 승객의 지역을 지정해 택시를 호출하면 근거리에 위치한 택시가 배차되는 시스템

O2O 서비스는 생활 밀착형 수요가 많고, 모든 기기에 인터넷 연결성을 부여하는 IoT와 연결되면서 지속적으로 빠르게 성장할 것이다. 또한, IT 기반의 핀테크 기술도 금융업을 넘어 다양한 오프라인 산업에 적용되면서 O2O 확산을 촉진할 것이다. 플랫폼 비즈니스라는 관점에서 O2O 서비스는 네트

워크가 일정규모로 성장하게 되면 자연스럽게 진입 장벽이 형성되고 승자 독식 현상도 출현할 수 있다. 향후 O2O 서비스는 변화되고 성장할 분야라는 점을 고려했을 때 기술 및 시장 측면에서의 후속 연구가 필요하다.

참고자료

정호윤. 2015. 「O2O가 열어갈 새로운 세상」. 금융보안원.

기출문제

107회 정보관리 O2O를 정의하고 소비자와 기업관점에서 장점을 제시하시오. (25점)

107회 컴퓨터시스템응용 O2O(Online to Offline). (10점)

O4O

이제 기업들은 O2O를 넘어서 O4O를 외치며 오프라인으로 진군하고 있다. 기존의 O2O가 단순히 온라인과 오프라인의 연결이었다면 O4O는 온라인 기업이 오프라인까지 사업 영역을 확장하는 개념이다. 국내와 해외의 O4O로 향하는 양상은 서로 다르지만 오프라인 시장을 장악하기 위한 방향은 동일하다.

1 O4O의 개요

1.1 O4O의 개념

O4O는 온라인 기업이 보유하고 있는 고객 정보와 자산을 기반으로 오프라인으로 사업 영역을 확대하면서 새로운 매출을 창출하는 비즈니스 플랫폼이다.

1.2 O4O의 부각 배경

O2O는 'On-line to Off-line'의 약자로 온라인의 가치와 고객 정보를 온라인에서 오프라인으로 연결한 단순 중개업 형태의 비즈니스 모델이다. 앱으로 음식을 주문하면 배달을 받는 서비스이다.

　국내와 해외는 서로 다른 양상으로 O4O로 향하고 있다. 해외는 아마존 등과 같은 온라인 업체들의 강세로 인해 오프라인 유통업체의 몰락이 시작되어 전통적 오프라인 유통업체들의 시장 점유율 하락, 매장 폐쇄, 감원 현상이 발생하고 있다. 국내는 전통적 오프라인 강자들이 온·오프라인을 모두 서비스하는 옴니채널 전략으로 성장세를 보이고 있으며 온라인 쇼핑몰은 성장세가 둔화되는 현상을 보이고 있다. 이러한 추세 속에서 국내외 O4O 서비스가 성장하고 있다.

2 O4O의 요소 기술과 사례

2.1 O4O의 요소 기술

- 머신러닝

  머신러닝 기술은 빅데이터 기반의 고객 데이터를 분석하여 오프라인 시장에서 효과적으로 모객을 하고 고객을 락인Lock-in 할 수 있는 전략을 수립하는 데 필요한 기술이다.

- 생체 인식 기술

  고객의 생체 정보(얼굴, 지문, 홍채 등)를 인식하여 기존 계좌와 자동 연계하여 간편결제 등의 서비스를 통해 편리한 쇼핑을 할 수 있도록 하는 기술이다.

- 센서 기술

  RFID칩 없이 센서 및 컴퓨터 비전 기술을 이용하여 상품의 구매 내역을 확인하고 정산할 수 있도록 지원하는 기술이다.

2.2 O4O의 사례

- 아마존 고Amazon Go

아마존 고 앱을 설치하고 입장하면 앱으로 QR코드가 생성된다. 체크인 후 매장에서 물건을 골라 가지고 나오면 들고 나온 상품의 결제가 자동으로 이뤄지며 앱을 통해 영수증을 전달한다. 계산을 위해 줄을 설 필요도 없고 신용카드는 물론 스마트폰을 꺼내지 않아도 된다. 매장 천장에 있는 검은색 블랙박스 모양의 센서가 컴퓨터비전 기술을 이용하여 소비자가 고른 물건을 인식하여 정산하는 방식이다.

- 허마센성盒马鲜生

디지털 신선식품 매장으로 매장에 진열된 수산물, 채소, 과일 등의 신선식품을 고객이 QR코드를 스캔한 뒤 알리페이로 결제하면 30분 내에 집으로 배달해주는 시스템이다.

- 와비파커 Warbyparker

홈페이지에서 써보고 싶은 안경 5종을 고르면, 샘플이 집으로 배송되고 고객은 5일간 안경을 써본 뒤 반송한다. 마음에 드는 안경을 골라 시력과 눈 사이 거리를 홈페이지에 입력하면, 2주 뒤 맞춤 제작된 안경을 받게 된다. 온라인 직접 판매로 유통 단계를 줄이고 가격을 기존의 1/5 수준으로 낮추어 안경 시장에 큰 파장을 일으켰다. 이후 오프라인 쇼룸을 확장하여 온라인과 오프라인 매출이 동시에 증가하는 성장세를 보였다.

- 스타일난다

대표적 온라인 의류업체인 '스타일난다'는 2012년 백화점에 오프라인 매장을 연 뒤 이후 홍대, 명동, 가로수길 등으로 확장했으며 홍콩, 싱가폴, 중국에도 매장을 열어 브랜드와 어울리는 매력적인 콘셉트concept로 소비자에게 어필하고 있다. 2018년 로레알 그룹에 인수되었다.

- 여기어때/야놀자

숙박앱 서비스를 하던 '여기어때'와 '야놀자'는 각각 직접 오프라인 호텔을 운영하며 오프라인으로 서비스를 확장하고 있다. 실물 열쇠 없이 스마트폰을 이용한 스마트 키 서비스, 사물인터넷 기술을 이용한 조명, 전원 공급, 모바일 앱을 이용한 차량 호출 등의 서비스를 제공한다.

3 O4O의 시사점

온라인과 오프라인이 경계를 허물고 IT 기술의 발전을 통해 더 나은 소비자 구매 경험을 제공하여 자사 서비스에 락인하려는 움직임이 국내외 O4O 시장의 확산 요인으로 작용하고 있다.

참고자료
김국현. 2017. O4O 지속적 가치를 제공하라. ≪Cheil Magazine≫.

핀테크 FinTech

첨단 ICT 기술이 사회 전반에 융합되면서 신산업 창출 등 부가가치를 제고하는 속도가 가속화되고 있다. 전 세계적인 스마트폰 확산과 같은 기술적 발전으로 전자지갑, 모바일 결제 등 디지털 결제 방식이 높은 사용률을 보이며 현금, 카드 등 기존 결제 방식을 빠르게 대체하고 있다. 이용자들에게 극대화된 금융 서비스를 제공하는 핀테크는 필수가 되고 있다.

1 핀테크의 개요

1.1 핀테크의 개념

핀테크란 금융 finance 과 기술 technology 의 합성어로 인공지능, 사물인터넷, 간편결제 등의 기술을 기반으로 한 새로운 금융 서비스를 의미한다.

1.2 핀테크의 부각 배경

ICT의 발달과 빠른 확산은 신규 금융 서비스 적용을 위한 최적의 환경을 제공하면서 전통적 금융시장에 혁신을 불어넣었다. 전 세계적으로 스마트폰 보급이 급증하고, 금융기관을 찾아가는 것보다 모바일 디바이스를 통해 간편결제와 같은 금융 서비스를 활용하는 것이 일반적이 되었다. 이러한 금융환경은 플랫폼 업체와 인터넷 기업이 직접 금융 업무를 할 수 있는 상황으로 진화했다. 이에 전통적 금융기관도 적극적으로 ICT 기술을 채용하며 핀테크 기업과 경쟁하고 적극적으로 협력하면서 핀테크 혁신에 동참하고 있다.

2 핀테크의 사업 영역과 서비스 동향

2.1 핀테크의 사업 영역

첫째, 지급결제 영역이다. 이용이 간편하면서도 수수료가 저렴한 지급결제 서비스를 제공함으로써 지급결제 시장의 진입 장벽을 완화했다.

둘째, 금융 데이터 분석 영역이다. 개인 및 기업 고객과 관련된 다양한 데이터를 수집·분석하여 새로운 부가가치를 창출한다. 소비패턴 인식으로 소비 활동을 촉진하고, 빅데이터 분석을 활용한 대출금리 산정이 이에 해당한다.

셋째, 금융 소프트웨어 영역이다. 진보된 스마트 기술을 활용하여 기존 방식보다 효율적이고 혁신적인 금융 업무 및 서비스 관련 소프트웨어를 제공한다.

넷째, 플랫폼 영역이다. 전 세계 기업과 고객들이 금융기관의 개입 없이 자유롭게 금융 거래를 할 수 있는 다양한 거래 기반을 제공한다. P2P 대출, 거래 플랫폼 등이 이에 해당한다.

2.2 핀테크의 서비스 동향

구분	서비스	설명
송금/ 결제	비트코인	해외 송금, 온·오프라인 결제 서비스 등 블록체인 기반의 가상화폐
	네이버 페이	네이버 쇼핑과 결합하여 쇼핑을 쉽고 편하게 할 수 있으며 이벤트, 쿠폰, 포인트 적립 등 리워드 제공
	삼성페이	신용카드를 스마트폰에 인식 저장하여, 스마트폰으로 카드 결제를 제공하는 서비스
자산 관리	민트	사용자의 은행 계좌 정보를 통합 관리, 수입과 지출의 흐름을 한눈에 볼 수 있음
	NH 농협은행	카드 값, 세금, 관리비, 학원비 등 고지서를 한눈에 보고 지불하는 NH 스마트 고지서 서비스 제공
P2P 금융	테라 펀딩	빌라나 소규모 주택의 토지를 담보로 건축 자금을 대출해주는 서비스
	8퍼센트	인공지능 챗봇 에이다와 자동분산투자 서비스를 도입하고, 최저 금리 보상제를 실시함

구분	서비스	설명
인터넷 전문은행	케이뱅크	예금, 적금, 대출 상품을 제공하며, 이자를 현금 대신 음악감상 앱 이용권으로 받을 수 있는 서비스 제공
	카카오 뱅크	예금, 적금, 대출 상품, 해외 송금 서비스를 제공하며, 시중 은행의 1/10 수준의 해외 송금 수수료 제공

3 핀테크 활성화를 위한 핀테크 오픈 플랫폼

3.1 핀테크 오픈 플랫폼 개념

금융회사 내부의 금융 서비스를 표준화된 API 형태로 제공하는 오픈 API와 개발된 핀테크 서비스를 금융전산망에서 시험해볼 수 있는 테스트베드로 구성된 플랫폼이다. 핀테크 인프라 구축 필요성 증가와 금융 회사와의 원활한 협업을 통해 핀테크 산업 활성화를 목표로 구축했다.

3.2 핀테크 오픈 플랫폼 구성도

핀테크 오픈 플랫폼은 은행권 공동 오픈 API와 테스트베드로 구성된다. 잔액 조회, 거래 내역 조회, 계좌 실명 조회, 입금 이체, 출금 이체 정보를 오픈 API로 제공하여 핀테크 기업의 제품과 연계하여 정보를 활용하기 용이

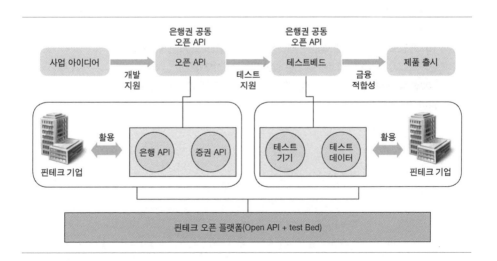

하다. 또한 테스트 데이터를 제공하여 제품의 원활한 테스트 수행이 가능해져 안정성 높은 제품의 출시가 가능해졌다.

4 핀테크의 시사점

급변하는 글로벌 트렌드와 달리 우리나라에서는 복잡한 금융 규제, 보안에 대한 우려, 금융 빅데이터 활용의 어려움 등이 핀테크 시장의 성장을 가로막고 있다. 이에 정부도 핀테크 생태계 조성을 위해 적극 나서고 있다. 2018년부터 샌드박스 제도 도입 등 핀테크 관련 규제 개선을 적극적으로 추진할 예정이다.

핀테크는 향후 다양한 스타트업의 진입과 더불어 금융 패러다임을 변화시킬 것으로 전망된다.

참고자료

정해식. 2012. 「핀테크 시장 최근 동향과 시사점」. 정보통신기술진흥센터.
박소정·박지윤. 2017. 「4차산업혁명과 핀테크」. 보험연구원.

기출문제

108회 컴퓨터시스템응용 클라우드 핀테크(Fin-Tech)의 블록체인 기술(Block-chain Security Technology). (10점)

108회 컴퓨터시스템응용 전자금융과 핀테크를 비교하고 OPEN API를 이용한 금융데이터 공유 활성화를 설명하시오. (25점)

107회 정보관리 최근 대두되는 인터넷전문은행을 설명하고, 이를 실현하기 위해 핀테크 오픈 플랫폼을 활용할 수 있는 방안을 설명하시오.(25점)

105회 정보관리 핀테크(FinTech)를 정의하고 보안 측면의 이슈와 해결 방안을 설명하시오. (10점)

삼성SDS 기술사회는 4차 산업혁명을 선도하고 임직원의 업무 역량을 강화하며 IT 비즈니스를 지원하기 위해 설립된 국가 공인 기술사들의 사내 연구 모임이다. 정보통신 기술사는 '국가기술자격법'에 따라 기술 분야에 관한 고도의 전문 지식과 실무 경험을 바탕으로 정보통신 분야 기술 업무를 수행할 수 있는 최상위 국가기술자격이다. 국내 ICT 분야 종사자 중 약 2300명(2018년 12월 기준)만이 정보통신 분야 기술사 자격을 가지고 있으며, 그중 150여 명이 삼성SDS 기술사회 회원으로 현직에서 활동하고 있을 정도로, 업계에서 가장 많은 기술사가 이곳에서 활동하고 있다. 삼성SDS 기술사회는 정보통신 분야의 최신 기술과 현장 경험을 지속적으로 체계화하기 위해 연구 및 지식 교류 활동을 꾸준히 해오고 있으며, 그 활동의 결실을 '핵심 정보통신기술 총서'로 엮고 있다. 이 책은 기술사 수험생 및 ICT 실무자의 필독서이자, 정보통신기술 전문가로서 자신의 역량을 향상시킬 수 있는 실전 지침서이다.

1권 컴퓨터 구조

오상은 컴퓨터시스템응용기술사 66회, 소프트웨어 기획 및 품질 관리

윤명수 정보관리기술사 96회, 보안 솔루션 구축 및 컨설팅

이대희 정보관리기술사 110회, 소프트웨어 아키텍트(KCSA-2)

2권 정보통신

김대훈 정보통신기술사 108회, 특급감리원, 광통신·IP백본망 설계 및 구축

김재곤 정보통신기술사 84회, 데이터센터·유무선통신망 설계 및 구축

양정호 정보관리기술사 74회, 정보통신기술사 81회, AI, 블록체인, 데이터센터·통신망 설계 및 구축

장기천 정보통신기술사 98회, 지능형 건축물 시스템 설계 및 시공

허경욱 컴퓨터시스템응용기술사 111회, 레드햇공인아키텍처(RHCA), 클라우드 컴퓨팅 설계 및 구축

3권 데이터베이스

김관식 정보관리기술사 80회, 전자계산학 학사, Database, 기업용 솔루션, IT 아키텍처

윤성민 정보관리기술사 90회, 수석감리원, ISE

임종범 컴퓨터시스템응용기술사 108회, 아키텍처 컨설팅, 설계 및 구축

이균홍 정보관리기술사 114회, 기업용 MIS Database 전문가, SDS 차세대 Database 시스템 구축 및 운영

4권 소프트웨어 공학

석도준 컴퓨터시스템응용기술사 113회, 수석감리원, 데이터 아키텍처, 데이터베이스 관리, IT 시스템 관리, IT 품질 관리, 유통·공공·모바일 업종 전문가

조남호 정보관리기술사 86회, 수석감리원, 삼성페이 서비스 및 B2B 모바일 상품 기획, DevOps, Tech HR, MES 개발·운영

박성훈 컴퓨터시스템응용기술사 107회, 정보관리기술사 110회, 소프트웨어 아키텍처, 저서 『자바 기반의 마이크로서비스 이해와 아키텍처 구축하기』

임두환 정보관리기술사 110회, 수석감리원, 솔루션 아키텍처, Agile Product

5권 ICT 융합 기술

문병선 정보관리기술사 78회, 국제기술사, 디지털헬스사업, 정밀의료 국가과제 수행

방성훈 정보관리기술사 62회, 국제기술사, MBA, 삼성전자 전사 SCM 구축, 삼성전자 ERP 구축 및 운영

배홍진 정보관리기술사 116회, 삼성전자 및 삼성디스플레이 HR SaaS 구축 및 확산

원영선 정보관리기술사 71회, 국제기술사, 삼성전자 반도체, 디스플레이 및 해외·대외 SaaS 기반 문서중앙화서비스 개발 및 구축

홍진파 컴퓨터시스템응용기술사 114회, 삼성

SDI GSCM 구축 및 운영

6권 기업정보시스템
곽동훈 정보관리기술사 111회, SAP ERP, 비즈니스 분석설계, 품질관리

김선득 정보관리기술사 110회, 수석감리원, 기획 및 관리

배성구 정보관리기술사 107회, 수석감리원, 금융IT분석설계 개선운영, 차세대 프로젝트

이채은 정보관리기술사 61회, 전자·제조 프로세스 컨설팅, ERP/SCM/B2B

정화교 정보관리기술사 104회, 정보시스템감리사, SCM 및 물류, ERM

7권 정보보안
강태섭 컴퓨터시스템응용기술사 81회, 정보보안기사, SW 테스트 수행 관리, 코드 품질 검증

박종락 컴퓨터시스템응용기술사 84회, 보안 컨설팅 및 보안 아키텍처 설계, 개인정보보호 관리체계 구축, 보안 솔루션 구축

조규백 정보통신기술사 72회, 빅데이터 기반 보안 플랫폼 구축, 보안 데이터 분석, 외부 위협 및 내부 정보 유출 SIEM 구축, 보안 솔루션 구축

조성호 컴퓨터시스템응용기술사 98회, 정보관리기술사 99회, 인공지능, 딥러닝, 컴퓨터비전 연구 개발

8권 알고리즘 통계
김종관 정보관리기술사 114회, 금융결제플랫폼 설계·구축, 자료구조 및 알고리즘

전소영 정보관리기술사 107회, 수석감리원, 데이터 레이크 아키텍처 설계·구축·운영 및 컨설팅

정지영 정보관리기술사 111회, 수석감리원, 디지털포렌식, 통계 및 비즈니스 서비스 분석

지난 판 지은이(가나다순)
전면2개정판(2014년) 강민수, 강성문, 구자혁, 김대석, 김세준, 김지경, 노구율, 문병선, 박종락, 박종일, 성인룡, 송효섭, 신희종, 안준용, 양정호, 유동근, 윤기철, 윤창호, 은석훈, 임성웅, 장기천, 장윤호, 정영일, 조규백, 조성호, 최경주, 최영준

전면개정판(2010년) 김세준, 김재곤, 나대균, 노구율, 박종일, 박찬순, 방동서, 변대범, 성인룡, 신소영, 안준용, 양정호, 오상은, 은석훈, 이낙선, 이채은, 임성웅, 임성현, 정유선, 조규백, 최경주

제4개정판(2007년) 강옥주, 김광혁, 김문정, 김용희, 김태천, 노구율, 문병선, 민선주, 박동영, 박상천, 박성춘, 박찬순, 박철진, 성인룡, 신소영, 신재훈, 양정호, 오상은, 우제택, 윤주영, 이덕호, 이동석, 이상호, 이영길, 이영우, 이채은, 장은미, 정동곤, 정삼용, 조규백, 조병선, 주현택

제3개정판(2005년) 강준호, 공태호, 김영신, 노구율, 박덕균, 박성춘, 박찬순, 방동서, 방성훈, 성인룡, 신소영, 신현철, 오영임, 우제택, 윤주영, 이경배, 이덕호, 이영길, 이창율, 이채은, 이치훈, 이현우, 정삼용, 정찬호, 조규백, 조병선, 최재영, 최정규

제2개정판(2003년) 권종진, 김용문, 김용수, 김일환, 박덕균, 박소연, 오영임, 우제택, 이영근, 이채은, 이현우, 정동곤, 정삼용, 정찬호, 주재욱, 최용은, 최정규

개정판(2000년) 곽종훈, 김일환, 박소연, 안승근, 오선주, 윤양희, 이경배, 이두형, 이현우, 최정규, 최진권, 황인수

초판(1999년) 권오승, 김용기, 김일환, 김진홍, 김홍근, 박진, 신재훈, 엄주용, 오선주, 이경배, 이민호, 이상철, 이춘근, 이치훈, 이현우, 이현, 장춘식, 한준철, 황인수

한울아카데미 2130

핵심 정보통신기술 총서 5
ICT 융합 기술

지은이 삼성SDS 기술사회 ㅣ **펴낸이** 김종수 ㅣ **펴낸곳** 한울엠플러스(주) ㅣ **편집** 조인순

초판 1쇄 발행 1999년 3월 5일 ㅣ **전면개정판 1쇄 발행** 2010년 7월 5일
전면2개정판 1쇄 발행 2014년 12월 15일 ㅣ **전면3개정판 1쇄 발행** 2019년 4월 8일

주소 10881 경기도 파주시 광인사길 153 한울시소빌딩 3층
전화 031-955-0655 ㅣ **팩스** 031-955-0656 ㅣ **홈페이지** www.hanulmplus.kr
등록번호 제406-2015-000143호

ⓒ 삼성SDS 기술사회, 2019.
Printed in Korea.

ISBN 978-89-460-7130-8 14560
ISBN 978-89-460-6589-5(세트)

* 책값은 겉표지에 표시되어 있습니다.